동아시아의 농지개혁과 토지혁명

동아시아의 농지개혁과 토지혁명

초판 1쇄 인쇄 2014년 12월 10일
초판 1쇄 발행 2014년 12월 15일

엮은이 유용태
펴낸곳 서울대학교출판문화원
펴낸이 성낙인

책임 편집 이라미
디자인 최선아

출판등록 제15-3호

주소 151-742 서울 관악구 관악로 1
대표전화 02-880-5252 | 팩스 02-888-4148
마케팅팀(주문상담) 02-889-4424, 02-880-7995
이메일 snubook@snu.ac.kr
홈페이지 www.snupress.com

ISBN 978-89-521-1596-6 93910

동아시아의 농지개혁과 토지혁명

유용태 엮음

LAND REFORM AND LAND REVOLUTION IN EAST ASIA

서울대학교출판문화원

Land Reform and Land Revolution in East Asia

Edited by Yu Yongtae

Seoul National University Press

책머리에

이 책은 2011년 8월 서울대학교 규장각한국학연구원 주최 국제학술회의, "동아시아 근대화 프로젝트로서의 농지개혁"을 바탕으로 구성된 것이다. 원래 학술회의에서는 한국, 일본, 중국, 대만에 관한 논문이 발표되었을 뿐 북한과 베트남을 포괄하지 못한 아쉬움이 있었다. 이에 관한 논문 두 편을 추가하고 당시 발표된 논문들을 수정, 보완하여 『동아시아의 농지개혁과 토지혁명』이란 제목으로 출간하게 되었다.

2차 세계대전 종료 직후 동아시아 각국은 혹은 (반)식민지에서 벗어난 독립국으로서 혹은 침략전쟁의 패전국으로서 새로운 국가를 건설해야 하는 과제를 안고 있었다. 이때 각국의 산업구조는 농업 위주인 데다가 토지는 대부분 지주의 소유로 되어 있어서, 지주제를 폐지하고 토지를 농민의 소유로 전환시켜 산업화의 기반을 다지는 것이 급선무라는 인식, 즉 경자유전론(耕者有田論)이 널리 퍼져 있었다. 다만 그것을 실현하는 방법에 관해서는 이견이 컸다. 다 아는 대로 남한, 일본, 대만은 유상매수와 유상분배의 방법을 취한 반면 북한, 중국, 북베트남은 무상몰수와 무상분배의 방법을 취하는 차이를 보였다. 그래서 유상매수를 자본주의 방식, 무상몰수를 사회주의 방식이라고 대비시키는 관행이 이내 정착되었다.

이런 차이가 있음에도 각국은 모두 나름의 방식에 따라 경자유전을 실행함으로써 지주제를 혁파하였다. 이는 동아시아 역사상 전에 없던 획기적인 일이며, 동아시아 국가들 상호 간에 모종의 영향을 주고받았다. 유상매수의 경자유전은 일본, 한국, 대만 순으로 진행되었는데 각기 자국의 역사적 맥락으로부터 요청되는 필요성을 바탕으로 하면서도 미국의 반공정책과 관련하여 예방혁명적 필요에서 서둘러 단행된 측면이 있다. 1945년 10-11월 일본공산당과 일본사회당이 각각 지주토지의 무상몰수와 유상매수 방침을 발표한 상황에서 일본정부는 12월 연합국 최고사령부의 지령을 받아 농지조정법을 제정하였다. 이는 제대로 시행되지 못하다가 법 개정을 거쳐 1년 뒤 시행에 들어갔으며, 시간상으로 유상매수에 의한 경자유전의 첫 사례로서 한국을 비롯한 이웃나라에 모종의 영향을 미쳤다.

무상몰수의 경자유전은 북한, 중국, 북베트남(베트남민주공화국) 순으로 진행되었으며 이들 상호 간에, 그리고 위의 유상매수 유형으로부터 영향을 받으면서 진행되었다. 가장 직접적인 영향은 중국의 무상몰수 방식이 북베트남 토지개혁의 모델로 수출된 데서 찾아볼 수 있다. 1946년 3월 단행된 북한의 토지분배는 중국 특히 만주지역에 영향을 미쳤을 것이다. 1946년 5월 25일 중공화중분국(中共華中分局) 산하 제1지방위원회의 기관지 『방향(方向)』은 동유럽 각국과 북한의 토지문제가 이미 해결되었고 일본에서는 토지개혁안이 제출되었다고 하면서, "오늘날 봉건통치가 존재하는 세계의 모든 지역에서는 이미 토지개혁을 진행했거나 바야흐로 진행하려 준비 중에 있다"라고 하였다. 이는 중국공산당이 토지개혁을 시작하면서 외국 사례들로 자신의 그것을 정당화하려 했음을 보여준다.

특히 남북한과 중국 양안(兩岸), 그리고 베트남은 모두 분단국가로서 분단과정에서 토지개혁이 체제경쟁의 일환으로 채택된 측면마저 갖고 있어서 상호 간의 영향은 더욱 클 수밖에 없었다. 한반도의 경우, 북한이 서둘러 단행한 지주 토지의 무상몰수와 무상분배는 북한정권의 기반을 공고히 하는 동시에 남북분단과 내전을 촉진하는 동력을 조성하였다. 중국에서는 공산당이 1946년 3-5월 친일파 토지의 무상몰수, 일반 지주 토지의 유상매수를 개시했다가 평화적 통일건국을 위한 정치협상이 최종 결렬된 1947년 봄 이후 무상몰수로 전환하였다. 몰수정책이 내전의 격화 이후에 단행된 점에서 북한의 경우와 다르다. 북베트남은 2차 세계대전 종료 직후 베트남에 대한 재식민화를 기도하는 프랑스에 맞서 독립전쟁을 하느라고 토지분배를 유보하고 있었으나, 중국의 지원하에 항전역량을 결집하게 하기 위해 1953년 중국 모델에 따른 무상몰수를 단행하였다. 이렇게 추진된 북한, 중국대륙, 북베트남의 경자유전은 이윽고 남한, 대만, 남베트남의 경자유전을 촉진하는 작용을 불러일으켰다.

남한과 대만의 경자유전은 소작료 인하, 일제 식민통치기관의 적산을 포함한 공유지의 매각, 지주 사유지의 유상매수와 유상분배 등 3단계로 진행되었다. 이 각각의 단계는 남한에서 1945년, 1948년, 1950년부터 시행되었고 대만에서는 그보다 대략 3년씩 뒤에 시행되었다. 남베트남에서는 제네바협정의 남북통일 총선거 규정을 어기고 남쪽만의 선거를 거쳐 단독정부가 수립된 직후인 1956년 1월, 미국의 지원하에 남북 간 체제경쟁의 일환으로 유상매수와 유상분배의 경자유전이 추진되었다. 그러나 정부의 역량이 소작료 인하 법령조차 집행하지 못할 정도로 미약한 데다가 민족통일전선 조직인 베트남독립동맹(베트민)이 사실상 지배하는 많은 지역에서 북베트남의 정책에 따라 이미 무상몰수와 무상분배를 시행한 이후였기에 농민의 지지도 받지 못해 유명무실하게 되었다.

이 같은 동시성과 상호 관련성으로 볼 때, 각국의 경자유전을 연관과 비교의 동아시아 지역사 관점에서 검토할 필요가 있다. 그동안 각국의 경자유전에 대해서는 일국사의 시각에서 많이 연구되었다. '죽의 장막'으로 인해 연구자의 시야가 차단되었던 냉전시기에는 그처럼 국가별로 고찰하는 것이 당연하였을지도 모른다. 하지만 탈냉전시기에 접어들어 새로 공개된 관련 문서들도 섭렵하면서 국경은 물론 냉전의 진영을 넘어 상호 영향을 주고받은 사정을 재조명하는 작업은 필요할 뿐만 아니라 불가결한 학술과제이다.

이때 우리는 경자유전의 실행 방안을 지주 토지의 유상매수 방식과 무상몰수 방식의 두 유형으로 나누어 이해하고자 한다. 유상매수냐 무상몰수냐에 따라 구사회의 지배계급의 물적 기반이 연속되느냐 단절되느냐가 갈라지기 때문에 전자는 개혁적 성격을 후자는 혁명적 성격을 갖는다. 그래서 2차 세계대전 전에는 흔히 무상몰수의 경자유전을 토지혁명이라 불렀다. 그럼에도 전후의 당국자도 현재의 연구자도 이를 각각 '농지개혁'과 '토지개혁'으로 불러 개혁과 혁명의 차이를 무시하고 있다. 여기에는 분배대상 토지를 지주 소유의 '농지'로 한정하느냐 지주소유의 모든 '토지'로 확대하느냐의 차이도 뒤따르는데, 대체로 '개혁'이 전자를 '혁명'이 후자를 수반하였다. '농지개혁'과 '토지혁명'은 이처럼 커다란 의미의 차이를 내포한 사회과학적 개념어이다. 이 책은 이런 차이를 무시한 종래의 연구가 갖는 한계를 의식하면서 이를 나름대로 극복하고자 하였다.

그런 점에서 한국·일본·대만의 경자유전을 '농지개혁'이라 한다면(다만 대만의 경우 개혁대상이 농지에 한정되었음에도 습관적으로 토지개혁이라 부른다) 중국·북한·북베트남의 그것은 토지개혁이 아니라 '토지혁명'이라 해야 옳지 않은가 한다. 이에 본서는 1부 유상몰수의 농지개혁, 2부 무상몰수의 토지혁명으로 나누어 두 유형의 경자유전을 비교해볼 수 있도록 하였다. 다만, 실패로 끝난 남베트남의 사례는 이 책에서 다루지 않았다.

이와 같이 두 유형의 사례와 그 의미에 관하여 한자리에서 논문이 발표되거나 단행본으로 다루어진 예는 국내에서도 없고 국외에서도 아직 없다. 다만 다음과 같은 연구가 눈길을 끈다. 두 유형 중 '농지개혁'에 해당하는 아시아 각국(인도, 파키스탄, 버마, 인도네시아, 필리핀, 남베트남, 대만)의 사례를 다룬 보고서(大和田啓氣 1962-1963), 한국과 대만의 사례를 국제정치적 시각에서 비교한 논문(신병식 1988), 그리고 이와 상반되게 '토지혁명'에 해당하는 중국과 이를 모델로 삼은 북베트남의 사례를 함께 다룬 연구(Moise 1983) 등이 그것이다.

따라서 본서가 두 유형의 사례들을 상호 관련지어 파악하고 비교할 수 있도록 제시하면 이 분야의 연구를 한걸음 진전시키는 학술적 의미를 가질 수 있을 것으로 기대된다. 이 책에서 다루어진 주요 내용을 간추리면 다음과 같다.

서장에서 홍성찬은 유상매수의 농지개혁이 토지자본을 산업자본으로 전환시켜 산업화를 촉진한다는 일반론을 한국의 농지개혁에 적용하여 검토하였다. 그에 따르면, 지가 보상액은 대만보다 적었고 보상을 받은 지주 중 84%가 영세지주여서 산업자본화하기 어려웠으며 단지 9%의 대지주만을 자본가계급으로 연착시킨 대지주 중심의 개혁이었다.

1부 유상매수의 농지개혁에서는 한국, 일본, 대만 경자유전의 주요 내용과 특징이 검토되었다. 조석곤과 이용기는 농지개혁으로 영세 자작농 위주의 농업구조가 정착되어 영농의 불안정성을 초래하였음을 사례분석을 통해 강조하였다. 당초 농지를 분배받은 농가의 상당수가 도중에 교체되면서 영세화는 더욱 심해졌고, 그 속에 농민이 생존을 위해 혈연적 관계망의 보호에 의존하는 '농촌의 재전통화' 현상이 나타났다는 것이다. 김성보는 한국 농지개혁이 의회입법을 통해 계급타협의 민주방식으로 진행되고 지주층으로부터 독립된 자영농을 만들어냄으로써 장기적으로 정치민주화의 기초를 제공했을 가능성을 탐색하였다.

쇼지 슌사쿠는 일본의 농지개혁법령이 일본정부의 준비와 미 점령 당국의 요구에 의해 마련되었는데, 지역단위로 구성된 농지위원회의 재량권이 개혁실행의 성공요인이었음을 강조하였다. 그 결과 농촌사회가 안정되어 일본의 고도 경제성장과 자민당 장기집권을 가능케 하는 기반이 되었다고 한다. 그 정치적 효과는 김성보의 견해와 달라서 비교된다. 쉬 스룽과 랴오 리민은 대만의 농지개혁 과정에서 점령권력인 국민당정부의 일방적 정의에 따라 지주 범주가 정해짐으로써 많은 지주의 권익이 침해되었음을 강조하였다. 이는 최근 강화되는 대만의식(대만은 중국의 일부가 아니라 독자적 정치공동체라는 자각)을 반영한 시각으로 보인다.

한국과 대만에서는 식민통치하에서 해방된 조건이었으므로 그와 관련하여 몰수된 공유지가 많았으므로 공유지 매각은 농지개혁의 중요한 초점이 아닐 수 없었다. 일본과 남베트남의 경자유전은 공유지 매각이 결여된 두 단계로 진행되었는데, 일본은 식민 본국이었으므로 사정이 다르지만 남베트남의 농지개혁이 실패로 끝난 원인 중의 하나는 이 점과도 관련이 있지 않나 싶다.

2부 무상몰수의 토지혁명에서는 북한, 중국대륙, 북베트남 경자유전의 주요 내용과 특징이 검토되었다. 전현수는 북한의 토지개혁이 당초 좌우합작 노선에서 출발해 친일지주의 토지만 몰수하고 일반 지주 토지를 몰수하는 혁명적 조치는 통일정부 수립 이후로 미루어두었으나 모스크바 삼상회의를 계기로 무상몰수 법령이 제정되고 시행되었음을 강조하였다. 그 결과 비친일적 지주, 부농, 자본가와의 연합 가능성을 제한하여 좌우합작에 기초한 통일국가 수립의 전망을 어둡게 하였다는 것이다.

유용태는 중국의 경자유전이 유상매수의 토지개혁에서 출발했으나 내전의 격화에 따라 무상몰수의 토지혁명으로 전화되었음에도 여전히 토지개혁으로 일컬어진 경위, 그로 인해 발생한 용어의 의미와 현실 사이의 괴리를 추적하였다. 그에 따르면, 토지혁명은 지주와 신사 중심의 향촌정권을 혁신하여 농민참정을 제도화함으로써 정치민주화의 가능성을 열었으나 폭력의 남용과 급진좌경을 부추겨 신민주주의의 운명을 재촉하였다. 올리비에 떼시에는 북베트남 토지개혁을 지역사회사의 관점에서 접근하여 정치경제, 문화심리적 기억의 측면까지 포괄하는 '거대한 변혁'의 실상을 드러내었다. 그에 따르면, 이 변혁은 사회 자체를 전복시키며 사상과 문화의 혁신으로까지 나아가서 전통적인 마을의 거주공간을 재분배하고 혈족의 관계망을 약화시키며, 민속신앙을 혁파하여 상징적 심리적 결속력을 약화시켰다.

이들 무상몰수의 경자유전이 비록 '토지혁명'이란 통일된 용어로 파악된 것은 아니지만, 실제 내용상으로 보면 상통하는 바가 적지 않다. 전현수는 당초 북한의 유상매수 방침이 무상몰수로 바뀐 사실에 주목하고 이를 "토지개혁 노선의 전환"이라고 하였는데, 사실 이는 토지개혁이 토지혁명으로 전화한 것을 말한다. 이러한 전화과정은 중국의 경우와 흡사하다. 다만 중국처럼 내전이 발발하지도 않았는데 이러한 전화가 일어났다는 점이 눈길을 끈다. 북베트남에서는 이와 같은 정책전환 없이 처음부터 중국의 혁명모델을 수용하여 무상몰수와 무상분배를 진행하면서 이를 토지개혁이라 불렀으나 올리비에가 보기에도 '거대한 변혁', 곧 혁명적 변화를 초래하였다. 북한과 북베트남도 중국처럼 신민주주의 단계를 조기에 종결하고 국가사회주의로 치닫게 된 중요한 내인은 급진좌경의 토지혁명에 있다 할 것이다.

위에 든 두 유형의 경자유전의 경제적 효과를 40년 뒤의 변화된 조건에서 돌아보면 일본의 경우는 다소 다르지만 결국 후진국 산업화를 위한 자본축적 과정이었다. 다만 그 자본이 국가자본인가 개인자본인가의 차이가 있을 뿐이다. 두 유형의 경자유전 모두 영세농 체제를 해결하지 못하였고 그 결과 하나는 이농을 촉진하여 산업화에 필요한 노동자를 양산하였으며 다른 하나는 대경영의 이점을 살린다는 명분하에 집단화로 치달았다가 실패로 끝나자 뒤늦게 영세농 체제로 복귀하였기 때문이다. 양쪽 모두 농민의 희생이 강요된 자본축적 과정이라는 점에서 다르지 않다.

그런 만큼 1944년 마오쩌둥이 신민주주의 단계에 조응하는 새로운 토지정책으로 '토지개혁'을 구상한 것은 중대한 의미를 갖는다. 그것은 친일파와 일부 악질적 향촌권력자의 토지만 몰수하고 지주 일반의 토지는 유상매수와 유상분배 방식으로 농민소유로 전환하는 것이었다. 그리하여 지주의 토지자본을 산업자본으로 전환하는 동시에 중농을 농업생산의 주력으로 삼고 그 생산의욕을 북돋우기 위해 부농경제를 보호한다는 취지다. 신민주주의 경제는 이 같은 사영경제와 국영경제, 그리고 이 둘의 극단적 치우침을 견제해줄 협동조합 경제를 병행하는 혼합경제 체제를 추구하였다. 이는 제국주의 시대 식민통치를 겪은 낙후한 농민사회가 산업사회로 나아가되 그 폐해를 최소화하는 근대화 프로젝트의 지혜로운 선택일 수 있었다.

그러나 이 토지개혁론은 국내외적으로 정치정세가 급변하는 가운데 토지혁명론으로 대체되었고 그에 따라 신민주주의 단계도 조기에 종결되었다. 이 신민주주의 단계가 왜 조기에 종결되었는가에 대해서는 최근에 와서야 비로소 연구되기 시작하였고 의견이 분분하다. 그에 비하면, 그보다 앞서 당초의 토지개혁이 왜 토지혁명으로 선회하였는가는 아직 문제제기조차 되지 않은 상태이다. 우리는 이 책에서 이 문제를 장차 해명해야 할 동아시아 토지개혁과 혁명사의 중요한 학술과제로서 제기하는 바이다.

이 책이 출간되기까지 많은 분들의 도움을 받았다. 먼저 2011년 8월 당시 서울대학교 규장각한국학연구원 노태돈 원장은 이 책의 기초가 된 국제학술회의를 개최하였고, 2013년 김인걸 원장은 그 발표문을 보완하기 위한 집담회를 지원해주었다. 이 과정에서 박태균 교수와 정긍식 부원장이 도움을 주었다. 국제학술회의 발표자 중 한 사람인 칭화대학 친후이(秦暉) 교수의 글이 그의 사정으로 빠지게 된 것은 아쉬움으로 남는다. 그 대신 북한과 베트남 사례를 다룬 전현수 교수와 프랑스국립극동연구원 올리비에 떼시에 교수의 글이 새로이 추가되어 이 책의 내용을 구성하는 데 큰 힘이 되었다. 이분들께 감사한다.

서울대학교출판문화원은 본서의 출간을 기꺼이 허락해주었다. 그리고 이 과정에서 익명의 심사위원들이 적절한 조언을 해주었다. 서강대 동아연구소 윤대영 교수는 베트남 토지문제 전문가와 접촉하는 데 다리 구실을 해주었다. 김정인 박사와 대학원생 김은영, 조병식은 번거로운 번역작업을 맡아주었다. 정동연, 박지수, 채푸르니, 김성현, 이소

은은 교정작업을 도와주었다. 이분들께도 감사한다.

학술회의를 준비하던 때로부터 치면 3년 6개월이 지나갔다. 그 사이 한반도를 둘러싼 동아시아의 국제정세는 요동쳤고, 특히 남북한의 정세는 냉전의 격화로 치닫는 형국이다. 현실과 괴리된 이념과 체제 경쟁의 냉전논리가 온 누리를 채우는 듯 소란스럽다. 우리의 이 책이 그 근원의 한줄기를 조용히 따져보는 학술적 사색의 기회를 만들어줄 수 있었으면 한다. 동아시아 차원의 사색을 즐기는 독자들의 질정을 고대한다.

2014년 11월

엮은이 유용태

차례

2부
무상몰수의 토지혁명

표 차례

그림 차례

| 서장 |

근대화 프로젝트로서의 한국 농지개혁과 대지주*

홍성찬

1. 서언

1950년 봄 한국(남한)정부는 일체의 소작농지와 3정보(1정보=0.992ha) 이상의 소유농지를 유상으로 매수하여 이를 소작인 또는 피고용자 등에게 유상으로 분배하는 농지개혁을 실시하였다. 분배농지에 대한 보상은 지주에게 연평균 소출의 150%를 액면가치로 하는 지가증권을 발급한 후 그중 30%씩을 매년 정부고시 가격으로 환산하여 향후 5년간 현금으로 보상토록 하였고, 상환은 농지를 분배받은 농민에게 상환증서를 발급한 후 위와 같은 액수를 5년간 현물로 균분 상환케 하였다.

농지개혁으로 분배된 농지는 모두 58만 정보(귀속농지 27만 정보 포함)였다. 1945년 말 남한의 전체 농지가 230만 정보이고 그중 소작지

---

* 이 글은 Sung-Chan Hong, 2013, "Land Reform and Large Landlords in South Korea's Modernization Project," *Seoul Journal of Korean Studies*, 26(1)의 한글 수정본이다.

가 145만 정보였으니 전체 농지의 26%, 소작지의 40%가 분배된 것이다. 해방 직후에 비하여 분배대상 소작지가 이처럼 줄어든 것은 지주가 농지개혁 전에 농지를 사전방매하였기 때문이며, 그 면적은 대략 71만 정보로 추산된다. 1945년 말에 전체 농지의 35%였던 자작농지는 농지개혁 후인 1951년에 96%로 급증하였다. 농지개혁으로 지주제가 무너지고 자작농 체제가 성립된 것이다.

농지개혁은 1950년 6월에 발발한 한국전쟁과 시간적으로 겹쳐서 진행되었다. 그리하여 파급효과가 더욱 컸는데 이는 1946년 3월 북한에서 실시한 무상몰수·무상분배의 토지개혁과 더불어 한국역사에서 지주제를 해체하고 남북한에 서로 다른 농업체제, 경제체제를 형성하게 만든 분수령적인 사건이었다. 이에 그간 학계는 농지개혁의 배경, 과정, 성과를 다룬 많은 연구를 축적하여 그 전모를 상당히 해명하였다(장상환 1984, 1985; 박석두 1987; 김성호 외 1989; 홍성찬 1992; 이지수 1994; 홍성찬 편 2001; Cho and Park 2013). 근자에는 농지개혁의 사상전통과 농정이념을 통시적으로 추적하고(방기중 2010), 농지분배 시점이 한국전쟁 발발 전인지 후인지를 농지개혁, 이승만 정권, 한국전쟁의 전체 성격 규명 차원에서 폭넓게 검토하였으며(김성보 2001; 정병준 2003; 김태우 2005), 농지개혁의 생산성 증대효과를 계량모형을 통해서 분석적으로 평가하기도 하였다(Kang and Ramachandran 1999; Jeon and Kim 2000; 우대형 2001; Rudolf 2012; 박명호 2013). 나아가 농지개혁 후의 농지소유 구조와 농촌권력 구조의 변동을 지역사례연구로서 제시하고(최봉대 1998; 조석곤 2005, 2009; 김성보 2005; 정승진·松本武祝 2006; 정상욱·김석준 2009), 특히 1차 자료의 발굴을 통해서 경상남도 울산군 상북면의 농지개혁 과정을 치밀하게 추적하는 등(하유식 2010) 농지개혁 연구의 폭과 깊이를 더하였다.

여기서는 이런 선행연구들에 기대어, 한국 농지개혁의 여러 측면 가운데 특별히 대지주의 동향에 초점을 맞추려고 한다. 이유는 한국의 농지개혁이 농지분배를 통해서 대지주 계급을 해체하는 데 일차적 목표를 두었을 뿐만 아니라, 동시에 그 성공 또는 실패 여부를 떠나서, 당초부터 이들 대지주 계급을 상공업 자본가로 전업(轉業), 연착륙시키는 데 주안을 두고 추진한 근대화 프로젝트였기 때문이다.

2. 대지주 중심의 근대화 프로젝트

근대화 프로젝트로서 한국 농지개혁의 특징은 농지의 유상매수와 지주전업(地主轉業), 그리고 귀속기업체 불하를 하나의 정책패키지로서 서로 연계하여 추진한 점이다. 그 점에서 무상몰수·무상분배의 토지개혁, 토지혁명을 실시하여 지주에게 전업(轉業) 알선은 고사하고 하등의 보상조차 하지 않았던 북한, 중국, 북베트남과 크게 달랐고, 같은 유상매수(현금보상)·유상분배 방식이었더라도 별도의 지주전업 정책이 없었던 일본과도 달랐다. 한국의 농지개혁은 그보다 몇 년 늦게 실시한 대만의 농지개혁과 가장 유사하였다.

대만은 한국처럼 일본 식민지를 겪었고 미국의 강력한 영향 아래 있었다. 그리하여 한국에서 실시한 소작료 33.3% 제도(1945), 귀속농지 불하(1948), 일반농지의 유상매수·유상분배(1950) 정책을 순서대로 답습하여 소작료 37.5% 제도(1949), 귀속농지 불하(1951), 일반농지의 유상매수·유상분배(1953)를 실시하였고, 농지의 유상매수와 지주전업, 귀속기업체 불하를 연계한 정책도 그대로 따랐다. 그러나 지주보상 방식만은 한국과 달랐다. 농지대가를 연평균 소출의 250%로 책정하여 그중 70%는 토지실물채권을 발급하여 향후 10년간 현물로써 균등 보상케 하였고, 나머지 30%는 대만 4대 국영기업의 주식으로써 즉각 일시에 보상하였다. 4대 국영기업이란 전전(戰前)에 일본인이 소유하였던 동일 업종의 적산 대기업들을 통합하여 만든 대만시멘트공사(4개 회사 통합)와 대만제지공사(6개 회사), 그리고 역시 일본인 소유였던 여러 업종의 적산 중소기업들을 망라하여 만든 대만광공공사(163개 회사)와 대만농림공사(45개 회사) 등이었다. 대만정부는 지주들에게 해당 주식의 매매를 통해서 앞의 두 대기업의 대주주, 경영진이 되거나 뒤의 두 기업에 속해 있던 중소기업들을 불하받아 차제에 중소자본가, 중소기업가로서 전업(轉業), 연착륙할 길을 열어준 것이다. 이로써 대만은 높은 인플레이션 속에서도 지주의 반발을 무마하면서 한편으로는 공기업 민영화의 장점을 취하고, 다른 한편으로는 원조를 무기로 자유주의 경제체제 도입을 압박한 미국의 요구에도 부응할 수 있었다(Cheng 1961; 劉進慶 1974: 80-89, 205; Wu 2005: 90-93).

2차 세계대전 후 농지개혁은 시대의 대세였다. 동아시아도 마찬가지였다. 일본은 1945년 말에 정부 주도로 유상매수·유상분배의 농지개혁(1차) 법안을 만들고 1946년 10월에 이를 강화한 2차 법안을 만들어 실행에 옮겼다. 북한은 1946년 3월에 무상몰수·무상분배의 토지개혁을 단행하였다. 물론 개혁을 논의하는 과정에서는 유상매수를 통한 지주의 산업자본가화를 주장한 사람도 있었지만 결국은 일체의 소작지와 '지주계급'(5정보 이상 소유)의 토지 및 농기구, 축력, 주택까지 몰수하였다. 이로써 북한의 지주층은 소멸하였고 그중 일부가 월남의 길을 택하였다(김성보 2000: 151-168).

남한의 여론과 주한 미군정도 농지개혁을 당연시하였다. 그리하여 장차 건설할 국가의 정치, 경제체제와도 관련해서 크게 세 가지 방안, 즉 우익의 유상매수·유상분배 방안, 좌익의 무상몰수·무상분배 방안, 중간파의 유상매수·무상분배 방안이 나와 각축하였고, 결국 우익의 유상매수·유상분배 방안이 최종 선택되었다. 1946년 초부터 한국민주당(한민당)의 농지개혁 방침이기도 하였던 우익의 유상매수·유상분배 방안은 논리가 분명하였다. 새 나라를 세우려면 근대화, 산업화, 상공업 발전이 필수적인데 그럴 만한 재원이 없다. 현재로서는 지주의 토지자본과 일제가 남긴 귀속재산, 특히 귀속기업체가 유일한 재원이다. 따라서 농지개혁을 하되 무상몰수가 아닌 유상매수 방식으로 하여 지주들이 농지대가로서 보상받은 자금을 상공업 분야로 전환할 수 있게 해줘야 하며, 귀속기업체 불하 정책도 거기에 맞추어 추진해야 한다는 것이었다(이지수 1994: 9-13; 김용섭 2000: 483-484; 김성보 2001: 141-143).

그런데 실제 개혁과정에서 이들이 말한 지주전업, 즉 상공업 자본가로 전환 대상이 되었던 지주는 영세지주, 중소지주가 아닌 대지주들이었다. 표 1은 농지개혁으로 농지대가를 보상받게 된 지주 약 17만 명의 계층분포이다. 그중 84.25%가 벼(正租) 50석 미만(농지로는 2.2정보 미만)을 보상받는 영세지주, 중소지주이다. 표 2는 보상 석수가 벼 50석인 지주가 그 후 5년간 보상받았을 금액이다. (1)은 그 지주가 보상시점인 이듬해 5월 말까지 해마다 지급받기로 되어 있던 매 10석에 대한 연도별 보상액이다. (2)는 농지대가를 보상받은 해의 토목건축공사판 노동자(人夫, coolie)의 하루 평균 임금이다. (3)은 (1)을 (2)로 나눈 것으로서 예를 들면 첫줄의 28일은 그 지주가 1951년에 수령했을 보상액

표 1 보상 석수(벼)별 지주 분포

구분	인원	비중
50석 미만	143,058명	84.25%
50–75석	7,006명	4.13%
75–100석	4,293명	2.53%
100–130석	3,381명	1.99%
130–200석	4,213명	2.48%
200–400석	4,495명	2.65%
400–1,000석	2,454명	1.45%
1,000–2,000석	608명	0.35%
2,000–5,000석	227명	0.13%
5,000–10,000석	49명	0.03%
10,000석 이상	21명	0.01%
계	169,805명	100.00%

출전: 한국은행(1955: I-80). 벼 1석(石)=72킬로그램.

표 2 보상 석수가 벼 50석인 지주의 연도별 보상액

연도	(1) 연간보상	(2) 하루임금	(3) = (1)/(2)
1951	1,481환	52.2환	28일
1952	5,883환	188.3환	31일
1953	18,056환	296.0환	61일
1954	18,056환	442.0환	41일
1955	27,750환	694.0환	40일

출전: 한국은행(1957: III-9, 19, IV-274). '환'은 1차 통화개혁(1953. 2) 이후 사용된 화폐 단위로서 2차 통화개혁(1962. 6) 때 지금의 원과 10환=1원의 비율로 교환되었다.

(1950년분 1,481환)이 1951년에 토목건축공사판에서 28일간 일한 노동자의 임금수입과 같았다는 의미이다.

이렇게 보면 표 1의 대부분의 지주들에게는 농지보상금만으로 상공업 자본가로 전업한다는 게 처음부터 가능한 일이 아니었다. 유상매수와 지주전업을 연계한 농지개혁은 일반지주가 아닌 극소수 대지주 계급을 자본가, 기업가 계급으로 전환, 연착륙시키는 데 주안을 둔 대지주 중심의 개혁안이었다. 당연히 지주전업이 불가능했던 영세지주, 중소지주야말로 농지개혁의 가장 큰 피해자였고 농림부도 그 점을 매우 동정하였다(김성찬 1950: 61). 19세기 후반 일본 메이지정부가 질록처분(秩祿處分)을 실시했을 때 거액의 금록공채(金祿公債)를 받은 극소수는 자본전환의 기회를 얻을 수 있었지만 대다수는 그렇지 못했던 것과 같은 예였다.

그러면 해방 당시 대지주는 숫자가 얼마나 되었고 또 어떤 존재들이었을까. 1947년 5월 조선식산은행에서 발표한 자료에 따르면 1943년 6월 현재 연간 벼 500석(충남, 전북, 경북은 450석 이상도 포함) 이상을 추수한 남한의 한국인 대지주는 1,630명이고 1946년 12월에는 그 수가 1,084명이었다(朝鮮殖産銀行鑑定部 1946). 뒤에서 살펴보듯이 지주들의 농지 사전방매와 가족 간 재산분할 등으로 그만큼 숫자가 줄어든 것이다. 당시 이 은행은 연간 벼 500석 안팎 이상을 추수하는 지주를 대지주로 보았는데 해방 당시 대지주는 1943년 6월의 1,630명에 가까웠을 것이다. 이들 대지주는 과연 어떤 존재였을까.

그간의 지주제 연구들에 의하면 일제하 대지주는 단순한 지주가 아닌 지주이자 자본가, 부르주아지이고 자본가, 부르주아지이자 지주였다. 이들은 요즘의 기업가들 가운데 은행돈을 쓰지 않는 예를 생각할 수 없듯이 수시로 은행을 출입하였다. 큰 지주는 조선식산은행 같은 국책은행을, 그보다 작은 지주는 일반은행을, 더 작은 지주는 금융조합을 드나들며 신용이나 토지, 미곡을 담보로 돈을 빌려 지주경영을 확대하고, 간척공사 등 토지개량에 나서고, 미곡출하 시기를 조절하였다(홍성찬 1989: 70-76). 당연히 이들은 은행 특히 국책은행들과 밀착하였고 그런 은행들을 틀어쥔 식민지 권력과도 유착하였다. 이들은 자산의 포트폴리오 구성을 자유롭게 선택하였고 농업, 농외부문에 진출하여 단독 또는 공동으로 여러 기업을 설립하고 대주주 중역으로서 경영에 참여하기도 하였다. 이들은 자식들을 가르쳐 한문세대에서 일본어세대로의 교체도 이루었다. 일제가 허용한 범위에서 중추원, 도의회 등을 통해 중앙과 지역의 정치무대에도 나섰다. 그리고 이는 거대지주일수록 더욱 그랬다(장시원 1989: 236; 홍성찬 1997: 361).

은행은 이들에게 기회와 위험을 동시에 주었다. 은행돈을 빌려 사업에 성공하면 지렛대(leverage) 효과로 사업을 크게 키울 수 있었지만 실패하면 상환압박으로 감량경영은 물론이고 파산도 불가피하였다. 실제로 당시에는 많은 지주가 수시로 파산하였고 공황 등 경제여건이 나쁠 때는 더욱 심했다. 조선식산은행에서는 1930년대 초에 세계 대공황을 겪으며 은행 빚에 몰려 파산한 지주들의 담보 농지가 한꺼번에 몰려들자 이를 관리할 별도의 자회사로서 주식회사 성업사(成業社)를 설립하였다(홍성찬 1990: 130). 따라서 대지주들은 생존을 위해서라도 지주경영의 일선에 적극 나서 생산, 분배, 유통 및 자금 일체를 효율적으로 관리해야 했는데 이는 같은 대지주라도 은행에의 의존도와 지주경영

규모가 큰 지주일수록 더욱 절실하였다. 이른바 동태적, 기업가적 지주들이었다. 물론 당시에는 해마다 정해진 소작료만 수취하며 지주의 생산적 '직능(職能)'에 충실하지 않았던 단순한, 정태적 지주가 많았다. 그러나 일제 말기로 갈수록 당국조차 그런 지주들을 압박하여 생산적 직능을 강화하도록 하였다. 증산에 소홀한 부재지주의 농지를 산업조합, 농회 등에 위탁 관리하도록 한 것이 그런 예였다(홍성찬 1997: 355).

해방 후 대지주들은 정치경제 민주화의 열기가 고조된 가운데 그간의 토지독점과 친일경력 때문에 곳곳에서 위기에 몰렸다. 그러나 이들은 미군정 개시와 더불어 점차 안정을 되찾았다. 사실 이들은 그간의 높은 교육투자에 힘입어 해방 직후의 국내외 정세, 미국의 대한정책, 좌우이데올로기 대립의 역사적 연원 등에 상당한 이해를 가졌고 일본어세대에서 영어세대로의 교체도 무리 없이 이룰 수 있었다. 이들은 일제 때부터 부와 권력을 가진 지역유지로서 지방은 물론이고 중앙의 명망가들과도 정치사회적 네트워크를 확대하여 유사시 동원할 인적자원이 풍부하였고 그들을 통해서 고급정보도 얻을 수 있었다. 또한 일제 때부터 도의원 등 각급 선거에 후보나 운동원으로 참가하여 선거와 정치를 익힌 데다 상당한 정치자금도 가져 해방 후의 선거제도에도 재빨리 적응할 수 있었다. 일제 때부터 크고 작은 계급갈등(소작쟁의 등)에 시달려 그에 대처할 능력도 남달랐다.

이들에게는 정치적 동조세력이 광범하게 존재하였다. 이들처럼 머지않아 농지를 분배당할 처지였던 영세규모의 부재지주와 3정보 이상을 소유한 중소지주들, 도시 상공업자로서 동시에 대지주였던 사람들, 그런 이들이 대거 포진한 대한상공회의소 같은 중앙과 지방의 각급 경제단체들, 대지주를 상대로 오랫동안 농업 및 토지금융을 취급해왔던 조선식산은행을 비롯한 여러 은행, 자산구성의 일환으로서 농지를 보유했거나 농업회사 주식을 가지고 있던 은행 등 금융기관과 일반기업도 마찬가지였다. 대지주이자 자본가들이 경영한 언론사들, 자본주의와 사유재산제도를 신봉한 학자, 언론인, 평론가 등 여론주도 그룹도 있었다. 그리고 이들을 지지기반으로 하는 한국민주당(뒤의 민주국민당) 같은 정당이 있었고 특히 해방 직후에는 자본주의 정치경제사상의 메카였던 미국이 군정을 펴고 있었다(홍성찬 2001: 185). 그리하여 이들은 농지개혁을 하더라도 무상몰수가 아닌 유상매수 방식으로 해야 하며 그 경우도 지주들이 상공업자로 전업, 연착륙할 수 있도록 지주전업 알선, 귀속기업체 불하 정책과 연계하여 추진해야 한다고 주장하였다.

3. 대지주의 농지 사전방매

해방 직후부터 대지주들은 언젠가는 농지개혁이 실시될 것이라고 예상하고 있었다. 그리하여 가족 간 재산분할, 비농지로의 지목변환, 학교재단설립 등 여러 대책을 강구하였다. 물론 가장 일반적인 대응은 농지의 사전방매였다. 당시 지주들은 언제 어떤 조건으로 농지를 팔았을까. 초기 학자들은 지주들이 농지개혁 전에 서둘러 농지를 팔았고 그것도 지주라는 우월적 지위를 이용하여 시가 또는 농지개혁시의 정부 매입(보상) 가격보다 고가로 강매하였다고 보았다(정영일 1967: 103-104; 황한식 1982: 83). 농지개혁의 부정적 이미지를 만든 견해였다. 그 후 다른 의견이 제시되었다. 농지개혁에 몰린 지주들이 농지를 헐값에 팔았고 매각시점도 농지개혁이 임박한 1948, 1949년에 집중되었다는 견해였다(권병탁 1984: 197; 장상환 1984: 268, 272). 지주들이 농지개혁에 몰려 어쩔 수없이 농지를 헐값에 팔았으니 사전방매 역시 농지개혁의 성과로서 적극 평가해야 한다는 의견으로서 농지개혁의 긍정적 이미지를 만든 견해였다.

그런데 농지를 언제 어떤 조건으로 사전방매할 것인가는 대지주들로서도 쉽게 결정할 일이 아니었다. 무엇보다도 해방 직후의 정치적 혼

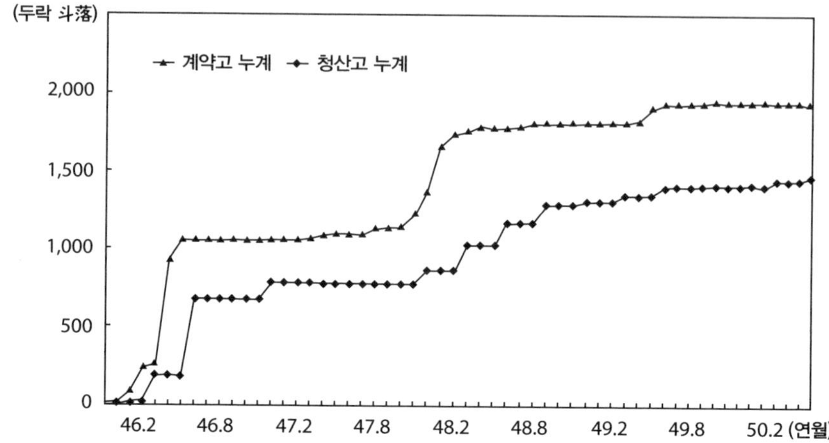

그림 1 동고농장의 소작지 방매 계약고와 청산고

출전: 홍성찬(1992: 388). 계약고는 매매계약을 체결하고 계약금만 받은 상태의 농지이고, 청산고는 잔금까지 청산하여 매매가 완료된 농지다. 전자가 지주의 사전방매 의지를 더 잘 보여준다.

란과 인플레이션 때문에 서둘러 농지를 팔아보았자 이를 투자할 만한 곳이 마땅치 않았고 그렇다고 현금이나 은행예금으로 가지고 있을 수도 없었다. 팔지 않고 가만히 있을 수도 없었다. 당장이라도 불리한 조건으로 개혁이 추진되면 그땐 팔고 싶어도 팔 수가 없었다. 불리한 개혁이 실시될 줄 알고 미리 싼값에 팔았다가 정작 실시되지 않으면 그것 역시 손해만 볼 일이었다. 이러지도 저러지도 못하는 그야말로 땅을 가지고 있다는 게 원망스러운 정도였다. 그렇지만 대지주들은 그런 속에서도 동원가능한 모든 채널로 정보를 얻어 그때그때 사전방매에 나섰다.

그림 1은 해방 후 1950년 6월까지 모두 1,961두락의 농지매각 계약을 체결하였던 전라남도 화순군 동복면 동고농장의 농지매각대장에서 작성한 것이다. 두 가지가 주목된다. 첫째, 전체 1,961두락 가운데 무려 52%를 1946년 1월부터 5월 사이에 매각 계약하였고, 33%를 1947년 11월부터 1948년 3월 사이에 매각 계약하였다. 매각 계약의 80% 이상이 이 두 기간에 집중되었다. 둘째, 위의 두 기간 중 1946년 1월

표 3 동고농장의 농지 사전방매 가격(논 1두락)

구분	(1) 명목지가	(2) 실질지가(벼)	(3) (2)/연평균수확
1기(1945. 11– 45. 12)	1,611원	3.77석	148%
2기(1946. 1– 46. 5)	3,115원	2.11석	83%
3기(1946. 6– 47. 10)	16,975원	4.95석	195%
4기(1947. 11– 48. 3)	21,678원	4.55석	179%
5기(1948. 4– 49. 3)	26,496원	4.33석	170%
6기(1949. 4– 49. 11)	40,911원	6.62석	261%
7기(1949. 12– 50. 3)	46,813원	4.21석	166%

출전: 홍성찬(1992: 406-407). (2)=(1)/벼1석가. '원'은 1차 통화개혁(1953.2) 이전의 화폐 단위로서 1차 통화개혁 때 100원 = 1환으로 교환되었다.

부터 5월 사이는 북한에서 무상몰수의 토지개혁이 실시된 1946년 3월을 전후한 기간이고, 1947년 11월에서 1948년 3월 사이는 입법의원 산업노농위원회에서 미군정과 협의하여 유상매수·유상분배의 토지개혁 법안을 만든 후 이를 본회의에 상정한 1947년 12월을 전후한 시기이다. 둘 다 농지개혁이 실시될 가능성이 어느 때보다 높아 보인 때였다.

표 3은 동고농장의 같은 자료에서 이들이 사전방매한 농지의 매매 가격을 정리한 것이다. 인플레이션을 반영하여 (1)의 명목지가는 많이 올랐으나 (2)의 실질지가는 그만큼 오르지 않았다. (3)은 논 1두락의 실질지가를 연평균 수확고 대비로 표시한 것이다. 두 가지가 주목된다.

첫째, 앞서 말한 1946년 1월에서 5월 사이에는 논 1두락의 가격이 연평균 수확고 대비 83% 수준에서 결정되었다. 그러나 1947년 11월에서 1948년 3월 사이에는 그보다 높은 179% 수준에서 매매되었다. 북한에서 무상몰수의 토지개혁이 실시되어 남한에서도 무상몰수의 가능성이 높다고 여겨진 1946년 초에는 소작농지를 헐값에라도 서둘러 매각하였지만 그럴 가능성이 없어진 그 후에는 적어도 그런 헐값에는 팔지 않았다. 둘째는 7기(1949. 12-1950. 3)에 연평균 수확고 대비 166% 수준에서 매매가 이루어진 점이다. 당시는 분배농지에 대한 정부보상 가격이 연평균 수확고의 150%로 결정된 때였다. 그래서 사전방매를 원하는 지주이든 사전매입을 원하는 원매자이든 150%를 기준으로 그걸 조금 오르내리는 수준에서 농지를 매매한 것이다. 그 기준을 크게 벗어나면 머지않아 150% 수준에서 분배가 이루어질 것이 거의 확실해진 상태에서 상대방 역시 거래에 응하지 않았을 것이다.

대지주들은 이렇게 매각한 농지의 사전방매 자금을 자본전환에 활용하였다. 예를 들면 LG그룹 창업자 구인회는 일제 때부터 경상남도 진주에서 구인상회라는 포목점을 운영해왔는데 해방 직후 소유지의 일부를 처분하여 1945년 11월에 부산에서 조선흥업사라는 무역회사를 세웠고 그 후 앞의 구인상회와 경상남도 고성에 있던 농지를 추가로 처분하여 1947년 1월에 부산에서 LG그룹의 모체가 된 락희화학공업사를 창립하였다(김병하 1991: 349). 경주 이씨가에서 농지를 사전방매한 자금으로 1947년 말에 고려화재해상보험(주)의 창립주주가 되고 1950년대에는 중역(상무)이 된 것(박석두 1987: 273-274), 해남 윤씨가에서 농지매각 자금으로 1948년에 정미공장을 인수한 것도 같은 예이다(최원규 1990: 894-900). 토지자본을 산업자본으로 전환한 것이다.

지주들은 사전방매자금을 대부자본으로도 활용하였다. 당시 농촌지역의 사채이자율은 전라남도 화순군 동복면의 대부사례에서 보듯이 연리로 환산한 명목금리(최빈치)가 1946년 36.5%, 1947년 91.3%, 1948년 91.3%로서 매우 높았다(홍성찬 1992: 376). 물론 높은 인플레이션 때문에 실질금리가 마이너스인 때도 있었지만 이는 다른 투자기회가 부족하였던 당시로서는 그나마 화폐가치를 보전할 중요한 수단이었다.

4. 대지주의 자본전환과 분화

농지개혁은 농지분배-지가상환-지주보상-등기이전의 4단계로 진행된다. 그중 가장 핵심적인 단계는 첫째의 농지분배인데 분배시점이 한국전쟁 발발 전인지 후인지를 놓고 한때 논란을 빚기도 했지만 수배농민들에게 '농지분배예정지통지서'가 발급된 1950년 4월경에는 이미 농지분배가 이루어진 것으로 보인다(김성보 2001: 158-160; 하유식 2010: 170-171).

둘째와 셋째의 지가상환과 지주보상은 한국전쟁으로 순조롭게 진행되지 못하였다. 그중에서도 지가증권의 발급과 지가보상, 그리고 그와 연계하여 추진한 지주전업의 알선은 피난에 따른 행정적 혼란과 전시하의 재정팽창, 통화증발, 하이퍼인플레이션으로 큰 차질을 빚었다. 주지하듯이 해방 후 최대의 경제문제는 인플레이션이었다. 전쟁은 이를 크게 악화시켰다. 이를 반영하여 전쟁 후에는 명목이자율이 더욱 상승하였다. 농촌지역은 특히 심했다. 1952년부터 1956년 사이에 전라남도 화순군 동복면의 사채이자율을 보면 월간 명목금리가 최고 25%, 최저 7.7%이고 최빈치는 15%였다(홍성찬 1992: 442-443). 연리로는 각각 300%, 92%, 180%에 해당하는 고금리다. 이런 상태에서 향후 5년간 그것도 시장가격보다 훨씬 낮은 정부고시 가격으로 현금보상을 받게 될 지가증권의 현재가치(PV = R/i)가 높을 리 없었다. 여기에 전시의 불확실성과 위험(risk)까지 겹쳐 지가증권 가치가 더욱 떨어질 수밖에 없었다.

이런 가운데 정부는 미국조차 원조중단을 무기로 인플레이션 수습을 압박하자 1950년 초부터 경제정책의 최우선 순위를 인플레이션 수습에 두고 강력한 경제안정정책을 수립하였다. 한국전쟁 발발 후에는 이를 더욱 강화하였다. 그 과정에서 농지개혁의 다른 한 중요한 축이던 지주전업 정책 역시 큰 변화를 겪었다. 크게 두 가지 점에서 그랬다(이지수 1994: 40, 48-49; 홍성찬 2001: 209-212).

첫째, 정부는 지가보상금 지불을 시작한 첫 번째 연차인 1951년부터, 매년 5월 말까지 일시불로 지급하기로 하였던 보상금을 제때 지급하지 않았고 지급방식도 때때로 월별 보상제로 바꾸었으며 지가증권을 담보로 한 지주전업자금의 융자도 극력 억제하였다. 거액의 계절

자금이 일시에 풀릴 경우 인플레이션 악화가 더욱 우려되었기 때문이다. 지주전업을 모색 중이던 지주들로서는 큰 타격이었다. 그리하여 그 중에는 지주전업은 고사하고 생활비조차 마련하기 힘들어 지가증권을 잔존가치(scrap value)의 30%, 40%나 70% 등 헐값에 내다 파는 사람이 나왔다.[1] 그 경우 당초 근대화, 산업화, 상공업 발전의 유일한 재원으로 여겨졌던 토지자본은 지주의 생활비, 소비자금으로 유실될 처지였고, 그래서 정부도 별도 대책이 필요하였다.

둘째, 이에 정부는 귀속기업체를 불하받을 사람이 타인 명의의 지가증권을 가지고 귀속기업체의 인수대금을 지불할 수 있게 하였고(1951. 6) 그런 지가증권에 대해서는 액면가치, 즉 이 경우는 잔존가치 전액을 인정해주기로 하였다(1951. 7). 원래 정부는 지가증권의 명의변경 절차를 까다롭게 하여 사실상 지가증권의 소유자, 지주만이 그것으로 귀속재산의 인수대금을 지불할 수 있게 했었는데 그 방침을 수정한 것이다. 그리하여 정부는 지주가 지가증권을 매각하여 사업자금이나 생활비를 좀 더 용이하게 조달할 수 있게 해주고, 다른 한편으로는 지주가 아닌 제3자들에게도 이런 방식으로 귀속기업체 불하에 참여할 길을 열어줌으로써 정부가 목표로 하는 산업화, 상공업발전을 촉진하고 정부의 재정적자도 보전하기로 하였다. 당연히 지가증권 수급자들 사이에 이를 거래할 시장이 생겼고 그걸 중개할 증권회사들도 생겼다. 농지개혁의 또 다른 중요한 축이었던 지주전업, 즉 '대지주의 상공업자본

1 지가증권의 매매가격은 매매시점의 잔존가치와 할인율로써 결정된다. 여기서 잔존가치는 지가증권을 중도 매입한 사람이 만기 5년 중 남은 기간 동안 보상받을 석수를 그 직전 연도분의 정부고시 가격으로 곱하여 계산하였다(홍성찬 1992: 437-439). 예를 들면 1953년 8월 현재 앞으로 2년간 매년 1석씩 보상받을 지가증권의 잔존가치는 1953년 5월에 고시한 1,805.6환(표 2 참조)으로 2석을 곱한 3,611.2환이다. 한편 할인율은 예상인플레이션율이 높고, 정부고시 가격이 낮고 그나마 제때 지불될 것 같지 않으며, 매매시점이 차기 보상시점(이듬해 5월)에서 멀수록 높아진다. 1953년 8월에 지가증권을 잔존가치의 30%에 팔았다면 할인율(r)은 137%이고 [$1805.6(1+1)0.3 = 1,805.6/(1+r)+1,805.6/(1+r)^2$], 40%에 팔았다면 91%이다. 1953년도 전라남도 화순군 일대의 연간 사채금리(최빈치 180%, 최저치 96%)보다 조금 낮았다(홍성찬 1992: 442).

가화' 정책은 전시의 인플레이션과 특수사정 속에서 '지가증권의 상공업자금화' 정책으로 변질되어간 것이다.

이런 가운데 대지주들도 분화되어갔다. 우선 일부는 농지를 사전방매한 자금과, 자기명의 또는 시중에서 구입한 타인 명의 지가증권을 이용하여 농외부문의 기존 사업을 확장하거나 새 사업에 진출하는 등 지주전업, 상공업 자본가로의 전환에 적극 나섰다. 사실 이들에게는 지가를 제때 보상받는 것만큼이나 귀속기업체를 불하받는 일이 극히 어려운 과제였다. 그리하여 이들은 모든 채널을 동원하여 정보를 얻고 로비하여 지가를 보상받았으며 사전방매 등으로 비축한 자금과 지가증권을 이용하여 신규 사업에 투자하거나 귀속기업체를 불하받았다. 예를 들면 해방 직후 한국 최대의 지주이자 부르주아지였던 경성방직, 삼양사의 김연수는 경상남도 울산에 제당·한천공장을 설립하면서 재원의 일부를, 1953년 2월에 자신의 지가증권을 액면가치, 즉 잔존가치의 30%, 40% 내지 70%에 처분한 자금으로 충당하였다(수당김연수선생전기편찬위원회 편 1996: 277-278).

두산그룹의 박두병은 일제 때 기업가이자 대지주였던 부친 박승직이 귀속기업체인 소화기린맥주회사의 주주였던 연고로 그 회사의 관리인이 되어 회사 이름을 동양맥주로 바꾸고 결국 1952년에 이를 인수하였는데 인수 가격의 10%였던 계약금은 부친 명의의 지가증권으로 납부하였고 나머지 대금도 시중에서 액면가의 30% 정도에 구입한 지가증권으로 납입하였다(박용곤 1996: 123). SK그룹 창업자 최종건은 해방 후 적산 기업인 선경직물의 자치운영위원장을 지냈던 연고로 그 회사 관리인이 되어 1953년에 경기도 수원의 대지주 차철순과 함께 그 회사를 공동 인수하면서 차철순의 지가증권으로 계약금을 냈다(전범성 1993: 143-145, 166-171). 일제 때 기업가이자 대지주였던 김용주와 백낙승도 1950년대에 귀속기업체인 전남방직과 태창방직을 각각 불하받았는데 이들 역시 같은 방식으로 지가증권을 활용하였을 것이다. 그 외 전라남도 화순군 동고농장의 오영은 전라남도 함평군의 정미공장을 인수하고 운수업을 겸영하였으며, 전라북도 전주의 대지주 이부영도 같은 방법으로 전주방직을 공동 인수하였다(홍성찬 2001: 213).

이들의 성공적인 자본전환 이면에서는 전쟁과 하이퍼인플레이션의 충격 속에서 지가증권을 헐값에 내다 팔고 여타 영세지주, 중소지주들과 함께 지주전업의 기회를 살리지 못한 채 몰락해간 대지주가 많았다. 그리하여 이 시기에는 이들이 매각한 지가증권을 싸게 구입하여 이로써 귀속기업체를 불하받는 이가 많았다. 한화그룹 창업자 김종희가 1952년에 적산인 조선화약공판을 불하받으면서 인수대금의 일부를 시중에서 싸게 구입한 지가증권으로 충당한 것이 그런 예였다(전범성 1988: 212). 실제로 1950년대에 귀속재산 불하대금의 절반 이상이 지가증권으로 납입되었는데 이는 당초 의도하였던 대지주의 상공업자본가화 정책이 지가증권의 상공업자금화 정책으로 변질되어 갔음을 보여준다.

그렇다면 농지의 사전방매자금과 지가증권을 활용한 대지주의 지주전업, 상공업자본가로의 전환 비중은 어느 정도였을까. 이에 대해서는 체계적인 연구가 더 필요한데 농지개혁 때 20정보 이상을 분배당한 전라남도와 전라북도의 지주 418명을 조사한 이지수에 따르면 자본전환에 성공한 지주는 11%인 47명이고 이들의 성공률은 지주경영 규모가 클수록, 지주경영 방식이 동태적 기업가적이었을수록, 그간 기업경영에 참여했던 경험이 빠르고 많을수록 높았다. 자본전환에 성공한 지주가 11%에 불과하다는 것은, 그도 말한 대로, 절반 이상 과소평가된 수치인 듯하다(이지수 1994: 65-66, 73). 그리고 그의 조사에 의하면 지주경영 규모에 따른 자본전환 성공률은 20정보 이상을 분배당한 지주를 기준으로 하면 11%였지만, 50정보 이상을 기준으로 하면 19%, 100정보 이상을 기준으로 하면 25%로 계속 증가하였다. 농지개혁의 지주전업정책은 대지주일수록 전업에 유리한 대지주 중심의 정책이었다.

5. 대지주 계급 해체와 농촌사회

농지개혁은 내전, 사상전, 이데올로기전쟁인 한국전쟁과 시간적으로 겹쳐서 진행되었다. 따라서 그 후 농촌사회의 권력구조, 심성구조, 일상의식에 더욱 많은 변화를 가져왔다. 우선 대지주 집안은 농지개혁과 전쟁 중에 많은 수가 농촌을 떠났다. 이들은 그동안 좌우갈등의 중심에서 많은 인적 물적 손실을 당한 데다 농지개혁 후 농지에 기반을 둔 경제활동도 불가능하였으므로 더 이상 농촌에 머물 유인이 없었다. 반면 이들은 교육수준이 높고 비교적 일찍부터 도시문화에 적응한 데다 농지방매자금과 지가증권도 가지고 있었으므로 상대적으로 도시이주가 용이하였다. 김영모(1982: 171)는 1962년 현재 대자본가의 51%, 정치지도자의 36%, 장관의 34%, 1965년 현재 대학교수의 29%가 대지주의 자제였다면서 이들이 해방 후 파워엘리트의 주류를 이루었다고 보았는데 그 상당수는 농지개혁을 전후하여 도시로 이주한 사람들이었을 것이다.

농지개혁과 한국전쟁에 따른 대지주 계급의 해체와 도시이주는 농촌사회에 두 가지 변화를 가져왔다. 첫째, 지역지배층, 지역엘리트, 지역유지(有志) 구성에 변화가 나타났다. 1950년대에는 한편에서는 일제 때 대지주였거나 면장, 구장 등으로서 행정경험을 쌓았던 사람들이 여전히 면장, 면의원, 자유당 면당간부 등으로 활약했지만 다른 한편에서는 대지주들이 떠난 자리에 지역 내 위상이 그만 못했던 사람들이 상승하여 충원되는 변화를 보였다(홍성찬 1992: 323; 최봉대 1998: 175; 김성보 2005: 283). 그리고 그중에는 해방정국과 한국전쟁을 거치면서 반공, 전투경력을 쌓은 인사들이 많았다. 농지개혁과 전쟁이 지역의 권력구조, 엘리트구조에 변화를 가져온 것이다.

이런 변화와도 관련해서 1950년대 농촌에는 반(反)지주, 반공의 정치정서가 적지 않았던 것 같다. 1956년 정·부통령 선거 때 자유당 화순군당에서 산하의 동복면당으로, 이를 대서특필하여 면내 곳곳에 붙이라고 지시하며, 내려 보낸 아래 자료는 이승만정권이 농촌지역의 이런 정서를 정치적으로 어떻게 이용했는지를 보여준다(자유당정부통령선거동복면대책위원회 1956).

> 민주당 지주들의 착취 근성 폭로. "농지를 전(前) 지주들에게 찾아준다고" 광양민주당위원장 엄씨 장담. 민주당의 원산지인 전남에서는 과거의 농지개혁을 전복시켜 다시 각 지주에게 환원시킨다고 신판 동키호태와 같은 민주당 군당 위원장이 나타나 도민들의 격분을 자아내 … 27일 중앙요로에 호소된 바에 의하면 전남 민주당 광양군당위원장 엄상섭은 면소재지를 순방하면서 유지들을 방문하고 만일 민주당 입후보자가 당선된다면 과거의 농지개혁을 전복시켜 각 지주들에게 반환하겠다는 망발을 하는 동시에 6.25 당시의 부역한 자 및 그 가족들에 대하여는 여당을 지지하면 각자들의 부역사실을 샅샅이 들추어내서 극형에 처하겠다는 위협을 하고 있어 산간벽지의 양민들은 공포에 사로잡혀 유지들로 하여금 중앙요로에 호소까지 하기로 결정하여 서울에 상경한 것이다.

자유당은 민주당이 집권하면 농지개혁을 무효화할지 모르고 전쟁부역자와 그 가족들도 극형에 처할 것이라며 농민을 협박하였다. 자유당은 민주당의 "못살겠다 갈아보자"라는 선거구호에도 아래 구호로써 대응하였다(자유당정부통령선거동복면대책위원회 1956).

> 그대들이여
> 금력이 욕심나 못살겠단 말이요　　권력이 탐나서 못살겠단 말이요
> 지난날 잘산 사람 그대들이었고요　권세로 백성 울린 그대들이었지요
> 왜정이 그리워 못살겠단 말이요　　군정이 애석해 못살겠단 말이요
> 일제 때 지주는 그대들이었고요　　군정 때 대관도 그대들이었지요

이승만 정권은 민주당을 일제와 미군정 시기에 권세를 누린 지주, 기득권 세력으로 몰아세웠다. 자유당이 진보당 대통령 후보 조봉암에 대한 공격 자료로서 활용한 "1. 공산당 조봉암 타도. 공산당에 투표하는 자를 밝히자. 2. 공산당 조봉암을 투표하지 말자. 3. 공산당 조봉암을 투표하면 빨갱이다. 4. 경계하자, 공산당의 대통령 출마를. 우리들 살 길은 공산당 타도에 있다."라는 구호도 상징적이다(자유당정부통령선거동복면대책위원회 1956). 진보당은 공산당, 빨갱이들이며 따라서 이들이 집권하면 급진 공산주의 정책을 펼 것이라는 선전이다.

자유당은 민주당이 집권하면 농지개혁을 '전복'시켜 분배받은 농지를 다시 반환하게 될지 모르고, 진보당이 집권하면 공산주의 건설을 위하여 어렵게 지켜온 농지의 사적소유권까지 빼앗길지 모른다며 불안감을 자극하였는데 이런 전략은 여촌야도(與村野都)의 선거결과에서 보듯이 적어도 농촌에서는 성과를 거둔 것 같다. 그리하여 1950년대 농촌에는 원래 자작농이었거나 농지개혁으로 농지를 분배받아 자작농이 된 이들의 프티부르주아 의식과 거기에 기반을 둔 반(反)지주, 반공의 정서가 강하게 남아 있었고 이는 1960년대에도 당분간 지속된 것 같다.

둘째, 대지주 계급의 해체와 도시이주는 이들이 총독부 농업정책의 전달자로서 토지개량을 시도하고, 농사개량을 독려하고, 영농자금을 빌려주고, 자본주의 사고방식과 도시문화를 이식하고, 지역사업에 앞장서며 그동안 담당해왔던 '생산적 직능'을 누구에게 대행시킬 것인가라는 과제를 남겼다(朝鮮殖産銀行鑑定部 1946: 9-10). 대안은 두 가지였다. 하나는 정부가 협동조합 등을 만들어 담당시키는 안이다. 농림부장관 조봉암의 농업협동조합, 기획처장 이순탁의 농회 및 농지금고(農地金庫), 농지국장 강진국의 농업협동조합 및 국립농업은행 설립 구상이 그런 예다(방기중 2010: 89). 다른 하나는 농민이 직접 맡는 방안이다. 1945년 9월에 38선 이남 황해도 옹진군 소재 성업사 말영(末永)농장의 소작인들은 수동농민조합을 만들어 그 농장을 성공적으로 자주관리하였다(홍성찬 1991: 155-159). 이 방안의 성공가능성을 보여준다. 그러나 정부는 어느 것도 실행에 옮기지 못하였다. 지주의 농지는 잘게 쪼개어 농민에게 나눠주었지만 지주들이 맡았던 생산적 직능을 대신할 기구는 만들지 못한 것이다.

농지개혁의 핵심목표의 하나는 농업생산력 증진이었다(농지개혁법 1조). 그간 학계는 농지개혁의 생산성 증진효과를 분석적으로 검토한 여러 연구를 축적하였다. 강과 라마찬드란(Kang and Ramachandran 1999: 793)은 방대한 패널데이터를 이용하여 일제 하 농업생산함수를 추정하고 거기서 소작지율(tenancy rate)과 생산성 사이에 정(+)의 관계가 있음을 보였다. 소작제의 생산성이 높았기 때문에 농지개혁으로 소작지율이 떨어지면 생산성이 함께 하락할 것임을 말한 것이다. 반면 전과 김(Jeon and Kim 2000: 265)과 루돌프(Rudolf 2012: 11)는 시계열자료를 이용하여 둘 사이에 부(-)의 관계가 있다고 보았다. 농지개혁으로 소작지가 줄고 자작지가 늘면 생산성이 증가한다는 주장이다. 우대형(2001: 205)은 농지개혁이 생산성 증가에 기여하였다면 농지개혁 전에 소작지율이 낮았던 지역보다 높았던 지역에서 개혁 후 생산성 증가가 더욱 뚜렷하게 나타날 것이라고 보고 이를 경상북도 24개 군의 군별 데이터를 가지고 검증하였다. 그런데 결과는 그렇지가 않았다. 농지개혁의 생산성 증대효과에 의문을 보인 것이다.

농지개혁이 농업생산성을 증진시킬 것이라고 본 것은 지주(소작농)의 농지, 농업, 농사에 대한 애착심이 자작농보다 못하다고 여겼기 때문이다. 그러나 일제하의 대지주는 그렇지만은 않았다. 이들은, 물론 그렇지 않은 지주도 많았지만, 총독부 농정의 담당자로서 농사현장에서 생산, 분배, 유통에 일일이 간여하고 토지개량, 농사개량, 영농자금 융자 같은 생산적 직능을 다한 사람들이 많았다. 강과 라마찬드란(Kang and Ramachandran 1999)과 우대형(2001)의 결과는 지주의 생산적 기여가 자작농의 그것보다 못하지 않았음을 의미한다. 농지개혁은 이 점을 간과한 채 지주의 농지를 잘게 쪼개어 농민에게 나눠주었을 뿐 그들이 맡았던 생산적 역할을 대신할 대안의 기구를 만들지 못함으로써 결국 농업개혁으로는 발전하지 못하였고 이는 그 후 농지개혁의 성과에도 큰 부담으로 작용하였던 것 같다.

6. 결어

한국의 농지개혁은 농지의 유상매수와 지주전업, 귀속기업체 불하 등을 하나의 정책패키지로서 연계하여 추진한 점이 특징이다. 그 점에서 무상몰수의 북한, 중국은 물론이고 유상매수였지만 지주전업 정책이 없었던 일본과도 달랐다. 근대화, 산업화, 상공업발전에는 재원확보가 필수적인데 당시는 지주의 토지자본과 일제가 남긴 귀속재산이 거의 유일한 재원이었으므로 정부가 농지를 유상매수하여 지주들이 그 자금으로 귀속기업체를 인수하는 등 상공업자로 전업할 수 있게 한 것이다. 그런데 실제 개혁과정에서 농지보상금으로 자본전환을 꾀할 수 있었던 것은 보상액이 적은 영세지주, 중소지주가 아닌 대지주들뿐이었다. 농지개혁은 그 성공 실패 여부를 떠나서, 대지주 계급을 상공업자본가로 전업(轉業), 연착륙시키는 데 주안을 둔 대지주 중심의 근대화 프로젝트였다.

한국의 농지개혁은 미국의 강력한 영향 아래서 한국보다 조금 늦게 유상매수와 지주전업, 귀속기업체 불하를 하나의 패키지로 묶어서 추진하였던 대만의 그것과도 달랐다. 한국은 전시 인플레이션하에서 농지대가를 전액 현금으로 그것도 5년간 시장가격 아닌 정부고시 가격으로 보상하였고 그나마도 제때 지급하지 않았으나 대만은 보상지가의 70%는 쌀, 고구마 등 현물로써 10년간 균등 보상하였고 나머지 30%는 대만시멘트공사 등 4대 국영기업의 주식으로써 즉각 일시에 보상하였다. 대만은, 높은 인플레이션하에서 현금보상을 실시하여 지주의 상공업 자본가화가 여의치 않았던 한국의 실패 경험을 교훈 삼아, 농지대가를 현물 또는 주식으로 보상해줌으로써 인플레이션 헤지(기피)를 강구하였고 그리하여 극심한 인플레이션 속에서도 지주전업, 지주의 중소자본가화에 상당한 성과를 얻을 수 있었다.

농지개혁으로 한국의 지주들은 빠르게 분화하였다. 일부는 농지를 사전방매한 자금과 농지개혁으로 보상받은 지가증권을 활용하여 농외의 기존사업을 늘리거나 신규 사업에 진출하였다. 경성방직·삼양사의 김연수, LG그룹 창업자 구인회, 두산그룹 제2대 경영주 박두병, 그리고 SK그룹 창업자 최종현과 동업하였던 차철순 등이 그런 경우였다. 그러나 보상액이 적은 영세지주, 중소지주는 물론이고 그 외 다수의 대지주들은 지주전업의 기회를 얻지 못한 채 생활비나 사업자금 마련을 위하여 지가증권을 헐값에 팔고 몰락해갔다. 그리고 이들이 매각한 지가증권은 한화그룹 창업자 김종희가 그랬듯이 제3자들이 이를 사모아 귀속기업체 불하대금 납입에 사용하였다. 정부가 의도하였던 대지주의 상공업자본가화 정책은 지가증권의 상공업자금화 정책으로 변질되어간 것이다.

농지개혁은 내전인 한국전쟁과 동시에 진행되어 그 후 농촌사회에 많은 변화를 가져왔다. 많은 대지주가 도시로 떠나자 그보다 하위의 인사들이 그 자리를 메워 농촌지역의 엘리트 구성에 변화가 나타났다. 전쟁 후에는 원래 자작농이었거나 농지개혁으로 자작농이 된 이들의 프티부르주아 의식과 거기에 기반을 둔 반(反)지주, 반공 정서가 한동안 지속되었고 자유당은 그런 정서를 정치적으로 잘 활용하였다.

농지개혁의 핵심목표의 하나는 농업생산성 증대였다. 그런데 정부는 지주의 농지를 잘게 쪼개어 농민에게 나눠주었을 뿐 종래의 지주들, 특히 동태적 기업가적 대지주들이 맡았던 생산적 직능을 대신할 대안의 기구는 만들지 못하였다. 그 점에서 농지개혁은 농업개혁으로 발전하지 못하였고 그 후 농지개혁의 성과에도 큰 부담이 되었던 것 같다.

| 1부 |

유상매수의 농지개혁

| 1장 |

한국 농지개혁 당시 수배농가의 변동
경기도 광주시 남종면 사례*

조석곤

1. 서언

대한민국정부 수립과정에서 최대 쟁점의 하나는 농지개혁 실시였다. 여러 우여곡절을 거치면서 1950년에야 농지개혁법과 그 시행령이 제정되었다. 하지만 법이 제정된 이후 농지개혁은 한국전쟁 중에도 중단 없이 진행되었다. 또한 농지개혁법은 1994년 제정된 농지법에 의해 1995년 말 공식적으로 폐지될 때까지 한국 농지제도의 근간을 이루고 있었다.[1] 농지개혁법의 기본원리는 경자유전 및 3정보 소유상한으로

* 이 장은 Seok Gon Cho, 2013, "A Study on Change in the *Subae nongga* at the Time of the South Korean Land Reform: The Case of Namjong-myeon, Gwangju City," *Seoul Journal of Korean Studies*, 26(1)의 한글 수정본이다.

1 농지개혁사업은 농지의 분배방법을 규정한 것일 뿐 분배된 농지를 어떤 방식으로 경영할 것인지에 관한 구체적인 방법까지 제시한 것은 아니었다. 때문에 정부에서는 수차례에 걸쳐 농지의 소유·이전·보전에 관한 기본법을 정하려 노력했지만 번번이 실패했고, 「농지의보전및이용에관한법률」(법률 제2373호, 1972. 12. 18.), 농지임대차관리법(법률 제3888호, 1986. 12. 31.) 등 부분적으로 보완하여 오다가 1994년에 이르러서야 농지법(법률 제4817호, 1994. 12. 22.)을 제정할 수 있게 되었다. 1950년대와 1960년대의 농지법 제정논의에 대해서는 조석곤(2004, 2006)을 참고.

요약할 수 있는데 이는 효율성보다는 평등성을 지향한 것이었다. 비농민의 토지소유 금지나 3정보 소유상한제도가 농업의 효율적 발전을 가로막는다는 주장에도 불구하고 1990년대 중반까지 이 원칙이 무너지지 않았던 것을 볼 때, 농지개혁법의 기본 원리인 평등주의는 한국사회에 뿌리 깊은 영향력을 발휘하고 있었다.

한국자본주의의 이례적 성공의 원인에 대해 식민지근대화론, 농업희생론, 정부역할론 등 다양한 논의가 제시되고 있지만, 그 원인을 논함에 있어 농지개혁은 간과할 수 없는 중요한 사건이다. 사실 농지개혁은 해방공간이라는 특정한 정황이 아니었다면 실현되기 어려운 정책이었다. 경자유전 이데올로기는 봉건사회의 통치윤리와 맥이 닿아 있으면서도 당시 사회주의적 분위기와 맞물리면서 거스를 수 없는 대세가 된 것이었다(조석곤 2001a).

일단 농지개혁이 시작되자, 남한주민들 특히 농민들은 역사상 한 번도 경험해보지 못한 '평등주의'가 실현되는 과정을 목격하였다. 농지개혁을 통한 '평등주의의 장착'은 남한사회의 성격을 근본적으로 규정한 요인으로 작용하였다. 경제적으로는 산업화과정에 경제잉여를 투입하라는 정부의 지시에 자발적으로 순응하면서도, 정치적으로는 민주화에 대한 강렬한 열망을 가진 한국사회의 특징은 '평등주의의 장착'이라는 농지개혁의 성과를 빼놓고는 효과적으로 설명할 수 없다.

하지만 농지개혁을 '평등주의의 장착'이라는 관점에서 파악하려는 시도는 기존 연구사에서는 흔치 않았다. 농지개혁 연구사에서 분수령적 위치를 차지한 연구는 장상환(1984, 1985)과 김성호 등(1989)을 들 수 있는데, 농지개혁 입안과정과 그 성격 규정에 집중했던 종래의 연구 경향은 이 연구들을 계기로 농지개혁이 한국자본주의 발전에 미친 긍정적인 효과를 분석하는 쪽으로 선회했고(김일영 2000; 장상환 2000; 홍성찬 편 2001), 이 연구들이 한국자본주의 발전에 대한 농지개혁의 역할을 설명하는 데 기여한 것은 사실이다. 농지개혁을 통해 농업잉여가 효과적으로 추출될 수 있었다는 주장도 이와 맥을 같이한다(Kay 2002). 하지만 이 연구들은 농지개혁에 의해 형성된 한국의 농업구조, 즉 영세자작농 체제와 자본주의 발전 사이의 관련성에 대해서는 본격적으로 다루지는 못한다. 그 체제는 농업경영의 안정성을 보장하기에는 개별 농가의 소유규모가 너무 영세하다는 태생적 한계를 지닌 체제였고, 결과적으로 농업의 자본주의적 발전에 적합한 생산구조는 아니었다는 점을 이들 연구는 무시하고 있다. 다른 한편, 영세자작농 체제의 문제점, 특히 수배농가(受配農家)[2]의 농업경영면에서의 안정성에 대해 의문을 제기한 논의도 적지 않지만,[3] 이 연구들은 농민경영의 취약성이 한국자본주의의 발전과 어떤 구조적 연관을 갖는지는 설명하지 못했다.

평등성을 지향한 농지개혁의 기본 원리가 압축성장의 시대 내내 관철되고 있었다는 것은 분배의 불평등과 경제성장의 상관관계에 관한 경제학의 고전적 논쟁[4]과 관련하여 천착해볼 만한 주제이다. 효율성을 강조하는 사회적 분위기 속에서도 최근 심화되고 있는 양극화가 경제발전에 악영향을 미친다는 우려가 제기되는 것도 이 논쟁과 같은 맥락이다. 한국을 대상으로 이 주제를 다룬 연구 중에는 의외로 자산시장의 평등함이 고도성장의 원인이었음을 지적하는 연구들이 많다(You 1998; 정군오 외 2005). 그 평등성이 농지개혁의 성과임은 물론이지만, 아쉽게도 이 연구들은 농지개혁을 본격적으로 다루지는 않아 농지개혁을

2 수배농가란 농지개혁 당시 농지를 분배받은 농가를 지칭하던 공식적인 표현으로 수분배농가라고도 한다. 이 장에서는 수배농가로 통일하며, 농가 차원이 아니라 농민을 지칭할 필요가 있는 경우에는 '수배농민'이라 칭하기로 한다.

3 취약성의 원인으로 개혁 후 제도 정비의 미비(박희진 1988; 류기천 1990), 분배농지의 낮은 생산성(이종범 2002), 소유규모의 영세성(조석곤 2001b; 조석곤 2005a; 조석곤 2005b; 정상욱 · 김석준 2009; 하유식 2010) 등 다양한 논점이 제시된 바 있다.

4 경제발전 초기에는 분배가 악화되지만 경제발전이 성숙하면 분배가 개선된다는 쿠즈네츠의 역U자 가설은 성장과 분배에 관한 고전적인 가설이지만 반론도 많다. 불평등도가 심한 경우 오히려 장기적인 경제성장에 부정적인 영향을 미치며(Galor and Zeira 1993), 사회적 갈등 및 정치적 불안 등의 요인으로 성장을 저해할 수 있기(Thorbecke and Charumilind 2002) 때문이다.

통해 한국사회에 평등주의가 내재되는 것에 관해서는 주목하지 않았다.

이 장은 농지개혁에 의한 평등주의의 장착이라는 주제를 본격적으로 다루려는 노력의 첫걸음에 속한다. 이를 위해 기존 연구가 거의 주목하지 않았던 농지개혁의 진행과정에서 최초 수배농가가 대폭 변경되었다는 사실에 주목한다. 1959년 정부 조사에 따르면 전체 수배농가의 30%가 변경되었는데, 분배농지의 전매가 농지개혁법의 틀 내에서는 허용되지 않았던 것임을 고려하면, 이는 매우 높은 수치이다. 이러한 광범한 수배농가 변동은 우리에게 몇 가지 중요한 질문을 떠오르게 한다. 기존 연구에 따르면 농지개혁의 최대 수혜자는 수배농가인데 왜 그들은 분배농지에 대한 권리를 포기했을까? 그 분배농지를 새롭게 취득한 농가들은 포기한 농가들과 비교할 때 다른 사회경제적 지위를 지닌 농가들이었을까? 더 본질적으로는 이런 분배농지의 전매과정이 농지개혁법의 기본 원리까지 훼손하면서 진행되었을까?

원(原)수배농가에서 최종(最終)수배농가(상환 완료시점의 경작자)[5]로 분배농지가 이동한 것이 어떤 의미를 갖는지, 그리고 두 그룹 사이에 사회경제적 지위에 있어서 질적인 차이가 존재했는지 검토하면서 이 질문들에 대해 답하고자 한다. 만일 수배농가의 변동이 계층 간 차이를 동반하는 것이라면 농지개혁이 지향한 평등성은 그 진행과정에서부터 이미 훼손되었음을 의미한다. 반면 한국전쟁을 거치면서도 원래의 기본 원리가 꾸준히 관철되었다면, 그 평등성은 한국자본주의 발전 초창기에 하나의 중요한 속성으로 자리 잡았다고 볼 수 있을 것이다.

---

5 이하 이 장에서는 최초 확정된 수배농가를 '원수배농가', 상환을 완료하고 분배농지에 대한 소유권을 갖게 된 수배농가를 '최종수배농가'라고 부른다. 후술하는 바와 같이 수배농가가 변화한 경우 상환을 완료했다 하더라도 소유권이전등기를 할 수 없었는데, 이 문제를 해결하기 위해 「분배농지소유권이전등기에관한특별조치법」(법률 제613호, 1961. 5. 5.)이 제정되었으며, 이 법에서는 해당 농가를 '현경작자'라고 불렀다. 당시로서는 '현경작자'가 실상을 잘 드러내는 표현이었겠지만, 지금 시점에서는 오해를 불러일으킬 수 있으므로 '최종수배농가'라는 표현을 사용하기로 한다.

이 장에서는 광주시 남종면의 자료를 통해서 이 주제에 대해 접근한다.[6] 남종면은 농지개혁 관련 자료가 상대적으로 풍부하게 남아 있으며, 수배농가 변동 비율 또한 낮지 않았기 때문에 사례 분석의 대상지로 적합하다고 생각한다.[7] 이하 논의의 순서는 다음과 같다. 먼저 2절에서는 이 장에서 이용할 자료를 소개하고 분배농지 전매의 실태를 살펴본다. 3절에서는 수배농가의 변동에 관해 구체적으로 분석한다. 이 절에서는 크게 두 주제를 다루는데 첫째, 남종면의 농지개혁과정에서도 1960년대 중반까지는 농지개혁이 설정한 평등성의 원리가 관철되었음을 토지소유 불평등의 완화라는 지표를 통해 확인한다. 둘째, 토지소유규모를 지표로 활용하여 원수배농가와 최종수배농가의 사회경제적 지위에 관해 분석하고, 이를 통해 농지개혁법의 기본 원리는 분배농지의 전매 속에서도 크게 훼손되지 않고 관철되었음을 확인한다. 마지막으로 4절에서는 이러한 논의의 함의를 정리하고, 이 장의 한계 및 추후 과제를 함께 제시한다.

2. 남종면 분배농지의 실태

농지개혁 직전 남종면 토지소유구조

조선시대 말 양평군에 속했던 남종면은 1914년 행정구역 개편으로 광주군에 편입되면서 분원리, 우천리, 귀여리, 검천리, 수청리 등 5개 리

---

6 수배농가의 변동에 대한 사례연구로는 조석곤(2009)이 있다. 그는 원주시 호저면의 농지개혁 전개과정을 분석하면서, 호저면의 경우 수배농가의 약 15% 정도가 변화했으며 새로 분배받은 농가는 일정 규모 이상의 경제력을 갖춘 자소작농이 대부분이었음을 근거로 분배농지의 전매 과정에 계층별 차별성이 있음을 지적한 바 있다. 하지만 사례대상 호수가 40여 호에 불과하여 이를 일반화하기는 어려운 점이 있다.

7 이 지역의 농지개혁 진행과정에 대해서는 조석곤(2011)이 자세하므로 이 장에서는 필요한 부분만 설명한다.

로 통합되었다.[8] 남종면에는 답보다 전이 많았으며, 전에서도 곡물보다는 소채를 많이 재배했다(남종면, 『관내상황』). 일제 초 실시된 토지조사사업 당시 작성된 『토지조사부』에 따르면 남종면 4개 리의 경지면적은 640.0정보였으며 이 중 전 420.7정보, 답 219.3정보로 전이 65.7%를 차지했다. 한편 한국전쟁 직후인 1953년 말 『토지대장』에 등록된 경지면적은 650.4정보였으며, 이 중 전 374.3정보, 답 276.1정보로 전의 비중이 60.0%였다. 일제시기 동안 경지면적은 거의 증가하지 않았지만, 전의 면적은 45정보가량 감소했는데, 답의 면적 증가는 이보다 더 컸다.

토지조사사업 당시인 일제 초기에 남종면에 토지를 소유한 일본인은 1명으로 3필지 377평을 소유했을 뿐이고, 동척 소유지도 없었다. 한편 소유분해는 상당 정도 진행되었는데, 토지소유자 574명 중 38.7%인 222명이 3단보 미만의 영세토지소유자였으며, 이들의 소유면적은 전체의 3.7%에 불과했다. 반면 3정보 이상 소유자는 49명이었는데, 이들이 전체의 52.3%를 소유했다.[9]

이러한 특성은 농지개혁 직전에도 변하지 않았다. 남종면의 귀속농지는 9필지에 지나지 않았으며, 4인의 일본인 지주가 4,340평을 소유하고 있었다. 1953년 『토지대장』 상의 토지소유자는 모두 1,225명이었는데, 이는 일제 초에 비해 2배 이상 증가한 숫자이다. 이 중 남종면 이외에 거주하는 토지소유자는 240명으로, 전체 토지소유자의 80%는 남종면에 거주했다. 1957년 남종면의 총호수는 640호이며, 이 중 농가는 492호인 것에 비하면 토지소유자가 매우 많다고 할 수 있다(남종면, 『관내상황』). 부재지주 240명을 감안한다 하더라도, 『토지대장』의 정보가 토지소유규모의 영세성을 과대평가할 가능성이 있음을 보여준다.

8 이 중 우천리는 팔당댐 건설로 수몰되었기 때문에, 이 장에서는 우천리를 제외한 나머지 4개 리만을 분석 대상으로 한다.

9 이 수치들은 우천리의 경지도 포함된 수치이다.

소유분해 상황을 보면 3단보 미만의 토지소유자 630명(51.4%)이 전체의 12.0%를 소유했다. 반면 3정보 이상 토지소유자는 26명(2.1%)에 지나지 않았지만 전체 경지의 23.6%를 소유했다. 영세토지소유자는 수적으로나 그들의 소유면적의 비중도 증대한 반면, 3정보 이상 토지소유자는 지주의 수나 보유면적 비중 모두 감소했다.

그리하여 일제 초에 비해 한국전쟁 직후 남종면의 토지소유불평등도는 오히려 줄어들었다. 『토지조사부』에 등장한 토지소유자만을 대상으로 한 지니계수는 0.6981이었는데, 『토지대장』에 등장한 1953년 말 토지소유자의 지니계수는 0.6134로 오히려 줄었다.[10] 이는 대토지소유자의 감소와 영세토지소유자의 증가라는 하강분해가 진행된 결과였다. 남종면의 『토지대장』은 한국전쟁 기간에 훼손되었기 때문에 대토지소유자의 비중 감소가 언제부터 진행되었는지를 정확하게 알기는 어렵지만,[11] 농지개혁에 즈음한 지주계급들의 소작지 사전방매가 이 지역에서도 상당 규모로 진행되었음은 추론할 수 있다.

요컨대, 남종면은 전작지대로서 일제시대 번답(反畓, 밭을 논으로 바꾸는 일)이 진행되긴 했지만 여전히 전의 비율이 절반 이상이었다. 경지규모는 크게 변하지 않았으며 영세토지소유자가 급격히 늘어난 것으로 보아 일제하에서 늘어난 인구가 그대로 남종면에 체류하고 있었던 것으로 보인다. 농지개혁이 임박하면서 지주의 소작지 사전방매가 이루어졌는데, 그 매입자는 소작인일 가능성이 컸다. 농지개혁 직전 남종면 토지소유 상황은 바로 이러했다.

10 이 지니계수는 『토지대장』에 등록된 토지소유자를 기준으로 계산한 것으로, 무토지소유농가를 포함하지 않은 수치이므로 실제 지니계수는 이보다 더 높을 것이다.

11 이 때문에 현존하는 남종면 『토지대장』으로는 1953년 이후의 정보부터 확인할 수 있다. 이 장에서 1953년 말을 기준으로 농지개혁 당시의 토지소유규모를 측정한 것은 이 때문이다. 농지개혁의 결과가 반영된 소유권이전등기는 1953년 말까지는 거의 이루어지지 않았기 때문에 큰 문제는 없다.

남종면의 농지개혁과 분배농지 전매 실태

농지개혁은 분배농지의 확정, 상환 및 보상, 분배농지의 소유권이전등기 순으로 진행되었는데, 남종면 농지개혁의 진행과정도 다른 지역과 크게 다르지 않았다. 정부는 이미 1950년 초 실지조사를 통해 농지소표를 작성했고, 이를 수합하여 『경작자별농지일람표』를 작성했다. 남종면에서도 이 작업은 한국전쟁 이전에 완료되었다(조석곤 2011).

한국전쟁 중에도 상환업무는 큰 차질 없이 진행된 반면, 보상업무는 매우 지연되었다. 남종면에서는 『지주별농지확인일람표』가 1952년에야 작성되었고, 그나마 매우 부실한 상태였다. 지주들로 보상업무에 적극적으로 대응하지 않았는데, 1953년 중반까지도 보상대상지주의 절반가량이 보상신청조차 하지 않은 실정이었다. 1954년 8월 지가증권 발급실적은 총보상액의 25.1%에 불과했다. 상환 및 보상은 한국전쟁에 따른 행정적인 혼란이나 지주와 농민의 소극적인 협조 속에서 지지부진하게 진행되어 법정기한인 1954년을 훌쩍 넘겨서 진행되었다. 그렇지만 남종면의 상환실적은 전국 평균보다 높은 편이었다. 1954년까지 전국적인 납부율은 72.8%인 반면 남종면의 그것은 81.8%였고, 1959년 말의 상환액 납부율은 96.8%였다. 보상업무 또한 1955년 이후 급속하게 진행하여 보상금 지불실적이 1958년이 되면 전국 평균을 상회하기에 이르렀다(조석곤 2011).

상환이 완료되었더라도 수배농가에게 소유권이전등기를 해야 해당 필지의 농지개혁관련 사무가 종료되는 것이었다. 그런데 1950년대 후반에 들어 농지개혁사업을 마무리하려는 정부의 입장에서 최대 난제는 최초 분배받은 농가가 현재 경작자가 달라 소유권이전등기를 할 수 없는 필지가 적지 않았다는 점이었다. 이 문제는 이미 1955년 중반부터 심각하게 드러나고 있었으며, 정부도 이를 해결할 적절한 입법조치가 필요하다는 점을 인식하고 있었다. 정부가 1960년 5월 농지개혁의 기본통계를 확립하고 정산을 마무리하기 위해 『분배농지부』를 작성하도록 지시한 것은 이 문제를 해결하고 농지개혁 사무를 종결하려는 의도였다.

농지개혁 진행과정에서 분배농지의 변동이 있는 경우에는 그 내용을 『상환대장』에 기재했지만, 변동이 많아지면서 『상환대장』만으로는 분배농지를 일목요연하게 파악하기 어려웠다. 결국 정부는 1960년 4월 30일을 기준으로 농지소표를 정리하고 이를 『상환대장』과 대조하여 새로 『분배농지부』를 작성하게 했다.

정부는 『분배농지부』 작성 사무가 완료될 즈음인 1961년 5월 「분배농지소유권이전등기에관한특별조치법」(법률 제613호, 1961. 5. 5.)을 공포했다. 이 법에 의해 원수배농가가 아니더라도 분배농지의 권리를 이어받은 사실상의 소유자가 농지개혁법에 규정된 수배농가로서의 자격을 갖추었다면, 사실상의 소유자(최종수배농민) 이름으로 소유권이전등기를 할 수 있게 되었다.[12]

사실 분배농지의 전매는 광범하게 이루어졌다. 정부는 분배농지의 전매 실태를 파악하기 위해 1959년 전국에 걸쳐 실태조사를 실시했다.[13] 표 1.1을 보면 총 152만여 호의 수배농가 중에서 상환 및 등기이전까지 완료한 농가는 42만여 호로 전체의 27.7%에 불과했다. 상환을 완료한 농가는 92만여 호로 전체 수배농가의 60.7%였지만, 이 중 등기이전까지 마친 농가의 비율은 45.7%로 절반을 넘지 않았다. 경기도의 경우 등기 완료 비율은 전국 평균에 훨씬 미치지 못했다. 총수배농가 19만 369호 중 1만 7,661호(9.3%)만이 상환 및 등기이전을 마쳤으며, 상환을 완료한 농가 중에서도 등기이전을 마친 농가는 13.7%에

12 이 법은 2년간의 한시법이었으나 이후 2차례에 걸친 입법을 통해 1965년 6월 30일까지로 연기되었다.

13 정부의 조치는 "농지대가 상환완료 전에 전매매한 분배농지를 전매수한 적격농가에게 직접 이전등기를 하기 위한 조치를 강구"(『농지개혁사관계자료집』 3: 92)하기 위한 것이었으며, 실태조사 기준일은 1959년 7월 31일이었다.

표 1.1 분배농지 전매농가 실태조사 (단위: 호)

지역 구분		전국			경기		
등기여부 \ 상환완료여부		완료	미완료	계	완료	미완료	계
등기(A)		421,875	–	421,875	17,661	–	17,661
미등기	원수배	351,096	294,861	645,957	69,840	32,454	102,294
	전매(B)	150,670	302,739	453,409	41,017	29,397	70,414
	소계	501,766	597,600	1,099,366	110,857	61,851	172,708
계(C)		923,641	597,600	1,521,241	128,518	61,851	190,369
비율(%)	A/C	45.7		27.7	13.7		9.3
	B/C			29.8			37.0

출전: 『농지개혁사관계자료집』 3: 92-93에서 재작성

불과했다. 전체 농가 중에서 상환을 마친 농가의 비율이 67.5%로 전국 평균보다 높다는 점을 감안한다면, 경기도의 소유권이전등기의 비율은 전국 평균에 비해 매우 낮은 수준이었다고 할 수 있다.

경기도의 소유권이전등기 실적이 낮았던 주원인의 하나는 분배농지의 전매율이 높았기 때문이었다. 경기도에서는 총수배농가에서 전매농가가 차지하는 비율이 매우 높았다. 경기도에서 전매농가가 차지하는 비율은 37.0%로 전국 평균 29.8%를 상회했다. 그 비율이 가장 낮은 충북에 비해서는 거의 3배에 달했으며, 영남지역에 비해서도 2배 이상이었다.[14]

전매농가가 차지하는 비중은 같은 도내에서도 군별로 격차가 현저했다. 1958년 10월 경남·충남·전북의 7개 군을 대상으로 한 실태조

14 같은 자료로부터 총수배농가 중에서 전매농가가 차지하는 비율을 계산해본 결과 경기도는 전북 다음으로 전매농가의 비율이 높았다. 유의할 점은 전국 평균이 29.8%로 높은 것은 전체 수배농가의 40%를 차지하고 있었던 전남북에서 전매농가 비율이 높았기 때문이다.

	서울	경기	강원	충북	충남	전북	전남	경북	경남	제주	계
총수배농가	9,639	190,369	15,568	77,160	214,635	294,554	325,348	161,605	230,099	2,264	1,521,241
전매농가	1,290	70,414	3,545	9,373	57,514	147,693	96,591	28,275	38,714	–	453,409
비율(%)	13.4	37.0	22.8	12.1	26.8	50.1	29.7	17.5	16.8	–	29.8

표 1.2 광주군 면별 원수배농가 중 전매농가호수

면	원수배 농가	전매농가			비율		
		전체 이동	일부 이동	계	전체 이동	일부 이동	계
광주	492	114	74	188	23.2	15.0	38.2
오포	558	48	249	297	8.6	44.6	53.2
초월	630	48	74	122	7.6	11.7	19.4
도척	418	35	219	254	8.4	52.4	60.8
실촌	518	91	264	355	17.6	51.0	68.5
퇴촌	660	104	341	445	15.8	51.7	67.4
남종	372	75	60	135	20.2	16.1	36.3
중부	515	48	98	146	9.3	19.0	28.3
동부	832	125	225	350	15.0	27.0	42.1
서부	633	87	187	274	13.7	29.5	43.3
구천	879	102	199	301	11.6	22.6	34.2
중대	1,213	31	707	738	2.6	58.3	60.8
대왕	1,078	79	388	467	7.3	36.0	43.3
언주	1,292	184	830	1,014	14.2	64.2	78.5
낙생	596	164	188	352	27.5	31.5	59.1
돌마	564	44	213	257	7.8	37.8	45.6
계	11,250	1,379	4,316	5,695	12.3	38.4	50.6

출전: 『분배농지등기관계서류』(1962)

사의 결과 충남 천안은 전매농가의 비율이 22%인 반면, 전북 정읍은 60%에 달했다. 그런데 역으로 전북 익산은 32%였으며, 충남 당진은 50%를 기록했다.

광주군 내에서도 전매농가가 차지하는 비율은 편차가 컸다. 표 1.2를 보면 광주군 평균은 50.6%였지만, 면별로는 초월면 19.4%로부터 언주면 78.5%까지 매우 다양했다. 남종면의 경우는 36.3%로 전체 군 평균에 비하면 낮은 수준이었다. 반면 남종면 원수배농가 372호 중에서 자신의 모든 분배농지를 전매한 농가는 75호(20.2%)로 광주군 내에서 세 번째로 높은 비중을 차지하고 있었다.

남종면 분배농지

이제 분석에 이용한 남종면의 농지개혁 자료에 대해 살펴본다. 원칙적으로 분배농지에 관한 정보는 『분배농지부』의 내용을 따르면 되지만, 남종면 『분배농지부』의 정보가 『상환대장』이나 『토지대장』과 상이한 부분이 있어 적절한 수정이 필요했다. 먼저 『분배농지부』와 『토지대장』을 연결하여 분배농지에 관한 기본 정보를 확정한 후, 『상환대장』과 기타 분배농지관련서류들을 참고하여, 분배농지에 관한 정보를 추가했다. 물론 추가 여부를 결정함에 있어서도 『토지대장』의 정보를 참고했다. 이러한 정리과정을 거쳐 확정된 남종면 4개 리의 분배농지는 총 888필지였다. 이렇게 수정한 분배농지부를 '수정분배농지부'라 부르기로 한다.[15]

---

15 『상환대장』, 『분배농지부』, 그리고 『토지대장』은 모두 농지개혁과 관련된 정보를 담고 있으므로 세 장부의 정보가 일치하는 것이 가장 바람직한 상황일 것이다. 하지만 현실은 그렇지 않았는데, 『상환대장』만 해도 애초의 상환대장, 분배농지부 작성을 위해 만들어진 '부본', 특별조치법과 관련된 『상환대장(특)』 등 세 계열의 장부가 있었다. 따라서 분배농지를 확정하기 위해 다음과 같은 순서로 작업했다.

첫째, 『분배농지부』를 기준으로 하고, 『토지대장』과 대조하여 각종 지적정보의 오류를 수정했다. 남종면 분배농지부에 기록된 필지는 우천리 소재 필지를 제외하면 863필지였는데, 지적 정보가 불분명하여 『토지대장』과 연결이 불가능하거나, 동일 필지임에도 분필 등의 사유로 중복 기재된 필지를 제외하면 839필지가 남았다.

둘째, 여러 계열의 『상환대장』을 비교·정리하여 『상환대장』의 정보를 통합했다. 『상환대장』과 『상환대장(특)』에 기재된 필지들을 대조하면서 소작인의 변동 사항을 정리하고, 지주명이 없는 필지에 대해서는 『경작자별농지일람표』의 정보를 이용하여 보완했다. 또한 1951년 상환기간의 연장을 요청한 필지(『상환기간신장관계서류』, 『농지상환기간 신장에 관한 서류(1951-1952)』), 분배농지로 추가된 것이 확인되는 필지(『분배농지상환관계서류(1958-1962)』), 『지주별농지확인일람표』에 있는 필지 중에서 『경작자별농지일람표』에 소작지로 등록된 필지 등을 새로 추가하여 625필지를 추려냈다.

셋째, 두 자료를 연결하여 '수정분배농지부'를 작성했다. 『분배농지부』 상의 필지는 이미 『토지대장』과 대조가 끝났으므로 모두 포함했고, 분배농지부에는 없지만 상환대장에는 있는 필지(총 91필지) 중 『토지대장』을 참고하여 분배농지로 판단되는 49필지를 추가하여 총 888필지의 분배농지를 확정했다.

마지막으로, 각 장부상에 기재된 면적 및 토지등급을 적절하게 고려하여 상환량을 확정했다. 『분배농지부』나 『상환대장』에 등록된 분배농지의 면적은 이론상으로는 『토지대장』의 등록면적과 동일해야 한다. 하지만 농지개혁에 따른 이동지정리와 등기이전 절차가 지연된 관계로 『토지대장』과 『분배농지부』의 면적이 다른 경우가 종종 있기 때문에, 이 경우는 『분배농지부』 나 『상환대장』의 면적을 기준으로 정리했다. 상환액은 분배농지의 임대가격에 면별로 정해진 공통배율을 곱하여 산정했다. 남종면의 경우 필지별로 해당 등급별 임대가격을 환산한 후 그것에 공통배율을 곱한 뒤, 공통배율 산정시 이용한 벼의 석당 가격 4,824원(김성호 외 1989: 670)을

표 1.3 농지분배 상황표(1961. 6. 29. 현재)

리	농가호수			분배면적(정보)			상환량(석)		
	매수	귀속	계	전	답	계	전	답	계
분원	116	4	120	15.5	10.9	26.4	489	495	984
우천	7		7	12.4		12.4	215		215
귀여	125	2	127	22.5	20.0	42.5	378	800	1,178
검천	75	1	76	18.2	17.8	36.0	329	635	964
수청	42		42	3.1	4.7	7.8	56	202	258
계	365	7	372	71.7	53.4	125.1	1,467	2,132	3,599

출전: 『보상관계서류』(1961)

이 '수정분배농지부'가 남종면 공식통계와 어느 정도 차이를 보이는지 살펴보자. 표 1.3은 1961년 6월 말 기준으로 남종면이 광주군에 제출한 통계인데, 수배농가는 372호였으며, 분배면적은 125.1정보에 상환량은 3,599석이었다. 우천리를 제외하고 정리하면, 수배농가는 365호, 분배면적 112.7정보에 상환량 3,384석이었다. 이 자료는 『분배농지부』 작성이 완료된 시점에서 남종면에서 광주군에 보고한 자료이므로 '수정분배농지부'의 통계와 비교하기 가장 적합한 자료이다.[16]

한편 '수정분배농지부'의 농가수, 필지수, 면적 및 상환량은 표 1.4와 같다. 농가수는 표 1.3에 비해 작지만, 분배면적과 상환량은 더 많았다.[17] 면적은 4.6정보 높게 평가되었는데 주로 전에서 더 컸던 반면, 상

나누어 상환량을 구했다. 남종면의 경우 공통배율은 전의 경우 1.395답의 경우는 1.168이었다. 다만 이렇게 계산된 상환량이 분배농지부의 상환량과 큰 차이가 없는 경우는 그대로 두었다.

16 하지만 『분배농지부』와 이 집계표도 일치하진 않았다. 『분배농지부』에 기록된 총필지는 961필지인데 농가수는 386호, 면적은 125.7정보, 그리고 상환량은 4,046석이었다. 특히 전의 상환량이 1,835석으로 큰 차이를 보였다. 이러한 차이가 나타난 이유는 알 수 없지만 적어도 집계표 수배농가 호수는 신빙성이 없다. 왜냐하면 이 수치는 1952년 말에 작성된 분배농가 호수와 동일한데, 수배농가의 광범한 이동을 고려한다면 이를 사실로 받아들이기 어렵다.

17 농가의 리별 분포에서 분원리와 귀여리 농가의 차이가 크게 나타났는데 그 이유는 알 수 없다. 표 1.4의 작성기준은 농민의 주소지였는데, 표 1.3의 작성기준은 토지 소재지였기 때문이었는지는 모르겠다.

표 1.4 '수정분배농지부'에 따른 남종면 분배농지 현황

리	농가수			필지수			면적(정보)			상환량(석)		
	매수	귀속	계	전	답	계	전	답	계	전	답	계
분원	99	4	103	154	69	223	16.2	10.9	27.1	496	499	995
귀여	133	1	134	162	143	305	23.5	19.9	43.4	403	803	1,206
검천	79		79	123	147	270	18.8	18.4	37.2	349	754	1,103
수청	42		42	46	44	90	3.9	5.7	9.6	61	251	312
계	353	5	358	485	403	888	62.4	54.9	117.3	1,309	2,307	3,616

출전: '수정분배농지부'

환량은 주로 답에서 더 많았다. 하지만 그 차이는 그다지 크지 않았으며, 집계표의 상환량과 『분배농지부』의 상환량 사이의 차이에 비하면 적은 규모였다.

이제 '수정분배농지부'의 수배농가 변동이 표 1.2에 제시된 남종면 실태와 어느 정도 차이가 있는지 살펴보자. 두 자료의 비교 결과는 표 1.5에 정리했는데, 이 표의 이해를 위해서는 부연설명이 필요하다. 수배농가의 변동을 파악하기 위하여 '수정분배농지부'에는 세 유형의 소작인을 기록했다. 첫째는 분배농지부상의 소작인이고, 둘째는 『경작자별농지일람표』, 『지주별농지확인일람표』 혹은 『상환대장』상의 소작인이며, 셋째는 『상환대장(특)』에 기록된 소작인이다. 둘째와 셋째 유형의 소작인은 첫째 유형과 다른 경우만 기록했다. 장부가 작성된 시점을 고려하면 '둘째 → 첫째 → 셋째' 유형의 순으로 수배농가가 변한 것이다. 둘째 유형만 기록되어 있는 필지는 수배농가가 변하지 않은 농지이며, 나머지는 전매가 이루어진 농지이다. 이후부터는 최초 수배농가를 '원수배농가', 마지막 단계의 수배농가를 '최종수배농가'라 한다.[18]

표 1.5를 보면 최초 분배받은 농지를 끝까지 유지하고 있었던 농가

18 표 1.4의 수배농가수와 표 1.5의 수배농가수가 다른 이유는 표 1.4의 농가가 둘째 유형의 수배농가, 즉 『분배농지부』 상의 수배농가인 반면, 표 1.5의 농가는 원수배농가이기 때문이다.

표 1.5 '수정분배농지부'상 원수배농가의 변동 상황과 광주군 통계의 비교

<table>
<tr><th colspan="3" rowspan="2">원수배농가 변동 여부</th><th colspan="2">'수정분배농지부'</th><th colspan="2">광주군 통계*</th></tr>
<tr><th>호수</th><th>비율(%)</th><th>호수</th><th>비율(%)</th></tr>
<tr><td colspan="3">변동 없음</td><td>229</td><td>61.7</td><td>237</td><td>63.7</td></tr>
<tr><td rowspan="3">변동</td><td rowspan="2">전부 이동</td><td>포기</td><td>77</td><td>20.8</td><td>75</td><td>20.2</td></tr>
<tr><td>교체</td><td>16</td><td>4.3</td><td rowspan="2">60</td><td rowspan="2">16.1</td></tr>
<tr><td colspan="2">일부 이동</td><td>49</td><td>13.2</td></tr>
<tr><td colspan="3">계</td><td>371</td><td></td><td>372</td><td></td></tr>
</table>

주: * 표 1.2의 자료에 의함

는 229호였다. '전부 이동'의 경우는 자신이 애초에 분배받은 토지가 모두 달라진 경우인데, 이 경우도 두 유형이 있다. '포기'는 추가로 농지를 분배받지 않고 결과적으로 최종수배농가에는 빠진 농가이며, '교체'는 애초 분배받은 농지는 모두 포기했지만 새로 다른 농지를 분배받아 최종수배농가에도 남은 농가들이다. 표 1.2의 광주군 통계에서 말한 전부 이동농가는 수배농가에서 빠진 경우이므로 표 1.5의 '포기'에 해당하는 농가들이다. 이러한 기준에 따라 양자를 비교한다면, 전체적인 구성비에 있어 '수정분배농지부'가 변동 비율을 다소 높게 평가하고 있지만 표 1.2의 통계와 큰 차이를 보이진 않는다.

'수정분배농지부'의 원수배농가는 371호이며 최종수배농가는 393호로 5.9% 증가했다. 총 888필지 중에서 원수배농가가 변한 필지는 248필지로 27.9%였다. 표 1.5는 이를 농가 기준으로 정리한 것인데, 371호 중 142호(38.3%)가 수배농지의 변화를 경험하였으며, 이 중 77호(20.8%)는 완전히 수배농가에서 제외되었다. 적어도 남종면 농지개혁과정에서 분배농지의 전매는 필지수로는 30%, 농가수로는 40% 가까이가 경험한 현상이었다.

요컨대, 남종면 농지개혁 관련 장부들은 다수 존재하지만 기본 장부들인 『상환대장』, 『분배농지부』, 『토지대장』 간에도 분배농지 등록정보가 상이하여 적절한 수정이 필요했다. 이러한 수정을 거쳐 총 888

필지의 '수정분배농지부'를 작성했다. 이를 남종면에서 광주군에 보고한 통계들과 비교한 결과, 농가수·면적·상환량·수배농가 변동비율 등이 다소 많았다. 하지만 그 과대평가의 정도가 그다지 크지 않아, 이 '수정분배농지부'에 기초하여 분석해도 남종면 분배농지의 실상을 파악하는 데 무리가 없으리라 생각한다.

3. 토지소유규모로 살펴본 수배농가의 경제적 지위

농지개혁이 토지소유변동에 미친 효과

남종면 분배농지의 규모가 전체 경지에서 어느 정도의 비중을 차지했는지 살펴보자. 표 1.6은 『토지대장』에 기록된 1960년 말의 경지면적으로, 이해를 비교 기준으로 택한 것은 이때가 『분배농지부』가 작성되고 있던 시기였기 때문이다. 1960년 경지면적에서 분배농지가 차지하는 비중은 약 20% 내외였다. 농지개혁에 의해 분배된 면적이 전국 경지에서 차지했던 비중이 25% 내외였던 점을 고려하면 남종면의 분배농지 비율은 상대적으로 낮았다.

이제 농지개혁으로 농지를 분배당한 피분배지주에 대해 살펴보자. 표 1.7을 보면 1953년 말 현재 『토지대장』상에 농지를 보유하고 있는 지주는 모두 1,259명으로 690.4정보를 소유했다. 이 중 1정보 미만의 영세토지소유자가 전체 지주 중 압도적 다수인 1,089호(86.5%)였지만,

표 1.6 1960년 경지면적과 분배농지

지목	1960년 경지		분배농지		비율(%)	
	필지수	면적(정보)	필지수	면적(정보)	필지수	면적(정보)
전	2,038	333.5	485	62.4	23.8	18.7
답	2,163	276.7	403	54.9	18.6	19.8
계	4,201	610.2	888	117.3	21.1	19.2

출전: 『토지대장』, '수정분배농지부'

표 1.7 피분배지주의 피분배면적 현황

1953년 말 소유면적 \ 피분배면적	없음	1정보 미만	3정보 미만	3정보 이상	계
1정보 미만	939	146	3	1	1,089
	261.6	46.1	2.3		310.0
		34.3	4.7	9.5	48.5
3정보 미만	103	34	7	0	144
	152.9	53.7	10.7		217.3
		8.8	11.1	0	19.9
3정보 이상	10	5	3	8	26
	75.7	23.0	16.2	48.2	163.1
		1.5	6.0	41.4	48.9
계	1,052	185	13	9	1,259
	490.2	122.8	29.2	48.2	690.4
		44.6	21.8	50.9	117.3

출전: 『토지대장』, '수정분배농지부'
주: 각 셀에 기록된 세 칸의 내용은 위에서부터 각 해당 셀의 지주 호수, 그들의 보유면적, 그들의 피분배면적이다.[19]

그들의 보유면적은 310.0정보(44.9%)로 전체의 절반이 되지 않았다. 반면 3정보 이상 토지소유자 26명(2.1%)의 소유면적은 163.1정보(23.6%)에 달했다.

토지소유자 중 자기 소유 농지를 하나도 분배당하지 않은 토지소유자는 1,052명이며 그들의 소유면적은 490.2정보로 전체에서 차지하는 비중은 각각 83.6% 및 71.0%였다. 피분배지주는 모두 207명이었는데, 그들의 보유면적은 200.2정보였으므로 자신의 보유 토지 중 58.6%

19 1정보 미만을 소유한 지주 중 1정보 이상의 피분배지주가 4명 있는 것은 『토지대장』과 '수정분배농지부'상 지주명의 차이에서 기인한다. 3정보 이상 지주 1명은 '박○식'인데, 『토지대장』에는 '홍한재단'으로 등록된 경우가 많았다. 나머지 3인인 '백○수', '심○식', '이○모'는 『토지대장』에는 '백천○업', '심○산', '이○돌'로 등록된 경우가 있었다. 또 1960년 『토지대장』에 따르면 '심○식'은 1정보 이상의 토지소유자였다.

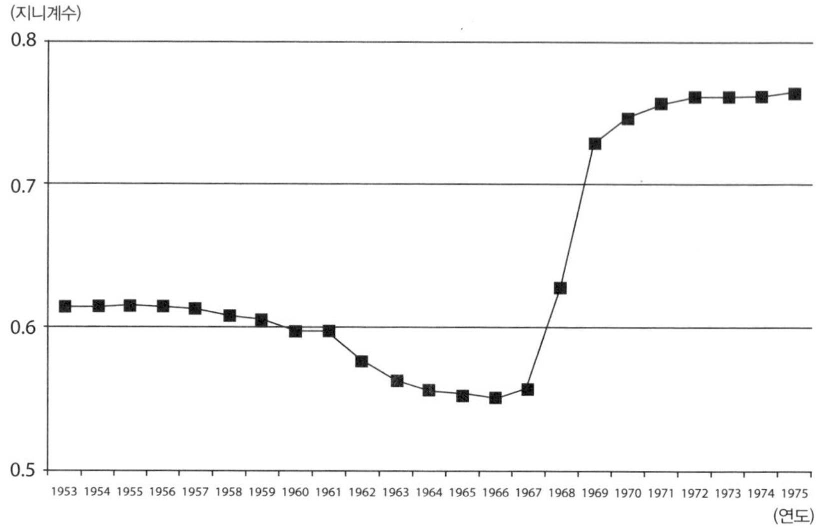

그림 1.1 남종면 지니계수의 추이

출전 : 『토지대장』

가 분배농지에 포함되었음을 알 수 있다. 남종면 분배농지의 비중이 낮았던 이유는 이 지역의 지주제 발달 정도가 다른 지역보다 낮아 3정보 미만의 토지소유자가 경지소유에서 차지하는 비중이 76.4%로 높았기 때문이다.

농지개혁의 결과 남종면의 토지소유에 있어서 불평등도의 추이는 어떠했는지 살펴보자. 그림 1.1에는 남종면 『토지대장』에 나타난 토지소유자의 소유규모에 따른 불평등도를 지니계수로 측정했고 이 지니계수의 연도별 추이를 나타냈다. 지니계수는 1966년 0.5505를 최저점으로 하여 U자형의 모습을 보이고 있었다.

연도별 지니계수는 1953년 0.6134 수준에서 안정을 보이다가 1957년 0.6120 이후 점차 낮아져 소유규모의 불평등도가 완화되고 있음을 보이고 있다. 1961년 0.5976이던 지니계수는 1962년과 1963년에 각각 0.5767 및 0.5622로 낮아졌는데, 이는 「분배농지소유권이전등기에관한 특별조치법」에 따라 소유권이전등기가 활발했기 때문이다. 1966년까지 지니계수가 낮아져 불평등도가 해소되는 모습을 보이는 것은 농지개혁 기간 동안 농지매매가 비교적 엄격하게 규제되었고, 상환완료 농가의 소유권이전등기가 확대되면서 『토지대장』에 나타난 소유구조의 불평등도가 완화되었기 때문이다.

하지만 1967년 0.5571을 기록하면서 불평등도는 다시 악화되었다. 1968년과 1969년에 불평등도가 급격하게 악화된 것은 이 시기에 한국전력에서 대규모로 토지를 매입했기 때문이다. 이 매입효과를 배제하고라도 소유규모상의 불평등도는 이후에도 계속 악화되고 있었다. 남종면의 경우 1966년 이후가 되면 다시 소유분해가 빠른 속도로 진행되고 있었다고 볼 수 있다.

이러한 소유분해의 추이를 다른 지역과 비교해보자. 예천군 용문면의 경우는 남종면과 유사한 경향을 보이지만 1965-1969년의 정체기를 거쳐 1970년부터는 불평등도가 악화되기 시작했으며(조석곤 2001b), 원주시 호저면의 경우에는 그 전환점이 1964년이었다(조석곤 2005a). 유사한 사례연구 중 김제시 죽산면의 사례는 농지개혁으로 토지소유 불평등도가 급격하게 개선된 이후 1970년대까지 그 상태를 유지했는데(조석곤 2005b), 규모의 경제가 가능한 답작지역의 특성상 중농표준화의 경향이 나타났기 때문이라 할 수 있다.

기존 사례연구를 요약한다면 1960년대 중반까지는 농지개혁의 효과가 유지되어 소유규모의 불평등도가 완화되고 있지만, 김제처럼 농업경영상 특수한 상황을 지닌 지역이 아니라면, 1960년대 후반에 들어서면서 불평등도가 다시 강화되는 경향을 보인다고 할 수 있다. 그림 1.1에 나타난 남종면 지니계수의 추이도 이러한 경향과 유사한 패턴을 보이고 있다.

표 1.8 원수배농가와 최종수배농가의 수배면적별 농가수

	원수배농가		최종수배농가	
	농가(호)	면적(정보)	농가(호)	면적(정보)
–0.3	219	34.4	237	35.6
–0.5	81	30.7	87	33.4
–1	61	40.8	65	43.7
–2	10	11.4	4	4.6
계	371	117.3	393	117.3

출전: 『토지대장』, '수정분배농지부'

남종면 수배농가의 변동과 그들의 토지소유규모추이

이제 수배농가의 변동에 대해 살펴보자. 표 1.8을 보면 원수배농가는 모두 371호인 반면 최종수배농가는 393호로 약 6%가량 증가했다. 수배면적별로 보면 원수배농가에 비해 최종수배농가는 1정보 이상의 농지를 분배받은 농가수가 줄어들었다. 수배농가를 분배규모별로 구분할 때 가장 큰 비중을 차지한 농가들은 5단보 이상 1정보 미만의 농지를 분배받은 농가들이었는데, 그 비율은 원수배농가의 경우 40.8정보(34.8%)였으며 최종수배농가의 경우는 43.7정보(37.3%)였다. 분배받은 농가수가 늘었기 때문에 평균분배면적은 감소했다. 하지만 이러한 변화는 미미한 수준으로, 원수배농가와 최종수배농가 사이에는 평균면적이나 규모별 분포에 있어 차이가 없었다고 볼 수 있다.

하지만 원수배농가였다가 최종수배농가에서는 빠진 '포기농가' 77호는 다른 원수배농가와는 구별되는 성격을 지녔다. 표 1.9에 따르면 1953년 말 당시 소유면적의 평균을 보면 포기농가는 0.23정보, 유지농가는 0.33정보였다.[20] 무토지소유농의 비율을 보면 유지농가는 47.3%인 반면, 포기농가는 64.9%로 현저한 차이를 보였다. 전체 수배농가에

20 소유규모에 대한 2집단 t검정 유의확률이 0.19(이분산 가정)로 통계적으로 유의한 평균차가 있다고 보긴 어려웠다.

표 1.9 포기농가와 유지농가의 수배면적 및 1953년 소유규모별 분포

면적(정보)		0	-0.3	-0.5	-1	1-	계
수배면적	포기농가		52	15	10	0	77
			8.6	5.3	6.1		20.0
	유지농가		167	66	51	10	294
			25.8	25.4	34.7	11.4	97.3
	계		219	81	61	10	371
			34.4	30.7	40.8	11.4	117.3
소유면적 (1953년)	포기농가	50	10	4	7	6	77
			1.1	1.7	4.7	10.4	17.9
	유지농가	139	61	34	37	23	294
			10.5	13.2	24	48.9	96.6
	계	189	71	38	44	29	371
			11.6	14.9	28.7	59.3	114.5

출전: 『토지대장』, '수정분배농지부'
주: 각 칸의 윗줄은 농가수, 아랫줄은 해당 농가의 면적합이다.

서 무토지소유농이 차지하는 비율은 50.1%로 반반이었지만, 포기농가만 놓고 보면 이 비율은 60% 이상으로 늘었다.

평균 수배면적을 보면 포기농가는 0.26정보이고, 유지농가는 0.33정보로 통계적으로 유의한 차이를 보였다.[21] 이는 포기농가의 평균수배면적은 유지농가에 비해 낮았음을 의미하는데, 3단보 미만을 분배받은 농가의 비율이 유지농가의 경우는 56.8%였던 반면, 포기농가는 67.5%에 달했기 때문에 나타난 현상이었다. 포기농가의 경우는 유지농가에 비해 소유규모면에서나 분배농지의 규모면에서나 유지농가에 비해 열악한 상태에 있었으며, 이것이 결국 분배농지를 포기한 주요인이었을 것이다.

이제 원수배농가와 최종수배농가의 비교를 통해 농지개혁 당시의

21 수배면적에 대한 t검정 유의확률은 0.004(이분산 가정)였다. 소유규모에 대한 검정결과와 차이를 보인 것은 분산의 절대적 크기가 달랐기 때문이다.

		토지소유 여부(1953년 기준)	
		소유토지 있음	소유토지 없음
농지분배 여부	분배받지 않음	자작농 (Ⅰ유형)	농업노동자
	분배받음	자소작농 (Ⅱ유형)	순소작농 (Ⅲ유형)

그림 1.2 토지소유 및 농지분배 여부에 따른 농민 유형

농민의 경제적 지위가 농지분배 규모에 어떤 영향을 주었는지를 살펴보자. 식민지 하 소작농이 자신이 경작하던 소작지를 분배받는다고 가정하고, 1953년 당시 토지소유 여부와 수배농가 여부에 따라 농민을 유형화하면 그림 1.2와 같은 도식이 성립한다. 물론 현실적으로 자신이 경작하던 소작지를 오로지 소작농만이 분배받았던 것은 아니므로 그림 1.2의 도식은 이론적인 것이지만, 이 기준으로 개략적인 일반화는 가능하다고 생각한다.[22]

표 1.10은 유형별로 원수배농가와 최종수배농가의 호수를 정리한 것이다. Ⅰ유형은 1953년 말 현재 토지를 소유한 농민으로서 수배농가가 아닌 농가들이며, Ⅱ유형은 1953년 말 현재 토지를 소유하고 있으면서 동시에 농지를 분배받은 농가들이며, Ⅲ유형은 무토지소유농이면서 수배농가가 된 농가들이다. 이들의 농가경영상의 지위는 각각 자작농, 자소작농, 순수작농으로 간주될 수 있다.

원수배농가 371호(Ⅱ유형과 Ⅲ유형 농가의 합) 중에서 농지개혁 당시 무토지소유농이었던 농가는 189호(50.9%)였으며 그들이 분배받은 면적은 57.7정보(49.2%)였다. 원수배농가의 경우 무토지소유농과 그들의

22 Ⅰ유형에는 이론적으로는 지주도 포함되지만 3정보 이상의 대토지소유자인 지주계급이 원수배농가나 최종수배농가에 포함될 가능성은 없다고 보기 때문에 이를 제외한다.

표 1.10 토지소유 및 수배농가 여부에 따른 유형별 분포

		원수배농가				최종수배농가			
		Ⅰ유형	Ⅱ유형	Ⅲ유형	계	Ⅰ유형	Ⅱ유형	Ⅲ유형	계
호수(호)		1,043	182	189	1,414	1,041	184	209	1,434
소유면적(정보)	1953년 (계에 대한 비율)	575.9 (83.4)	114.5 (16.6)		690.4	570.2 (82.6)	120.1 (17.4)		690.3
	1967년 (계에 대한 비율)	295.6 (67.6)	97.4 (22.3)	44.3 (10.1)	437.3[1)]	293.5 (66.4)	99.5 (22.5)	48.8 (11.0)	431.8[2)]
수배면적(정보)			59.6	57.7	117.3		56.1	61.2	117.3

출전: 『토지대장』, '수정분배농지부'
주: 1) 어느 유형에도 속하지 않은 445명 202.1정보가 제외된 수치임.
2) 어느 유형에도 속하지 않은 419명 197.6정보가 제외된 수치임.

수배면적이 전체에서 차지하는 비중이 대략 절반이었다. 한편 최종수배농가 393호 중에서 농지개혁 당시 무토지소유농이었던 농가는 209호(53.2%)였으며 분배면적도 61.2정보(52.2%)로 농가수 및 면적에서 차지하는 비중이 모두 증가했다. 남종면에서 수배자의 변동은 무토지소유농에게 유리한 방향으로 전개되었다 할 수 있지만 그 정도는 미미한 것이었다.

다음은 농지개혁 전후 유형별 토지소유자들의 소유면적 변화를 1953년 토지소유와 1967년 토지소유의 비교를 통해 살펴본다.[23] 농지개혁 당시 분배농지와 관련이 없었던 Ⅰ유형 농가의 경우 보유면적은 절대적으로 줄었는데, 이는 피분배지주의 소유면적이 이 중에 포함되었기 때문에 당연한 현상이다. 하지만 농지개혁 당시 일부나마 토지를 보유하고 있었던 Ⅱ유형 농가, 즉 자소작농층은 농지개혁에 의해 농지를 분배받았음에도 소유규모가 감소했다. 반면 Ⅲ유형 농가는 같은 기간 토지보유량을 44.3정보가량 늘림으로써 다른 유형의 농가들과 대조적

23 1967년을 채택한 것은 1968년 이후부터는 한국전력주식회사가 이 지역에서 토지를 대규모로 매입하기 시작했기 때문에 그 효과를 배제하기 위해서이다.

이었다.[24] 이러한 경향은 최종수배농가의 경우에도 동일하게 관찰된다.

사실 표 1.10의 1953년과 1967년의 연도별 합계가 서로 다르기 때문에 절대면적의 감소로부터 유의미한 결론을 이끌어내기는 어렵다. 또한 각 유형 소유자의 변동이 『토지대장』에 즉시 반영되지 않았다는 점도 고려해야 한다. 상환이 완료되었다 하더라도 소유권이전등기를 마치지 않으면 『토지대장』에 그 사실이 기재되지 않았고, 15년여에 걸친 시간의 흐름 속에서 상속이나 재산분할 등에 따라 원수배농가나 최종수배농가의 토지소유규모가 줄었을 가능성도 있기 때문이다. 이러한 요인에 따른 『토지대장』에 소유자와 현실소유자 간의 괴리가 자작농·자소작농·순소작농에게 차별적으로 나타났다고 볼 근거는 없다. 이 괴리가 각 유형의 농민들에게 동일한 비율로 나타난다고 가정한다면, 토지소유규모의 변화를 보다 잘 표현해주는 것은 농가 유형별 절대 면적의 변화보다는 상대적 비중 변화이다.

원수배농가의 경우 농지개혁을 통해 전체 소유지에서 자소작농이 차지하는 비중은 5.7% 증가한 반면 순소작농의 비중은 10.1% 증가했다. 한편 최종수배농가의 경우는 각각 5.1% 및 11.0% 증가했다. 같은 비율만큼 자작농의 소유지규모가 감소했음은 물론이다. 결국 농지개혁을 통해 소유규모를 증가시킨 것은 농가계층별로는 순소작농이 자소작농보다 더 높았고, 이러한 경향은 원수배농가와 최종수배농가 양쪽에서 유사하게 관철되고 있었다.

호당 경지면적을 보면 원수배농가의 경우 자소작농이었던 Ⅱ유형 농가는 1953년 0.63정보에서 1967년 0.54정보로 감소한 반면, 토지가

24 Ⅱ유형 농가가 1953년 자신의 소유규모 97.4정보의 절반이 넘는 59.6정보의 농지를 분배받았음에도 이처럼 소유규모가 감소한 것은 의외인 것으로 보인다. 또한 Ⅲ유형의 농가들의 소유면적이 수배농지의 면적보다 적은 것도 마찬가지이다. 일견 이상해 보이는 이러한 현상에 대한 가능한 설명은 분배농지의 소유권 이전에 관한 사항이 아직 『토지대장』에 반영되지 않은 필지들이 많았을 것이라는 점이다.

없었던 Ⅲ유형 농가는 0.23정보로 소유규모를 확대했다. 한편 최종수배농가를 기준으로 보면 Ⅱ유형 농가의 호당 경지면적은 1953년 0.65정보에서 1967년에는 0.54정보로 감소했고, Ⅲ유형 농가의 경우도 0.23정보로 원수배농가와 차이가 없었다. 이상의 결과를 종합하면 남종면에서 수배농가의 변동은 토지소유규모의 확대라는 측면에서는 자소작농보다는 순소작농에게 유리하게 작용했지만, 그 차이가 애초의 자소작농과 순소작농의 토지소유규모의 차이를 극복할 수 있을 정도는 아니었다.

이는 상대적으로 토지보유규모가 컸던 농민들이 분배농지에 대한 권리를 인수하는 비율이 높았던 호저면의 사례(조석곤 2009)와는 다른 경향을 보이고 있다. 호저면의 경우 비록 그 사례가 40여 호에 불과하여 일반화하긴 어렵다는 단서가 있긴 하지만, 자소작 상층이 수배농지에 대한 권리를 주도적으로 인수하여 소유규모를 확대해 나갔다. 반면 남종면의 경우는 분배농지의 전매과정에서 자소작농이나 순소작농 한쪽이 특별히 유리한 위치에 있었다고 보긴 어려웠다.

마지막으로 남종면 여론 주도층이라 할 수 있는 면·리장 및 면의원·농지위원회위원장 등을 역임한 사람[25]들의 소유면적과 수배농지의 면적을 살펴보자. 이들은 농지개혁과정에 영향력을 행사할 수 있는 지위에 있었던 사람이므로 농지개혁 진행과정에서 자신의 수배면적을 증가시킬 수 있는 개연성이 있는 사람들이었다.

하지만 이 개연성은 현실화되진 않았다. 표 1.11을 보면 이들은 지역내 유력 인사였음에도 불구하고 30% 이상이 토지를 소유하고 있지 않으며, 시기별 토지소유규모도 오히려 감소했다. 80% 정도의 토지

---

25 남종면 『관내상황』으로부터 1950년대의 면 · 리장 및 면의원 명단을 입수할 수 있었으며, 1960년대 농지위원회위원장은 각종 「지주신청서」로부터 확인했다. 경력별로 보면 면장 5인, 농지위원회위원장 11인, 면의원 20인, 각리장 14인 등 50인이다. 위원장 중 6인 및 면의원 중 5인은 이장 경력도 있었으며, 면장 중 1명은 면의원 경력이 있는 사람이었다.

표 1.11 남종면 면·리장 및 면의원·농지위원회위원장 역임자의 토지소유 및 농지분배 현황

<table>
<tr><th colspan="5">소유면적</th><th colspan="5">수배면적</th></tr>
<tr><th rowspan="2">규모</th><th colspan="2">1953년</th><th colspan="2">1967년</th><th rowspan="2">규모</th><th colspan="2">원수배농가</th><th colspan="2">최종수배농가</th></tr>
<tr><th>인원</th><th>면적</th><th>인원</th><th>면적</th><th>인원</th><th>면적</th><th>인원</th><th>면적</th></tr>
<tr><td>0</td><td>16</td><td></td><td>15</td><td></td><td>0</td><td>38</td><td>0</td><td>36</td><td>0</td></tr>
<tr><td>3단보 미만</td><td>7</td><td>3,324</td><td>10</td><td>3,094</td><td>3단보 미만</td><td>6</td><td>3,251</td><td>7</td><td>4,100</td></tr>
<tr><td rowspan="2">1정보 미만</td><td rowspan="2">16</td><td rowspan="2">28,627</td><td rowspan="2">15</td><td rowspan="2">23,529</td><td>5단보 미만</td><td>5</td><td>5,450</td><td>3</td><td>3,004</td></tr>
<tr><td>1정보 미만</td><td>1</td><td>2,017</td><td>4</td><td>7,605</td></tr>
<tr><td>2정보 미만</td><td>9</td><td>37,725</td><td>9</td><td>36,714</td><td>2정보 미만</td><td></td><td></td><td></td><td></td></tr>
<tr><td>2정보 이상</td><td>2</td><td>16,505</td><td>1</td><td>6,327</td><td colspan="5"></td></tr>
<tr><td>계</td><td>50</td><td>86,191</td><td>50</td><td>69,664</td><td>계</td><td>50</td><td>10,718</td><td>50</td><td>14,709</td></tr>
</table>

출전: 『토지대장』, '수정분배농지부'

소유자들이 1정보 미만의 영세소유자였으며, 이들의 호당 경지면적은 1953년과 1967년에 각각 0.58정보 및 0.46정보였는데, 같은 기간 남종면 토지소유자의 평균 경지면적 0.56정보 및 0.44정보와 큰 차이가 없었다.

한편 이들의 수배면적은 1만 718평에서 1만 4,709평으로 1정보 이상 증가했다. 이러한 면적증가는 원수배농가보다 최종수배농가가 2호 늘었기 때문이다. 남종면 원수배농가의 평균 분배면적은 0.32정보인 반면 임원층의 평균 분배면적은 0.30정보였다. 최종수배농가의 경우는 평균 분배면적이 0.30정보인 반면 임원층의 그것은 0.35정보였다. 비록 소수이긴 하지만 분배농지의 전매과정에서 이들이 약간의 혜택을 보았다고 볼 수는 있겠지만, 그 면적 역시 모두 합해야 1정보 남짓한 소규모였다.

요컨대, 농지개혁 당시 토지소유규모를 기준으로 살펴볼 때 원수배농가 내에서 자소작농과 자작농이 차지하는 비율은 거의 비슷하였다. 원수배농가 중 농지분배를 포기한 농가는 20.8%였는데, 이들은 소유규모면에서나 분배농지의 규모면에서 유지농가에 비해 열악한 처지에 있었다. 하지만 이 포기농가를 대신하여 새롭게 농지를 분배받은 농

민들의 경우 자소작농과 순소작농 사이에 유의한 차이가 있다고 보긴 어려웠다. 또한 농지개혁의 실무에 참여한 지역 내 유력인사라 해서 분배농지의 전매과정에서 이익을 본 것은 아니었다. 이 증거는 분배농지의 전매과정에서 새로운 수배농가의 선정과정이 원수배자의 선정과정과 크게 다르지 않았을 것임을 강력하게 시사한다.

4. 결어

이상 남종면에서 진행된 농지개혁과 그 과정에서 이루어진 수배농가의 변천이 갖는 의미에 대해 살펴보았다. 남종면의 농지개혁도 다른 지역과 큰 차이 없이 진행되었다. 보상업무는 상대적으로 더뎠으나, 1957년 이후가 되면 보상 및 상환에서 전국 평균을 상회했다. 다만 소유권 이전등기실적은 높지 않은 편이었는데, 그것은 남종면의 분배농지 전매비율이 전국 평균보다 높았기 때문이었다.

농지개혁의 결과 남종면 토지소유의 불평등도는 크게 완화되었으며, 이러한 완화경향은 1960년대 중반까지도 지속되었다. 한편 남종면 원수배농가는 371호였는데, 분배농지 전매의 결과 최종수배농가는 393호로 증가했다. 원수배농가 중 77호는 자신이 받은 분배농지를 모두 포기하였다. 이 포기농가는 다른 수배농가에 비해 농지개혁 당시 소유규모나 수배농지규모 면에서 모두 열악한 상태에 있었다. 하지만 원수배농가와 최종수배농가는 적어도 토지소유규모를 기준으로 살펴본 사회경제적 지위에 있어서는 큰 차이를 보이지 않았다.

이제 이 분석결과를 바탕으로 서언에서 제시한 질문들에 답해보자. 남종면 분배농지 중에서 전매된 것은 전체 필지의 30%가량이며, 농가수로 따지면 40%가 경험한 현상이었다. 전매를 경험한 농가 중 절반 이상은 분배농지 모두를 포기했다. 분배농지 모두를 포기한 농가는 그렇지 않은 농가에 비해 경제적으로 매우 열악하였으며, 분배농지 규모도 작았다. 전부 포기한 이유가 이농 때문일 수도 있겠지만, 상환곡 납부조차도 부담으로 느끼는 열악한 경제 상황이 근본 원인이었음은 분명하다.

하지만 분배농지의 전매가 광범하게 진행되었으면서도 원수배농가와 최종수배농가의 평균 분배면적이나 분배면적의 규모별 분포에 있어서 큰 차이가 없었다. 원수배농가와 최종수배농가의 1953년 말 당시 토지소유규모를 살펴보면 최종수배농가 쪽에서 순소작농의 비율이 좀 더 높았지만 그 차이는 크지 않았다. 또 1967년의 토지소유면적을 통해 살펴본 토지소유면적 변화 경향에서도 원수배농가와 최종수배농가는 큰 차이를 보이지 않았다. 이러한 분석결과는 분배농지 전매과정에서 계층적 차별성이 없었음을 의미한다.

남종면은 한국전쟁의 피해를 입은 지역의 하나였다. 남쪽에서 올라오던 미군의 한강 도하지점 중의 하나였으며, 전황에 따라 유엔군의 임시비행장, 중공군의 숙영지로 사용되기도 했고, 면사무소도 소실되었다. 이처럼 전쟁의 직접적인 영향권하에 있었으면서도 전매과정에서 계층적 차별성을 발견할 수 없다는 것은 분배농지의 전매과정을 통해서도 농지개혁법의 기본 원리가 훼손되지 않고 관철되었음을 의미한다. '포기'한 분배농지를 '인수'한 농가의 성격이 원수배농가의 그것과 다르지 않았던 것이 그 증거이다.

이상의 분석결과는 한국자본주의의 발전 동력에 대한 중요한 함의를 제공한다. 1950년에 시행된 농지개혁법의 기본 원리에 내재된 '평등주의'는 한국전쟁 중에도 훼손되지 않고 끝까지 관철되었다. 농지개혁법은 1960년대 중반까지 지속해서 토지소유규모의 불평등을 완화시키는 현실적인 위력을 발휘하고 있었다. 농지개혁을 통해 평등주의를 경험한 농민들은 '보수적 안정'을 지향하면서도 다음 세대의 신분상승을 꿈꾸며 농업잉여의 대부분을 인적자본 투자에 집중하는 방식(예를 들면 상대적으로 높은 교육열)을 선택했다. 이는 자산소유의 평등성이 경제성장에 기여한다는 연구성과들(Deininger and Squire 1998; You 1998; 정군오 외 2005)과도 부합한다. 농지개혁은 비농업부문으로 농업잉여를 유출(Kay 2002)시키는 계기가 되었었는데, 그 메커니즘의 이면에는 농지개혁을 통해 한국사회에 평등주의가 내재화되었다는 사실이 놓여 있다. 국민 대다수를 차지했던 농민들이 비농업부문으로 농업잉여를 자발적으로 유출했던 것이야말로 큰 사회적 갈등 없이 한국자본주의가 성장할 수 있었던 주요인의 하나였다.

물론 농지개혁법이 설정한 평등주의의 범위는 제한적인 것이었다. 남종면에서 수배농가의 변동은 토지소유규모의 확대라는 측면에서는 자소작농보다는 순소작농에게 유리하게 작용했지만, 그 차이가 애초의 자소작농과 순소작농의 토지소유규모의 차이를 극복할 수 있을 정도는 아니었다. 경제적으로 열악한 지위에 있었던 많은 농민들은 아마 눈물을 머금고 분배농지를 '포기'하였을 것이다. 20% 가까운 포기농가의 존재는 이를 상징적으로 보여준다. 경영안정성을 확보하기에 턱없이 부족한 영세자작농 체제의 한계는 농지개혁 실시 단계부터 내재되어 있었다.

남종면은 분배농지의 전매 사례가 많아 수배농가의 성격 변화를 추적하기에는 유리했지만 이 연구성과를 그대로 일반화하기는 아직 시기상조이다. 본문에서 언급한 조석곤(2009)의 호저면 사례연구는 비록 표본수가 작긴 하지만 남종면과 큰 차이를 보이고 있어, 다른 지역 사례의 추가 발굴을 통한 비교 연구가 필요하다. 또 남종면 사례에서는 귀속농지가 거의 없었기 때문에 귀속농지에서의 분배농지 전매 상황에 대해서는 알 수 없다는 한계도 있다. 추후 다른 지역의 사례연구에 의해 보다 일반화된 결론을 내릴 수 있기를 기대한다.

| 2장 |

한국 농지개혁의 가능성과 한계

혈연적 관계망에 주목하여*

이용기

1. 서언

최근 1960-1970년대 국가주도 산업화의 역사적 기반과 관련하여 전후(戰後) 시기인 1950년대 한국사회에 대한 관심이 증폭되고 있다. 1950년대 한국사회를 정초한 핵심적인 계기는 한국전쟁과 농지개혁일 텐데, 농지개혁은 지주제를 해체시키고 자작농 체제를 형성함으로써 한국사회의 자본주의적 발전을 위한 기반을 마련했다고 평가된다(장상환 1993; 장시원 2006). 또 농지개혁은 지주계급을 해체시킴으로써 국가의 자율성과 국가에 의한 농민의 포섭·장악력을 강화시켰고, 이것이 1960-1970년대 '발전국가' 형성의 기초가 되었다고 보기도 한다(김일

* 이 장은 Yong-ki Lee, 2013, "Taking another Look at Land Reform in South Korea: A Focus on Kinship Networks," *Seoul Journal of Korean Studies*, 26(1), Kyujanggak Institute for Korean Studies와 이용기, 2013, 「해방 후 토지소유구조의 변동을 통해 본 농지개혁의 가능성과 한계: 전남 강진군의 동성촌락 수양리 사례를 중심으로」, 『청람사학』 22, 청람사학회를 통합하여 새로 정리한 것이다.

영 2000; 박성진·고경민 2005). 그러나 이와 같은 인식은 농지개혁으로 인한 지주제의 해체라는 지점을 넘어서는 순간 상당 부분 실증적 근거와 구체적 분석이 취약한 채 논리적 추론이나 추상적 논의에 머물고 있다.

필자는 최근의 농지개혁에 대한 적극적 평가에 많은 부분 동의하면서도 몇 가지 의문을 갖고 있다. 첫 번째 의문은 농지개혁이 지주제를 해체시킨 것은 틀림없지만, 과연 안정적인 자작농 체제를 확립했는가, 그리고 한국사회의 자본주의적 발전에 어떻게 기여했는가라는 점이다. 농지개혁은 다수의 농민층을 소작 빈농에서 자작 빈농으로 전환시켰을 뿐 영세농 체제를 근본적으로 개선하지 못했고, 뒤이은 1960-1970년대의 대규모 이농은 그 필연적 귀결이 아니었을까? 두 번째 의문은 농지개혁을 통해 지주계급이 해체됨으로써 개별화된 농민들을 국가가 직접 장악할 수 있었다는 견해가 과연 적실한 해석일까라는 점이다. 국가와 농민 사이를 매개하던 지주계급이 해체되었다고 반드시 국가와 농민이 직접적인 대면관계를 맺는 것도 아닐 테고, 지주로부터 독립한 농민층이 가족 단위로 파편화되어 존재했을까도 의심스럽다. 더구나 농지개혁을 통해 이승만(정권)에 대한 농민층의 지지가 창출되었다는 주장(김일영 2006)에 대해서는 심각한 의문을 갖고 있다.[1]

이 글은 이러한 문제의식에 입각해서 농지개혁의 전개과정과 그 효과에 관한 논의에 새로운 측면을 환기시키고자 한다. 지금까지 많은 사례연구가 경제학적 분석방법을 통해 이루어졌다. 그런데 이러한 연구는 방법론적 개인주의를 전제하고 있기 때문에 농민들의 일상적 삶의 층위에 존재하던 다양한 사회적 관계들이 농지개혁 과정에서 어떻

1 필자는 지난 10여 년간 여러 농촌 마을을 현지조사 했는데, 농민들로부터 이승만을 긍정적으로 평가하는 말을 거의 들어본 적이 없다. 박정희와 새마을운동이 농촌에서 신화화되어 있는 것과 대조적으로 농지개혁에 대한 기억은 상대적으로 흐릿하고, 더구나 이승만에 대한 기억은 뚜렷하게 부정적이다. 이러한 농민들의 '기억'은 별도의 연구가 필요하겠지만, 농지개혁을 통해 이승만 정권에 대한 농민층의 지지가 창출되었다고 주장하는 김일영의 해석이야말로 그 자신의 표현대로 '농지개혁을 둘러싼 신화의 해체'가 필요한 부분이라고 생각한다.

게 작동하는지를 간과해왔다. 그 결과 농민은 복잡한 사회적 관계망 속에 놓여 있는 존재로서가 아니라 개별화된 경제적 주체로 전제되고, 토지소유규모에 따른 특정한 계급 또는 계층의 일개 구성원으로 환원되었다.

이 장은 이와 같은 점에 유념하여 그동안 농지개혁 연구에서 간과되었던 '사회적' 측면에 주목하고자 한다. 농지개혁을 전후한 시기에는 농촌사회의 권력과 권위의 원천이 주로 토지, 행정권력, 가문(문중)의 3자 관계에 있다는 지적은 정곡을 찌른다(김성보 2007: 158). 이는 각각 권력과 권위의 경제적·정치적·사회적 원천을 의미할 것이다. 필자는 이러한 견해를 수용하면서도, 농촌사회에서 권력·권위의 사회적 원천을 '가문'보다 확장된 개념으로 '전통적 권위질서'라고 이해하고 싶다.[2] 신분적 권위와 혈연적 결합을 매개로 형성된 전통적 권위질서는 신분제가 공식적으로 해체된 이후에도 상당 기간 농촌지역의 권력관계에서 중요한 변수로 작동했으며, 한국전쟁 기간의 극단적 갈등에도 크게 개입되어 있었다. 그리고 신분적 위계의 잔재가 결정적 타격을 입은 한국전쟁 이후에도 상대적으로 불균등한 채로 혈연적 관계망이 존속했기 때문에 농지개혁 과정에도 일정한 영향을 미쳤을 것이다. 따라서 이 장은 전통적 권위질서와 혈연적 관계망의 작동을 염두에 두고 농지개혁의 전개과정을 살펴볼 것이다. 이를 통해 농지개혁으로 인해 자작농 체제가 형성됨으로써 농민층이 가족 단위로 개별화·파편화되었다는 기존 해석의 일면성을 비판하고, 농촌사회에 불균등하게 펼쳐

2 이 글에서 말하는 '전통적 권위질서'란 조선시대에 특정한 가문(들)을 정점으로 신분과 혈연에 의해 중층적으로 구성된 권위의 위계질서가 근대시기에도 하나의 '상징권력' 차원에서 작동하고 있음을 의미하는 개념이다. 물론 '전통'은 고정 불변하는 본질적 실체라기보다는 현재의 필요에 의해 과거의 특정한 측면이 소환되어 현재적 맥락에서 재구성된다. 그럼에도 한번 형성된 전통적 권위는 쉽게 변화하지 않고 일정한 기간 동안 지속적으로 작동한다. 또한 과거 전근대사회에서 형성된 명망성과 권위는 근대시기에도 '전통'이라는 이름으로 끊임없이 재확인되며, 변화하는 현실에 대응하기 위한 상징적 정치자원으로 활용되기도 한다(이용기 2009a).

져 있던 사회적 관계망에 영향을 받으면서 농지개혁이 전개되었음을 밝히고자 한다.

분석 대상은 장흥군 용산면의 '칠리안속'이라 불리는 지역과 강진군 성전면 수양리이다. 두 곳은 서로 가까이 있고 특정 양반 가문을 중심으로 한 전통적 권위질서가 해방 후에도 상당 정도 현실적인 힘으로 작동했다는 공통점이 있다. 그러면서도 칠리안속이 전통적 분위기가 강하고 혈연적 관계망을 상당히 탄탄하게 갖추고 있던 지역인 데 비해, 수양리는 상대적으로 전통적 분위기보다는 근대지향적 성향이 강해 일제시기에 전국적으로 유명한 모범부락이었다는 차이가 있다. 이 글에서 두 지역을 함께 다루는 이유는 양자의 차이에 주목하여 비교연구를 하기보다는, 서로 간의 공통점을 전제로 농지개혁 과정에서 나타나는 유사한 경향을 상호보완적으로 다루기 위해서이다.[3] 시간적 범위는 해방 직후부터 1960년대 말까지를 분석 대상으로 한다. 농지개혁은 어느 한순간에 시행된 것이 아니라, 해방 직후의 사전방매, 1950년의 농지분배, 1960년대 말까지의 지가상환 및 소유권이전 등으로 이어지는 일련의 연속적 과정이었기 때문이다.[4]

주요 자료는 토지대장과 농지개혁 관련 자료, 그리고 현지 촌락문

3 필자는 칠리안속의 사례연구(Lee 2013)를 수행한 뒤에 거기서 확인한 경향이 특수한 현상이 아니라 일정하게 일반화될 수 있음을 입증하기 위해 동일한 분석방법으로 수양리의 사례를 다루었다(이용기 2013). 그 결과 칠리안속 분석에서 필자가 발견했던 경향이 수양리에서는 더 분명하게 나타났다. 그럼에도 칠리안속 사례연구가 3개 리를 포괄하고 있으며 족보를 통해 주민들의 인적 사항을 상세하게 파악했던 반면에, 수양리 사례연구는 선행연구의 주장을 뒷받침하기 위해 보완적으로 수행한 것이기 때문에 분석대상도 1개 리에 제한되었으며 혈연적 관계망의 작동에 대한 구체적인 검토를 하지 못하는 등 분석상의 한계가 있었다. 따라서 이 글에서는 필자가 주장하는 경향이 더 강하게 나타났던 수양리를 중심으로 논의를 전개하지 않고 양자를 상호보완적인 차원에서 함께 다룰 것이다.

4 농지개혁은 1968년 3월에 발포된 「농지개혁사업정리에 관한 특별조치법」에 의해 1969년 3월에 공식적으로 종료되었다(김성호 외 1989: 922-927). 그런데 수양리의 경우 1967년에 분배농지의 소유권이전이 완료되며 같은 해에 대규모 경지정리 사업을 하여 전체 농지의 1/4 정도가 지번·지목·면적 등에서 크게 변동되었다. 따라서 이 장에서는 수양리는 1967년까지를 분석의 하한으로 삼되, 칠리안속과 시점을 일치시키기 위해 1967년 실상을 1969년의 상황으로 가정한다.

서인 동계(洞契)와 문중계(門中契) 자료이다. 강진군과 장흥군의 군청에 소장되어 있는 『토지대장』은 토지조사사업 당시 사정(査定)이 이루어진 1915년부터 카드제 대장으로 넘어가는 1970년대 중반까지 매 필지별로 토지의 지번, 지목, 면적, 소유자의 이름과 주소 등을 기재하고 있다.[5] 토지대장은 소유권 변동 사항이 제때 그리고 정확하게 기재되지 않는 경우도 종종 있으며 토지소유규모 외에 경영규모를 알려주지 않는 등의 자료적 한계가 있음에도 토지소유구조와 농지개혁의 분석에서는 가장 기본이 되는 자료이다. 농지개혁 관련 자료로는 일반적으로 많이 활용되는 『분배농지대가 상환대장(分配農地代價 償還臺帳)』(이하 '상환대장'으로 줄임)과 『분배농지부(分配農地簿)』 등이 국가기록원에 소장되어 있다. 상환대장은 1950년 농지개혁이 개시되던 시점에 작성되었으며, 농지를 분배받은 수배자(受配者)별로 분배농지에 관한 정보와 지가상환(地價償還) 실적이 기록되어 있다. 분배농지부는 1960년 무렵에 작성되었으며, 면 단위별로 모든 분배농지에 관해 필지별로 지번, 지목, 상환액, 수배자의 이름과 주소, 원소유자의 이름과 주소, 소유권이전등기 여부 등을 기재하였다.[6]

토지대장과 상환대장을 주 자료로 삼고 분배농지부를 보완적으로 활용하면 해방 이후부터 농지개혁이 일단락되는 시점까지 토지소유구조 변동과 농지개혁의 진행과정을 파악할 수 있다. 다만 토지대장은 분석대상 지역인 칠리안속과 수양리만 확인했기 때문에 해당 지역 주민

---

5 장흥군과 강진군의 토지대장은 각각 1975년과 1976에 카드제 대장으로 변경되었다. 수양리는 1915년 사정 당시의 1,334필지 중에서 11필지가 현재 토지대장에 누락되어 있다. 그런데 이 중에서 8필지는 농지개혁 과정에서 분배농지로 편입되었기 때문에 1950년 시점의 지목과 면적, 소유자와 분배농가를 확인할 수 있다. 이 장에서는 토지대장에 누락된 11필지 중에서 8필지는 농지개혁 개시 시점의 정보를 근거로 분석한다.

6 상환대장의 정식 명칭은 장흥군의 경우 『분배농지대가 상환대장』이고 강진군의 경우 『분배농지 상환대장』인데 모두 1950년에 작성되었다. 『분배농지부』는 농지개혁의 마무리 단계인 1960년에 정부의 지침에 따라 농지분배 이후에 발생한 각종 변동사항을 반영하여 면별로 정리한 것이다(조석곤 2009a: 133). 장흥군 용산면과 강진군 성전면 분배농지부는 1962년에 작성된 것으로 되어 있다.

중에서 인근 마을의 농지를 소유한 부분은 분석에서 제외되는 문제가 있지만, 전체적인 경향성을 파악하는 데는 큰 무리가 없을 것으로 판단한다. 그리고 이들 자료에 수록된 지역 주민들의 인적 사항을 파악하기 위해 동계(洞契)를 비롯한 현지자료와 족보를 활용했으며,[7] 몇 차례의 현지조사를 통해 문헌자료에 기록된 인물들의 인적 사항과 성씨별 특성 및 권력관계를 파악했다.

2. 지역 개관

'칠리안속'은 전남 장흥군 용산면의 상금리(上金里)·하금리(下金里)·관지리(鸛池里)를 통칭하는 말이다. 이들 3개 리가 '칠리안속'으로 불리게 된 이유는 1914년 행정구역개편으로 상금리·하금리·관지리 3개의 행정동리(新洞里)로 통폐합되기 전에 존재하던 10개 마을(舊洞里) 중에서 3개는 폐촌·흡수되고 7개 마을이 밀접한 생활권을 이루고 있기 때문이다.[8] 칠리안속은 서쪽 일부가 틔워져 있을 뿐 나머지는 산으로 둘러싸인 역C자(ɔ) 형의 폐쇄적인 지형 속에서 넓은 들을 공유하고 있다. 그 한가운데는 금곡천이 흐르며 산으로 둘러싸인 금곡들(金谷坪)의 가장자리를 둘러가면서 배산임수 형국으로 마을들이 자리잡고 있다. 용산

7 장흥군 칠리안속 주민들의 인적 사항을 파악할 수 있는 현지자료는 동계와 문중계를 비롯하여 각종 자료가 대단히 많으며 이미 해제가 되어 있다(이용기 2006: 565-625). 수양리에는 3개 자연촌 단위로 조직된 洞契가 지금까지 운영되고 있다. 수암 마을의 『洞稧案』(1850-), 동령 마을의 『洞契案』(1918-), 신기 마을의 『大同契案』(1919-)에는 결성 당시의 계원 명단에 이어 해마다 새로 가입하는 자들의 인적 사항이 정리되어 있다.

8 1914년 행정구역개편 조치에서는 대체로 2-3개 마을=구동리를 통합하여 1개의 행정구역=신동리를 편성하였다. 일제는 동리통폐합 조치에도 불구하고 대체로 구동리를 범위로 하는 마을공동체의 생활력과 결속력이 해체되지 않자, 1930년대부터 이러한 공동체적 단위를 '부락'으로 지칭하면서 해체가 아니라 동원의 대상으로 삼았다. 이후 형식화된 신동리는 농촌지역에서 지금까지도 法定里 단위로 남아 있다. 이 글에서는 논의의 혼선을 방지하기 위해 공동체적 결속이 이루어지던 구동리를 '마을'로, 1914년에 편성되어 현재까지 법정리로 남아 있는 신동리를 '리'로 구분한다.

표 2.1 칠리안속의 내부 구성

법정리(新洞里)	마을(舊洞里)	村格	주요 성씨	비고
상금리	상금	A	백(수원)	수원 백씨 정해군파 종파
	송전	B	백(수원)	상금 마을 백씨에서 분파
	초당	B	백(수원)	상금 마을 백씨에서 분파
하금리	하금	A	김(영광)+이(인천)	
	월정	B	백(수원)	상금 마을 백씨에서 분파
관지리	관지	C	변(장연)	
	정장	D	김(광산)	

비고: 촌격은 각종 자료와 주민들의 평판을 종합하여 정리함. A는 명백히 반촌으로 불리는 마을, B는 크게 보면 반촌으로 분류되면서도 양반적 위세를 별로 갖지 못한 마을, C는 명백하게 반촌과 민촌 어느 한쪽으로 분류되지 않는 마을, D는 민촌으로 간주되는 마을.

면은 장흥군에서 전통적으로 양반 세력이 가장 강한 면 중의 하나였는데, 그중에서도 상금과 하금은 용산의 3대 반촌으로 꼽히는 마을이다. 그래서 '칠리안속'은 하나의 독립된 생활권을 형성하고 있으면서도, 그 내부에는 예로부터 반상 간의 위계질서가 강하게 작동하고 있었다(이용기 2009b: 42-47; 최순권 외 2011: 18-39).

칠리안속에서 양반의 위세를 갖고 있는 성씨는 장흥군의 5대 양반 가문에 꼽히며, 용산면의 3대 양반 가문으로 불리는 수원 백씨, 영광 김씨, 인천 이씨이다. 수원 백씨는 종가가 상금 마을을 기반으로 하고 있고, 이 중 다소 격이 떨어지는 계파가 인근의 송전·초당·월정 마을로 이주하였다. 이 때문에 상금 마을은 거의 수원 백씨로 이루어진 반촌이지만, 다른 세 마을은 백씨들과 더불어 타성들도 적지 않게 거주하며 상금 백씨들의 후예라는 이유로 일종의 B급 반촌으로 간주되는 정도이다. 하금 마을 역시 상금 마을과 마찬가지로 용산면의 3대 반촌 중의 하나이며, 예로부터 영광 김씨와 인천 이씨가 비슷한 위세와 인원을 유지해오고 있다. 관지 마을은 장연 변씨 동성촌락인데, 이들은 18세기만 해도 향교(鄕校)·면약(面約) 임원을 일정 수준 배출했던 집안이지만 19

세기 이후 몰락하여 거의 양반으로 인정받지 못하고 있다. 정장 마을은 광산 김씨 동성촌락이지만, 예전부터 신분적인 차별을 받았고 지금까지도 면 내에서 별로 발언권을 갖지 못하고 있다. 1914년에 존재했던 구동리 중에서 여동은 폐촌되었고, 각성바지 마을인 용두와 유동은 각각 관지와 정장 마을에 흡수되었다. 이상을 종합하면, 상금 마을의 수원 백씨와 하금 마을의 영광 김씨 및 인천 이씨가 전통적 권위질서의 최상층에 있으며, 송전·초당·월정 마을의 수원 백씨들도 일정하게 양반의 후예로 인정받고 있었다.[9] 이들 양반 성씨는 '전통적 권위'뿐만 아니라 실제적인 지역 내 권력관계에서도 기타 성씨들을 압도하는 위치에 있었다.

해방 무렵 칠리안속의 인구와 주민 구성이 어떠했는지는 정확하게 알 수 없다. 현지 주민들의 구술과 1980년대에 조사된 마을별 성씨 분포 등을 종합하면, 해방 무렵에 칠리안속에는 주도적인 세 성씨들보다 기타 성씨들이 약간 많이 거주하고 있었을 것으로 추정된다.[10]

수양리(秀陽里)는 강진군의 서북쪽에 위치한 성전면에 속하며, 뒤로는 수암산을 등지고 앞으로는 성전면의 젖줄인 금강천이 흐르고 있는 배산임수 형세로 농사짓기에 적합한 곳이다. 1914년 행정구역 통폐합 조치 때 동령리(東令里), 신기리(新基里), 수암리(秀岩里) 3개 마을(舊洞里)

9 1930년 총독부 조사에는 장흥군의 '50호 이상 著名同族部落'이 5개로 파악되었는데, 상금리 금곡(상금) 마을이 그중의 하나였다(朝鮮總督府 1935: 469). 하금 마을은 상금 마을과 거의 비슷한 수준의 양반마을로 인식되고 있지만, 주도적인 두 성씨가 50호를 넘지 않기 때문에 집계되지 않았을 것으로 판단된다.

10 1915년 현재 칠리안속 소재 농지를 소유한 주민들의 성씨 구성을 보면, 주도적인 세 양반 성씨가 122명이고 기타 성씨가 172명이었다. 여기에는 농지를 소유하지 않은 무토지 농민들이 배제되어 있는데, 이 당시에 기타 성씨보다는 세 양반 성씨의 경제적 처지가 좋았던 것을 고려하면, 전체 주민 중에서 양반 성씨의 비중은 절반에 미치지 못했음이 거의 틀림없다. 1980년대 중반에는 칠리안속 총 325호 중에서 수원 백씨 97호, 인천 이씨 37호, 영광 김씨 36호 등 주요 양반 성씨가 총 170호로 52%를 차지했으며, 기타 성씨 중에는 장연 변씨, 광산 김씨, 김해 김씨 등 세 성씨가 20호 이상이고 나머지는 10호 미만의 다양한 성씨들로 구성되었다(장흥군 1986: 219-229). 후술하겠지만 산업화 시기에 기타 성씨들의 이농이 더 많았던 것을 고려하면, 해방 무렵에는 세 양반 성씨보다 기타 성씨들의 인구가 더 많았을 것으로 판단된다.

이 통합되어 수양리로 편성되었다가 해방 직후에 다시 분구(分區)되었다. 그러나 수양리는 광산 이씨 강진파(光山 李氏 康津派) 일가들이 모여 사는 동성촌락이자 일제시기에 전국적으로 유명한 모범부락이었던 경험을 공유하고 있어서 지금도 밀접한 관계를 유지하며 하나의 생활권을 이루고 있다(이용기 2010: 329-330; 강진군 1990: 354-384).

수양리는 입향조인 이희(李熹)가 16세기 중반에 동령 마을로 이주한 이래 세력을 확장하여 광산 이씨 동성촌락이 되었다. 수양리의 광산 이씨는 지역사회에서 수적으로는 많지 않지만 양반 가문으로 널리 인정받고 있으며, 1624년에 창건된 문중서원인 수암서원(秀岩書院)의 주도세력으로도 알려져 있다.[11] 1930년에 총독부가 조사한 바에 따르면, 수양리는 강진군에서 '50호 이상 저명동족부락(著名同族部落)'으로 파악된 7개 마을 중의 하나였으며, 전체 160호 중에서 광산 이씨가 59호로써 1/3을 약간 넘는 비중을 차지했다(朝鮮總督府 1935: 470). 수양리의 동계 자료를 통해 1920년 무렵의 성씨별 주민 구성을 파악해보면, 전체 동계 계원 141명 중에서 광산 이씨가 46명(33%)이고, 나머지는 모두 양반으로 인정받지 못할뿐더러 김해 배씨(14명) 외에는 5명 이상인 성씨가 없을 정도로 다양한 성씨들로 구성되었다. 수양리의 광산 이씨는 마을 주민의 절대 다수를 차지하지는 못했지만, 마을공동체의 운영에서 주도적인 세력이었다(이용기 2013).

이상에서 살펴본 바와 같이, 장흥군 칠리안속과 강진군 수양리는 양반가문으로서의 전통적 권위를 인정받는 특정한 성씨를 중심으로 기타 다양한 성씨들이 넓게 포진되어 있었다. 따라서 이 장에서는 두 지역의 주민 중에서 지역 내 권력관계와 전통적 권위질서에서 주도적·

11 수암서원은 1624년에 창건되었으며 광산 이씨 5位를 배향한 서원으로 지금도 수암 마을에 남아 있다. 1923년에 발간된 『康津郡誌』에는 院宇 항목에 5개 (書)院과 11개 祠宇가 소개되어 있는데, 수암서원도 그중의 하나였다(강진문화원 1991: 253-255).

중심적 위치에 있던 성씨를 '중심 성씨'로, 그리고 거기에서 주변적 위치에 있던 기타 성씨를 '주변 성씨'로 분류하고자 한다.[12] 구체적으로 말하면, 칠리안속의 수원 백씨, 영광 김씨, 인천 이씨와 수양리의 광산 이씨가 '중심 성씨'에 해당한다.[13] 이하에서는 이러한 중심-주변 성씨의 차이에 주목하여 농지개혁의 전개에 전통적 권위질서와 혈연적 관계망이 어떻게 작동하는가를 살펴볼 것이다.

3. 1945–1950년 지주제의 해체와 주변 성씨의 약진

농지개혁 이전의 사전매매

1945년말 현재 두 지역의 토지규모는 칠리안속이 2,451필지 408.5정보이고, 수양리는 1,454필지 217.6정보였다. 두 지역 모두 전체 토지 중에서 전답=농지가 85% 정도였으며, 나머지 약 15%는 대지(垈)와 임야, 그리고 도로·하천·잡종지·분묘지 등 기타 지목의 토지였다. 전체 농지 중에서는 논이 약 75%를 차지하였다. 이처럼 전형적인 답작(畓作) 지대에 속하는 칠리안속과 수양리는 해방 이후 토지소유구조에서 어떠한 변화를 겪었을까?

해방 이후 농지개혁이 실시될 것이라는 전망이 우세해지자, 이를

12 지역 주민들을 중심 성씨와 주변 성씨로 구분하는 것은 자본주의 세계체제를 중심부와 수변부의 위계적 결합으로 이해하는 월러스틴의 아이디어를 차용한 것이다. 세계체제 차원의 거시적 개념을 마을 단위의 분석에 도입하는 데 무리가 따를 수 있으며, 마을 차원의 중심 성씨와 주변 성씨의 관계를 월러스틴의 세계체제론처럼 지배와 착취의 관계로 보기도 어렵다. 따라서 여기에서는 전통적 권위질서와 지역 내 권력관계에서 주도적 세력과 열세한 세력을 성씨별로 구분하는 하나의 유비로써 중심-주변의 개념을 사용하고자 한다.

13 이 장에서는 중심 성씨의 역량이 과대평가되는 것을 막기 위해 중심 성씨라도 세거지가 아닌 마을에 사는 자는 '주변 성씨'로 분류한다(예를 들어, 상금리나 관지리에 거주하는 영광 김씨). 보다 심층적인 분석을 위해서는 B급 양반 수준에 해당하는 송전 · 초당 · 월정의 백씨들을 A급 양반에 해당하는 상금의 백씨와 구별하면 좋겠지만, 토지대장에는 소유자 주소가 법정리(신동리) 단위로 표기되기 때문에 마을별로 구별하기 어렵고, 이들 세 마을의 백씨 중에도 양반적 권위를 인정받는 집안이 있기 때문에 이를 구분하지 않는다.

표 2.2 칠리안속과 수양리 소재 농지의 사전매매와 농지분배 규모 (단위: 정보, %)

지목 \ 소재지/종류	칠리안속				수양리			
	사전매매	농지분배	기타	계	사전매매	농지분배	기타	계
답	58.7 (21.9)	69.5 (25.9)	140.1 (52.2)	268.3 (100.0)	20.4 (14.3)	67.0 (46.8)	55.9 (39.0)	143.3 (100.0)
전	10.3 (12.1)	10.7 (12.6)	64.0 (75.3)	85.0 (100.0)	3.1 (6.8)	13.8 (30.3)	28.6 (62.9)	45.4 (100.0)
계	69.0 (19.5)	80.2 (22.7)	204.1 (57.8)	353.3 (100.0)	23.5 (12.5)	80.8 (42.8)	84.5 (44.8)	188.7 (100.0)

출전: 『토지대장』, 『분배농지부』

회피하기 위해 지주들이 소작지를 사전에 광범하게 방매했다는 사실은 이미 잘 알려져 있다. 그리고 지주의 사전방매 외에도 농민 간의 일반적인 농지매매로 인한 소유권 변동도 이루어졌다. 그런데 토지대장만으로는 양자를 명확하게 구분하기 어렵기 때문에 여기에서는 해방 이후부터 1950년 농지개혁 실시 직전까지 이루어졌던 농지의 소유권 변동을 농지의 '사전매매'로 일괄한다. 이러한 전제 위에서 해방 후 칠리안속과 수양리 소재 농지의 사전매매와 1950년 농지개혁으로 인한 농지분배의 규모를 정리한 것이 표 2.2이다.

칠리안속은 전체 농지 353정보 중에서 23%에 해당하는 80정보가 농지개혁을 통해 분배되었고, 20%에 해당하는 69정보가 해방 후부터 농지개혁 실시 이전까지 매매되어 소유권이 변동되었다.[14] 수양리의 경우에는 전체 농지 189정보 중에서 43%에 해당하는 81정보가 농지개혁 당시에 분배되었던 것에 비해 사전매매는 13% 정도에 불과하였다. 전국적인 차원에서 보면, 1945년 말 현재 전체 농지의 약 65%가 소작지였으며, 전체 소작지 중에서는 약 50%가 농지개혁 이전에 사전방매

14 토지대장의 소유권 변동은 매매와 상속 두 가지를 포함하지만, 이를 일일이 확인하기가 대단히 어렵기 때문에 이 장에서는 토지대장의 소유권 변동을 모두 매매로 일괄한다. 따라서 동성 간 매매에는 상당수의 상속이 포함되었을 것이지만 대체적인 경향을 파악하는 데는 큰 지장이 없을 것으로 보인다.

표 2.3 1945-1950년 칠리안속과 수양리 소재 농지의 성씨별 매매 양상 (단위: 평, %)

판매자 \ 구매자		중심 성씨			주변 성씨			외부인	계	
		동성	타성	소계	동성	타성	소계			
칠리안속	중심 성씨	18,384 (61.0)	1,695 (5.6)	20,079 (66.6)			6,345 (21.1)	3,696 (12.3)	30,120 (100.0)	(12.5)
	주변 성씨			16,800 (41.8)	7,819 (19.4)	8,662 (21.5)	16,481 (41.0)	6,929 (17.2)	40,210 (100.0)	(16.6)
	외부인			45,452 (26.5)			104,426 (61.0)	21,339 (12.5)	171,217 (100.0)	(70.9)
	계			82,331 (34.1)			127,252 (52.7)	31,964 (13.2)	241,547 (100.0)	(100.0)
수양리	중심 성씨			9,848 (54.0)			7,280 (39.9)	1,100 (6.0)	18,228 (100.0)	(24.7)
	주변 성씨			2,537 (20.6)	3,149 (25.6)	3,429 (27.9)	6,578 (53.4)	3,196 (26.0)	12,311 (100.0)	(16.7)
	외부인			12,729 (29.4)			14,287 (33.0)	16,263 (37.6)	43,279 (100.0)	(58.6)
	계			25,114 (34.0)			28,145 (38.1)	20,559 (27.9)	73,818 (100.0)	(100.0)

출전: 『토지대장』
비고: ① '외부인'은 해당 지역 외의 거주자, ② 동일 필지가 여러 차례 매매된 경우 이를 중복 집계함.

되고, 약 40%가 농지개혁을 통해 분배되고, 나머지 10% 정도는 잔존 소작지로 남았다(김성호 외 1989: 1029-1030). 이에 비춰본다면, 칠리안속은 전국적인 추세보다 소작지 비중이 상당히 작고 사전방매 비중은 약간 작은 정도였지만, 수양리는 소작지 비중이 전국 평균보다 약간 적은 반면에 사전방매 비중은 상당히 작은 편이다. 이처럼 두 지역은 전체 농지 중에서 농지개혁 이전에 사전방매된 농지가 상대적으로 많지 않았으며, 수양리의 경우에는 더욱 그러했다. 그러므로 해방 후 토지소유 구조의 변동에서 사전매매의 의미는 제한적이지만, 그럼에도 이를 자세히 살펴보면 흥미로운 양상이 나타난다.

표 2.3에서 확인되듯이, 두 지역 모두 해당 지역 외에 거주하는 외부인들이 농지를 대량으로 매각했고, 그 대부분은 지역 주민들의 소유로 되었다. 사전매매 비중이 상대적으로 높았던 칠리안속은 전체 매매 농지 중에서 외부인이 매각한 농지가 약 70%였고 매매 후에 외부인 소

유지가 된 것은 15%에도 미치지 못할 정도였다. 수양리의 경우에도 이보다는 못했지만 전체 매매농지 중에서 외부인이 매각한 농지가 60% 정도였고 매매 후에 외부인 소유지가 된 것은 30%에 미치지 못해, 해방 이후 주민 소유지의 증가 양상은 동일하게 나타났다. 외부인 중에는 지주가 다수 포함되었을 것이므로 매매농지 중에서 상당 정도가 농지개혁 이전에 소작지가 사전방매를 통해 주민 소유지가 된 것임은 쉽게 짐작할 수 있다.[15]

이를 성씨별로 구분해보면, 두 지역 모두 중심 성씨에 비해 주변 성씨가 농지 소유면적을 더 많이 늘린 것이 확인된다. 칠리안속은 중심 성씨가 약 3만 평을 매각하고 약 8만 2,000평을 구입하여 5만 2,000평 정도의 농지를 늘렸다면, 주변 성씨는 약 4만 평을 매각하고 약 12만 7,000평 이상을 구입하여 8만 7,000평 이상을 늘렸다. 수양리 역시 중심 성씨는 약 1만 8천 평을 매각하고 약 2만 5,000평을 구입하여 7,000평 정도의 농지를 늘린 반면에, 주변 성씨는 약 1만 2,000평을 매각하고 약 2만 8,000평을 구입하여 1만 6,000평 정도 소유면적을 확장시켰다. 매각농지 대비 매입농지의 비중을 보면, 칠리안속은 중심 성씨가 약 2.7배이고 주변 성씨가 약 3.2배이며, 수양리는 중심 성씨가 약 1.4배이고 주변 성씨가 약 2.3배였다. 두 지역 모두 중심 성씨에 비해 주변 성씨가 절대적으로나 상대적으로 더 많은 농지를 확보한 것이다.

이처럼 칠리안속과 수양리는 해방 이후 농지의 사전매매를 통해 주민 소유지를 크게 증가시켰고, 그중에서도 중심 성씨에 비해 주변 성씨의 소유지 증가가 두드러진 점에서 공통적이다. 농지개혁이 예상되

15 앞에서 본 표 2.2는 농지개혁을 회피하기 한 지주의 소작지 사전방매와 일반적인 농지매매가 구분되지 않았기 때문에 두 지역의 '사전방매' 비중은 표에 나타난 사전매매에 비해 더 적었음에 틀림없다. 필자가 몇 가지 가정을 전제로 추정한 바로는 장흥군 칠리안속의 경우 전체 사전매매 중에서 지주에 의한 사전방매가 3/4 정도였다(Lee 2013: 111-113). 수양리는 칠리안속에 비해 소작지 비중이 높으면서도 사전매매가 적은 비중을 차지하므로 지주에 의한 사전방매는 그다지 활발하지 않았을 것으로 보인다.

는 가운데 이루어진 사전방매가 적어도 지주 우위의 고가(高價) 강매가 아니었다는 점을 염두에 둔다면(장상환 1984; 박석두 1987; 류기천 1990), 전체적으로 해방 이후의 사전매매는 지역 주민들에게 부담이 아니라 희망이 되었을 것이다. 그렇다면 두 지역 모두 중심 성씨보다 주변 성씨가 농지의 사전매매에 적극적이었다는 사실은 사회적·경제적 처지가 열악하던 주변적 세력이 해방 후의 역동적 분위기에서 삶을 개선하려는 열망을 크게 분출한 것으로 볼 수 있다. 특히 전통적 권위질서가 상당히 강하던 칠리안속에서 지주 소유지를 상당 정도 포함하고 있었을 외부인 소유 농지를 주변 성씨가 압도적으로 많이 구입했다는 것에서 그러한 정황이 잘 드러난다.

그러나 표 2.3에서 한 가지 눈여겨볼 부분이 있다. 중심 성씨의 농지 매매가 동성 간 매매에 상대적으로 집중된 것과 달리 주변 성씨의 농지 매매에서는 동성 간 매매 경향이 약한 점이 그것이다. 칠리안속의 경우 중심 성씨가 매각한 농지는 60% 이상 동성 인물이 매입하고 20% 정도만 주변 성씨가 매입했다. 반면에 주변 성씨가 매각한 농지는 40% 가량을 중심 성씨가 매입했으며, 동성 간에 매매된 농지가 20%에 미치지 못했다. 수양리는 이러한 경향이 상대적으로 약하게 나타나지만 중심 성씨의 동성 간 매매율이 50%를 넘는 반면에 주변 성씨의 동성 간 매매율은 그 절반 정도에 불과한 것은 동일하다. 중심 성씨에 비해 주변 성씨의 동성 간 매매 비중이 낮은 점은 이후에도 반복적으로 나타난다.[16]

16 중심 성씨는 주변 성씨에 비해 동족의 수가 많기 때문에 성씨별 동성 간 매매 비중을 같은 수준에서 비교하기는 곤란하다. 그러나 이 글에서는 중심 성씨의 경우 동성동본이 거의 확실한 경우에 한해서 동성으로 분류했지만, 주변 성씨는 본관과 무관하게 같은 성씨인 경우에는 모두 동성으로 분류하였다. 따라서 주변 성씨의 동성 간 매매에는 실제로는 혈연적 관계가 전혀 없는 경우도 다수 포함되었을 것이므로 주변 성씨의 친족 간 매매는 본문에서 집계된 동성 간 매매보다 훨씬 적다는 사실을 고려해야 한다.

농지개혁의 개시와 농지분배

1950년 한국전쟁 발발 직전에 농지분배가 실시되면서 농지개혁의 본격적인 막이 올랐다. 칠리안속이 속한 장흥군 용산면은 전체 농지의 약 20%인 295정보가 분배되었고, 수양리가 속한 강진군 성전면은 전체 농지의 약 38%인 705정보가 분배되었다. 용산면보다 성전면이 전체 농지 중에서 분배농지의 비중이 훨씬 높은 것은 앞의 표 2.2에서 보았듯이 칠리안속보다 수양리가 전체 농지 중에서 분배농지의 비중이 높았던 것과 유사하다.

이제 두 지역의 농지분배 현황을 정리한 표 2.4를 보자. 칠리안속은 전체 농지의 약 23%에 해당하는 80.2정보가 분배되었으며, 귀속농지가 70.9정보로 전체 분배농지의 88%에 이르렀다. 분배농지 면적은 관지리, 상금리, 하금리 순이다. 칠리안속이 속한 장흥군 용산면의 14개 법정리 가운데 관지리는 분배농지 면적이 가장 많으며, 상금리는 수배농가가 가장 많고, 하금리는 이들에 비해 다소 낮았지만 전체적으로 상위에 속했다. 수양리는 전체 농지의 약 43%에 해당하는 80.8정보가 분배되었으며, 귀속농지가 66.8정보로 전체 분배농지의 83%에 이르렀다. 수양리는 강진군 성전면의 11개 법정리 중에서 두 번째로 분배농지가 많았다. 두 지역 모두 귀속농지의 비중이 압도적으로 높다는 것은 일제

표 2.4 칠리안속과 수양리의 농지분배 현황 (단위: 정보, %)

지역 \ 종류		일반농지(a)			귀속농지(b)			분배농지(a+b)		
		답	전	합	답	전	합	답	전	합
칠리안속	관지리	4.3	0.8	5.0	25.6	1.7	27.3	29.9	2.5	32.4
	상금리	0.7	0.5	1.2	16.1	7.3	23.4	16.8	7.8	24.6
	하금리	3.0	0.0	3.0	19.8	0.4	20.1	22.8	0.4	23.2
	계	8.0	1.3	9.3 (11.6)	61.5	9.4	70.9 (88.4)	69.5	10.7	80.2 (100.0)
수양리		11.4	2.6	14.0 (17.3)	55.7	11.1	66.8 (82.7)	67.1	13.7	80.8 (100.0)

출전: 『분배농지부』

표 2.5 칠리안속과 수양리 주민들의 분배농지 수배 상황

수배 \ 지역·성씨	칠리안속			수양리		
	중심 성씨	주변 성씨	계	중심 성씨	주변 성씨	계
인원(명)	92 (44.7)	114 (55.3)	206 (100.0)	58 (39.2)	90 (60.8)	148 (100.0)
면적(정보)	32.3 (41.3)	45.9 (58.7)	78.2 (100.0)	28.1 (34.6)	53.0 (65.4)	81.1 (100.0)
1인당 면적(평)	1,055	1,208	1,140	1,454	1,768	1,645

출전: 『상환대장』

시기에 이 지역 농지의 상당수를 일본인들이 소유하고 있었고, 그러하기에 농지개혁 과정에서 지주와 소작인의 인격적 관계는 크게 작동하지 않았을 것임을 의미한다.[17]

칠리안속과 수양리 주민의 분배농지 수배 상황을 성씨별로 구분해 보면(표 2.5 참조), 해방 후의 사전매매와 마찬가지로 주변 성씨가 중심 성씨에 비해 상당히 우세한 경향이 나타난다.[18] 칠리안속의 경우에 전체 수배자의 55%가 주변 성씨이며, 이들이 분배농지의 60% 가깝게 분배받았다. 수양리 역시 전체 수배자의 60%가 주변 성씨이며, 이들이 분배농지의 65%를 분배받았다. 그래서 두 지역 모두 수배자 1인당 평균 수배면적도 중심 성씨에 비해 주변 성씨가 우세하다. 이처럼 칠리안속과 수양리의 농지분배는 모든 면에서 주변 성씨에게 유리하게 이루어졌다. 이는 앞에서 본 사전매매와 마찬가지로 농지개혁이 지역 내 권력관계에서 주변적인 위치에 있던 세력들에게 지위 상승의 가능성을 제공했음을 시사한다.

17 해방 시점에 3정보 이상 농지를 소유한 자는 칠리안속에 1명, 수양리에 4명밖에 없었다. 이들은 모두 3-5정보 정도를 소유한 소지주 수준이었는데, 그마저 농지소유 상한선을 넘는 부분은 대부분 사전에 방매했고, 농지개혁 당시에 피분배된 농지는 5명 중에서 3명의 3필지뿐이었다.

18 두 지역에 소재한 분배농지를 對地的 방식으로 집계한 표 2.4와 두 지역 주민의 분배농지를 對人的 방식으로 집계한 표 2.5가 분배농지 면적에서 차이를 보이는 것은 집계방식의 차이에서 기인한다.

농지분배 직후의 토지소유구조

이제 해방 후 농지의 사전매매와 1950년의 대규모 농지분배를 통해 수양리의 토지소유구조가 어떻게 변화하였는지를 추적해보자. 이하에서는 농지개혁의 초기 성과와 가능성을 보다 분명하게 파악하기 위해서 1950년 농지분배 시점에 수배자가 분배농지에 대한 소유권을 확보한 것으로 가정하고, 1945년 해방 시점과 1950년 농지분배 직후의 토지소유구조를 비교, 검토해보겠다.[19]

해방 후 농지개혁의 전망 속에 지주의 사전방매가 대규모로 이루어지고 공식적인 농지분배가 단행됨으로써 지주제가 해체되었음은 주지의 사실이다. 그림 2.1에서 확인되듯이, 두 지역 모두 식민지 지주제

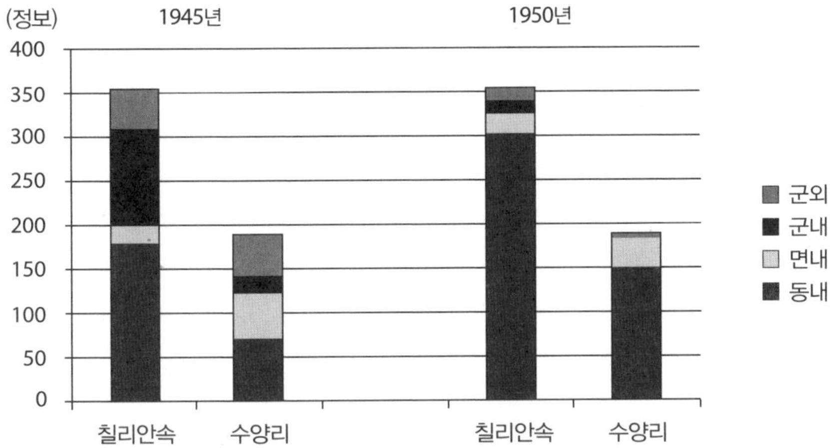

그림 2.1 1945-1950년 소유자 거주지별 농지 소유규모 비교

19 공식적으로는 농지를 분배받은 수배자가 5년으로 예정된 상환기간 동안 분배농지의 대가를 모두 상환하고 소유권이전등기를 마친 뒤에 소유권을 확보하기 때문에 토지대장에는 분배농지의 소유권 변동사항이 1955년 이후부터 기재된다. 그러나 1950년 농지분배 당시 사실상 해당 농지에 관한 권리는 수배자에게 넘어갔다. 따라서 농지분배 시점에 해당 농지의 소유권이 수배자에게 이전된 것으로 가정하고 1950년 현재의 토지소유규모를 분석하면 농지개혁의 성과와 가능성을 이해하는 데 도움이 된다. 다만 분배농지가 최종적으로 수배자의 소유로 확정되는가는 별도의 문제이며, 이에 관해서는 다음 절에서 다룬다.

의 전개에 따라 외지 지주들에게 넘어갔던 농지가 대부분 지역 주민들에게 되돌아왔다. 해방 시점에 두 지역 소재 농지 중에서 해당 지역 주민이 소유한 농지는 칠리안속과 수양리에서 각각 50%와 40% 정도에 불과했다. 칠리안속은 상대적으로 동내 주민의 소유지 비중이 높았지만, 외부인 소유지의 대부분은 부재지주임에 틀림없는 군외·군내 거주자의 소유지였다. 이에 비해 수양리는 재촌지주와 자작농이 섞여 있을 면내 거주자의 소유지가 전체 농지의 약 30%를 차지했다.[20] 그러나 농지분배가 단행된 직후인 1950년에는 칠리안속 소재 농지의 85%와 수양리 소재 농지의 80%가 해당 지역 주민의 소유지로 되었다. 나머지는 인근 마을 주민들이 소유한 자작지가 대부분이며 군외·군내 거주자의 소유지는 거의 소멸되다시피 했다. 두 지역 주민들의 농지소유 상황을 해방 당시와 비교하면, 지주제의 해체로 인한 성과가 더욱 뚜렷하게 나타난다.

표 2.6을 보면, 해방 후 5년 만에 두 지역에서 농지소유자와 농지소유면적이 크게 증가했음을 알 수 있다.[21] 칠리안속의 경우 농지소유자는 50%, 농지면적은 그보다 더 많은 68% 증가했다. 이에 따라 1인당 평균 소유면적도 13% 상승하여 4.6단보에 이르렀다. 수양리는 이보다 더 가파른 증가세를 보여, 농지소유자가 75%, 농지면적은 100% 이상 대폭 증가했다. 그 결과 1인당 평균 소유면적 역시 거의 20% 가까이 증가하여 5.3단보에 이르렀다. 1인당 평균 소유면적이 여전히 5단보 내외에 불과한 점은 농지개혁의 결과로 형성된 자작농 체제가 과연 안정성을 가질 수 있을지 의문을 품게 하는 대목이다. 그러나 다수의

20 여기에서는 편의상 칠리안속과 수양리를 '동내', 그 밖의 면 지역을 '면내', 해당 면을 제외한 군 지역을 '군내', 해당 군 이외의 지역을 '군외'로 지칭한다.

21 표 2.6은 이 장의 저본이 되는 필자의 칠리안속 사례연구에서 Table 6에 해당하는데, 필자의 실수로 수치가 약간 잘못 정리되었다(Lee 2013: 117). 선행 연구에서 혼선을 일으킨 것을 뒤늦게나마 이 자리를 통해 바로잡고자 한다.

표 2.6 1945–1950년 칠리안속과 수양리 주민의 농지소유 상황 비교

연도	농지소유	칠리안속			수양리		
		중심 성씨	주변 성씨	계	중심 성씨	주변 성씨	계
1945년	인원(명)	214 (48.4)	228 (51.6)	442 (100.0)	57 (35.4)	104 (64.6)	161 (100.0)
	면적(정보)	106.2 (58.8)	74.5 (41.2)	180.7 (100.0)	32.7 (45.3)	39.4 (54.7)	72.1 (100.0)
	1인당(단보)	5.0	3.3	4.1	5.7	3.8	4.5
1950년	인원(명)	298 (45.2)	361 (54.8)	659 (100.0)	99 (35.1)	183 (64.9)	282 (100.0)
	면적(정보)	155.4 (51.3)	147.6 (48.7)	303.0 (100.0)	59.8 (40.0)	89.7 (60.0)	149.4 (100.0)
	1인당(단보)	5.2	4.1	4.6	6.0	4.9	5.3
기간 내 증감	인원(%)	39.3	58.3	49.1	73.7	76.0	75.2
	면적(%)	46.3	98.2	67.7	83.1	127.3	107.3
	1인당(%)	5.1	25.2	12.5	5.4	29.2	18.3

출전: 『토지대장』, 『상환대장』

무토지 농민이 농지를 소유하고 1인당 평균 소유면적을 조금이나마 늘린 점은 농지개혁의 성과로 평가될 수 있겠다.

해방 후 농지의 사전매매와 1950년의 농지분배로 인한 새로운 가능성은 성씨별 비교에서 더욱 유의미하게 나타난다. 먼저 칠리안속의 주변 성씨는 농지소유자의 증가에서도 중심 성씨에 비해 우세했지만, 특히 농지 소유면적을 단기간에 거의 2배나 늘렸고 1인당 평균 소유면적의 증가폭도 25%를 넘었다. 반면에 중심 성씨는 농지 소유면적의 증가율이 주변 성씨의 절반인 45% 정도에 그쳤으며, 그 결과 1인당 평균 소유면적의 증가는 약 5%에 불과했다. 이러한 결과 농지 소유면적의 성씨별 구성비는 6 대 4 정도로 중심 성씨가 우세하던 해방 당시의 상황과 달리 양자 사이에 거의 차이가 없을 정도가 되었다.

이러한 경향은 수양리에서 더욱 두드러졌다. 주변 성씨는 농지소유자의 증가폭에서는 중심 성씨를 약간 앞서는 정도였지만, 농지 소유면적은 무려 127%나 증가시켰고, 1인당 평균 소유면적의 증가폭도

30%에 육박했다. 반면에 중심 성씨는 농지소유자의 증가폭에서는 주변 성씨에 비해 큰 차이가 없었지만, 농지 소유면적의 증가폭은 주변 성씨에 비해 50% 이상 뒤처졌고, 1인당 평균 소유면적의 증가 역시 약 5% 수준에 그쳤다. 그 결과 농지 소유면적의 성씨별 구성비는 해방 시점에 주변 성씨가 45 대 55 정도로 우세했는데, 1950년에는 40 대 60으로 그 격차가 더 커졌다. 결국 지역 내 권력관계에서 열세였던 주변 성씨가 해방 후 사전매매와 농지분배를 통해 상당한 약진을 이루었던 것이다.

이처럼 농지분배가 이루어진 직후 칠리안속과 수양리의 상황은 기존의 권력관계에 균열을 가할 만한 상당한 잠재력을 갖고 있었다. 그러나 농지개혁이 그 결실을 거두기 위해서는 아직 넘어야 할 산이 많았다. 무엇보다도 개별 농가가 소유한 농지의 면적이 너무 적다는 점이었다. 해방 후 사전매매와 농지분배에도 불구하고 평균 농지 소유면적은 5단보 내외에 불과했던 것이다. 이제 절을 달리하여 농지분배 이후 토지소유구조의 변화를 검토함으로써 농지분배를 통해 기반을 닦은 이른바 자작농 체제가 제대로 자리를 잡고 '자립'할 수 있을 것인가를 살펴보자.

4. 1950-1960년대 소농 자립의 한계와 주변 성씨의 몰락

분배농지의 소유권 변동

농지개혁이 그 결실을 거두기 위해서 넘어야 할 첫 번째 난관은 바로 수배농가에게 상당한 부담이 되었던 지가상환(地價償還)이었다. 농지개혁 규정에 의하면, 수배농가는 평년 수확량의 30%에 해당하는 상환곡을 5년간 납부하여 지가상환을 완료해야 소유권이전등기를 하고 분배농지에 대한 소유권을 최종적으로 확보할 수 있었다. 그러나 농지분배 직후에 터진 한국전쟁과 그 전비 조달을 목적으로 생긴 임시토지수득세 부담 등으로 인해 지가상환은 제대로 이루어지지 않았다. 그래서 정부는 한편으로는 지가상환을 독려하면서도 현실적으로 그 완료 시한을 계속 연장할 수밖에 없었다. 그럼에도 적지 않은 수배농가가 지가상환의 부담을 견디지 못하고 분배농지에 대한 권리를 타인에게 양도하는 사태가 속출하였다. 이러한 전매(轉賣) 행위는 농지개혁법에서 금지되었지만 현실에서는 광범하게 발생하였다. 그래서 정부는 법적으로 금지된 전매로 인해 소유권이전등기 실적이 부진한 상황을 타개하기 위해서 1961년 5월에 「분배농지 소유권이전등기에 관한 특별조치법」을 발포하여 광범하게 존재하던 전매 상황을 현실로 인정하고 분배농지에 대한 소유권을 타인에게 양도하는 것을 합법화하였다(박석두 1993: 67-77).

칠리안속과 수양리의 주민들이 분배받은 농지를 어느 정도 자신의 소유로 만들었는가는 1950년 농지분배 시점에 작성된 『상환대장』과 최종적인 소유권이전 상황이 기록된 『토지대장』을 비교하면 알 수 있다. 표 2.7은 상환대장에 기록된 수배자와 토지대장에 등재된 분배농지의 최종적 소유권자=등기자가 일치하는지 여부를 정리한 것이다. 농지분배에서 소유권이전등기에 이르는 동안 필지가 분할되면서 소유권자도 분할된 필지별로 달라진 경우가 있으므로 토지대장을 기준으로 집계하였다.

두 지역 모두 분배받은 농지 중에서 최초의 수배자가 소유권을 포기하여 원래의 지주 소유로 남은 경우는 3-4% 정도의 미미한 수준이다. 농지분배를 통한 지주제의 해체는 돌이킬 수 없는 기정사실이었던 것이다. 다만 분배농지의 소유권 포기가 수양리에서는 성씨별 차이가 거의 없지만, 칠리안속에서는 주변 성씨가 조금 더 많은 점이 눈에 띈다. 두 지역의 가장 큰 차이는 최초 수배자가 분배농지를 자신의 소유로 만든 경우(성공)와 분배농지의 소유권이 타인에게 양도된 경우(변

표 2.7 칠리안속과 수양리 분배농지의 소유권이전 상황 (단위: 평, %)

수배자 거주지	유형	중심 성씨		주변 성씨		계	
		필지수	면적	필지수	면적	필지수	면적
칠리 안속	성공	112(68.7)	62,756	164(71.9)	94,940	276(70.6)	157,696
	변동	48(29.4)	32,085	55(24.1)	37,531	103(26.3)	69,616
	포기	3 (1.8)	2,202	9 (3.9)	5,234	12 (3.1)	7,436
	계	163(100.0)	97,043	228(100.0)	137,705	391(100.0)	234,748
수양리	성공	97(58.1)	49,512	119(40.1)	55,567	216(46.6)	105,079
	변동	63(37.7)	32,021	152(51.2)	93,074	215(46.3)	125,095
	포기	7 (4.2)	2,813	12 (4.0)	4,124	19 (4.1)	6,937
	불명	0 (0.0)	0	14 (4.7)	6,364	14 (3.0)	6,364
	계	167(100.0)	84,346	297(100.0)	159,129	464(100.0)	243,475

출전: 『토지대장』, 『상환대장』, 『분배농지부』

비고: ① '성공'은 최초 수배자에게 소유권이 이전된 경우, '변동'은 최초 수배자와 다른 사람에게 소유권이 이전된 경우, '포기'는 피분배 지주 명의로 소유권이 존속한 경우, '불명'은 소유권 변동을 확인할 수 없는 경우. ② 수배자를 기준으로 한 대인적 방식의 집계임.

동)의 비중이 크게 다른 점이다. 칠리안속은 성공이 70%를 넘는 데 반해서 수양리는 성공과 변동의 비중이 거의 같다.[22] 전국 평균 전매율이 약 30%인 것에 비춰본다면(한국농촌경제연구원 1984: 92-93),[23] 칠리안속은 이에 근접했지만 수양리는 전매율이 상당히 높은 편이었다. 또한 칠리안속의 전매율은 성씨별로 차이가 크지 않았지만, 수양리는 중심 성씨의 전매율이 40% 미만인 데 반해 주변 성씨의 전매율은 50%를 넘는다. 결국 두 지역의 수배농가 중에서 적지 않은 비중이 지가상환의 부담 때문에 분배농지의 소유권을 자신의 깃으로 확보하지 못했는데, 칠

22 성공에는 상환대장의 수배자와 토지대장의 등기자가 다른 사람이지만, 상환대장에 '상속'으로 기록되었거나 필자가 족보를 통해 부자 간 상속으로 확인한 것이 포함되어 있다. 칠리안속은 성공으로 분류된 276필지 중에서 40필지가 상속이었고, 수양리는 216필지 중에서 17필지가 상속임이 확인된다. '변동'으로 분류된 것에도 일부 상속관계가 포함되었을 수도 있지만 이 부분은 논외로 한다.

23 1959년 7월 현재 도별 분배농가의 전매율을 보면, 충북이 12.1%로 가장 낮고, 전북은 무려 50.1%로 최고이며, 전남은 29.7%로 전국 평균에 가장 가깝다.

표 2.8 전매된 분배농지의 성씨별 소유권 변동 양상 (단위: 평, %)

수배자 \ 등기자		중심 성씨			주변 성씨			외부인	계	
		동성	타성	소계	동성	타성	소계			
칠리안속	중심 성씨	21,917 (68.3)	4,423 (13.8)	26,350 (82.1)			5,735 (17.9)	0 (0.0)	32,085 (100.0)	(46.1)
	주변 성씨			9,267 (24.7)	13,959 (32.7)	12,486 (33.3)	26,445 (70.5)	1,819 (4.8)	37,531 (100.0)	(53.9)
	계			35,617 (51.2)			32,180 (46.2)	1,819 (2.6)	69,616 (100.0)	(100.0)
수양리	중심 성씨			16,256 (50.8)			13,332 (41.6)	2,433 (7.6)	32,021 (100.0)	(25.6)
	주변 성씨			38,430 (41.3)	19,431 (20.9)	29,714 (31.9)	49,145 (52.8)	5,499 (5.9)	93,074 (100.0)	(74.4)
	계			54,686 (43.7)			62,477 (49.9)	7,932 (6.3)	125,095 (100.0)	(100.0)

출전: 『토지대장』, 『상환대장』, 『분배농지부』
비고: 수배자를 기준으로 한 대인적 방식의 집계임.

리안속에 비해 수양리가, 그리고 수양리에서는 주변 성씨가 더욱 그러했던 것이다. 이 대목에서 분배농지 소유권의 향방이 혈연적 관계망과 상관관계에 있음을 짐작할 수 있다.

이제 두 지역 주민들이 전매한 분배농지의 소유권 변동 추이를 성씨별로 분석하여(표 2.8 참조), 주변 성씨에게 상당히 유리하게 전개되었던 농지분배의 결과가 어떻게 귀결되는가를 보자. 칠리안속의 중심 성씨는 80% 이상을 중심 성씨에게 전매하였고, 특히 70% 정도를 동성 간에 전매한 것에 비해, 주변 성씨는 70% 정도만 주변 성씨에게 전매했고, 동성 간 전매는 1/3에도 미치지 못했다. 수양리의 경우에는 중심 성씨가 50% 정도를 동성 간인 중심 성씨에게 전매했고 40% 정도를 주변 성씨에게 전매했다. 주변 성씨 역시 50% 정도를 주변 성씨에게, 그리고 40% 정도를 중심 성씨에게 전매했다. 수양리는 칠리안속에 비해 전매의 성씨별 편향성이 다소 낮았으며, 특히 주변 성씨의 동성 간 전매 비중은 20% 수준에 그치고 있다. 이러한 성씨별 소유권 변동 추세와 더불어 전매된 분배농지의 성씨별 규모를 함께 고려하면 최종적인 소유규모의 변동은 성씨별로 유의미한 차이를 나타낸다.

칠리안속은 중심 성씨가 약 3만 2,000평을 타인에게 양도하고 약 3만 6,000평을 타인으로부터 양도받아 분배농지의 소유면적이 3,500평 정도 증가했다. 반면에 주변 성씨는 약 3만 8,000평을 타인에게 양도하고 약 3만 2,000평을 타인으로부터 양도받아 분배농지의 소유면적이 5,400평 정도 감소했다. 칠리안속은 중심 성씨의 전매율이 약간 높았고 전매농지의 비중은 주변 성씨가 약간 높은 정도였지만, 중심 성씨로의 집중도가 상대적으로 높다 보니 결과적으로 중심 성씨가 다소 우세한 양상으로 귀결된 것이다. 수양리의 경우에는 전매농지의 비중 자체가 성씨별로 크게 차이가 나기 때문에 그 결과가 더욱 뚜렷한 대비를 보인다. 중심 성씨는 약 3만 2,000평을 타인에게 양도하고 약 5만 5,000평을 양도받아 2만 2,000평 이상을 늘렸다. 반면에 주변 성씨는 약 9만 3,000평을 타인에게 양도하고 약 6만 2,000평을 양도받아 3만 1,000평 정도가 줄어들었다.

결국 칠리안속과 수양리에서 전매된 분배농지의 소유권 변동 양상은 주변 성씨에 비해 중심 성씨에게 유리하게 진행되었고, 중심 성씨의 전매에서는 혈연적 관계가 크게 작동한 반면에 주변 성씨의 경우에는 그러한 경향이 약했다. 농지개혁은 지역 내 권력관계에서 주변부에 있던 세력에게 유리하게 실시되었지만, 분배받은 농지를 자신의 것으로 만들어가는 과정에서는 중심 성씨가 저력을 발휘했던 것이다.

농지개혁 외의 농지매매

농지개혁의 가능성과 한계를 보다 심층적으로 파악하기 위해서는 분배농지가 등기이전을 완료한 후에 어떻게 유지 또는 처분되는가 하는 점까지 확인할 필요가 있다. 그런데 농지개혁에 편입된 농지가 전체 농지의 일부이며, 수배농가 중에서도 상당수가 분배농지 이외의 농지를 소유하고 있었을 것이다. 따라서 농지개혁의 결과 농민층의 경제적 처지

표 2.9 1950-1960년대 칠리안속과 수양리 농지의 성씨별 매매 양상 (단위: 평, %)

판매자 \ 구매자		중심 성씨			주변 성씨			외부인	계	
		동성	타성	소계	동성	타성	소계			
칠리안속	중심 성씨	98,499 (73.2)	10,057 (7.5)	108,556 (80.7)			17,800 (13.2)	8,193 (6.1)	134,549 (100.0)	(37.5)
	주변 성씨			31,829 (21.1)	48,019 (31.8)	55,267 (36.7)	103,286 (68.5)	15,653 (10.4)	150,768 (100.0)	(42.0)
	외부인			27,522 (37.3)			26,856 (36.4)	19,473 (26.4)	73,851 (100.0)	(20.6)
	계			167,907 (46.7)			147,942 (41.2)	43,319 (12.1)	359,168 (100.0)	(100.0)
수양리	중심 성씨			30,866 (68.0)			13,811 (30.4)	717 (1.6)	45,394 (100.0)	(31.3)
	주변 성씨			31,035 (44.3)	15,650 (22.3)	20,579 (29.4)	36,229 (51.7)	2,781 (4.0)	70,045 (100.0)	(48.3)
	외부인			6,600 (22.3)			11,979 (40.5)	10,990 (37.2)	29,569 (100.0)	(20.4)
	계			68,501 (47.2)			62,019 (42.8)	14,488 (10.0)	145,008 (100.0)	(100.0)

출전: 『토지대장』

비고: 동일 필지가 여러 차례에 걸쳐 매매된 경우 이를 중복 집계함.

가 얼마나 개선되었는가를 파악하기 위해서는 분배농지로 설정되지 않은 일반 농지의 소유권 변동까지 시야에 넣을 필요가 있다. 여기에서는 농지분배가 실시된 1950년 이후부터 농지개혁이 종료된 1969년까지를 시간적 범위로 하여, 분배농지로 설정되었던 농지는 소유권이전등기 이후의 매매를, 그리고 분배농지로 설정되지 않았던 농지는 이 기간 동안의 매매 전체를 '농지개혁 외의 농지매매'로 간주하여 분석한다.

농지개혁 외의 농지매매 양상을 정리한 표 2.9를 보면, 이 기간에 매매된 농지규모는 칠리안속이 수양리에 비해 2배 이상 많지만, 성씨별 매매 양상에서는 분배농지의 소유권 변동에서 보였던 경향이 동일하게 나타난다.

우선, 두 지역 모두 주변 성씨는 중심 성씨에 비해 농지를 많이 매각하고 적게 매입했다. 칠리안속의 경우 중심 성씨는 약 13만 5,000평을 매각하고 약 16만 8,000평을 매입하여 소유면적이 크게 증가했지만, 주변 성씨는 약 15만 평을 매각하고 약 14만 8,000평을 매입하여 소유면적이 약간 감소했다. 수양리의 경우에도 중심 성씨는 약 4만 5,000평을 매각하고 약 6만 8,000평을 매입하여 소유면적이 증가했지만, 주변 성씨는 약 7만 평을 매각하고 약 6만 2,000평을 매입하여 소유면적이 감소하였다.

다음으로, 농지매매와 혈연과의 상관성도 중심 성씨가 주변 성씨에 비해 높았다. 칠리안속은 중심 성씨의 농지매각이 80% 이상 중심 성씨를 향했고, 특히 동성 간 매매가 70%를 넘었다. 반면에 주변 성씨의 매각이 주변 성씨를 향한 것은 70% 미만이며, 더구나 동성 간 매매는 30%를 조금 넘는 정도였다. 수양리의 경우에도 중심 성씨의 농지매각은 70% 가까이 동족인 중심 성씨를 향했지만, 주변 성씨의 농지가 주변 성씨에게 매각된 경우는 50% 정도였고, 특히 동성 간 매매는 20% 정도에 불과했다. 1950-1969년에 농지매매의 대체적 경향은 중심 성씨가 주변 성씨에 비해 구입 농지의 규모도 많고 혈연적 관계가 크게 작동했다고 볼 수 있다.

결국 1945-1950년에 사전매매와 농지분배에서 주변 성씨가 중심 성씨에 비해 약진했던 것과 대조적으로 1950-1960년대에 분배농지의 소유권 변동과 농지개혁 외의 농지매매에서는 중심 성씨가 주변 성씨보다 우월한 양상을 보인 것이다. 지역 내 권력관계와 큰 관련이 없는 부재지주 농지의 사전매입과 농지분배 과정에서는 주변 성씨가 유리했다. 반면에 지역주민 간의 매매로써 지역 내 권력관계의 영향을 더 많이 받았을 분배농지의 소유권 변동과 농지개혁 외의 농지매매에서는 중심 성씨가 저력을 발휘했다. 더구나 중심 성씨의 농지매매가 대부분 동성 간에 이루어지고 있었다는 점은 농지개혁 이후 1960년대까지도 농촌사회에서 혈연적 관계망과 결속력이 해체되거나 약화되기보다는 지속적으로 기능했음을 시사한다.

농지개혁 완료 후의 토지소유구조

지금까지 보았듯이, 해방 후의 역동적 사회변화 과정에서 지역 내 권력관계에서 열세를 면치 못하던 주변 성씨들이 사전매매와 농지분배를 통해 상당히 약진했지만, 이후 그러한 경향을 공고히 하지 못하고 다시 위축되는 양상을 보였다. 1950년 농지분배가 이루어졌던 시점에 수배자가 분배농지에 대한 소유권을 확보한 것으로 가정하여 농지개혁이 종료된 1969년 상황과 비교하면 이러한 경향이 뚜렷하게 나타난다.

주변 성씨는 1950년 농지개혁 실시 이후 지가상환과 일반적인 농지매매에서 열세를 면치 못하여 농지소유자의 증가가 중심 성씨에 훨씬 미치지 못했고, 특히 농지 소유면적은 중심 성씨와 달리 오히려 감소하였다. 칠리안속의 경우 주변 성씨는 농지소유자의 증가폭이 중심 성씨의 절반 정도에 머물렀고, 농지 소유면적은 중심 성씨가 5% 이상 증가시킨 것과 대조적으로 3% 정도 감소하는 양상을 나타냈다. 그 결과 성씨별 농지 소유면적은 해방 후의 약진에 힘입어 1950년에 중심 성씨에 필적했던 것과 달리 1969년에는 다시 격차가 커졌다.

농지개혁 이후 주변 성씨의 열세 현상은 수양리에서 더욱 극명하게 나타난다. 중심 성씨가 농지 소유면적을 25% 정도 증가시킨 것과 반대로, 주변 성씨의 농지 소유면적은 무려 15% 정도나 감소하였다. 그 결과 성씨별 농지소유 비중은 50 대 50이 되어 농지개혁이 실시된 1950년은 물론이고 해방 시점보다도 주변 성씨의 소유 비중이 낮아졌다. 또 한 가지 주목되는 점은 1950-1960년대에 중심 성씨의 농지소유자가 거의 50% 가까이 증가한 것과 대조적으로 주변 성씨는 거의 변동을 보이지 않은 사실이다. 이는 중심 성씨에 비해 주변 성씨가 먼저 이농의 대열에 동참했을 것임을 강력하게 시사한다.

표 2.10 1950-1969년 칠리안속과 수양리 주민의 농지소유 상황 비교

연도	농지소유	칠리안속			수양리		
		중심 성씨	주변 성씨	계	중심 성씨	주변 성씨	계
1950년	인원(명)	298 (45.2)	361 (54.8)	659 (100.0)	99 (35.1)	183 (64.9)	282 (100.0)
	면적(정보)	155.4 (51.3)	147.6 (48.7)	303.0 (100.0)	59.8 (40.0)	89.7 (60.0)	149.4 (100.0)
	1인당 (단보)	5.2	4.1	4.6	6.0	4.9	5.3
1969년	인원(명)	349 (47.0)	393 (53.0)	742 (100.0)	146 (43.6)	189 (56.4)	335 (100.0)
	면적(정보)	163.8 (53.4)	143.2 (46.6)	306.9 (100.0)	74.4 (49.3)	76.6 (50.7)	151.0 (100.0)
	1인당 (단보)	4.7	3.6	4.1	5.1	4.1	4.5
기간 내 증감	인원(%)	17.1	8.9	12.6	47.5	3.3	18.8
	면적(%)	5.4	−3.0	1.3	24.5	−14.6	1.0
	1인당(%)	−10.0	−10.9	−10.0	−15.6	−17.3	−14.9

출전: 『토지대장』, 『상환대장』

농지개혁은 지주제를 해체시켰으며, 지역 내 권력관계의 주변부에 있던 농민들에게 상대적으로 더 큰 가능성을 제공했었다. 그러나 해방 직후 치솟았던 주변 성씨의 활력이 농지개혁 실시 이후에 다시 퇴조하는 일종의 역진적 경향이 나타나는데, 이는 어느 정도 농지개혁 그 자체에 예비되어 있었는지 모른다. 다시 말하면 주변 성씨는 사전방매를 포함하는 넓은 의미의 농지개혁을 통해 분명 경제적 처지를 상당히 개선시켰지만, '지립적' 소농으로 존속하기에는 처음부터 커다란 한계를 갖고 있었다. 무엇보다도 농지분배를 경과한 뒤에도 자작농으로서 독자적인 생존을 꾸려가기에는 소유농지가 턱없이 부족했다. 물론 이러한 사실은 주변 성씨에게만 해당하는 것이 아니어서 1950년 농지개혁 시점에 칠리안속과 수양리의 농지소유자 1인당 평균 소유면적은 5단보 내외일 정도로 극단적으로 영세했는데, 특히 주변 성씨는 두 지역 모두 중심 성씨에 비해 평균 1단보 이상 적었다. 농지개혁에도 불구하

표 2.11 1950–1969년 농지 소유규모별 소유자 분포의 변화 (단위: 명, %)

연도	소유규모	칠리안속			수양리		
		중심 성씨	주변 성씨	계	중심 성씨	주변 성씨	계
1950년	2정보 이상	6(2.0)	3(0.8)	9(1.4)	7(7.1)	5(2.7)	12(4.3)
	1–2정보	41(13.8)	32(8.9)	73(11.1)	10(10.1)	20(10.9)	30(10.6)
	0.5–1정보	57(19.1)	62(17.2)	119(18.1)	23(23.2)	44(24.0)	67(23.8)
	0.5정보 미만	194(65.1)	264(73.1)	458(69.5)	59(59.6)	114(62.3)	173(61.3)
	계	298(100.0)	361(100.0)	659(100.0)	99(100.0)	183(100.0)	282(100.0)
1969년	2정보 이상	6(1.7)	1(0.3)	7(0.9)	5(3.4)	3(1.6)	8(2.4)
	1–2정보	35(10.0)	27(6.9)	62(8.4)	13(8.9)	10(5.3)	23(6.9)
	0.5–1정보	71(20.3)	59(15.0)	130(17.5)	29(19.9)	40(21.2)	69(20.6)
	0.5정보 미만	237(67.9)	306(77.9)	543(73.2)	99(67.8)	136(72.0)	235(70.1)
	계	349(100.0)	393(100.0)	742(100.0)	146(100.0)	189(100.0)	335(100.0)

출전: 『토지대장』

고 자작농으로 '자립'하기에는 농지 소유규모가 현저히 부족했고, 그중에서도 지역 내 권력관계에서 열세였던 주변 성씨가 더욱 열악한 상황에 있었음은 표 2.11에서도 확인된다.

앞에서와 마찬가지로 1950년의 농지분배를 소유권 획득이라고 가정하더라도, 개별적인 생계유지가 가능한 선인 농지 소유면적 1정보 이상에 해당하는 자는 두 지역 모두 전체 농지소유자의 15%에도 미치지 못했다.[24] 더구나 주변 성씨는 농지 소유규모에 따른 계층 구성에서

24 농민층의 계층구분에 관해서는 논자마다 입장이 다르지만, 대체로 지주는 5정보 이상의 토지를 소유한 자로서 대부분의 토지를 타인에게 소작을 주며, 부농은 2–5정보의 경지를 소유한 자로서 자가 노동력을 활용하면서도 타인의 노동력을 항시적으로 고용하는 농가이고, 중농은 1–2정보의 경지를 소유하고 자가 노동력으로 농사를 짓는 농가이며, 빈농은 소유경지가 1정보 미

중심 성씨에 비해 훨씬 열악한 양상을 보였다. 칠리안속의 경우, 1950년에 주변 성씨는 농지소유자의 73% 정도가 0.5정보=5단보 미만을 소유하여 중심 성씨에 비해 그 비중이 8%나 높은 반면에, 그 이상의 모든 구간에서는 중심 성씨에 비해 낮은 비중을 나타낸다. 주변 성씨는 중심 성씨에 비해 훨씬 더 하향평준화된 계층구조를 갖고 있었던 것이다. 수양리는 칠리안속에 비해 하향평준화 정도가 덜했지만, 그럼에도 주변 성씨가 상대적으로 더 하층 구간에 많이 포진하는 추세는 다르지 않았다.

농지개혁이 완료된 1969년에는 하향평준화 경향이 두 지역 모두 성씨를 가리지 않고 동일하게 강화되어 나타난다. 1정보 이상 농지소유자의 비중은 10% 미만으로 줄었으며, 최하층인 5단보 미만 소유자가 증가한 반면에 그 이상의 모든 구간에서 비중이 감소하였다. 1950년에 칠리안속에 비해 상대적으로 하향평준화 정도가 덜 심했던 수양리는 1969년에는 오히려 칠리안속보다 훨씬 심각한 하향평준화 경향이 나타났다. 이처럼 1950-1960년대에 지역과 성씨를 불문하고 하향평준화 경향이 강화되는 것은 한정된 농지규모에 농지소유자가 증가함으로 인해 개별 농가의 소유면적이 줄어들었기 때문일 것이다. 1960년대 한국의 농촌사회는 더 이상 버티기 힘들 정도로 인구포화 상태에 놓인 것이다.

그런데 이러한 하향평준화 경향은 주변 성씨에서 더 두드러진다. 1950년에서 1969년 사이에 최하층인 5단보 미만 소유자의 증가폭을 성씨별로 보면, 칠리안속은 중심 성씨가 2.8%인 반면에 주변 성씨가 4.8%이며, 수양리는 중심 성씨가 8.2%인 데 비해 주변 성씨가 9.7%

만으로 자기 농지만으로는 가족 노동력을 완전고용할 수 없고 생계유지가 곤란한 농가로 구분한다(정진상 1994: 90). 그리고 생계유지를 위해서는 1정보 이상의 자작경영 또는 2정보 이상의 소작경영이 요구된다고 보는 견해가 우세하다(김성보 2007: 174).

로 나타난다. 그 결과 1969년에 칠리안속과 수양리의 주변 성씨는 5단보 미만 소유자의 비중이 무려 77.9%와 72.0%에 이르렀고, 중심 성씨에 비해 각각 10%와 4.2% 높았다. 반면에 1정보 이상 소유자의 비중은 두 지역의 중심 성씨가 11.8%와 12.1%인 것과 대조적으로 주변 성씨는 7.2%와 6.9%에 그쳤다. 이제 주변 성씨는 더 이상 추락할 여지가 없었는지도 모른다.

결국 농지개혁은 과거의 '소작 빈농'을 '자작 빈농'으로 전환시켰을 뿐 영세농 체제를 근본적으로 개선시키지 못함으로써 '자립적'인 자작농 체제를 확립하기에는 역부족이었다. 이러한 한계를 극복하기 위해서는 획기적으로 농업생산성을 높이거나, 자립적 경영이 곤란한 영세농의 영농을 뒷받침할 제도적 장치를 마련해야 한다. 그러나 1950-1960년대 한국사회는 그 어느 것도 해결해주지 못했다(박석두 1993; 우대형 2001; 조석곤 2009b). 이 때문에 농지개혁 이후에도 생계유지조차 곤란했던 영세농들은 나름의 대응책을 스스로 마련해야 했다.

바로 이 지점에서 혈연적 관계망이 중요한 의미를 가질 것이다. 안타깝게도 농지개혁을 전후한 시점에 칠리안속과 수양리에서 여러 성씨 사이에 혈연적 관계망이 구체적으로 어떻게 작동하고 있었는지를 정확하게 파악할 만한 자료가 없다. 그러나 이와 관련한 주변적인 정황과 합리적인 추론, 그리고 현주민들의 기억을 통해 대략적으로나마 추정해볼 수 있다. 이하에서는 필자가 혈연적 관계망과 관련된 자료와 정보를 상대적으로 많이 파악할 수 있었던 칠리안속의 단서를 통해 접근해본다.

우선 전통적으로 양반 세력으로 인정받던 집안이 상대적으로 혈연적 결속력과 그것을 뒷받침할 경제적 기반이 튼튼했을 것임은 상식적으로 추론할 수 있다. 칠리안속의 중심 성씨는 예전부터 최근까지도 문중계(門中契)를 비롯하여 혈연적 결합에 입각한 다양한 조직을 활발하게 운영해왔다(이용기 2006: 579-595; 최순권 외 2001). 1950년 농지개혁 당

표 2.12 1950년 칠리안속의 성씨별 위토 규모 (단위: 정보, %)

성씨 / 위토	중심 성씨				주변 성씨			계
	백(수원)	이(인천)	김(영광)	소계	변(장연)	기타	소계	
필지	32	11	20	63	15	10	25	88
면적	7.0 (21.6)	1.6 (10.1)	4.5 (28.0)	13.1 (81.6)	1.7 (10.6)	1.3 (7.8)	3.0 (18.4)	16.1 (100.0)

출전: 장흥군 용산면 『위토대장』

시에 조상제사를 목적으로 하는 위토(位土)로 편입되어 분배농지에서 제외되었던 농지의 규모를 성씨별로 보아도 이러한 정황을 엿볼 수 있다. 표 2.12를 보면, 전체적으로 중심 성씨와 주변 성씨의 위토면적 비중은 8 대 2가 넘는다. 위토 규모가 곧바로 혈연적 관계망의 수준을 말해주지는 않지만, 상당한 상관관계가 있을 것으로 추론할 수 있다. 주변 성씨 중에는 관지리의 장연 변씨가 의외로 적잖은 규모의 위토를 갖고 있는데, 이를 제외하면 여러 본관의 김씨들이 조금씩 소유하고 있을 뿐이다. 주변 성씨 중에서도 기타 성씨에 비해 장연 변씨의 분배농지 소유권이전 성공률이 약 10% 높게 나타나고 있어, 혈연적 관계망이 영세농 체제의 한계를 방어하는 데서 일정한 역할을 했음을 짐작할 수 있다.

또한 현주민들에 의하면, 칠리안속에서 위토가 가장 많았던 하금 마을의 영광 김씨는 예로부터 문중답(門中畓)이 많아서 상당수의 하금 김씨들은 이에 의존해서 살았다고 한다. 그리고 문중답은 대개 일가 중에서 어려운 처지에 있으면서도 신용이 있는 사에세 소작을 주었으며, 소작료는 일반적인 소삭의 절반 정도만 받았기 때문에 문중 사람들에게 큰 혜택이 되었다고 한다.[25] 그래서인지 하금 마을의 영광 김씨는 일

25 하금리 영광 김씨 문중답 운영에 관해서는 하금리에 거주하는 김삼식 씨(1933년생)의 도움을 받았다. 또 그를 통해 열람한 하금 김씨의 『門契案』(1958-현재)에는 문중답의 경작자가 모두 영광 김씨로 기록되어 있었다.

제시기에 칠리안속 주민들의 소유지가 큰 폭으로 감소했던 것과 달리 이 기간에 소유지가 미미하게나마 증가하였다. 그리고 소작농이 많지 않았기 때문인지 농지개혁 때 다른 성씨에 비해 농지를 적게 분배받았는데, 분배농지 중에서는 단 1필지도 빠지지 않고 모두 지가상환을 완료하고 소유권이전에 성공하였다. 이러한 점은 농지개혁의 성과에도 불구하고 해결되지 못한 영세농 체제의 한계를 방어하는 데서 혈연적 관계망이 긍정적 기능을 수행했을 것임을 방증한다.

5. 결어

칠리안속과 수양리 주민들은 해방과 농지개혁을 통해 농지 소유규모를 크게 늘리면서 새로운 삶을 향한 가능성을 만들어갔다. 마을 내 권력관계에서 주변적 위치에 있던 주변 성씨는 이 과정에서 중심 성씨에 비해 더욱 약진하는 양상을 보였다. 그러나 농지개혁은 구조적으로 영세농 체제를 극복하지 못했기 때문에 두 지역 주민들은 농지개혁의 성과를 공고히 하고 자립적 소농으로 성장하는 과정에서 큰 어려움을 겪었다. 그중에서도 경제적 기반이 더 취약하고 혈연적 관계망 같은 최소한의 안전장치도 제대로 갖추지 못하고 있던 주변 성씨들은 이 과정에서 중심 성씨보다 급격하게 몰락하는 양상을 보였다.

결국 농지개혁은 지역 내 권력관계에서 열세에 놓여 있던 주변적 세력에게 더 큰 가능성을 열어주었지만, 그러한 역동적 힘을 제도적으로 수용해내기에는 한계를 갖고 있었다. 농지개혁은 자립적 영농이 불가능할 정도로 심각한 영세농 체제를 근본적으로 변화시키지 못했고, 그렇다고 농촌에 충만해 있던 영세농들을 지지해줄 어떠한 제도적 장치도 갖추지 못했다. 농지개혁 이후에도 영세농의 처지를 벗어나지 못했던 대다수의 농민들은 자신의 힘으로 이러한 난관을 돌파할 수밖에 없었다. 그러나 농지개혁을 통해 지주로부터 '자립'하게 된 농민들은 자신이 처한 열악한 상황을 과거와 같이 계급적 연대를 통해 돌파하지도 않았고, 그렇다고 지주의 온정을 기대할 수도 없었다. 바로 이러할 때 농촌사회의 저류에 흐르고 있던 혈연적 관계망은 불모지 같은 상황을 헤쳐 나갈 나름의 사회적 자원으로 기능할 수 있었다. 그런데 이러한 혈연적 관계망은 전통적 권위질서를 따라서 불균등하게 배치되어 있었고, 농지개혁의 이면에서 뚜렷한 경향으로 작동하고 있었다.

지주의 소유농지를 대상으로 했던 사전방매와 농지분배에서는 그동안 지역사회의 권력관계에서 열악한 처지에 있던 주변 성씨가 약진할 수 있었다. 그러나 주로 지역주민 사이에 매매가 이루어졌던 분배농지의 전매와 농지개혁 외의 농지매매 등에서는 주변 성씨에 비해 중심 성씨가 우세한 경향을 보였다. 그리고 이 과정에서 중심 성씨는 친족 간의 매매 경향이 강하게 나타났지만, 주변 성씨에게는 혈연적 관계가 그리 중요한 변수가 아니었다. 이는 농지개혁 이후에도 생존을 위해 가용한 모든 자원을 활용해야 했던 농민들 속에서 일차적 관계인 혈연적 관계망조차도 불균등하게 작동했음을 의미한다.

전통적으로 존재했던 상징적 권위와 상대적으로 잘 짜여진 혈연적 관계망을 갖추고 있던 양반 출신의 중심 성씨는 이를 기반으로 생존의 위기에 대한 최소한의 방어능력을 발휘할 수 있었다. 그러나 그와 같은 자기방어적 기제가 취약했던 주변 성씨 — 특히 각성바지 — 는 그나마 획득한 농지개혁의 성과를 공고히 하는 데서 훨씬 큰 어려움을 겪었던 것이다. 더 이상 추락할 곳이 없던 주변적 세력에게 남은 선택지는 농촌 탈출이었고, 1960-1970년대에 국가에 의해 주도된 돌진적 산업화는 그것을 감행할 조건을 만들어주었다.[26] 그리고 농촌에 살아남은

26 영세농 체제를 근본적으로 재편성하려는 정책적 의도나 제도적 장치가 부재하다시피 했던 농지개혁은 광범한 산업예비군의 창출을 넘어서는 전망을 애초부터 결여하고 있었던 게 아닌가

자들은 개별적 자립이 곤란한 조건에서 혈연적 관계망에 더욱 집착·의존할 수밖에 없었고, 바로 이것이 1950년대 '농촌의 재전통화' 현상의 기반이 되었을 것이다.[27]

결국 농지개혁을 통해 농촌문제가 '사사화(私事化)'되었다고 할지라도 현실적으로 자립이 불가능하다시피 한 농민들은 개별농가 단위로 파편화되어 국가에 의해 직접적으로 장악되기보다는 혈연적 관계망을 매개로 한 상호부조적인 방식으로 대응했던 것이다. 그리고 이와 같은 농촌사회의 질서는 일차적 관계망을 넘어서는 새로운 연대의 전망을 채 만들기도 전에 1970년대에 들어서 국가주도의 강력한 농촌동원 전략인 새마을운동과 조우하게 된다.

생각된다. 이런 점에서 농지개혁은 '자작농 체제'의 형성을 통해 자본주의적 발전에 기여한 것이 아니라, 소생산자(농민)를 생산수단(토지)으로부터 분리시키는 '본원적 축적'을 통해 자본주의적 발전의 기반을 마련한 것이다. 토지로부터 폭력적으로 분리되는 가혹한 과정에서 사회적 약자들이 먼저 타격을 받았을 것임은 충분히 짐작할 수 있다. 칠리안속과 수양리에서도 중심 성씨에 비해 주변 성씨가 1950-1969년 사이에 농지소유자의 증가세가 급격히 둔화되고 농지 소유면적이 감소 경향으로 돌아섰는데, 이는 1960년대부터 본격화된 이농의 대열에 주변 성씨가 먼저 합류했을 것임을 시사한다.

27 '농촌의 재전통화'란 한국전쟁과 농지개혁 등으로 인해 1950년대 농촌사회에서 광범하게 나타났던 '농촌의 보수화' 현상을 확장적으로 재개념화한 것이다. 흔히 '씨족투표'나 '여촌야도'로 표상되는 1950년대의 선거양상 등을 근거로 농촌사회가 해방공간의 역동성을 상실하고 1950년대에 '보수화'되었다는 논의가 이른바 '농촌보수화' 테제(these)이다. 그런데 강인철은 1950년대를 '경제적 근대화를 위한 비경제적 조건'의 형성이라는 점에서 주목하면서, 농촌보수화 테제가 지나치게 정치적 부면으로 해석되는 것을 비판하고 '미국식 근대화'에 대한 저항을 포함하는 농민층의 적극적인 문화적 대응전략이라는 차원에서 '농촌의 재전통화' 현상이 일어난다고 본다(강인철 1999). 필자는 1950년대 농촌사회를 이해하는 키워드의 하나가 '농촌의 재전통화' 현상이라고 보며, 그 역사성을 밝히는 작업을 향후 과제로 남긴다.

| 3장 |

한국의 농지개혁과 민주주의*

김성보

1. 서언

미군정기와 정부 수립 초기에 실시된 '농지개혁'은 현대 한국에 거대한 영향을 미친 일대 사건이다. 무엇보다도 농지개혁은 혁명의 온상이었던 농촌을 보수화하고 지주자본의 산업자본으로의 전환을 촉진하면서 반공-자본주의 체제가 수립되는 데 큰 영향을 미쳤다. 그런데 막상 농지개혁이 경제·사회·정치·문화 등 각 부문에서 남한 전체 및 농촌이라는 공간에 실제로 어떤 영향을 미쳤는가에 대한 구체적인 연구는 아직 미진한 형편이다. 그나마 경제에 미친 영향에 대해서는 비교적 성과가 많은 편이나, 사회·정치·문화에 대한 연구는 참으로 부족하다. 그중 필자가 특히 궁금해하는 점은 과연 농지개혁이 한국의 민주주의에 어떤 영향을 미쳤는가 하는 점이다. '민주주의'는 한국에서 최고의 가치

* 이 장은 Seong Bo Kim, 2013, "South Korea's Land Reform and Democracy," *Seoul Journal of Korean Studies*, 26(1)의 한글 수정본이다.

로 표방되고 있고 헌법에도 명시되어 있는데, 과연 이에 대해 농지개혁은 어떤 영향을 미쳤을까?

농민이 지주제에 예속되어 있을 경우에 민주주의의 주체인 시민으로 성장할 수 없다는 관점에서 보면, 토지개혁을 통한 농민해방은 민주주의 실현을 위한 필수조건의 하나라고 하겠다. 예를 들어 2차 세계대전 이후 일본을 점령한 미국이 일본의 민주화를 위해서는 토지개혁이 필수적이라고 단정하고 이를 강행한 것은 그런 신념을 반영하고 있다 (Dore 1959: 129-137; Montgomery 1984: 3, 117).

그런데 막상 각국의 수많은 토지개혁 사례를 놓고 보면 농민해방이 곧 그 국가의 민주주의를 자동적으로 보장하지는 않음을 알 수 있다. 2차 세계대전 이후 제3세계 곳곳에서 토지개혁의 열풍이 불었지만, 그 개혁은 상당수의 경우 농촌에서 지주층이 사라지는 대신에 국가(정부)가 농업잉여의 직접적인 수취자가 됨으로써 비민주적인 권위주의 지배가 오히려 강화되는 결과를 낳았다(Powelson and Stock 1990: 4).[1] 그리고 콜롬비아, 인디아, 대만 등 8개국의 토지개혁을 비교한 한 연구에 의하면 토지개혁이 성공하려면 비경쟁적인 체제(non-competitive system)가 경쟁적인 체제보다 더 효율적이라고 한다(Tai 1974: 468-473). 여기서 경쟁적인 체제가 곧 민주주의 체제임을 의미하지는 않겠지만, 정당과 파벌 등에 의해 권위가 비집중화(decentralization)될 경우 지주계급이 토지개혁을 방해할 기회를 쉽게 얻게 된다는 지적은 토지개혁에서의 민주주의의 비효율성을 지적한 것으로 볼 수 있다.

이렇듯 결과에서나 진행과정에서나 민주주의는 토지개혁과 꼭 정

1 파웰슨과 스톡은 제3세계의 다른 국가들과 달리 한국과 대만의 경우에는 국가의 농업잉여 수취가 가혹한 편이 아니었으며, 농민들의 요구가 정부에 의해 부분적으로 수용되었다고 지적한다(Powelson and Stock 1990: 4-7). 이는 한국과 대만 역시 오랜 기간 비민주적인 권위주의 지배가 지속되었지만, 정부와 농민의 관계에서 정부가 일방적 우위에 있지는 않았음을 시사해 주고 있다.

비례관계에 있다고 보기 어렵다. 그렇다면 어떤 경우에 토지개혁은 민주주의에 긍정적인 효과를 낳으며, 또 어떤 경우에는 이 개혁이 반대로 민주주의에 부정적인 효과를 낳게 되는 것일까? 그리고 토지개혁의 방식과 특징이 이를 실행한 그 국가의 민주주의 체제·이념에 어떤 영향을 미치는 것일까? 이러한 문제들에 대해 간단명료한 정답을 찾기는 쉽지 않다. 토지개혁을 실행한 각국의 사정이 워낙 다양하여 일반화하기 어렵기 때문이다. 과연 민주주의가 무엇인지를 개념화하는 것 자체도 쉽지 않다. 더욱이 정치적 맥락이 중시되는 민주주의와 사회경제적 맥락이 중시되는 토지개혁의 상관관계를 찾는다는 것 자체가 쉽지 않다. 이 장에서는 하나의 사례로서 한국을 선택하여, 토지개혁과 민주주의의 상관관계를 살펴본다.

한국의 토지개혁, 즉 '농지개혁'을 민주주의의 형성과 관련하여 집중 분석한 연구는 찾아보기 어렵다. 그 이유는 농지개혁을 추진한 이승만정부가 워낙 반민주적이며 권위주의적인 지배 행태를 보였고 그 지배를 지탱해준 기반이 바로 농촌이라는 선입견이 강했던 탓으로 보인다. 신병식은 토지개혁을 통해 농민이 탈정치화하여 이승만정부의 수동적 지지기반이 되었다고 파악한다(신병식 1992: 319). 김일영은 이러한 농민의 보수화야말로 이승만정부의 권위주의(보나파르티즘 체제)를 뒷받침하였다고 본다(김일영 2004: 171-172). 박명림은 보다 적극적으로 농민의 체제순응성을 강조하면서, 토지개혁과 전쟁을 겪으면서 농민은 행동주의에서 순응주의로 전환하였으며, 농촌은 저항의 근거지에서 지지의 근거지로 바뀌었다고 판단한다(박명림 1998: 114-116). 그러나 과연 그렇게 단순하게 볼 수 있을까? 이러한 견해는 일종의 우민관(愚民觀)의 또 다른 표현이 아닐까? 현대 한국의 민주화과정은 항상 도시 중심으로 서술되어왔다. 그렇다면 과연 농촌과 농민은 한국의 민주화에 기여한 바가 없는가?

1950년대 한국의 농민이 각종 선거에서 정부를 지지하는 '여촌야도'의 현상을 보인 것은 사실이다. 그러나 농지개혁과 민주주의의 관계는 단지 농민의 정치적 성향의 문제에 국한하는 것이 아니라 전체의 체제적 성격과 연관되며, '농촌민주화'라는 실질적 민주화의 측면만이 아니라 절차적 민주화의 문제까지 포함하는 거시적이며 복합적인 문제이다. 그런 점에서 한국의 농지개혁이 민주주의와 어떤 연관성을 지니는가에 대해서는 보다 다양한 각도에서의 접근이 요청된다.

이 장에서는 농지개혁과 민주주의의 관계를 밝히기 위하여 다음의 두 가지 문제를 검토해보고자 한다. 첫째, 농지개혁의 방법과 절차가 한국의 민주주의에 어떤 특징을 부여하였는지 살펴본다. 농지개혁에 대한 미국의 개입과 우익 및 중도파의 동향, 의회 입법과정 및 정부가 농지개혁의 이념과 의미를 어떻게 재규정하는지를 검토한다. 둘째, 농지개혁이 농촌의 민주화에 어떤 영향을 미쳤는지를 확인하기 위하여 사회적 측면에서 농촌 사회의 권력변화, 내부 역동성을 살피고, 경제적 측면에서 정부와 농민의 관계를 검토한다.

2. 전후 체제대립이 농지개혁의 민주적 성격에 미친 영향

미군정에 의한 자유민주주의 토지개혁관의 확산

1945년 2차 세계대전의 종결과 함께 세계 각지에서는 국민국가 건설의 열기와 함께 토지개혁에 대한 요구가 안으로부터 폭발하였다. 새로운 세계질서 형성을 수도하게 된 두 승전국 미국과 소련은 자신에게 우호적인 체제의 확산을 위하여 이 흐름에 직·간접으로 외부 개입하였다. 두 국가는 세계대전을 민주주의 대 파시즘의 대립구도로 설정했던 만큼, 그들의 개입 명분은 '민주주의'의 확산에 있었다. 소련은 동유럽과 북한 등 자신의 영향권 안에서 민주개혁의 이름으로 인민민주주의적인 토지개혁을 후원하였다. 미국 역시 이에 대응하여 공산혁명을 예방하고 자유민주주의를 확산하기 위한 조치로서 토지개혁에 개입하였다(Montgomery 1984: 117-118, 127-131).

미국은 아시아, 중남미 등 자신의 영향력을 행사할 수 있는 많은 지역에서 토지개혁을 미국식 제도와 가치관을 주입하기 위한 정책수단으로 활용해왔다. 이는 지주제로 인해 농촌이 사회혁명의 온상이 되는 것을 막으려는 수세적인 이유와 더불어, 자유로운 토지소유자의 존재가 자유민주주의의 토대가 된다는 미국 나름의 오래된 신념이 적극적으로 반영된 것이었다. 작은 농장(small farms)과 작은 마을(small towns)이 미국의 자유의 토대라는 신념은 하나의 신화로서 미국에서 여전히 지속되고 있다(Montgomery 1984: 128-131). 그러한 신념은 '일본 토지개혁의 건축가'로 불린 라데진스키(W. I. Ladejinsky)에게서 잘 드러난다. 그는 일본의 토지개혁을 논할 때 상원의원 벤튼(T. H. Benton)의 언설을 인용하며 자신의 민주주의관을 밝힌 바 있다. 즉, "자유토지보유자는 … 자유로운 정부에 대한 자연스런 지지자이다. 군주제의 정책이 소작인을 늘리는 것이라면, 공화국의 정책은 자유토지보유자를 늘리는 것이어야 한다"는 신념이었다(Ladejinsky 1977: 287). 미국은 이러한 신념 아래 2차 세계대전 이후 동아시아의 필리핀, 일본, 대만, 한국 등의 토지개혁에 깊이 개입하였다. 그렇다면 미국은 한국의 토지개혁에 구체적으로 어떻게 개입하였을까?

미국이 군정을 실시하면서 한국의 토지개혁을 추진하기 시작한 것은 1946년의 좌우합작운동을 후원하면서부터였다. 1946년의 탁치정국에서 우익이 미소공동위원회에 대한 협조를 거부하는 상황에서, 미군정은 중도파를 중심으로 한 좌우합작을 통해 자신의 구상을 펼쳐나갔다. 미군정 내에는 번스(A. C. Bunce) 등 개혁을 중시하는 인물들이 있었으며, 이들은 반공의 전제하에서 사회경제 개혁을 추구하였다. 이는 남한 내 중도파와 상통할 수 있는 연결 고리였다. 좌우합작위원회는 '합작 7원칙'을 만들면서 좌우를 절충한 토지개혁안을 제시하였다. 이 개혁안은 농민에게 무상으로 토지를 분배하기로 하면서도, 지주에게서 토지를 수용하는 방식에서는 몰수 외에 유상매수방식도 포함하였다(김성호 외 1989: 328; 방기중 2001: 114-115).

본래 토지개혁을 통한 혁명예방 정책은 미국에게 하나의 딜레마를 안겨주었다. 배타적 소유권을 불가침 영역으로 간주하면서도 지주의 토지를 농민에게 이전하는 토지개혁을 해야 한다는 딜레마이다. 이 문제를 최소화하는 방안은 유상매수를 통해 지주층에게 보상을 하고 산업자본가로 재기할 수 있는 기회를 제공하고, 유상분배를 하면서 소유권을 부여하여 시장경제의 토대를 분명히 하는 것이었다. 좌우합작위원회의 토지개혁안은 미국과 미군정의 의도를 충족시킬 수 있었다.

미군정은 좌우합작운동을 지원하는 한편, 우익이 주도하는 민주의원에 중도파가 참여하여 토지개혁법안을 만들고 법안이 통과되도록 유도함으로써 결과적으로 우익과 중도세력이 합의하는 토지개혁안을 만들도록 하였다. 헬믹(G. G. Helmick) 군정장관 대리는 1947년 12월에 입법의원의 산업노동위원회가 토지개혁법안을 본회의에 상정하자, 이를 적극 지지하면서, "기쁘게 생각하는 것은 이 법안은 현재 지주에게 지불할 보상금에 관하여 훌륭한 방법을 규정하였고 민주주의 존속에 불가결한 개인권리의 신성성을 수호한 점"이라고 강조하였다(조선일보, 1947. 12. 28.).

미군정은 귀속농지 매각을 통해 개인소유권을 보장하는 방식의 토지개혁을 기정사실화하고, 이를 통해 미국식 자유민주주의가 한국에 뿌리내리게 되기를 희망하였다. 귀속농지 매각은 1948년 3월부터 시작되었다. 귀속농지 매각 관련 법령에 서명한 딘(W. F. Dean) 군정장관은 기자단에게 "50만 농가가 자유국가의 자유지주(自由地主)가 된 것"에 큰 의미를 부여하였다(동아일보, 1948. 3. 23.). 귀속농지는 1948년 9월 현재 50만 5,072호에게 19만 9,029정보가 매각되었다(한국농촌경제연구원 1986: 177). 귀속농지 매각으로 토지개혁은 돌이킬 수 없는 대세가 되었다.

사회민주주의적 개혁안의 퇴조와 냉전적 귀결

자유토지소유자의 형성이 자유민주주의체제의 토대가 될 수 있다는 미국식 신념이 남한에서 처음부터 충분히 지지를 얻은 것은 아니었다. 해방 후 한반도의 이념적 지향성은 정치적 맥락에서의 자유민주주의보다는 이를 넘어서서 사회경제적 내용까지도 보장하는 사회민주주의에 보다 근접한 양상을 보였다. 비록 사회주의자들만 아니라 반공적인 성향의 우파 민족주의자들 역시 개인의 자유보다는 정치·사회적으로 평등하고 균등한 삶을 보장하는 체제수립을 주장하였다. 대한민국임시정부가 삼균주의를 이념적 기반으로 하여, 개인의 자유보다는 공공성을 중시하고 토지 및 중요산업의 국유화를 지향한 것이 그 대표적인 예이다(김성보 2000a: 41-42). 균등한 사회경제를 지향하는 흐름은 1946년 3월 민주의원의 임시정책 제1조에 "전국민의 완전한 정치적·경제적·교육적 평등의 원칙을 기초로 한 독립국가의 균등한 사회를 건설"하는 내용을 표방한 점에서도 확인된다.

앞서 언급한 1947년 12월의 입법의원 산업노동위원회 토지개혁법안은 미국의 의도에 부합하게 유상매수·유상분배 방침을 분명히 하면서도, 농민의 토지소유권에 대해서는 제한을 두어, 농민은 토지를 가산농지(家産農地)로서 보존해야 하며 매매, 저당, 증여, 저당, 농지 교환 등은 정부의 허가를 받아야 가능하도록 하였다(강진국 1949: 14). 이는 자유로운 매매를 소유권의 핵심으로 보는 미국의 자유주의적 관점과는 거리가 있었다.

정부 수립 이후 정부는 농지개혁법 기초위원회를 구성하였는데, 여기에는 사회민주주의 성향의 조봉암 농림부장관을 비롯하여 강정택 농림부차관, 이순탁 기획처장 등이 참여하였다. 이 위원회에서 1948년 11월에 처음 작성한 농지개혁법안(농림부 초안)은 국가에게 토지관리자로서의 역할을 부여하고 개인 토지소유권에 제한을 두었다. 이 초안에 따르면 "농지의 겸병을 방지하고 농민의 경제안정을 기하기" 위하여 자유매매, 증여, 기타 소유권이전의 처분을 금지하였다. 저당권, 지상권, 질권, 기타 일체 담보권 설정도 금지하였다(농지개혁사편찬위원회 1970: 373).

농림부 초안이 발표된 이후 한국민주당과 깊은 관계에 있던 『동아일보』는 1948년 11월 26일의 사설에서 토지소유권 제한을 비판하였다. 소유권 제한이 토지겸병을 방지하는 데 있다면 굳이 최고 소유면적의 범위 안에서 자유로 매매하는 것까지 금지할 필요가 없으며, 토지소유를 세습하게 하는 것은 더더욱 의미가 없다는 주장이었다.

1949년 1월에 각 도청소재지에서 공청회를 거친 뒤에 수정된 농지개혁법안은 토지소유권의 제한을 '상환기관 완료 전'에 한하여 가하는 것으로 변경되었다. 농지개혁이 완료된 뒤에는 농민이 자유롭게 토지를 처분할 수 있도록 허용한 것이다.[2] 그렇다면 사회민주주의적 요소는 농지개혁에서 완전히 배제된 것일까?

농지국장 강진국은 공청회 기간에 "농지개혁의 이상"이라는 제목의 강연을 하면서, 농지개혁의 정신에 대해 이를 헌법과의 관계 속에서 논하였다. 그는 헌법이 "국가본위의 사회민주주의가 아니라 민족 사회주의적인 것"이며 그에 따라 개인의 재산권을 보호하면서도 재산권 행사는 공공복리에 적합하게 행사하도록 제한해야 한다고 설명하였다. 이에 농지개혁 방법은 그런 헌법정신에 부합하게 "유상매상도 아니고 무상흡수도 아닌 즉 적당한 보상을 주고 공공의 복리를 위해서 수용하려는 것"이라고 강조하였다(농지개혁사편찬위원회 1970: 377). 법안에 국가의 계획적 농지·농민관리 규정을 둔 것도 이러한 정신의 반영이었다. 즉 농림부팀은 기본적으로 자본주의-자유민주주의에 적합한 농지개혁법안을 확정하면서, 다만 그 안에서 자신들이 지향하는 본래의 사회민주주의적인 성향을 공공복리의 맥락에서 법안에 미약하게 반영할 수

2 수정된 농림부 농지개혁법안은 김성호 외(1989: 1201-1205) 참조.

있었다.[3]

국회의 입법 논의에서도 이러한 방향은 변하지 않는다. 토지소유권 문제에서 농림부안 외에도 정부안(기획처안)과 국회 산업위원회안은 모두 토지매매, 증여 등의 자유를 상환기간 완료 전에만 제한하도록 하였다(김성호 외 1989: 1203-1209). 1949년 3월 국회에서의 농지개혁 입법 토론 때, 일민구락부의 이성학 의원은 법안에 토지겸병의 폐단을 방지하기 위한 규정이 없음을 비판하였다. 성인회의 김동준 의원 역시 상환완료 이후의 농지매매로 소작제가 부활될 것이라는 우려를 지적하였다. 그러나 토지소유권의 자유매매를 제한해야 한다는 이러한 비판은 소수의견에 그치고 자유매매가 허용되었다. 토지소유권의 배타성과 자유로운 처분권이 보장된 것이다(김성호 외 1989: 500-510; 김성보 2001: 148).

사회개혁적 성격의 퇴조는 조봉암 농림부장관과 초기 농림부팀이 농지개혁과 함께 의욕적으로 추진한 협동조합법안이 국회에서 논의조차 제대로 되지 않고 방기된 점에서도 확인된다. 농촌에서 토지의 개인소유권은 자본주의-자유민주주의 체제의 토대를 창출하는 필수조건이라고는 해도 그것이 충분조건은 될 수 없다. 토지를 개인이 소유할 수 있다고 해도 그 농민이 자립할 수 있을 만한 경제적 능력을 갖추지 못할 경우에는 그들이 민주주의의 주체적 참여자가 되기는 어렵기 때문이다. 방대한 토지가 존재했던 미국과 달리, 농촌과잉인구가 존재하는 한국에서 농민은 농지개혁에도 불구하고 전 농가의 78.6%가 자급수준에도 미달하는 1정보 미만의 영세자작농이 되는 상황이었다(김성호 외 1989: 1041).

이 문제와 관련하여 초기 농림부팀은 토지소유의 영세성 때문에

3 초대 헌법 역시 균등사회와 균등경제의 실현이 선언적으로 표방되었지만 실제의 사회경제 제도의 근간은 자본주의의 물적 토대인 배타적 소유권의 보장을 분명히 하고, 그 전제 위에서 국가의 개입을 인정하는 것이었다(신용옥 2009: 37).

개별 농가별로 경제적 자립을 이루는 것은 현실성이 없다고 보았으며, 농민의 자립은 농업협동조합을 통한 상호 협조를 통해서야 가능하다고 인식하였다(방기중 2001: 124-125). 강진국은 우선 농업협동조합을 조직하고 그 다음에 이를 기반으로 하여 농지개혁을 실시해야 한다는 입장이었다(강진국 1952: 57). 협동조합은 단지 농지개혁 이후 농민의 상호협조를 위해서만이 아니라 개혁과정의 주체로서 역할을 해야 한다는 주장은 당시 언론에서도 확인된다. 예를 들어 『조선일보』는 농지개혁을 위한 위원회를 설치할 때, "농민 자신을 위한 농민조합 등 농민 자치기관이 농민의 대변자가 되어 관의 적절한 지도와 병행해야" 한다는 주장을 펼쳤다(조선일보, 1948. 11. 25). 그러나 협동조합 설립에 대해 국회 산업분과위원회는 제대로 논의에 올리기조차 하지 않았다(강진국 1952: 57).

협동조합이 필요하다는 점은 당시 국내의 일반적인 여론이었다고 할 수 있으나, 과연 무엇을 기초로 어떤 방향으로 협동조합을 만들어갈 것인가에 대해서는 본격적인 논의가 필요했다. 좌익의 온상이 될 수 있다는 우려를 불식하면서 어떻게 농민의 자치기관으로서 협동조합을 만들어갈 것인지, 일제하에 만들어진 금융조합, 농회 등을 협동조합으로 흡수할 것인지 등 논의는 미진한 상태에서 정치적으로 급박한 농지개혁법만이 서둘러 통과된 것이다.

이는 '민주화'를 강력히 추진하며 토지개혁과 함께 농촌자치와 협동조합 건실을 병행한 일본과는 대조적인 방향이었다. 미국은 일본점령정책을 펼치면서 적어도 농촌의 민주화에 대해서는 강한 의지를 보였다.[4] 그에 반해 반공의 최전선이었던 한국에서 미국과 우익은 민주주의의 내실화보다는 자유민주주의 체제를 뒷받침할 개인 토지소유권의

4 일본의 농지개혁이 협동조합 설립과 지방자치 확대와 긴밀히 연결되어 진행된 점에서 대해서는 Dore(1959: 제4장) 및 皆村武一(1995: 193-199) 참조.

확립에만 집착하였다. 한국에서 농지개혁은 본래 한국사회 내부의 지향점이었던 균등사회를 지향하는 사회민주주의적·사회개혁적 요소가 퇴색하고 자유토지소유자의 성립을 중시하는 자유민주주의적 방향으로 귀결되었다. 한국에서 사회경제개혁의 방향에 체제·이념대립이 얼마나 큰 영향을 미쳤는지를 보여주는 하나의 실례이다.

다음 절에서는 국회에서의 농지개혁 입법과정을 절차적 민주주의의 실현이라는 맥락에서 좀 더 깊이 검토해보고 그 다음 입법 이후 행정부 중심의 권위주의적인 농지개혁 실행과정을 검토한다.

3. 농지개혁의 입법·실행 과정에서의 민주주의와 권위주의

의회 중심의 농지개혁 입법

농지개혁 입법과정에서 주도권은 정부가 아닌 국회에 있었다. 제헌의회는 헌법에 농지개혁을 명시하여, 돌이킬 수 없는 헌법적 규범으로 만들었다. 비록 정부가 농지개혁에 관해 농림부안을 제출하기는 하였지만, 국회는 이를 참고로 하되 다양한 정당, 정파들이 제출한 다양한 의견을 논의하고 조정하여 1949년 4월에 최종적으로 법안을 통과시키게 된다. 이 국회 입법과정에서 미국의 직접적인 개입은 이루어지지 않았다.

농지개혁법 입법 당시 국회에서 이승만은 자신을 직접 지지할 정당조직을 가지고 있지 않았다. 당시 국회의 세력관계는 한국민주당, 소장파 및 제3의 군소정파들이 3자 정립을 이루고 있었다. 성인회(成仁會)와 동인회(同仁會) 등에 속한 소장파 의원들은 남북화평통일결의안을 제출하고 외국군 철수 등을 주장하며 '경제균등주의'를 표방하는 등 반공의 틀을 넘어서는 진보적 성향의 의원들이었다. 이들은 비록 반공적이지만 농민적 개혁을 중시하는 이정회(以正會) 등 제3의 군소정파들과 손을 잡았다. 두 세력의 연합으로 인해 지주층의 이익을 대변하던 한국민주당은 농지개혁 입법과정에서 자신들의 지주적 입장을 제대로 반영하기 어려웠다(김성보 2001: 141-150). 더욱이 한국민주당은 지주층의 이해관계 반영이라는 구체적인 사안에만 얽매일 수는 없었다. 전체 국가, 사회경제 건설의 방향에서 보수적 토대 구축을 목표로 한 민주당은 타협의 자세를 취하였다. 한국민주당을 대표하여 농지개혁 입법에 참여한 홍성하는 농지개혁이 봉건적 경제체제의 근원인 토지제도를 개혁하여 민주국가의 경제적 기초를 확립하는 일임을 인정하였다(경향신문, 1949. 1. 1). 한국민주당은 유상매수의 대원칙이 전제되는 속에서 지주에 대한 보상률과 산업자본가로의 전환 대책 마련 등을 요구하였고, 이 점이 부분적으로 수용되면서 결국 농지개혁 입법은 전 계층의 이해관계가 조정된 속에서 통과되었다(김성호 외 1989: 441-445; 신기욱 2001: 39-40).

결국 1949년 6월에 국회에서 농지개혁은 모든 소작지와 3정보를 넘는 자경지 등을 모두 매수대상으로 하여 지주에게는 평년작 주산물 생산량의 150%로 유상매수하되 농민은 5년간 25%씩, 총 125%로 상환하는 내용으로 법안이 결정되었다. 그 차액은 25%는 귀속농지 불하 후 정부가 농민에게서 받을 상환액으로 충당하기로 하였다(김성호 외 1989: 1212-1213). 이는 농민에게 매우 유리한 방안이었다. 남한에서 비록 좌익이 배제되고 우익과 중도우파 중심으로 구성된 국회이기는 하였지만, 농민의 요구를 수용하면서 계급적 이해관계가 첨예한 사안을 민주적인 논의를 거쳐 하나의 법안으로 통과시킨 점은 그 이후 오늘날까지 한국의 의회사를 돌이켜보아도 상당히 드문 성공적인 경우에 해당한다.

이처럼 농지개혁 입법의 주도권이 국회에 주어진 반면, 대통령 이승만은 농지개혁을 통해 자신의 강력한 카리스마를 구축하기 어려웠다. 이승만은 사회주의 경력의 조봉암을 초대 농림부장관에 앉히는 등 초기에 농지개혁에 강한 의지를 표명하였지만, 실제 농지개혁 입법과정에서는 주변적인 위치에 있었다. 농림부의 농지개혁법 입안과정에서는 농림부장관 조봉암이 중심적인 역할을 하였고, 국회 입법과정에서도 자신의 의견을 직접 반영할 정당조직이 부재하여 두드러진 역할을 할 수 없었다. 더욱이 국회를 통과한 농지개혁법안에 대해 정부가 25%의 차액에 대해 정부 재정 부담 및 지주 대책 미비를 이유로 국회에 이를 환송하면서, 이승만과 정부의 농지개혁 의지는 더욱 퇴색되었다. 국회에 환송된 농지개혁법안은 1950년 2월에야 개정되어 3월에 반포되었다(김성호 외 1989: 551-570).

농지개혁 입법과정에서 국회의 자율성 아래 절차적 민주주의가 준수된 점은 경쟁적인 체제의 존재가 농지개혁의 적극적인 실행에 장애물이 된다는 타이(Tai, Hung-Chao)의 분석과는 부합하지 않는다. 그는 경쟁적 정치체제의 경우 지주들의 이익이 반영되어 개혁의 신속성, 효과성, 변화의 강도에 저해요인이 된다고 보며, 이와 대조적으로 혁명정권이나 권위주의체제의 경우 상대적으로 정치엘리트와 지주 간의 단절성이 크기 때문에 보다 효과적이었다고 지적한다(Tai 1974: 469). 이와 달리 한국에서는 절차적 민주주의를 준수하면서도 비교적 농민에게 유리한 농지개혁법안이 공포되었다. 이는 해방 후의 극심한 좌우대립 속에서 귀속농지가 분배되면서 토지개혁이 불가피함이 당연시되는 상황에서 지주들이 사전에 토지를 광범하게 방매하며 그 위세가 이미 약화되었으며(장상환 1994: 116), 농지개혁 실시가 헌법에 명문화되었으며, 제헌의회가 대통령 이승만의 영향력이나 한국민주당의 영향력에서 비교적 자유로웠던 사정이 반영된 것이었다.

한국에서 농지개혁 입법시 국회의 자율성이 보장되는 가운데 절차적 민주주의가 준수된 점은 동아시아에서 반공체제 구축의 일환으로 농지개혁이 실시된 일본, 대만과 비교해보아도 두드러진 특징에 해당한다. 동북아시아에서 한국과 일본, 대만 3국의 토지개혁 입법과정을 비교해보자.

일본에서는 미군점령하에 일본정부가 1945년 12월, 제1차 농지개혁안을 의회에 제출하였다. 부재지주의 모든 임대지와 재촌지주의 보유한도 5헥타르를 넘는 임대지를 5년 이내에 양도해 자작농을 창설한다는 내용이었다. 그러나 이 법률로 양도할 수 있는 소작지는 당시 일본 전체 소작지의 약 38%에 불과하였다. 미군정은 이를 못마땅히 여기고 1946년 3월 15일까지 농지개혁안을 다시 제출하도록 일본정부에 명령하였다. 미국이 주도하는 대일이사회는 6월에 농지개혁 권고안을 일본정부에 전달하였다. 이 권고는 실질적인 명령으로, 일본정부는 제2차 농지개혁안(자작농창설 특별조치법과 농지조정법 개정안)을 통합하여 1946년 10월에 의회를 통과시켜 실시하게 되었다. 제2차 개혁안은 부재지주의 모든 임대지와 재촌지주의 임대지 가운데 보유한도 도부현(都府縣) 평균 1헥타르(홋카이도 4헥타르)가 넘는 부분을 국가가 직접 강제 매수하여 소작농에게 매도하며, 사업은 2년 안에 완료하도록 하였다(데루오카 슈조 2004: 144-150).

대만의 경우에는 1948년에 중미합동농촌재건위원회(Sino-American Joint Commission on Rural Reconstruction, JCRR)가 조직되었다. 대만의 농촌재건을 지원하기 설립된 이 단체는 중국인 위원 3명과 미국인 위원 2명으로 구성되었으며, 중국인 위원을 위원장으로 하였다. 이 위원회를 중심으로 1949년부터 대만의 토지개혁이 시작되었다(신병식 1988: 48-49). 국민당 정부가 토지개혁을 강행한 이유는 내전과 인구의 대량유입으로 악화된 경제 상황의 호전을 위해서, 그리고 보다 중요하게는 국민당 통치에 대한 대만인의 저항을 막고 지주제하의 농촌이 공산주의자의 세력확장 토양이 될 수 있다는 본토에서의 쓰라린 경험을 되풀이하지 않기 위한 고려에서였다. 대만 토지개혁은 1949년 4월 대만성 성장 천청(陳誠)에 의해 제출된 '사유경지 조용판법(租用辦法)'이 대만성 입법원(Provincial Assembly)을 통과하여 공포됨으로써 시작된다. 당시 대만 입법원은 대만 지역의 지주 출신자들이 다수를 차지하고 있었고 이들은 토지개혁에 반대하고 있었지만, 본토출신을 중심으로 구성된 지방정부의 통치권력이 확고하였기에 의회에서는 단지 검토, 승인하는 이외의 작업을 할 수 없는 형편이었다(신병식 1988: 55-57). 토지개혁 과정에서 모든 수준의 국민당 조직은 토지개혁에 충분히 주의를 기울이도록 명령을 받았다(Powelson and Stock 1990: 255).

이처럼 일본의 토지개혁은 미군정의 외압 아래 일본정부가 시행하였으며, 대만은 미국의 후원 아래 중국 본토에서 이동한 국민당정부가 대만지역 주민들을 지배하는 상황에서 전개되었다. 즉 둘 모두 점령자에 의한 개혁의 성격을 지닌다.

일본, 대만과 달리 한국에서는 본격적인 토지개혁이 새로운 정부 수립 이후로 미루어졌기에, 역설적으로 민주적 입법의 절차가 가능하게 되었다. 토지개혁의 실행에 앞서 의회입법이라는 절차를 밟게 되는 것은 그에 대해 의회민주주의적인 적극적인 원리, 정당성을 부여하는 절차의 의미를 지닌다. 물론 이러한 절차적 민주주의의 준수는 어디까지나 입법 과정에 국한하는 내용이며, 입법 이후 실행과정에서는 한국 역시 권위주의적인 농지개혁이 진행된 점에서 일본, 대만 등 다른 비서구 국가들의 토지개혁과 유사성을 지닌다.

행정부 우위의 권위주의적 실행과 절차적 민주주의의 외양

토지개혁은 입법만큼이나 이를 실행에 옮기는 과정이 중요하다. 입법 과정이 민주적이라 할지라도 실행과정에서 토지개혁이 흐지부지되거나 권위주의적인 방식으로 왜곡되는 경우가 다반사이다. 절차적 민주주의의 형식은 지키되 실제로는 권위주의적 통치방식을 선호한 대통령 이승만은 농지개혁의 실행이 행정부의 몫으로 넘어오자, 농지개혁을 권위주의적으로 재규정하고 행정부 위주의 개혁을 추진하였다.

어느 한 계층이 아니라 국민 모두를 대표하는 국부이기를 원한 이승만은 농지개혁에서도 농민만 아니라 지주도 포용하는 초계급적 이미지를 구축하고자 하였다. 1948년 12월 4일, 이승만은 방송연설에서 농민과 지주, 노동자와 자본가 3자가 서로 제휴 공헌하여 전 민족이 다 합심협력하자고 강조하였다(서울신문, 1948. 12. 7·9·10). 조봉암 농림부 장관 퇴임 이후 보수화한 농림부는 이승만의 시책에 부응한 내용으로 『농지개혁과 나의 할 일』(농지개혁지침)을 발행하였다. 이 책의 서문에서 농림부장관 윤영선은 농지개혁의 근본정신이 "아국(我國) 고유한 국민도덕의 입각하여 민족국가 건설에 기여할 목적으로 했음"을 밝혔다. 농지국장 김성찬은 이 책의 총론에서 "국가로서는 입법정신을 만민공생에 두었다"라고 하면서, "국가를 지지(支持) 형성하는 것은 국민 전체이다. 지주도 국민이요 소작인도 노동자나 공장주도 국민이다. 또한 국가가 힘차게 건전하게 발전하려면 국민 전체가 합심협력하여 건설해 나가야 할 것이다"라면서 국가 중심의 만민공생 이념으로 농지개혁의 입법취지를 설명하였다(김성찬 1950: 1-2). 민주주의보다 만민공생을 강조하는 이념적 전환은 이승만이 '일민주의'를 통치이념으로 적극 수용하는 맥락과 일치한다. 국가 중심의 농지개혁관은 개혁 실행과정에서 더욱 각인된다.

농지개혁 법안은 국회에서 민주적 논의를 거쳐 만들었지만, 그 실행은 이승만정부가 일방적으로 진행하였다. 이승만정부는 법치적 근거도 제대로 마련하지 않은 채 일방적으로 밀어붙였다. 농지개혁법 개정법이 공포된 것은 1950년 3월 10일이고, 시행령은 3월 25일에, 시행규칙은 4월 28일에, 농지분배점수 재규정은 6월 23일에야 공포되었다. 그러나 농림부는 춘경기에 농지개혁을 단행하겠다고 강조하면서 시행규칙도 만들어지지 않은 3월 28일에는 중앙청에서 각도농림국장, 농림계장회의를 열어 남한 전역에서 개혁사업을 진행하도록 독려하였다. 농지개혁은 도, 군 단위부터 면, 리 단위까지 행정망이 총동원되어 진행되었다.

농지개혁의 추진 주체는 행정기구였으며 이를 보좌할 기구로서 각급 농지위원회(Land Committee)가 설치되었다. 농지위원회 구성은 대통령령에 의해 규정되었다. 위원은 학식과 명망이 있고 공정무사한 인격을 겸비한 관민 중에서 선임하도록 하였는데, 도·구시(區市)·군·읍면 단위는 행정기관장이 추천하고, 동리 단위는 동리민의 호선으로 읍면장이 위촉하도록 하였다. 그리고 도·구시·군·읍면 단위는 관민이 함께 참여하되 민간 측이 다수로 구성하도록 하였고, 동리농지위원회는 민간인만으로 구성하도록 하였다. 그리고 구시·군·읍면의 농지위원회에서 민간 측은 지주 측과 수배(受配) 측이 반반씩 구성토록 하였다. 각급 농지위원회의 역할은 행정기관장의 자문에 응하는 것이었는데, 특히 읍면농지위원회는 농지 매수·분배·보상과 농지개량·보존 등에 대한 사항들을 읍면장에게 자문하도록 하였다(농림부 농지관리국 1950: 49). 농지위원회에서 지주와 농민의 균형을 이루는 방침은 일본 농지개혁 시에도 마찬가지였으며(Dore 1959: 133), 대만의 경우에도 농촌소작위원회에 지역 유지들 외에도 소작농들이 다수 참여하였다(Tai 1974: 401). 지주제 해체에서 비교적 성공적이었다고 평가되는 일본과 한국, 대만 3국의 농지개혁 실행과정은 이 점에서 공통점을 지니고 있다.

한국에서 몇몇 지역의 면농지위원회에 대한 사례연구에 의하면 위원장은 면장이 맡고, 위원들은 형식적으로는 지주 측과 수배농가를 반씩 구성한 것으로 보고했는데, 실제로는 지주의 수가 부족하여 지주 측보다 농민 측이 다수인 경우가 더 많았다(이명숙 2000; 하유식 2008; 정상욱·김석준 2009).

도 농지위원회는 하급 위원회에서 올라온 지주 측과 농민 측의 이의신청을 받아 판정하는 중요한 역할을 담당하였다. 경상남도 농지위원회는 1950년 6월에 지주와 소작인의 불복 항고를 접수하여 판결을 하였는데, 대체로 소작농에게 우세한 판정이 많았다(자유민보, 1950. 6. 25.). 반면에 1952년도의 부산시 농지위원회 판결은 지주에게 유리한 경우가 많다고 보도되었다(민주신보, 1952. 7. 18., 1953. 3. 13.).

시도 단위부터 읍면 단위까지 농지위원회는 행정관료가 중심이 되면서 지주와 농민이 그 권위를 인정하고 동참하는 방식으로 운영되었다. 이렇게 농민은 행정기구의 보조자의 처지에서 농지개혁에 부분적으로 참여하였다.

한편 국가(농림부)를 비롯한 농지개혁 시행기관과 이해당사자 사이에 광범한 민사소송이 발생하였다. 농지개혁사업과 관련하여 1953년부터 1970년까지 발생한 민사소송 건수는 1,312건에 달하였다(김성호 외 1989: 900).

농지개혁사업의 권위주의적 성격은 수배농가에게서 농지대가 상환을 받는 과정에서 두드러지게 표출되었다. 본래 농지대가 상환은 현금납과 물납 모두 가능했는데, 전쟁이 일어나자 정부는 군량 등 관수(官需) 양곡의 확보를 위해 현물납을 강요하였다. 충남 논산의 경우, 논산군청은 1950년 5월에 상환 고지서를 발부하고 수납독려에 나섰는데, 전쟁이 일어나자 피난준비를 하는 농가에까지 찾아가 상환곡을 내도록 압력을 가하였다(김성호 외 1989: 682).

이와 같이 농지개혁 실행과정에서 주도권은 농민이 아닌 정부에 있었다. 정부는 농지 매수, 분배, 상환 과정 전반에 걸쳐 중앙과 지방 말단행정기구를 동원하는 권위주의적인 방식을 취하였다. 다만 실행과정에서 자문기구로서 지주와 농민이 참여하는 농지위원회를 두고, 농지개혁에서 이해관계가 충돌하는 경우 민사소송 절차를 밟음으로써 절차적 민주주의의 외양은 유지되었다.

4. 농촌의 사회의식과 권력관계 변동, 농촌민주화의 한계

앞에서 한국의 농지개혁이 남북, 좌우대립 및 미국의 개입 속에 균등사회경제 지향의 사회민주주의적 지향점 대신 자본주의-자유민주주의적 기조가 굳어진 점, 그리고 국회 입법절차를 통과하면서 절차적 민주주의가 준수되었으나, 개혁의 실행 자체는 행정부 위주의 권위주의적 방식으로 진행되었음을 살펴보았다. 그렇다면 실제 농지개혁을 통해 농촌의 민주화는 어느 정도 달성되었을까?

농지개혁으로 자작농이 된 농민이 반공체제의 지지층이 되었고 권위주의적인 이승만정부에 대해 선거과정에서 적극적이건 수동적이건 지지를 보냈음은 사실이다. 다만 권위주의적인 이승만정부를 각종 선거에서 농민이 지지한 점만으로 농지개혁이 농촌민주화에 긍정적으로 기여한 점이 없다고 단정하는 것은 성급하다. 농지개혁을 통해 농촌의 경제적 지배자였던 지주층은 기본적으로 소멸하였으며, 지주제에 의존하던 양반신분의 유제 또한 경제적 기반을 상실하였다. 지주제로부터 농민의 해방은 농촌민주화의 출발점이라는 점에서 그 의미는 결코 가볍지 않다. 지주층을 대신하여 정부의 행정력이 농촌지배를 대신하게 되지만, 그를 통해 형성되는 국가와 농민의 관계가 일방적인 종속관계가 아님은 여러 자료를 통해 확인된다. 지주제로부터 해방된 농민의 사회의식이 어떤 변화를 겪게 되는지 관찰해보자.

농촌의 사회의식과 권력관계 변화의 한계

농촌에서 지주제의 해체와 지주층의 소멸은 종족 결집과 유대도 함께 약화시키는 결과를 낳았다. 당시 관찰자료나 현장 조사연구 결과들은 이 점에서 일치한다. 1961-1962년 사이에 3개 군 3개 마을의 종족 마을(동족마을)을 현장 조사한 박기혁은 갬블(S. D. Gamble)과의 공동연구에서 한국농촌사회구조의 근본적인 변화를 초래한 결정적인 계기는 농지개혁이라고 판단하였다. 농지개혁 이래 종족 통제와 유대의 밀도는 현저히 감소하였다. 이는 농지개혁으로 종족을 이끌어갈 지주와 부농이 소멸하고, 비용이 많이 드는 전통을 유지할 곡물이나 재정 기반이 없어진 탓이었다. 종족 통제가 약화되면서, 유교적 전통도 권위가 위축되었다. 젊은이들이 전통 도덕을 믿지 않으며 무시하는 모습도 확인되었다. 이천군 태대리 최씨 마을에서는 소수 성씨 중에서 4H클럽 지도자가 나왔다. 밀양군 신호리 박씨 마을에서는 그 마을의 규모가 큰 여섯 농가 중에 옛 소작농이 셋이 포함되어 있었다. 농민의 농촌으로부터의 탈출은 종족 결집과 통제를 약화시키는 또 다른 요인이었다(Pak and Gamble 1975: 189-190).

경상남도 진양군 수곡면 사곡리의 사곡 마을을 현지조사한 한 연구 역시 농지개혁이 양반 지주계급에게 결정적인 타격을 가했음을 확인하였다. 지주제가 해체됨으로써 이에 의존하던 전통적인 양반 신분의 생활양식을 유지할 수 없게 되었기 때문이다(정진상 2000: 202-203).

한편 미국 상원 외교위원회 요청에 따라 한국사회를 분석한 콘론(Conlon Associates) 보고서는 1950년대 후반 농촌의 밑으로부터의 변화에 주목한다.

> 한편으로는 국민적 영웅에 대한 맹목적인 숭배가 없고 다른 한편에서는 촌락의 장(長)에 대한 고분고분한 복종도 없다. 지방의 유권자까지도 투표에 있어서 그들의 '개인적 이익'을 고려하는 경향이 늘어가고 있다. … 한국사회는 극히 복잡하며 커다란 유동과 이행의 상태에 있다. 한국인 특히 농민의 역사적인 보수성은 급속한 사회경제적 변화에 의해 완화되고 있다(Conlon Associates Ltd. 1959: 113).[5]

위의 보고서가 지적하듯이, 1950년대 한국사회는 극히 유동적이었으며, 그 유동성은 농촌도 예외가 아니었다. 국가적 차원에서건 촌락 수준에서건 전통적인 권위는 소멸해가고 있었으며, 농민의 보수성

5 이 보고서의 작성자는 동북아시아 문제의 전문가였던 스칼라피노(R. A. Scalapino)로 확인되었다(박태균 2007: 132).

은 급속한 사회경제 변화에 의해 약화되고 있었다. 이러한 변화는 단지 농지개혁만으로 초래된 것은 아니며 전쟁 등의 영향을 무시할 수 없지만, 농지개혁으로 인한 사회계층의 평등화가 하나의 중요한 배경이 되었음을 부인하기 어렵다.

다만 전통적 권위의 붕괴가 농촌민주화의 충분조건은 아니다. 농촌사회의 평등화가 바로 농촌사회에서의 권력구조의 평등화, 민주화를 의미하지는 않는다. 1950년대에 여전히 농촌의 권력구조는 농촌의 주역인 농민들이 중심이 되는 민주적 변화로 제도화되지는 못한 상태였다. 이 시기 면 단위의 농촌 권력관계 변화를 분석한 몇 개의 사례연구들을 살펴보자.

전남 화순군 동복면의 사례를 분석한 홍성찬에 의하면, 한편으로는 일제 때 대지주, 구장 등으로 유력자 행세를 하던 인사들이 여전히 면장, 면의원, 자유당 면당 간부 등 정치 지배층으로 활약하였다. 그러면서도 다른 한편으로는 이들보다 정치사회적 처지가 못했던 수배(受配)농가, 목재상 등 다양한 인물들이 이곳의 지방 유지로서 새롭게 부상, 편입되었다(홍성찬 1992: 316-326). 1950년대 경기도 용인군의 경우에는 면의원과 면장 충원에서 비지주출신의 진출이 현저하게 증가하였으며, 지주출신 중에는 대지주·중소지주보다 영세지주의 진출이 증가하였다(최봉대 1998: 259-261). 이 시기 충청북도 전체를 보면, 면장들은 과반수가 40대로서 대체로 일제 초기인 1905-1915년 즈음에 출생하여 중등·실업학교를 졸업하고 일제 말 전시 총동원체제하에서 사회경험을 쌓기 시작한 식민지세대이었다. 이들은 주로 일제하의 행정경력과 해방 후 반공운동의 경력 등을 바탕으로 하면서 자신의 근거지에서 출마하여 면장에 당선되었다. 특히 좌우대립이 격심하였던 곳에서 반공운동 경력자들의 진출이 두드러졌다. 지주와 농민 출신의 비율을 보면 2개 면의 사례의 경우, 면장·부면장·면의회 의원들은 구지주보다 소작농 출신들이 더 많았다. 다만 이들은 전문적인 농업종사라기보다는 행정 말단기구 활동 경력을 지닌 인물들이 더 많은 비중을 차지하였다. 1950년대 지방자치제 시행하에 면 권력에 다수 진출하는 농민들은 농민의 이익을 적극 대변하는 인물들이라기보다는 반공운동과 말단행정기구 참여 등의 경력을 통해 중앙권력의 영향력 아래 들어가기 쉬운 성향의 인물들이 다수였다(김성보 2003: 86-92).

이상의 사례를 종합해보면, 1950년대 면의 권력을 대표하던 면장, 면의원의 경우 대체로 지주출신들은 점차 그 힘이 약화되고 있었으며 이를 대신해서 농민들이 다수 진출하고 있었다. 그렇지만 이 시기에 갑자기 시행된 지방자치선거 자체가 이승만정부의 지지기반 창출에 의도가 있었음에서 알 수 있듯이, 이는 농민의 자율성과 그 이익을 대변하는 농촌민주화의 결과로 보기는 어렵다. 그보다는 지주를 대신해서 농촌 권력에 진출함으로써 신분상승욕구를 실현하려 한 정치·행정 지향적인 농민들의 의지가 농촌을 자신의 지지기반으로 삼으려 한 이승만정부의 의도와 상호작용하며 이루어진 결과로 이해된다. 이를 통해 1950년대 농촌은 지주를 대신해서 중앙정부의 영향력이 확대되는 양상으로 귀결되었다.

리 수준의 권력관계를 보더라도, 대다수의 농촌에서 그 마을을 이끌어가는 지도자들은 젊은 농민들이 아니라 여전히 말단행정담당자인 리장이나 그 마을 연장자였다. 이는 1960년대에 농촌을 조사한 사회학자 이만갑의 연구에서도 확인된다(Lee 1982: 195-197).

지수층의 소멸에도 불구하고 농촌이 자율적인 협동조합 조직 등을 통해 민주적인 사회관계를 만들어내지 못하는 상황에서, 1950년대의 농촌에서는 '재전통화'의 양상이 나타난다. 농민들이 학연, 지연, 혈연 등 1차적 사회연줄망에 혹은 공동체집단에 기초하여 정치적 지지를 선택하는 연고주의적 투표행태, 지방자치제 선거에서 지주출신과 말단행정기관 출신 및 동족부락의 정치적 영향력 증대, 재생소작제의 등장 등의 현상이다. 이러한 현상은 단순히 전통사회구조로의 회귀가 아니라 농촌, 농민이 그 전통적 외피를 빌려 도시 중심의 근대화과정에 대응해가는 보수적 근대화의 성격을 지닌다(최장집 1994: 107; 강인철 1999: 282-290).

이처럼 농지개혁 이후 1950년대의 농촌은 민주적 변화의 가능성과 한계를 동시에 보여주고 있었다. 그렇다면 농촌과 정부의 관계는 어떠했을까? 기존의 연구처럼 정부의 권위주의적 지배에 농민은 적극적으로든, 수동적으로든 이를 수용하고 있었을까?

농민의 정부 정책 불신과 저항

농지개혁으로 지주층은 몰락했으나, 농촌에서 그 공백을 농민이 메운 것은 아니었다. 미군정과 이승만정부는 지주층을 소멸시키면서도 다른 한편으로 농민의 혁명적인 사회운동을 탄압하였으며, 금융조합 등 관제 농촌단체들을 활용하며 농민을 통제하였다(이임하 1998: 213-215).

농민들은 정당정치를 통해서도 자신들의 이해관계를 관철하기 힘들었다. 자유당과 민주당이라는 보수 양당구조로 재편되는 정치 지형에서 농민의 이익이 계급적으로 반영되기는 어려웠다. 1950년대 중반 이후 친농민정책을 적극 피력한 진보당의 대두는 농촌민주화의 가능성을 보여주기는 하였다. 농촌고리채 문제 해결, 농업협동조합 설립 등 진보당의 정책은 농민층이 비로소 정당을 통해 자신의 이해관계를 적극 반영할 기회를 얻게 되었음을 의미하였다. 당수 조봉암은 초대 농림부장관을 역임했고 농업협동조합법을 제출했으며 '농민회의준비위원회'를 개최토록 하는 등 농민들과 조직적으로 연결될 수 있는 토대도 가지고 있었다(박태균 1995: 172-178, 288-291). 그러나 조봉암의 처형과 진보당 해체로 농촌민주화의 정치적 제도화는 차단되었다.

농민의 조직화, 민주적 농정이 차단된 속에서 1950년대 농민의 농정에 대한 불만은 조직화되고 민주적으로 표출될 통로를 찾지 못하고 있었다. 농민들 개개인이 정부 정책을 불신하며 소극적으로 대처하는 양상이었다. 1950년대를 농민운동 부재의 시기로 보는 장상환도 농민들이 비조직적이지만 임시토지수득세 경감 또는 면제 요구, 각종 농산물 수매 불응, 잡세 납부 거부, 수세 감면 요구 등으로 다양하게 자신들의 불만을 표출하였으며, 협동조합운동과 지역개발운동이 진행되었음은 인정한다(장상환 2010: 18-21).

조세에 대한 농민의 반발은 특히 광범하였고, 이는 결과적으로 정부의 조세 수취 계획에 차질을 가져오는 체납 현상으로 나타났다. 기존의 연구에서는 이승만정부의 농촌 수탈이 강조되어왔다. 농지개혁 중에 전쟁이 발발하자 정부는 농민에게 임시토지수득세를 강요하였다. 임시토지수득세는 최저 8%에서 최고 28%까지 부과하였다. 이에 더하여 정부는 5년 연부로 생산량의 30%씩 150%에 해당하는 농지상환곡을 부과하였다. 따라서 규정상으로는 농지를 분배받은 농가의 경우 최저 38%에서 최고 58%까지 정부에 납부해야 했다. 이에 근거하여 기존의 연구에서는 정부의 과중한 현물부과가 1950년대 농가경제 악화의 중요한 원인이었으며, 이를 통해 농민희생을 통한 자본축적이 진행되었다고 지적해왔다(이대근 1987: 168-178, 204-208; 김소남 2002: 308-309). 그러나 여기서 한 가지 염두에 두어야 할 점은 정부의 납부 부과량과 실제 농민의 납부량 간에 차이가 있다는 점이다.

농민의 농업생산량 대비 양곡납부량은 전시하에는 1952년에 14.7%, 1953년에 14.8%를 기록하였으며, 1954년도에도 12.7% 등 10% 선을 넘었나. 이 부담은 결코 적은 것은 아니지만 정부가 책정한 부과율에는 미달하는 수치이다. 임시토지수득세의 경우 전시하에 납부량은 총생산량의 6-7% 선이었다. 1951-59년 사이 9년간 임시토지수득세 수납 평균은 생산양곡의 5.2%에 머물었다. 이는 5석 이하를 생산하는 농가에 부과되는 최저율 8%보다도 낮은 수치이다. 또한 5년기한으로 예정되었던 농지상환곡 징수는 체납으로 인해 1950년대 후반까지 계속 징수하여야 했다. 1950년대에 임시토지수득세·농지상환곡 등

표 3.1 양곡 총생산량 대(對) 정부양곡수납실적 비교 (단위: 석, %)

연도	총생산량(A)	수득세(B)	농지상환곡	기타	수납 계(C)	B/A	C/A
1951	17,009,646	1,017,699	816,754	–	1,834,453	6.0	10.8
1952	16,502,898	1,196,628	778,768	457,229	2,432,625	7.3	14.7
1953	22,696,831	1,741,946	1,548,634	8,609	3,299,189	7.7	14.5
1954	24,801,963	1,416,672	1,547,190	173,780	3,137,642	5.7	12.7
1955	24,429,761	1,208,364	723,814	396,535	2,328,713	4.9	9.5
1956	21,752,428	953,731	320,206	1,106,758	2,380,695	4.4	10.9
1957	24,181,188	933,144	332,202	302,446	1,567,792	3.9	6.5
1958	26,389,608	1,094,915	307,655	268,165	1,670,735	4.1	6.3
1959	27,039,394	1,106,796	224,140	461,451	1,792,387	4.1	6.6
계	204,803,717	10,669,895	6,599,363	3,174,973	20,444,231	5.2	10.0

출전: 농림부, 『농림통계년보』 1955-1960.
비고 : ① 연도는 회계년도임.
② 본표의 연도별 수납액은 수납연도 기준이 아니라 생산 당해 연도의 실적 기준임.
③ 수납 항목 중 '기타'는 대여양곡회수, 비료교환, 현금매상, 예매분 미정산의 합계임.

을 포함한 전체 정부확보비율은 연평균 10.0%에 머물렀다. 물론 10%에 달하는 정부의 양곡수취도 농가에는 상당한 부담이 되었을 것이며 특히 농지분배를 받은 농가가 집중적인 부담을 짊어진 점이 무시될 수 없지만, 상당한 부분이 실제 부과와 달리 수납되지 못했음을 확인시켜 준다(김성보 2000b: 166-168, 174).

이승만정부는 자신의 지지기반으로 삼은 농민의 이반을 우려하여, 농업잉여 수취를 강제하는 데 한계가 있었다. 이승만정부가 택한 방법은 미국으로부터 잉여농산물을 도입하여 국내 농산물시장가격을 낮춤으로써, 결과적으로 농업잉여를 농촌에서 도시로 이전하는 효과를 낳는 것이었다.

농민의 불만 표출은 그 외에도 정부의 농정을 대행하는 기관에 대한 저항으로도 표출된다. 정부는 농정을 수행하면서 행정력의 한계로 인해 대한수리조합연합회와 대한금융조합연합회 같은 대행기관을 활용하였다.

대한수리조합연합회의 경우를 보면, 이 기구는 1952년도에 농민들의 요구를 수용하여 조합운영의 민주화를 단행하였다. 조합장의 자문기관에 불과하였던 평의회를 실질적인 의결기관으로 승격시켰으며, 조합장, 부조합장 및 이사는 평의회에서 선임한 자를 임명토록 하였다. 이와 같은 수리조합 기관의 민주화는 조합운영에 조합원이 참여할 수 있는 길을 열어준 획기적인 조치였다. 그리고 1955년에는 평의원의 간접선거제를 직접선거제로 변경하였다. 그러나 조합민주화는 조합원들의 자치능력 부족과 정치인들의 개입 등으로 제대로 실천되지 못하며 파행을 겪었다. 마침내 1959년 1월 수리조합 자치제를 폐지하였고 조합장은 도지사가 직접 임명하도록 하여 권위주의적 지배방식으로 후퇴하였다(오세익 1983: 53).

수리조합은 그 영세성도 문제가 되었다. 1950년대에 각 지방의 수리조합들은 시설자금 마련을 위해 산업은행에게서 최저 3.5%에서 최고 10.5%에 이르는 이자율로 장기채를 끌어들였고, 그 부담을 수혜자 부담 원칙에 따라 농민에게 전가하였다(농림부 1958: 157-160, 181-182). 영세한 수리조합들로서는 감당하기 힘든 부담이었다. 농림부는 수리조합이 사리단체화함을 경계하면서 수리조합의 공공성과 농촌민주화의 방향으로 통합되어 나가야 함을 밝히는 상황이었다(농림부 1958: 187-188).

4월혁명 직후 농촌 각지에서는 정부를 비판하면서 농정의 민주화를 요구하는 시위들이 발생하였다. 그중 가장 대표적인 운동이 수리조합 민주화운동이었다. 예를 들어 충주 수리조합원 100여 명은 1960년 5월 10일에 "수리조합 운영권을 농민에게 부여하라", "농민을 착취하는 조선 수리조합령을 폐지하라", "현 수리조합 직원들은 물러가라"는 현수막을 내걸고 시위를 했다(정근식·권형택 편 2010: 233). 10월에 남해 수리조합에서는 조합장의 전횡을 규탄하는 시위가 발생하는 등 수리조합 민주화운동은 전국 각지에서 발생하였다. 수리조합의 민주적 운영을 위한 법안이 의회에 제출되기도 하였다(조선일보, 1960. 10. 7, 31).

기존의 연구는 대부분 1950년대에 농민이 정부를 지지하거나 그렇지 않더라도 수동적으로 정부의 정책을 따랐다고 서술해왔다. 그러나 정부의 수탈적 농정에 대한 불만은 체납 등의 다양한 형태로 표출되고 있었으며, 4월혁명기에는 수리조합 민주화운동과 같이 농촌민주화를 위한 농민행동의 양상으로 발전하고 있었다. 그러나 그 흐름은 조직적이지 않았으며 권위주의적 정치문화에 정면 도전할 수준에 이른 것은 아니었다.

5. 결어

한국 농지개혁은 그 배경과 입법 및 실행, 결과의 모든 면에서 한국 민주주의의 성격과 구조에 중대한 영향을 미쳤다. 이 개혁은 기본적으로 농민혁명의 요구를 위로부터 수용하여 사회주의혁명을 예방하고 반공주의적인 토대를 구축하는 과정이었다. 농지개혁의 입법과정에서 사회민주주의적 지향성은 최소화하였으며, 유상매수·유상분배 방식이 채택되고 개인의 소유권이 배타적으로 확정되며 지주의 산업자본가화의 길을 열어놓은 점에서 한국의 사회경제가 자본주의-자유민주주의에 부합하는 사회경제적 토대를 형성하게 하는 주요 계기가 되었다. 한편 의회의 농지개혁 입법과정은 한국사회에 다양한 갈등과정을 포용하며 합의를 이루어내는 절차적 민주주의의 경험을 제공하였다. 그리고 농지개혁의 결과 농촌에서는 밑으로부터 평등성이 높아지고 전통적인 권위가 약화되었다. 농민들이 지주제로부터 해방되어 비록 영세한 조건에서지만 자영농이 된 점 또한 장기적인 관점에서 보면 농촌민주화의 토대를 조성한 것이었다.

이상의 긍정적인 측면에도 불구하고 한국의 농지개혁은 민주주의에 부정적인 한계를 드러낸 점도 사실이다. 입법과정에서 농민의 자립과 자율성 보장을 위해 요청되었던 협동조합은 논의조차 제대로 되지 않았다. 농지개혁의 실행과정을 주도한 쪽은 행정기구였으며 지주와 농민 등 농촌 주민들은 농지위원회에서 자문을 하는 역할로 제한되었다. 농민의 자주적인 조직화의 길이 차단된 가운데, 면리 단위의 농촌에서 지배력은 여전히 말단 행정기구의 장과 원로에게 주어져 있었다. 1950년대에 농촌은 민주주의의 형식과 권위주의의 현실이 공존하는 이중 공간이었다. 그 속에서 농민들은 정부의 수탈농정을 불신하며 체납과 같은 방식으로 불만을 표출하였고, 4월혁명 직후에는 수리조합 민주화운동과 같은 농촌민주화의 길에 나서기도 하였다. 다만 한국현대사는 농촌민주화의 길이 뒤이은 5.16 쿠데타로 일단 차단됨을 보여준다.

요컨대 1950년대의 농지개혁은 전 세계적인 체제대립 속에서 한국의 민주주의를 반공-자유민주주의의 틀 안으로 제한하는 사회경제적 개혁의 과정이었고, 그 속에서 절차적 민주주의의 경험 및 농촌민주화를 위한 기반을 제공해주기는 하였으나 막상 농촌민주화의 주역이어야 할 농민이 객체화하면서 실질적 민주주의의 정착으로는 나아가지 못한 것이었다. 이러한 특징은 오늘날 한국 민주주의의 현주소와 연관되어 있다. 오늘날 한국의 민주주의는 반공-자유민주주의 체제의 안정성, 높은 수준의 절차적 민주주의의 확보에도 불구하고 실질적 민주화는 그에 비해 극도로 지체되어 있다는 지적을 받고 있다. 그런 특징은 상당 부분 이미 한국 농지개혁의 성격에서 나타나는 것이었다.

| 4장 |

일본의 농지개혁과 농지위원회

쇼지 슌사쿠

1. 서언

2차 세계대전이 전 일본의 농업과 농촌은 지주제의 지배하에 있었다. 지주제를 해체한 농지개혁은 미군 점령하인 1946년 10월 이후 본격적으로 실시되었다. 농지개혁은 국가의 직접적 강제 매수(買收)와 매도(賣渡)에 의한 자작농 창설, 부재지주의 임대지 전체와 재촌지주의 1정보(町步, 홋카이도의 경우 4정보. 1정보는 3,000평=약 9,917㎡) 이상 임대지의 해방, 잔존 소작지의 금납화와 소작료 인하, 지주의 소작지 취득 제한, 강력한 권한을 가진 농지위원회에 의한 개혁 수행 등을 내용으로 한다. 스스로 경작하기보다 토지를 빌려주고 소작료를 받는 편이 이득이 되는 토지제도가 근본적으로 부정되면서 농촌의 계급구조가 해체되었다. 농지개혁 연구의 현단계에서는, 자본주의의 틀 안에서 이처럼 '혁명적' 인 개혁이 왜 신속하고도 원활하게 실시되었는가 그리고 농지개혁과 농민 혹은 촌락의 관계는 어떠하였는가 하는 점은 농지개혁의 역사적 의의를 생각할 때 중요한 지점이다.

2. 농지개혁 연구의 역사와 현황

우선 일본 농지개혁의 연구사를 돌아보고 이 장의 목적과 연구사상의 의의를 분명히 하고자 한다. 일반적으로 연구는 시대에 따라 달라지지만 일본 농지개혁의 연구에 있어서는 그런 경향이 특히 현저하다. 이는 지주제를 기초로 하는 농업문제가 일본의 경제사회에서 중요한 위치를 차지한다는 점과 일본사회를 분석할 당시의 사회과학자 특유의 연구 시각에 기인한다. 따라서 이미 여러 시각의 연구가 많이 축적되어 있다. 그 흐름을 대략 정리하면 최근까지 세 시기로 나눠진다.

제1기는 농지개혁 당시부터 1953년경까지의 시기이며, 전전(戰前)의 일본자본주의 논쟁의 재연이라고 할 수 있다. 이 논쟁은 농지개혁으로부터 큰 영향을 받았다. 농업문제는 일본사회 변혁의 기본적 과제로 인식되었고 그 때문에 농지개혁을 둘러싼 논쟁은 곧 일본자본주의 논쟁이라는 위치를 차지했으며, 농지개혁의 역사적 의의는 무엇인가가 논쟁의 핵심적 테마였다. 전전 이래의 '강좌파'와 '노농파'의 대립을 억지로 끌어들이면서 극히 많은 수의 정치적 의미를 띤 뜨거운 논쟁이 전개되었다. 그러나 지금 돌아보건대 이 논쟁은 투입된 에너지에 비해 성과 없는 논의가 많았다. 시기가 일본의 고도 경제성장기 이전이었다는 시대배경이 크게 작용한 탓이다. 그 결과 당시의 이데올로기 상황을 반영하여 논쟁 당사자 쌍방 모두 사회주의의 시각 혹은 정체적이고 소농수탈적인 고전적 자본주의관에 속박되어 있었다. 이 때문에 농지개혁이 초래한 농민의 경영발전이나 생활수준의 향상 등이 올바르게 파악되지 못하였다. 이론 및 이데올로기의 과잉과 현실에 대한 구체적 분석의 빈곤이 이 시기의 특징이다.

제2기는 1970년대이다. 이는 일본의 고도성장이 끝나고, 1980년대 이후 시작되는 전후 제2기에 이르는 과도기이다. 이 시대의 연구를 이해하려면 그 시대적 배경에 유의하는 것이 중요하다. 제1기와 비교해볼 때 양적으로 연구가 줄어들고 정치적·현실적 절실함도 희박하였다. 그러나 그 속에서도 자료에 의거한 착실한 실태연구가 진행되었다. 특히 점령사 연구의 진전을 딛고 미국 측을 포함한 농지개혁의 입안 과정에 대한 연구가 비약적으로 진행된 것이 주목된다. 이 시기에 제1기의 대표적 연구를 비판적으로 총괄하면서 농지개혁에 관한 총체적 이해를 보여주는 동시에 현재로서는 가장 균형잡힌 표준적인 연구가 나타났다. 제1기의 연구가 가져온, 농지개혁을 둘러싼 일본자본주의와 농업의 연속성/단절성에 관한 논의도 새로운 수준에서 이루어지게 되었다.

제3기는 1980년대 후반 이후의 시기이다. 농지개혁 후 40년이 지난 시점이어서, 세계와 일본이 크게 변모하고 농지개혁의 위상이 앞의 두 시기와는 달라졌다. 미·일의 경제마찰, 냉전의 종결, 경제의 글로벌화의 진전 속에서 일본은 경제와 농업의 구조를 바꾸지 않을 수 없게 되었다. 국제화 시대에 대응한 농정, 철저한 농업의 구조개선, 생산성 높은 농업 등을 담당할 주체를 육성하는 일이 진행되었다. 그런 속에서 정책론에서도 시론(時論)에서도 농지개혁은 당면한 정책과 무관한 것으로 간주되어 무시되거나 혹은 농업 규모의 확대를 더욱 어렵게 만듦으로써 전후 농업의 쇠퇴를 초래한 원흉이 되었다고 단죄되었다. 확실히 농지개혁은 지주제라는 대규모의 토지소유를 해체하고 영세한 토지소유를 만들어냈다. 그 점에서는 영세한 토지를 모아서 대규모 경영을 만들어가는 것에 역행하였다.

농지개혁의 연구는 제3기부터 비로소 역사연구가 되었다. 이 장에서는 이제까지의 농지개혁연구의 성과를 근거로 현재의 시각에서 농지개혁을 다시 파악하고 상술한 바와 같이 농지개혁의 평가는 일면적인 것이어서 성립될 수 없다는 점을 분명히 하고자 한다. 지금 논의하지 않으면 안 되는 것은 개혁의 실태에 기초한 농지개혁의 역사적 평가이다. 농지개혁은 역사연구의 대상이 되어 역사의 실증에 의해 그 역사적 평가를 논하는 단계에 들어섰다. 제2기의 연구를 비롯하여 몇 개의 주요한 연구에서 남겨진 농지개혁의 실태를 새로운 관점에서 해명하는 것이 연구의 과제로 되었다.

이와 같은 인식에 의거하면서 이 장에서는 일본 농지개혁의 역사적 의의와 관련된 몇 개의 역사적 사실에 대하여 논의하고 싶다. 일본의 농지개혁은 세계사적으로는 '토지개혁의 자본주의적 길'이라고 일컬어지는데, 왜 지주제를 해체하고 농촌민주화 정책으로서 획기적인 개혁이 되었는가, 그리고 농지개혁을 전전 이래의 시간 축에서 파악하여 그 본질은 '농민의, 농민을 위한 개혁'인 동시에 '농민에 의한 개혁'이라는 측면을 갖고 있다는 것을 분명히 하고 싶다. 끝으로 '농지개혁은 성공하였다. 그러나 농업정책으로서는 실패하였다.'고 하는 언설의 시비를 생각하는 단서가 이 글에서 드러날 것이다. 역시 일본 농지개혁의 역사적 의의를 논하려면 중요한 역할을 담당한 일본 농림관료의, 농지개혁을 포함한 전체적인 농업개혁 구상을 분명히 하고 그것과 관련하여 그들의 농지개혁 전략을 검증하는 것이 불가결한데, 이 점에 대해서는 지면의 제한으로 인해 생략하기로 한다.

3. 개혁의 자본주의적 길

세계적인 2대 모델

일반적으로 토지개혁은 토지 소유·이용 등 제도에 관련된 개혁이며, 경작자의 토지에 대한 관계를 공적으로 조정하고, 지주적 토지소유를 제한 또는 해체하여 농민적 토지소유를 창출한다. 세계사적으로 1차 세계대전 후 동구권 국가에서 실시되었던 것을 시작으로, 2차 세계대전 후 세계 각국에서 널리 실시되었다. 그러나 대다수의 개혁이 성공하지 못하거나 철저하지 못한 것으로 끝났기 때문에, 현재도 그 철저한 실시를 과제로 안고 있는 나라가 동남아시아와 중남미 등지에 특히 많다.

일본의 농지개혁은 외국의 경우와 비교하여 다음과 같은 특징을 갖는다.

2차 세계대전 후 가장 빠른 시기에 실시되었다. 전후 토지개혁 역사에서 1950년은 획기적인 해였다. 세계의 맹주가 된 미국은 저개발국가에서 농지개혁을 실시하여 '민주주의'를 육성·강화하는 것에 대외정책의 중점을 두기 시작했다. 냉전의 본격화가 그 배경에 있으며, 중화인민공화국의 성립과 한국전쟁의 발발이 직접적 계기가 되었다. 국제연합(UN)이 토지개혁을 해결 과제로서 중시하기 시작한 것도 이즈음이다. 미국이 강력하게 관여하고 있던 한국과 대만 등 아시아 각국에서 농지개혁이 착수되었다(다만, 한국 · 대만은 일본에 비해 별로 철저하지 않았다). 일본의 농지개혁은 그 이전에 실시되어 사회주의 중국의 토지개혁과 함께 개혁 모델이 되었다.

일본은 '자작농 창설방식'을 통해 지주적 토지소유의 해체 및 자작농 창설을 철저하게, 그리고 2년 정도의 짧은 기간 내에 달성했다. 실시과정에서도 개혁의 결정적인 장해가 될 만한 어려움은 없었다고 해도 과언이 아니다. 개혁 수행이 철저하고 신속했다는 점이 일본 농지개혁의 두드러진 특징으로, 세계에서 유례를 찾을 수 없다. 자본주의의 틀을 전제로 한 개혁으로서는 보기 드문 성공사례였다. 전후의 안정된 농촌사회는 농지개혁을 통한 자작농 창설에 따라 실현되었고, 이 외의 방식으로는 실현될 수 없는 것이었다.

여기서 세계적으로 또 하나의 모델이 된 중국의 토지개혁과 대비해볼 필요가 있다. 농업의 집단화를 목표로 했던 중국의 토지개혁은 농민의 전통적 의식을 변혁하는 것으로서 대중 발동(大衆發動), 즉 농민의 자발적 투쟁이 중시되었다. 그러나 대중 발동의 실체는 농민대중이 당의 지도에 휘둘린 것으로, 그들이 자발적으로 구지배층 타도에 나선 것은 아니었다. 그러면 대중 발동에 의해 기대한 만큼 자발적인 농민과 안정된 농촌사회가 탄생되었을까? 이 점에 관하여 중국 연구자 다나카 교코(田中恭子)는 "대중운동 방식 및 투쟁 방식은 정책 실시와 그 방법으로서 큰 힘을 발휘했지만, 한편 중대한 단점을 가지고 있었다. 바로 공포 지배와 원한 축적으로 인해 사회가 황폐해지고 불안정해진 것이다"라고 지적하고 있다. 다나카의 견해에 따르면, 토지개혁이야말로 그 후에 지속된 중국사회의 황폐와 불안정을 초래한 원흉인 것이다.

자작농 창설

1945년 8월, 일본이 포츠담 선언을 수락하고 연합국에 무조건 항복하면서 2차 세계대전이 종결되었다. 포츠담 선언에 따라 일본은 연합국 최고사령관 더글러스 맥아더가 지휘하는 미군에 점령되었다. 총사령부(GHQ)는 절대적 권력을 배경으로 포츠담 선언이 요구하는 일본의 비군사화·민주화 정책을 강력하게 전개해갔다. 그것은 농지개혁을 비롯해 재벌해체, 노동개혁 등 경제민주화를 목적으로 하는 전후개혁이었다.

일본의 비군사화·민주화 정책은 1945년 9월의 「항복 후 미국의 초기 대일방침」에 구체적으로 드러나 있다. 이 대일방침은 전체적으로 일본이 다시 미국의 위협이 되지 않도록 한다는 입장에서 출발한 정책이지만, 그중에서 경제민주화 정책에 관한 조항에 "민주주의적 기초 위에 조직된 노동·산업 및 농업 조직의 발전"을 추진할 것과 "소득 및 생산과 상업 수단의 소유권을 광범위하게 분배할 것"이 강조되었다. 그러나 이 시점에서는 아직 농지개혁에 관해서는 명확히 드러나 있지 않았다. GHQ가 농지개혁에 대해 명확한 태도를 보인 것은 1945년 12월에 일본정부에 보낸 「농지개혁에 대한 각서」에서였다. 그때 마침 일본 측이 독자적으로 농지개혁안을 제89임시제국의회에 제출하여 법안을 심의 중이었다. 소위 '맥아더 농민해방 지령(指令)'은 일본정부에 강력한 충격을 주었다. 맥아더 지령은 다음과 같은 격조 높은 문장으로 시작한다.

> 민주주의적 경향의 부활과 강화에 대한 경제적 장해를 제거하고 인간존엄에 대한 존중을 확립하며, 또한 여러 세기에 걸쳐 봉건적 압박에 의해 일본농민을 노예화해온 경제적 속박을 타파하기 위하여, 일본의 경작농민이 노동의 성과를 향유하게 하고 더욱 균등한 기회를 누릴 수 있는 조치를 강구할 것을 일본제국정부에 지령한다(『農地改革資料集成』).

그 후 우여곡절을 거쳐 1946년 7월 일본정부가 농지개혁법으로서 자작농 창설 특별조치법안과 농지조정법 개정안을 결정하였고, 이 두 법안은 제90제국의회에서 가결되어 같은 해 10월 공포되었다.

농지개혁은 국가가 유상으로 지주로부터 농지를 매수하여 소작인에게 매도한다는 자작농 창설방식으로 실시되었다. 왜 이러한 방식을 택했을까? 농림성 장관(農相)으로 농지개혁에 큰 역할을 담당했던 와다 히로오(和田博雄)가 추구한 농지개혁 방향은 명확했다. 어떤 방법으로 농민의 경작권 안정을 도모할 것인가? 전쟁 전부터 농지개혁의 대립점이었으며 농지개혁 후의 평가에서도 쟁점이 되었던, '자작농 창설인가, 소작권 강화인가'의 양자택일 논의는 와다에게 별 의미가 없었으며, "경작자 개개인의 경작권 안정을 문제로 삼는 이상, 가장 철저한 형태는 소유권의 획득"이라는 점은 자명한 이치였다. 또한 전시부터 전후에 걸쳐 농림성 농정과장으로서 역시 농지개혁에 큰 역할을 담당했던 도하타 시로(東畑四郎)는 후에 이렇게 진술했다. 농지 임차권의 물권화(物權化)에 대한 경작권 강화가 올바른 방법이고, 자작농 창설은 시행하지 말았어야 했다는 비판에 대해, "학자의 이론"으로 "현실의 행정을 대신해서는 안 된다"라고. 이는 일본농업의 구조 그 자체에 관한 것이었다. 고지가(高地價)=고지대(高地代)였던 당시 일본에서 이에 규제를 가하면 지주는 농지를 빌려주지 않게 되므로, 임차권이 안정되어도 경영면적 확대로 이어지지는 않는다. 당시 현실에서는 농업경영 문제의 관점에서도 "지주제를 붕괴시키고", "그러한 과정을 한 번은 거칠 수밖에 없었다." '영세농경제라고 일컬어지는 일본농업 시스템'을 전제로 할 때, 추구해야 할 농지개혁은 필연적으로 소유권에 귀결된다는 것이 도하타의 인식이었다.

농지개혁에 의해 193만 정보의 농지가 지주로부터 매수되어, 소작인에게 싼값에 매도되었다. 해방면적은 개혁 전인 1945년 11월 현재 총소작지 245만 정보의 80%에 이르렀다. 그중 60%가 재촌지주, 40%가 부재지주의 소유지였다. 개혁 전 농지의 46%(1941년)에 이르렀던 소작지는 개혁 후 14%(1949년)로 격감했다. 소작인은 1반보(反步, 1반보는 300평=약 991㎡)당 논(田) 757엔(円), 밭(畑) 446엔을 지불하였고, 지주는 여기에 논(田) 220엔, 밭(畑) 130엔의 보상금을 더하여 대부분 공채로 받았다. 전후 인플레이션이 급속히 진행되는 가운데, 지가는 고정되어 급격한 가격 하락이 발생했다. 농지개혁이 종료될 시점에 어른용 고무장화 1켤레의 가격이 842엔이었는데 지가는 이보다도 가격이 낮았다. 정부의 농지 매수(買収)·매도(売渡)는 사실상 무상몰수·무상분배가 되어 결과적으로 중국의 토지개혁과 별반 다르지 않은 혁명적 개혁이 되었다. 더욱이 재촌지주의 소작지 보유를 1정보까지 허용함으로써 남게 된 소작지에 대해서도 창설자작지와 균형을 고려하여 소작인의 권리가 현저하게 강화되었으며, 금납하는 소작료도 매우 낮은 액수로 억제되었다. 이와 같이 지주는 소작지를 다소 보유하고 있다 해도 지주로서의 이득을 상실해갔다.

행정촌과 촌락에서의 개혁수행

당시에 농지를 매수당한 지주는 약 100만 명, 관련 소작인은 약 400만 명에 이르는 것으로 추정되었다. 해방된 농지 193만 정보는 전체 농지에서 37%에 달한다. 실로 일본의 농지개혁은 역사적인 대(大)프로젝트였다. 한마디로 농지개혁이라고 하지만 이 정도 되는 규모와 범위의 농지 매수가 빠짐없이 사무적으로 처리되어야 했다. 게다가 매수는 농지

1필(筆, 필지)마다 이루어졌다.

이는 하나의 법률로 실행할 수 있는 것이 아니다. 아시아 여러 나라들과 비교해서 일본은 이미 중앙집권적 행정기구가 정비되어 있었고 법령을 말단까지 관철시킬 수 있었다는 점이 개혁 수행에 유리한 조건이었음을 지적할 수 있으나, 단지 그것만은 아니다. 농지개혁 당시 맥아더를 보좌할 임무를 가지고 일본에 와서 일본 농지개혁의 '설계주임'이라고 불릴 정도로 깊이 관여했던 라데진스키(W. I. Ladejinsky)는 일본의 농지개혁이 성공리에 수행될 수 있었던 요인으로 "개혁사업이 관료조직에게만 전부 맡겨져 있지 않고, 촌락 수준에서 수행"되었다는 점을 지적하고, 구체적으로는 농지위원회에 주목했다. 농지개혁은 정·촌(町村)과 촌락을 기반으로 실행되었다.

농지개혁을 실시하기 위해 농림성 직원의 증원, 지방 농지사무국의 설치, 도·도·부·현(都道府県) 지부의 확충이 이루어졌고 시·정·촌(市町村) 각 단계에서 행정기구가 정비되고 다수의 인원이 동원되었다. 지방 농지사무국은 우수한 사무능력을 가진 인재를 필요로 했는데, 주로 구식민지 행정기관에서 근무한 경험이 있는 이들로 조달되었다. 그리고 이것이 지방의 농지기구 확충으로 이어졌다. 시·정·촌에서는 40만 명을 넘는 사람들이 개혁에 동원되었다. 그 대부분은 부락(部落) 보조원이며 약 26만 명으로 추정되고 있다. 농지위원회 전임서기도 1개 위원회당 약 3명이 배치되었으며 총인원은 3만 명을 넘었다. 개혁에 열정을 불살랐던 농림관료 오와다 게이키(大和田啓氣)에 따르면, 일본의 농지개혁은 농림성이 농민층과 하나된 '운동체(運動體)'로 추진되었다.

농지개혁을 가능하게 한 촌(村)의 실행기관이 농지위원회와 부락보조원이다. 농지위원회는 농지조정법(1938)에 의해 설치된 농지지원회에 기원을 두는데, 농지개혁 시기 행정권한을 부여받고 위원 구성이 변화하면서 성격은 전쟁 전의 농지위원회와 크게 달라졌다. 시·정·촌 단위에 설치되었으며, 계층별 선거에 따라 선출된 지주 3명, 자작농 2명,

소작농 5명 총 10명의 위원으로 구성되었다. 농지의 매수·매도를 비롯해 개혁 사무 전반을 담당했고, 분쟁이 있을 때는 합의에 의해 조정되었다.

행정상 "농지위원회 운영의 기반은 사무국"으로 규정되었으며, 개혁의 실정은 사무국 체제의 형편에 따라 좌우되었다. 사무국을 담당하는 전임서기의 역할은 중요했다. 전임서기에게는 명확한 특징이 있다. 남성 서기의 경우 평균 연령이 34세로 젊고, 학력이 대학과 구 전문학교를 비롯해 중등학교 졸업 이상이 60%로, 당시 농촌의 평균으로 볼 때 상당히 높다. 지방자치단체 서기, 회사 사무원, 관공리(官公吏), 교원, 순사 출신이 많았으며, 전직이 농업인 사람은 10% 이하일 정도로 적었다. 소개(疏開, 군사작전상 필요에 따라 일시적으로 주민을 이주시킴)·복원(復員, 전쟁이 끝나 군인들이 집에 돌아감)·귀국자가 많았던 것도 특징인데 그 비율이 전체의 20% 정도였다. 즉, 농업 이외의 다양한 직업경험, 혹은 전쟁 체험 등 촌 밖의 생활경험을 가진 자가 많았던 것이다. 또한 농민조합과 밀접한 관계에 있었다. 이들은 "법률 이해력, 수리 판단력, 진보적 사상, 공정한 행동성, 민주적 성격, 끊임없는 열정의 소유자" 등 전임서기로서 필요한 자질을 가진 이들이었다.

한편, 부락보조원의 역할에 대해서는 이렇게 지적되고 있다. "부락보조원의 선정 문제는 당시 농민의 사활이 걸린 공출문제와 얽혀 명백하지 않은 문제 처리로 이어지는 원인을 초래했고, 보조원이 농지위원회와 농민 간의 접촉점이라는 점을 등한시한 농지위원회는 이후의 노정에서 곤란을 겪었다."(『新潟縣農地改革史』) 농지위원과 전임서기는 촌락을 근거지로 하여 직무를 수행했다. 개혁실무의 관건인 농지 1필의 조사는 지역 사정에 정통한 부락보조원이 있어서 가능했다. 또한 분쟁은 최종적으로는 농지위원회에서 해결되었으나, 일반적으로 그 전에 부락보조원을 중심으로 하여 촌락 내부에서 실질적으로 조정이 이루어졌고, 그 결론이 농지위원회에서 추인되었던 것이다. 부락보조원이 되는 이들은 농사(양잠) 실행 조합장, 통계조사원, 부락회장, 소방단장, 촌회(村會) 의원 등 촌락의 지도자와 유력자들이었다.

4. 국가 권력과 농지개혁

GHQ와 일본 농림성

GHQ의 일본 점령은 무조건 항복방식을 취했다. 이는 GHQ가 전면적으로 내정에 간섭하고 체제를 변경시키는 점령방식을 말한다. 이렇게 해서 일본의 전후 개혁은 신헌법 제정을 비롯하여 경제·정치·사회 전반에 걸친 근본적 개혁이 되었다. 실질적으로 미국 단독점령이라는 점에서 보아도 GHQ는 초법규적 존재였다. GHQ는 일본사회의 비군사화와 민주화를 목표로 하여, 농촌의 빈곤 문제가 저임금 노동 및 군국주의의 온상이 되었다고 하면서 일본정부에 농지개혁을 명령했다. GHQ는 일본의 헌법과 의회를 초월하는 존재였다. 그와 같은 절대적 권력이 발동되지 않았다면 농지개혁은 불가능했을 것이다. 한편 농지개혁은 재벌 해체나 노동개혁과 달리, 일본 측이 최초의 주도권을 가지고 있었다. 제2차 농지개혁 1년 전에 결정된 제1차 농지개혁이 바로 그것이다.

제1차 농지개혁의 주된 내용은 ① 농지의 강제 양도, ② 부재지주 소작지 전면 매수, 재촌지주 소작지 보유 한도 5정보, ③ 소작료의 금납화, ④ 계층별 선거제에 의한 시·정·촌 농지위원회 설치 등이다. 자작농 창설의 개혁방식이나 부재지주·재촌지주에 따른 대상지 구별, 그리고 농지위원회 구상 등도 모두 포함되어 있었다. 전쟁 전부터 자작농 창설에 큰 관심을 갖고 있던 마쓰무라 겐조(松村謙三)가 농림성 장관에 취임하여 농지개혁에 의욕을 보이자, 도하타 시로 등 농정 당국은 GHQ와 무관하게 4일여 만에 농지개혁안을 제출했다. 전시 중 도하타를 중심으로 비밀리에 행해진 농지개혁의 검토작업이 다시 등장했다. 마쓰무라와 도하타는 패전 후 농지개혁이 불가피하다고 정책적으로 판단했다. 제1차 농지개혁은 전쟁 전부터 이루어진 소작제도 개혁의 집대성으로, 구(舊)정치체제하에서 수행된 것이었다. 농림성 관료가 주도했다는 점도 공통점이다. 한편, 앞의 ①과 ③에는 전시기 농지정책으로부터 비약과 단절이 보인다. 제2차 농지개혁에 비해 전체적으로 미온적인 개혁안이었으며, 지주제 해체라는 점에서는 불철저했다. 그러나 구체제가 온존하는 중에는 내각과 의회에서 격렬하게 비판되었으며, GHQ의 개입으로 겨우 법안성립에 이르렀다(1945년 12월). 농지개혁 과정을 보면 GHQ는 이러한 일본 측의 움직임에 편승한 면이 있다.

전후 개혁 연구의 특징으로서 오로지 미국에 초점을 두고, 전후 일본의 역사적 형성이 미국 주도에 의해서 해명되는 경향이 두드러졌다. 그러나 농지개혁에 한정해서 볼 때, 이는 올바른 접근법이 아니다. 농지개혁의 경우, 일본은 전쟁 전부터 오랜 지주제 개혁의 역사를 거쳐 독자적으로 정리된 개혁안을 가지고 개혁을 추진했다. 농지개혁에서 이러한 사실이 가지는 의미가 가장 중시되어야 할 것이다.

제1차 농지개혁은 대부분 실행되지 못하고 '신기루 개혁'으로 끝나버렸으나,[1] 개혁의 주도권이 GHQ로 이전된 가운데 일본 측은 제2차 농지개혁에서도 중요한 역할을 완수하게 되었다.

제2차 농지개혁은 입안의 주역이 일본에서 GHQ로 바뀌면서 단절면(斷絶面)이 생겼고, 그 절대적인 권력을 배경으로 철저한 개혁안이 만들어졌다. 특히 앞의 ②에서 제시된 재촌지주의 소작지 보유 한도가 1정보로 낮아짐에 따라 지주적 토지소유는 철저하게 해체되었다. ①의

1 "제1차 농지개혁"은 그 법안의 주요 내용이 소작료의 금납화를 제외하고는 대부분 실행되지 않았기에 이런 호칭이 적절해보이지 않지만, 일본에서는 일반적으로 이렇게 부르고 있다(편자 주).

방법도 제1차 농지개혁에서는 시·정·촌 농업회와 농지위원회에 광범위한 재량권이 부여되었던 것이 정부기관을 통해서 지주로부터 소작인에게 농지를 양도하도록 명확히 규정되었다. 지주 스스로 경작하겠다는 명분을 내세워 소작지를 회수하는 것도 엄격히 규제하도록 했다. 이는 전쟁 전부터 소작제도 개혁의 궁극적 과제가 되어왔던 자작농 창설이라는 연속성 가운데 나타난 단절면이다.

일본의 농지개혁을 포함한 토지개혁은 지주의 희생 위에서 재산과 소득을 재분배하고 정치권력과 사회적 지위 등을 급격히 변경하려는 '혁명적 조치'였으며, 그리하여 "그 경제적 성격에도 불구하고 '가진 자'와 '가지지 못한 자' 사이의 이해(利害)라는, 가장 기본적인 대립을 포함하는 본래적인 정치적 문제로 시작되었다." 이러한 농지개혁의 정치적 성격을 고려하면 제1차 농지개혁도 획기적인 의미를 가지고 있다고 하지 않을 수 없다. 당시 농정과장이었던 도하타는 개혁안이 성립되리라는 전망이 섰을 때, "대단한 평화 혁명을 해냈구나"라고 생각했다고 회고했다. 관료로서의 입장을 고려하면 거짓 없는 소감이라고 하겠다.

일본 측의 주체성이 고려되었을 것으로 여겨지는 또 하나의 이유는 도하타 등의 농림관료가 당시에 농정개혁뿐 아니라 농업개혁 구상도 이미 명확하게 가지고 있었다는 점 때문이다. 이 구상은 농지개혁의 역사적 의의와 전후 농업 전개를 검증할 때 중요한 의미를 갖는다.

국가의 개입

1953년 12월, 농지개혁에 관하여 최고재판소 대법정에서 중요한 판결이 내려졌다. 농지 매수가격이 헌법 29조 3항에 비추어 부당하다는 지주의 소송에 대해서, 최고재판소는 헌법 29조 2항에 규정된 '공공의 복지'론을 이유로 들어 지가가 '정당한 보상'에 해당한다며 기각한 것이다.

판결 이유를 보면 공공의 복지 관련 내용으로서 "국민의 식량 확보와 국민경제"의 안정, 그리고 헌법 29조 3항의 "재산권을 공공의 용도로 공유하는 경우의 정당한 보상"은 "그 당시 경제 상태에서 형성될 것으로 상정할 수 있는 가격에 입각해서 합리적으로 산출된 상당액"이라는 점이 지적되었다. 여기에는 '공공의 복지'를 위해서는 재산권의 사용수익 · 처분 권리에 대한 제한이 더해질 것, 그리고 그 가격에 대해서도 "자유로운 거래에 의한 가격 성립을 요구할 수 없을 것"이라는 최고재판소의 판단이 드러나 있다. 농지개혁은 "연합국의 지령이 아니었다면 급속하게 실현될 수 없었을 것이나, 우리 국책의 궤도상 생각할 수 없는 것도 아니었으므로 여타 제도처럼 연합국의 지령에 의하지 않고서는 실현 불가능한 것들과 종류가 다르다"라고 함으로써, 농지개혁이 역사적 근거를 가지고 있으며, 그러한 점에서 지주의 주장에 정당성이 없다는 판단을 보여주었다.

농지개혁이 헌법에 정해진 공공의 복지에 따른다는 것은 어떤 뜻인가? 이를 명확히 하려면 농지개혁의 전사(前史)를 돌아볼 필요가 있다. 농지개혁은 하루아침에 이루어진 것이 아니라 역사적 전제가 있었다. 특히 전시 중 ① 소작료 통제령(1939), ② 임시 농지가격 통제령(1941), ③ 임시 농지 등 관리령(1941)의 세 칙령이 중요하다. 도하타는 "이 세 칙령이 있었기 때문에 농지개혁이 원만하게 이행되었다. 이 세 칙령이 없었다면 불가능했을 것이다"라고 술회하고 있다. 이를 통해 수익, 가격, 권리 이동 · 운용이라는 세 측면에서 농지 소유에 국가가 통제를 가할 수 있었다. 세 칙령 후 농지개혁으로 향하는 행보를 보면, 식량 관리제도의 확립이 신기원을 이루었다. 1941년 미곡 공출제가 시작되었고, 이는 이듬해 이중미가제(二重米價制)로 이행하였다. 농지소유권에 대한 국가 개입(모종의 강제를 포함한 농지소유권의 재분배) 정책의 입안이 매우 어려워진 상황에서 전시하의 식량 · 미가정책을 구실로 토지문제 해결이 도모되었다. 종전이 가까워지자 도하타를 중심으로 농지정책 검토 작업이 다시 진행되었다. 그 내용은 농지에 대한 국가적 통제가 더욱 강화되었음을 의미하는 농지 관리 구상의 등장과 소작료 금납화 정책이다. 각료회의에서 결정된 후자도 종전으로 인해 실시되지 않았으나, 이 시도는 도하타 등 농정 당국의 농업관 및 농지관이 크게 변했다는 것을 보여준다. 그것은 소작료 금납화를 뒷받침하는 사고방식에 잘 드러나고 있다. 소작료 금납화는 식량관리제도 아래 미가정책의 합리화라는 관점에서 비롯되었다. 그에 따르면 대금납제(代金納制, 원래 쌀로 소작료를 납부하는 제도하에서 산간벽지 같이 곤란한 경우에 한하여 현금으로 대납하도록 함)하의 이중미가제 때문에 소비자에게 저미가, 생산자에게 적정한 생산비와 이윤을 보증하는 것이 곤란한 것으로 여겨졌다. 소작료의 대금납에 의해 지주의 '생산자화, 경영자화'가 추진되고, 농업생산은 '사적 생산'에서 '공적 생산'으로 전화(轉化)되며 '국가적 목표'를 가지게 되었다. 그러나 여전히 한계가 있다. 이는 소작료의 대금납제를 금납제로 바꿈으로써 비로소 철저하게 추진되는 것이다. 이렇게 하여 전시 식량문제를 매개로 해서 구체적으로 농업의 공공성(단지 국가적인)이 명확해졌다.

그런데 개혁 후 한동안 이어지던 분쟁에 국가가 최종적으로 종지부를 찍었다는 의미를 가진 이 판결은, 농지개혁과 개혁 후의 농지소유의 성격을 이해하는 데 중요한 시사점을 주고 있다. 농지개혁은 결코 '반봉건'의 개혁 등이 아니었으며, 또한 전후의 농지소유권은 단순한 사적 소유가 아니라 헌법에 규정된 '공공의 복지'에 합치하도록 새로운 의미를 부여받았다.

소작인이 농지를 매우 저렴하게 취득할 수 있었던 것은 자작농으로서 경작하는 것이 공공의 복지를 위해 최선이라고 판단했기 때문이다. 따라서 나중에 경작을 그만두고 그 농지를 타인에게 빌려주거나 타인에게 팔아서 이득을 얻는 것은 허용되지 않았다. 그러한 경우 제2차 농지개혁에서는 법령으로 정부가 그 농지를 매입한 후, 새로운 자작농이 될 만한 다른 사람에게 그것을 매도하도록 했다. 이는 정부에게 농지 선매권을 부여하는 규정이며, "제2차 개혁에서 자작농 창설의 중개자로서 국가가 표면에 등장했던 사실의 논리적 귀결"이다.

제1차 농지개혁에서는 전술한 바와 같이 정부의 농지매수는 고려되지 않았다. 그러므로 농지의 선매권은 규정되지 않았다. 단지 새롭게 자작농이 된 자가 취득한 농지를 2년 이내에 팔고 이익을 얻었을 경우, 원래 소유자는 매수 대가 초과분을 청구할 권리가 있다고 결정되었을 뿐이다. 그조차도 2년을 초과하면 청구할 수 없다. 국가에 의한 적절한 농지 통제라는 현대적 과제를 생각할 때, 이는 제1차와 제2차 농지개혁의 단절면으로서 특히 중요하다.

농정사상과 관련하여 메이지(明治)시대에 농림관료였던 야나기다 구니오(柳田国男, 후에 저명한 민속학자가 됨)의 주장 가운데 농지 선매권에 대한 사고방식이 드러나 있다. 그리고 실제로 1차 세계대전 후, 소작인의 소작지 선매권 요구를 지주가 승인하고 협조조합(協調組合)이 만들어졌다. 정부에 의한 농지 선매권은 정부에게 권한을 부여한다는 점에서 앞으로의 질적 변화를 수반하는 발전이었다. 또한 농지의 이동이 허가제가 되었던 전시(戰時)기 이후의 국가에 의한 농지통제라는 흐름에서 보아도, 그 발전은 질적인 변화를 수반하는 것이었다. 당시 민법학의 최고권위자로 농지개혁을 시종일관 지지했던 와가츠마 사카에(我妻栄) 도쿄대학 교수는 이렇게 말했다. "국가는 전시 임시농지 등의 관리령(管理令)에 의한 '외면적·간접적' 관여로부터 농지개혁에 의한 '내면적·직접적' 관여로 나아갔고, '스스로 그 공적인 권력을 이용하여 사적인 계약의 당사자가 되어 권리관계의 변동에 참가했으며, 이를 원하는 대로 변동'시키게 되었다. '국가의 농지 관리 성격은 전체 농지 중 일부에 대해서이기는 하나, 일단은 확실히 눈에 보이는 형태로 분명'해졌다."

5. 개혁의 실시와 지역별 특징

농지위원회의 연속과 단절

농지개혁의 실행기관인 농지위원회는 행정위원회의 하나이다. 행정위원회는 행정적 규제를 행하는 권한을 가지고, 어느 정도 일반 행정기구에서 독립된 합의제 기관이다. 일반적으로 규칙을 제정하는 준(準)입법적 권한과 소송의 채결(採決, 안건의 채택 여부를 결정함)을 행하는 준(準)사법적 권한을 갖는다. 행정위원회는 영국과 미국에서 발달한 제도로, 전후 행정민주화의 일환으로서 일본에 도입되었다. 그 배경에는 자본주의가 고도화되고 사회가 복잡해짐에 따라 보통의 사법 수속으로는 적절한 대응처리가 곤란해진 사정이 있었다.

행정위원회 중에서 농지위원회는 특히 정치적 중립, 다원적 이해(利害) 조정, 공정하고 신속한 재결(裁決, 시비를 판단하여 결정함)이 필요한 분야라는 점에서 ① 위원의 자격요건으로 당사자주의, ② 계층별 선거제, ③ 위원의 정원이 10명으로 많다는 특징이 있었다. 이는 상이한 이해를 위원회에 반영하기 위한 조치였다. 위원의 지명제와 교육위원회와 같은 일반 공선제(公選制)는 계층 이해를 반영한 합리적인 방법이라고는 할 수 없다. 그래서 새롭게 소환제(recall) 등으로 위원에 대해 민주적 통제를 가하는 방법도 강구되었다.

농지위원회의 연혁은 ① 전쟁 전 농지조정법 단계, ② 제1차 농지개혁 단계, ③ 제2차 농지개혁 단계의 세 가지로 크게 구분된다. 시·정·촌에서 농지행정을 담당하는 현재의 농업위원회를 역사에서 살펴보면, ①의 전단계로서 협조체제하의 계급협조기관, 그리고 ③ 이후 농업위원회 단계가 이어진다. ①의 협조체제하의 계급협조기관은 전쟁 전의 소작쟁의 결과 생겨난 것으로 지주와 소작인 간 협조체제를 뒷받침하는 협조기관이다. 협조체제는 소작료 감액과 토지 반환에 대해서 지주와 소작인이 함께 결정하는 사회 시스템이다. ①은 제도적으로 국가기관이라는 위치에 있었다. 회장과 위원은 지사에 의해 임면되고 선거제를 채택하지 않았을 뿐 아니라 임의로 설치되었고, 명령권 등 행정상 권한이 부여되지 않은 단순한 계급협조기관으로서 한계를 가졌으며 ②, ③과는 차이가 있다. 문제는 ②와 ③의 차이인데, 양자 사이에 달랐던 것은 농지위원회의 권한이었다.

제1차 농지개혁에서는 안건 상태로 끝났지만, 계층별 선거제가 실현되었다는 점이 중요하다. 이는 도하타 등 입안에 참여한 농림관료가 가장 고심한 것으로 '농지문제의 자주적 해결'에 들어맞게 한다는 방침하에서 실현되었다. 계층별 선거제, 회장 호선(互選), 위원의 증원이 삼위일체로 이루어졌다. 위원은 각 계층 동수(同數) 15명에 중립 3명 이하를 합하여 구성되었다. 중립위원은 원안에는 없었다.

농지위원회의 권한이 다른 것은 제1차 농지개혁에서는 정부에 의한 농지매수가 고려되지 않았기 때문이다. 장시간 수고해온 도하타 등 농림관료들로서도 (오히려 그렇기 때문일지도 모르겠으나) 정부의 농지매수는 일반적으로 생각할 수 없는 개혁방식이었다. 이 방식을 채택한 것에는 그만큼 중대한 의미가 있었다. 제1차 농지개혁에서의 소작지 강제양도는, 시·정·촌의 농업회와 농지위원회가 '신청'하면 이를 받은 도·도·부·현 농지위원회가 '재정(裁定, 시비를 판단하여 결정함)'이라는 행정처분을 내리면서 실현되는 형태였다. 이 방식에서 '양도 협의'가 성립되는 것이며, 소유권이전의 사법상 효과가 발생하는 것이었다. 당초 지사(知事)에게 양도 명령을 내리게 하는 안도 고려되었지만, 이것도 '권력적'이 된다고 하여 기피되었다.

제2차 농지개혁과 같이 정부의 농지매수가 실현된 가운데, 농지위원회는 직접 매수·매도를 담당한 것과는 별개로 그 행정적 권한이 매우 제한되었다. 제2차 농지개혁의 확정으로 이행하는 과정에서 GHQ가 가장 강경하게 주장한 것은 재촌지주의 소작지 보유 한도와 정부의 농지 직접 매수 문제였다.

왜 소작지 회수가 많았는가?

몰수와 다름없이 지주로부터 농지를 빼앗아 소작인에게 주면 보통 대혼란이 생겨난다. 그러나 일본의 농지개혁에서 토지 면적당 유혈참사는 놀랄 만큼 적었다.

지주가 소작인으로부터 소작지를 회수하는 것은 어느 시대에나 있었지만, 특히 2차 세계대전 이전 쇼와(昭和)기에는 소작인 저항의 결과로 토지쟁의가 빈발하면서 중대한 사회문제가 되었다. 그리고 패전 후에 농지개혁이 곧 실시될 것으로 알려지면서 많은 지주들이 소작지 회수에 열을 올렸다. 이때의 소작지 회수는 전쟁 전의 그것과 다른 면이 있다.[2]

패전 후의 소작지 회수는 어느 정도 일어났을까? 1945년 8월 1일 현재 총소작지 면적에 대해서, 같은 날부터 1949년 3월 1일까지 소작지 반환 면적의 비율을 보면 전국 평균 4.2%에 이른다. 이는 결코 작은 숫자가 아니었으며, 특히 주고쿠(中国)와 규슈(九州) 지방의 여러 현에 많았다. 많게는 5%를 넘었으며, 7% 이상도 히로시마(広島)·고치(高知)·사가(佐賀)·가고시마(鹿児島) 등 4개 현에 달했다. 한편 긴키(近畿) 지방의 여러 부·현과 도호쿠(東北) 지방의 여러 현은 전국 평균 이하가 많았고, 대체로 소작지 회수가 많지 않았다.

주고쿠와 규슈의 여러 현에서 소작지 회수가 많았던 것은 지주적 토지 소유의 특징과 함께, 패전 직후 귀환 및 귀국 등에 의해 농촌 인구가 이 지역에서 대폭 증가했고 인구 압력이 급격히 팽창한 때문이다. 주고쿠와 규슈 지방에서는 지주가 영세한 소유지의 일부를 소작지로 임대하고 스스로는 5반보(反步) 미만의 토지를 경작하는 영세한 경작지주가 상당히 많았다. 이들은 패전 후 자경을 위해 소작지를 회수

2 전전의 그것이 소작농을 교체함으로서 소작료를 인상하거나 소작료 징수를 원활하게 하기 위한 것이었다면 패전 후의 그것은 스스로 경작하기 위한 것이었다(편자 주).

한 것이며 따라서 대지주가 많았던 전쟁 전의 소작지 회수와는 다르다. 전후 도호쿠의 여러 현에서 소작지 회수가 적었던 것도 그러한 이유 때문이다.

후쿠오카(福岡) 현을 예로 들어, 지주의 요구관철도, 즉 1945년 8월 16일부터 1946년 4월 29일에 걸쳐 소작지 회수 요구 건수에 대한 실제 회수 건수의 비율을 보면, 90%에 이른다. 또한 쟁의로 이어진 비율은 전체의 20%이다. 이 경우 지주의 요구는 통하기 어려워져 요구관철도는 40% 남짓으로 낮아지고 있다. 모두 추정치를 기본으로 한 것이기는 하나, 지주의 요구가 상당히 높은 비율로 관철되었음을 알 수 있다.

에히메(愛媛) 현 아라야(新谷) 촌의 사례를 보면, 소작지를 회수한 지주들 사이에 공통적인 특징이 뚜렷하게 나타나지 않는다. 이 촌에는 10정보 이상의 지주는 없었으나, 소유규모나 경작 여부를 불문하고 거의 모든 지주가 다양한 동기에서 소작지를 회수했다. 3정보 이상의 유력 지주는 촌내 최고의 유력자 혹은 유력농가로 비약하기를 바라고 소작지를 회수했다. 그보다 소유면적이 작은 지주는 추가적인 경영발전을 위해 1필(筆) 혹은 2-3필 정도의 소작지를 회수했다. 소유면적 7반보(反步) 이하인 지주가 소작지를 회수한 동기는 식용미 확보 등 생활향상을 위해서였다. 그중에서 특히 강조하고 싶은 것은, 경영면적을 촌평균이나 혹은 이를 약간 상회하는 규모로 확대하려는 것이 영세경작지주의 강한 동기였다는 점이다. 이러한 소위 촌 평균 원리는 지주의 소작지 회수의 복적인 동시에, 촌이 용인하는 암묵적 규칙이기도 했다.

제1차 농지개혁의 단세에서는 농지위원회의 승인만으로 소작지 회수가 가능했다. 농지위원회가 '원만주의(圓滿主義)'의 미명하에 적극적 관여를 피했다면 소작지 회수는 대량으로 일어날 수 있었다. 아라야 촌이 그러한 사례이다. 이처럼 소작지 회수는 1946년 중반까지 집중적으로 일어난 것으로 보인다. 제2차 농지개혁에서는 농지위원회의 승인뿐 아니라 지사의 허가도 필요해졌고, 소작지 회수에 대한 규제가 각 단계에서 강화되었다. 비합법적인 소작지 회수는 크게 감소했다고 할 수 있다. 하지만 전체를 통틀어 보면, 행정이 관여할 수 있었던 소작지 회수는 빙산의 일각이었으며, 많은 소작지 회수는 비합법적으로 이루어졌다.

'농지개혁이 유혈사태 없이 끝난 것은 토지 회수가 상당히 진행되어 안전판이 되었기 때문'이다. 지주의 소작지 회수는 농지개혁이 일본의 수많은 중소지주에게 얼마나 큰 어려움을 주었는지 보여준다. 또한 농지개혁을 매듭짓기 위해서 제1차 농지개혁 방식으로는 중대한 한계가 있고, 제2차 농지개혁에서 관철된 자작농 창설방식이 필요했다는 사실도 보여주고 있다.

지역의 자율적인 개혁

농지개혁이 성공한 배경의 하나로 전쟁 전의 소작쟁의라는 역사적 경험을 주목하는 견해가 있다. 일반론으로서는 확실히 그러하나, 양자의 관련성이 구체적으로 밝혀질 필요가 있다. 따라서 여기서는 농지개혁의 지역성을 검증해보고자 한다. 농지위원회의 기능과 농민조합의 결성, 소작쟁의 발생, 소작지 회수 빈도 등을 보면, 농지개혁의 지역적 자율성이라는 특징이 부각된다.

긴키 지방에서는 지주가 개혁 방식에 불만을 가지고 농지위원회에 이의를 신청하는 일이 많았는데, 농지위원회는 대체로 이를 잘 해결했다. 대립이 소원(訴願) 형태로 정·촌의 테두리를 넘어 부·현 농지위원회에 제안되는 일이 드물었을 정도로 농지위원회의 조정기능은 강력했다. 대개 지주의 소작지 회수는 적었지만, 비합법적 회수가 많았던 점, 그리고 그로 인해 소작쟁의가 일어나는 일은 극히 적었던 점이 특징이다. 지주의 소작지 회수 요구도 지주·소작농 쌍방이 납득하도록 지역이 원만히 해결했음을 알 수 있다. 또한 표면적으로는 역설적이지만, 농민조합 세력이 작았던 사실에 조응해서 지주위원이 농지위원회

회장이 되는 비율이 높았던 반면 소작농위원 출신 회장은 적었다.

이와 대조적이었던 것이 도호쿠 지방이다. 여기서는 개혁을 둘러싸고 계급 간에 노골적인 대립이 다양한 국면에서 발생했다. 농지위원회는 계급이해의 충돌로 대립하는 일이 많았으며, 정·촌 밖의 대립이 비교적 많이 보고되었다. 농지위원회의 조정기능은 약했으며, 농민조합이 많이 결성되고 소작쟁의도 많이 발생했다.

농지개혁의 지역적 자율성은 사회적인 규칙에 따라 개혁이 이루어진다는 것을 뜻한다. 긴키에서는 특히 1920년대의 소작쟁의로 인해 지역의 자율적 농지개혁이 가능한 농촌사회가 형성되고 있었다고 할 수 있다. 긴키는 농지개혁이 행정촌과 촌락에서 자율적으로 수행된 전형적인 지역이다. 한편 도호쿠는 긴키에 비하면 상대적으로 농지개혁이 자율적으로 행해졌다고는 할 수 없다. 이러한 차이를 낳은 것은 1920년대 긴키에서 소작료 관계 쟁의로 대표되는 쟁의가 빈번하게 발생했다는 사실이다. 이러한 종류의 쟁의는 전쟁 전에 특히 긴키를 중심으로 발생했던 한편, 도호쿠에서는 그다지 많이 발생하지 않았다. 이 차이가 농지개혁에서 나타난 지역 자율성의 강약에 반영되어 있다. 이 점에서 1920년대 소작쟁의의 역사적 의의, 그리고 전쟁 전 소작쟁의와 농지개혁의 역사적 관련성을 볼 수 있다.

이 장의 논의를 간단히 정리해보면 다음과 같다. 지역에서 개혁을 담당한 주체가 형성되고 역사적으로 형성된 사회적 규칙에 따라 개혁이 실행되었다. 법적으로 규제된 지주의 소작지 회수도 촌락의 논의에 따라 용인되었다. 농민이 촌락에서의 개혁에 얼마나 참가했는지의 여부가 개혁의 태도를 좌우했다. 이것이 개혁을 신속하고 '무혈'로 진행할 수 있었던 사회구조상의 이유이다. 농지개혁의 지역성과 사회구조를 검증하면 전쟁 전의 소작쟁의와 관련되는 역사적 관계성이 규명될 것이다. 농민이 소작쟁의를 일으킨 역사적 경험을 가졌기 때문에 이러한 농지개혁이 행해질 수 있었다.

6. 결어

마지막으로 농지개혁의 역사적 의의에 대해 정리해보면 하나는 전후 농업에 남긴 의의를 살펴볼 수 있다. 전후 농업을 성립, 보호한 제도적 근거인 농지법(1952)도, 농업위원회에 의해 농민 스스로가 시행한 농지 행정도 농지개혁이 없었다면 생겨날 수 없었다. 농지개혁에 따라 농지를 소유하는 것은 단순히 자유로운 사적소유가 아니라 일정한 사회적 책임을 수반하는 일이 되었다. 농업생산 측면에서 국민에게 식량을 공급한다고 하는 공공성을 띠는 정책 관념이 양성되었고, 그러한 관념을 배경에 두고 농지개혁이 이루어졌다. 전후에 농지법으로 농지 소유와 임대를 엄격히 규제한 데에는 역사적 배경이 있었다. 농지개혁의 역사적 검증을 통해 이 점을 해명하였다.

또 하나는 전후 사회와 경제에 남긴 의의이다. 농지개혁은 안정적인 농촌사회를 낳았다. 개혁에 의해 농민은 민주화되었고, 패전 직후 고양된 농민조합 운동도 급속하게 자취를 감추었으며, 농촌이 안정되어갔다. 1955년 이후의 고도성장과 궤를 같이하는 자민당 장기 정권도 농지개혁과 불가분의 관계에 있다. 일본경제에 끼친 영향 면에서 농지개혁은 일본이 폐허를 딛고 부흥하는 데 기여했다. '1천 만 명 아사(餓死)설'까지 떠돌았던 패전 후 식량 위기 하에서 생산비를 밑도는 저미가 공출에도 불구하고 농민은 생산의욕을 잃지 않고 식량 증산에 힘썼다. 이는 농민들이 농지개혁에 의해 자작농이 되어 소작료 부담에서 해방되었기 때문이다. 고도성장에도 공헌했다. 자작농 체제하에서 농민의 영농 의욕이 향상되는 한편, 농가의 투자력이 크게 신장되어 농업생산 확대와 농업의 기계화 등 기술혁명을 가능하게 했다. 이에 따라 농업의 생산성이 향상되었고, 고도 성장기 전반에는 식료품 자급률이 높게 유지되었는데, 식료품의 공급이 안정적으로 확보되고 수입이 억제되면서 경제성장과 아직 이율배반 관계였던 국제수지의 악화를 방지했다. 또한 식료품 가격을 안정시켜 물가 상승을 억제했다. 일본 경제에 대한 영향 면에서 한 가지 더 중요하게 언급할 것은, 농지개혁이 고도 성장기에 생산량이 급증한 가전제품 및 자동차의 국내시장 확대와 기업이 요구하는 대량의 우수한 노동력 확보에 연결되었다는 점이다. 〔번역: 김은영〕

| 5장 |

대만의 토지개혁과 비참한 대만 지주

쉬 스롱·랴오 리민

1. 서언

대만의 토지개혁은 대륙에서 국공내전에 패하고 건너온 국민당 정부에 의해 추진되었다. 그것은 1949-1953년 37.5감조(減租), 1951-1952년 공유지 매각, 1953년 경자유전의 3단계를 거쳐 진행되었다. 경자유전은 1953년 1월 공포된 법령에 따라 지주 사유지의 유상매수와 유상분배 방식으로 진행되었는데, 그해 12월 완료되었다.

대만의 토지개혁에 대해서는 오랫동안 높은 역사적 평가가 이루어져 왔다. 토지개혁은 대만이 2차 세계대전 이후 국민정부의 통치하에 정치·경제 및 사회 각 방면에서 이룩한 발전의 기초로서 '대만 기적'의 주요 근원으로 여겨져온 것이다.

도서관에는 이에 대한 수많은 연구와 보고서가 있지만, 이들 문헌 대부분은 토지개혁 시행의 행정 절차나 그 역사를 기록하는 것에 치중하고 있으며, 그중 많은 경우는 국민정부와 위대한 영도자에 대한 칭송과 찬미의 글로서 토지개혁에 대한 심각한 반성은 여전히 상대적으로

부족하다.

예를 들면, 국민정부의 권위적인 통치하에서 37.5감조, 공유지 매각 및 경자유전 정책은 어떻게 실현된 것인가? 대만의 지주는 실로 기꺼이 37.5감조를 수용했던 것인가? 공유지 매각 정책은 정부의 선의에서 나온 것일까? 이 외에도 경자유전 정책 시행 당시 국민정부는 '지주'들의 토지를 징발한 것인가? 그리고 토지를 징발당한 지주들은 '지주'라 불릴 만한 자격이 충분한가? 토지개혁이 그들에게 비참한 운명을 초래한 것은 아닌가? 이상의 모든 의문은 이 장에서 절실히 탐색하고자 하는 과제이다.

2. 37.5감조

일반적으로 대만의 토지개혁은 1949-1953년간에 실시되었던 37.5감조, 공유지매각 및 경자유전을 중심으로 논의된다. 37.5감조의 정의는 '경지의 최고 소작료는 주요 생산물(正產品)의 연간 수확 총량의 37.5%를 초과할 수 없고, 감조 이전에 약정했던 토지 소작료가 37.5%를 초과할 경우는 37.5%로 낮추고, 37.5%보다 낮은 경우는 그 약정을 그대로 준수하되 높일 수 없으며, 주요 작물의 생산품이 아니거나 일체의 농부산물은 소작료 계산에 넣지 않는다'는 것이다. 37.5감조 실시의 의미는 1920년대 대륙에서 실시된 25감조(현행 소작료를 25% 경감하여 총생산물의 37.5%를 납부토록 함)와 유사하다. 1947년 당시, 중국 대륙에 자리 잡고 있던 국민정부는 일찍이 「종이자(從貳字) 제10050호 훈령」을 통해 대만성 행정장관공서에 37.5감조의 실시를 요구하였고, 행정장관공서 또한 「진문삼륙년서민지병자(辰文三六年署民地丙字) 제121호 전문」을 각 현·시에 발송하여 37.5감조의 집행을 시작하도록 하였지만, 여기에는 집행에 필요한 실질적인 시행 방법이 결여되어 있었기 때문에, 빙둥 시

(屛東市)를 제외한 각 현·시의 경우에는 집행과정에서 곤란이 발생했기에 적극적으로 추진하지는 않았던 것 같다.[1] 민간에서는 비록 소작농과 지주 간의 분규가 여러 차례 발생하였지만(侯坤宏 1988: 339-368) 전반적으로 소작료 경감 요구는 여전히 보편적인 현상이 아니었으며, 쉬 스룽(徐世榮)과 샤오신황(蕭新煌)의 현지조사 결과(2001)에 따르면 권력의 불평등으로 인해 소작인과 지주의 관계는 표면상 조화로웠던 것 같다. 이 때문에 37.5감조는 1949년 1월 천청(陳誠)이 대만성 주석에 임명된 이후에야 비로소 확실하게 집행된다.

1949년 상반기 대만성 정부는 37.5감조와 관련된 다양한 행정 명령을 제정하였는데, 예를 들면 「대만성 사유경지 소작에 관한 조치(租用辦法)」, 「대만성 사유경지 소작 조치 시행세칙」, 「대만성 사유경지 소작계약 등기 주의사항」, 「대만성 37.5지조 추진지도위원회 조직규정」 및 「대만성 각 현시 37.5지조 추진위원회조직규정」 등이 그것이다. 소작료 경감 이외에도 성 정부는 지주와 소작인이 반드시 서면계약을 체

1 1947년 6월 23일, 대만성 주석 웨이 다오밍(魏道明)은 대만성 참의회에 향후 토지 행정의 두 가지 중점 사항을 표명하였는데, 하나는 공유지의 조사(清査公地), 또 하나는 공유지의 임대 처리였다(「臺灣省參議會第一屆第三次大會特輯」 1947. 6: 86). 1947년 12월 3일, 대만성 정부 민정청장 주보딩(朱佛定)은 성 참의원의 이듬해 토지정책에 관한 질문에 대해, "1948년 토지 행정 방면의 주요한 사업은 (1) 地目과 等則 등의 조사와 같은 정리 활동, (2) 공지조사의 지속, (3) 토지소유권의 청산, (4) 황무지 개발 등의 지속적 추진."이라고 표명하였다(「臺灣省參議會第一屆第四次大會特輯」[이 책의 이름은 「臺灣省行政長官公署施政報告」의 오류인 것 같다] 1948. 12: 86). 웨이 주석이나 주 청장은 모두 당시 대만 토지행정의 기획·집행자였지만 그들 모두 37.5감조를 언급하지 않았다. 또 비록 타이베이 현에서는 1947년 7월 縣租委員會를 설립하였으나, 37.5감조의 실행 개시 시점에 대해서 오히려 다음과 같이 결의하였다. "省슈에 따라 올해부터 시작하기에는 집행 시간상 불가능한 부분이 있으니, 먼저 地政科長이 성측에 기타 현·시의 상황 및 성측의 집행방법을 문의한 후 다시 정한다."(侯坤宏 1988: 346-347) 이 기록에서 보면, 당시 대만성 정부는 37.5감조를 결코 적극적으로 추진하지 않았음을 추측할 수 있다. 이 외에 新竹縣 정부의 1948년 2월 4일의 전문에서도 또한 대만성 정부의 37.5감조에 대한 소극적 태도를 추측해볼 수 있는데, 해당 전문은 다음과 같다. "본현 지주와 소작인의 분규는 대부분 소작료 액수에 관한 문제로, 행정장관공서의 「辰文三六署民地丙字 第121號」 전문에서는 비록 (상부의 지시를 받아 전달하여) 본성의 지조 표준을 규정하였으나, 다만 마땅히 어떻게 추진해야 할지를 전혀 지시하지 않았고, 현재와 같이 본성의 지주-소작인 분규가 심각한 때에 해당 항목의 37.5지조 표준은 실로 중요한 원칙에 해당하오니 다만 어떻게 추진해야 할지에 대해서 마땅히 전보를 보내 결정을 내려 지시 해주실 것을 청합니다."(侯坤宏 1988: 361)

결하고, 이를 반드시 각 향진공소(鄕鎭公所)에 등기할 것을 요구하였다. 수월하게 37.5감조를 실시하기 위해 성에는 '37.5지조시행지도위원회'를, 각 현·시에서는 개별적으로 '37.5지조시행위원회'를 설립하였으며, 이들 위원회는 매년 주요 작물의 생산량 총액을 결정하고, 지주와 소작농간의 분규를 해결하는 시범적인 업무를 담당하였다. 주목할 만한 점은 상술한 행정명령이 당시 대만성 최고 민의기관이었던 대만성 참의회에서 전혀 논의된 바가 없었다는 것이다. 대만성 참의회는 1948년 12월부터 1949년 6월까지 휴회상태였던 것에 반해 37.5감조와 관련된 각종 행정명령 대부분은 이 시기에 제정되고 실행에 옮겨졌다.[2] 이외에 또한 주목할 만한 점은 「37.5감조조례」가 1951년 제정되었다는 점이다. 이는 37.5감조가 집행된 지 3년 이후에야 비로소 정식 법률 규정이 마련되었음을 말한다. 그 배후에는 37.5감조의 개시와 집행에 법률적 근거가 부족했을 것이라는 의미가 내포되어 있다. 당시 실제 37.5감조 업무에 참여했던 장친커(張勤可)는 다음과 같이 언급하였다.

> 「대만성 사유경지 소작에 관한 조치」는 행정원의 단행법규(單行法規, 일종의 특별법)로, 정식 입법 절차를 거치지 않았다. 한 번은 천(陳) 부총통과 식사를 함께 하면서 우리들은 이렇게 말하였다. "천 부총통, 당신은 정말 대단하십니다. 대만 안정의 경제적 기초를 닦으셨습니다." 천 부총통은 이렇게 말하였습니다. "그렇게 말하지 마십시오. 당시 이는 혁명적인 사업이어서 솔직히 말하면 합법적인 것은 아니었습니다. 우리는 행정원이 부여한 대만성 인민의 권리와 의무에 근거하여 집행한 것입니다."(張勤可·張維一等 1999: 177)

2 「臺灣省私有耕地租用辦法」은 앞뒤로 1949년 2월 11일 및 3월 25일의 성정부 회의에서 제기되어 통과되고, 같은 해 4월 10일에 공포·시행되었다.

그 외에 인장푸(殷章甫) 역시 이렇게 표명하였다. “37.5감조의 실시에는 오로지 행정명령만이 있었을 뿐 결코 법률은 없었다. 37.5감조에 대한 법률은 1951년에서야 통과되었으므로 1949년에 실시된 37.5감조는 법에 저촉되는 것이었다.”(張勤可·張維一等 1999: 188)

그렇다면 당시 소작료와 관련된 법률 규정은 도대체 어떠했는가? 당시 토지법 제110조의 소작료에 대한 규정은 다음과 같다. “소작료는 지가의 8%를 넘어선 안 된다. 약정한 소작료나 관례적으로 정해진 소작료가 지가의 8%를 초과한 경우 지가 8%에 의거하여 감경해야 하고, 8%에 미치지 않는 경우는 기존의 약정 또는 관례에 따른다. 이상의 소작료는 법정 지가에 따라 결정하며, 법에 의거하지 않고 지가를 결정한 지방에서는 최근 3년간 평균 지가에 의거하여 소작료를 결정한다.” 그러나 당시 행정원은 오히려 이 조항 뒤에 하나의 주석을 부가하였는데, 이 규정은 다음과 같다.

> 행정원 36년 3월 20일 종이자(從貳字) 제10050호 훈령: “국민정부 36년 3월 15일 처자제(處字第) 224호 훈령의 내용은 다음과 같다. 국방최고위원회 제223차 상무회의 결의사안: ‘각 지역 경지 소작인이 납부해야 할 소작료는 잠시 그대로 생산물의 37.5%에 의거하여 산정한다. 이와 같은 사항을 마땅히 지시하여 준수하도록 해야 한다.’고 하였다. 이 훈령을 각각 발송하여 마땅히 준수하도록 지시하고, 아울러 이하 소속 기관 일체에도 대신 지시하여 준수하도록 한다.”(「三七伍減租文告暨法令輯要」 1950: 13)

대만성 정부는 바로 상술한 주석의 규정으로 37.5감조 관련 정책 제정의 ‘법적인’ 근거를 획득하게 되었고, 상술한 주석은 또한 「대만성 사유경지 임대조치」의 제2조가 되었다. 사실 대만성행정장관공서에서는 이 훈령에 대해서 원래부터 이견이 있었는데, 대만성행정장관공서

민정처 지정국(地政局)에서 지정서(地政署)로 발송한 전문 가운데에서 그 단서를 찾아낼 수 있다.

> 지정서 정(鄭) 서장 귀하: "… 정부의 생산물 징발 기간 동안에는 본법에 명문규정이 전혀 없었기 때문에 법률적 근거가 부족했습니다. … 행정원에서 입법원에 자문(咨文)을 보내 해당 조문의 제2항 원문을 '앞에서 말한 지가는 법정 지가를 가리키며, 지가가 법에 의거하여 규정되지 않은 지방의 소작료는 해당년도 생산물 수확 총액의 1/3을 초과하거나 또는 생산물을 돈으로 환산하여 납부할 수 없다.'고 신속하게 수정해주도록 건의할 것을 요청하고자 합니다."(「臺灣省地政法令輯要」 上册: 51)

그러나 이 건의는 지정부(地政部)의 동의를 얻지 못하였고, 지정부는 여전히 이전에 서술한 훈령대로 처리할 것을 요구하였다. 그 밖에 주목할 만한 점은 법률적 기초가 부족하여 일부 중요한 사항과 관련된 규정을 강요할 수 없는 상황이 초래된 것이었다. 예를 들면 「대만성 사유경지 임대조치」 가운데에는 소작기간의 장단에 대한 규정은 존재하지 않았다. 단지 대만성 정부에서 제정한 「대만성 37.5지조추진 공작실시계획」 내에서 "소작의 최단기간은 3년으로, 각 현·시에서 상황을 살펴 지주가 임의로 소작지를 환수하지 못하도록 규정한다"(侯坤宏 編 1988: 377)고 했을 뿐이다. 이 때문에 각 현·시의 소작기간 규정은 상당히 천자만별이어서, 왕장시 능은 "북부의 각 현(시)은 3년, 가오슝·빙동 등의 현은 5년, 타이난(臺南)·쟈이(嘉義)·윈린(雲林) 능의 현은 6년"(王長璽·張維光 1955: 72)이라고 지적하였다. 1951년 수많은 임차계약의 만료 시점이 임박하고, 비밀리에 체결한 계약으로 다수의 소작분쟁이 재차 발생될 것이라 예상되면서, 소작농들은 또한 원래 경지를 계속 임차할 수 없게 될까 몹시 걱정하게 되었다. 이와 같은 상황에서 이상의 곤란을 해결하기 위해 1951년 6월 마침내 「37.5감조조례」가 제정되었다.[3]

해당 조례에서는 소작기간을 최소 6년으로 명백하게 규정하고, 본래의 소작 계약이 6년이 되지 않는 부분에 대해서는 "행정원이 이미 민국 40년 9월 14일의 臺40內字 제4895호 전문에서 일률적으로 6년으로 연장하도록 규정하였고, 연장된 기간 내 기존 소작 계약은 그대로 계속해서 유효하도록 하였다."(王長璽·張維光 1955: 72)

따라서 1949년에 실시된 37.5감조 조치가 합법적 기초를 구비했는지 여부는 자못 탐구할 여지가 남아있다고 하겠다. 1944년 12월 5일 국민정부가 제정한 「성참의회 조직조례」 제3조의 규정에 따르면, 대만성 제1기 참의회의 직권에는 다음에 열거된 7개 항목이 있다(鄭梓 1985: 90).

1. 성정(省政) 건설 및 개혁 관련 건의 사무
2. 인민의 권리·의무와 관련된 성 단행법규 의결 사무
3. 성 경비의 지출 분배 심의 사무
4. 성 정부에서 교부한 의제의 의결 사무
5. 성 정부의 시정 보고 청취 및 성 정부에 대한 질의 제기 사무
6. 인민의 청원 접수 사무
7. 기타 법률이 부여한 직권

이 때문에 성 정부에서 제정한 성 단행법규가 만일 성민의 권리와 의무에 관련이 있는 경우, 해당 조례의 규정에 의거하여 마땅히 성 의

---

3 그러나 李承嘉는 오히려 다른 견해를 가지고 있다. 그는 "당시 실제의 전개 상황에서 본다면, 37.5감조 시행 개시 즉시 법률 효과를 가진 三七伍減租條例를 반포하려는 계획이 있었는지 여부는 자못 의문이다"(1998: 73)라고 지적하였다. 이 문제에 대해 전 대만성 지정국 국장 沈時可는 1949년 11월 11일에 臺灣省 訓練團 地政班學院 강연에서 다음과 같이 언급하였다. "내가 기억하기로 臺南에서도 감조 이후 스스로 경작을 포기한 사가 많자, 당시 湯 선생이 마땅히 긴급 조치를 취해야 할 것이라는 주장을 견지한 채 중앙에 즉시 三七伍減租條例의 입법 절차를 완료할 것을 건의하였는데, 이 사안은 당시 陳 院長의 지지로 성공할 수 있었고, 農村復興委員會 湯 선생의 지지 또한 그 원인 중 하나였다."(沈時可 2000a: 9)

회에 교부하여 의결해야 하지만,[4] 당시 성 정부는 이를 따르지 않았으며, 성 참의원의 권리 또한 매우 명백하게 무시되었다. 이론상 성 참의원은 이상에서 서술한 37.5감조의 시행과 같은 위법행위에 대해 마땅히 어느 정도 불만을 갖는 것이 정상이었고, 게다가 그들은 대체로 사회의 엘리트이면서 또한 대지주이기도 했으므로, 37.5감조의 실시는 그들의 이익에 막대한 영향을 가져오는 것이기도 했다.

당시 성 참의회 의장이었던 황차오친(黃朝琴)은 이후의 회상에서 다음과 같이 말하였다. "천 주석이 37.5감조와 경자유전 토지정책을 추진하기로 결심했을 때 사람들은 모두 저항에 직면할 것이라 예상하였다. 왜냐하면 당시 대만의 지방 인사들, 특히 성급 민의기관 내 거의 모든 참의원들은 모두 대만 각지의 유명한 지주였으므로 지주에 불리한 토지개혁에 반대할 것이기 때문이었다."(1965: 36) 성 참의원들은 대부분 대지주로 37.5감조의 실시는 장래 그들의 이익에 대규모 손실을 가져올 수 있었기 때문에, 이론상 성 참의원들은 응당 반대의 목소리를 가질 만했다. 그러나 실제로는 이와는 달리, 그들은 뜻밖에도 37.5감조의 시행을 공개적으로 지지하였다. 1949년 5월 5일, 성 참의회는 각 현시 참의회에 한 통의 전보를 발송하여, 그들도 함께 37.5감조 정책을 지지할 것을 요구하였다. 일찍이 민정청이 37.5감조의 처리를 보조하기 위해 파견했던 동중성(董中生)은 성 참의회의 전면적인 협조가 37.5감조가 순조롭게 추진될 수 있었던 원인이었다고 지적하였다. 그는 다음과 같이 언급하였다. "참의회 측: 이번 '37.5' 소작료를 추진하는 과정에서 각 현시 참의회가 여러 차례 전보를 보내 지지의사를 표명하였는데, 이것이 민중에게 준 인상은 몹시 강렬하였다. 타이중 현(臺中縣) 참의회

4 예를 들면, 공유지 매각(公地放領) 정책의 실시는 1947년 6월에 제정된 「臺灣省開墾荒地救濟失業辦法」 및 「臺灣省開墾荒地救濟失業實施計畫要點」에 의거하였는데, 이 두 법안은 모두 성정부 위원회에서 의결·통과되고, 대만성 참의회(第一屆第三次大會)에서 수정하여 의결·통과되었다.

에서는 자체적으로 장려금을 준비하여 내걸어 각 구·향진의 업무 수행 경쟁을 장려했던 것이 모두 집행 담당 인원들에게 적지 않은 격려가 되었다."(李筱峰 1993: 244) 타이베이 현의 한 저명한 참의원은 소작농이 납부하지 못한 소작료 전부를 면제하였을 뿐 아니라, 정부에 조속한 37.5감조의 시행을 요구하기까지 하였다. 이외에도 빙동시의 참의회 의장은 최초로 정부에 37.5감조의 실시를 요구하고 입동시 참의회들에게 열성적으로 권유하여, 이들로부터 37.5감조에 대한 보편적 지지를 획득했기 때문에 '37.5의장'이라는 칭호를 얻게 되었다(李筱峰 1993: 243-251).

그 외에 주목할 만한 또 하나의 현상은 37.5감조를 실시한 속도가 매우 빨랐다는 점으로써, 특히 지주와 소작농 사이의 계약변경 작업에 소요된 시간은 예상 외로 1개월이 채 걸리지 않았다(1949. 5-6). 불과 한 달이라는 시간 내에 대만의 거의 모든 사유 경지 소작에 대한 서면계약 및 향진공소의 등기까지 완료되었으니, 이러한 효율성은 실로 사람들로 하여금 탄성을 지르게 한다. 보도에 따르면 일부 지주는 과도할 정도로 적극적으로 소작농들을 찾아다니며 그들에게 조속히 계약을 체결할 것을 요구하였다고 한다. 사람들의 호기심을 불러일으키는 것은, 어떻게 지주 및 각 성·시·현 참의회의 참의원들 모두 이와 같이 행동할 수 있었는지의 여부이다. 그들은 어째서 그들의 이익을 희생하는 데 동의했던 것일까?

리여우펑(李筱峰)은 위에서 서술한 문제에 대한 해답으로, '권위적인 분위기'가 그들로 하여금 37.5감조 정책을 수용할 수밖에 없도록 압박했다고 보았다. 그는 천청이 성 참의회 의원과 37.5감조에 관한 의견을 교환하면서 "저는 일체의 사무에 모두 민의를 따르므로, 오직 '37.5' 감조안 및 관련 법안이 여러분들의 협조하에서 통과되기를 힘써 요청하는 바입니다."라고 한 언급에 주목하였다. 장멍린(蔣夢麟)은 천청의 이 언급을 평하여 "당연히 군정대권(軍政大權)을 장악한 주석이 그렇게 말하는 것은 역시 다소간의 '선례후병'(先禮後兵, 처음에는 통상적인 예절에 따라 상대방을 대우하되, 뜻에 따르지 않을 경우 무력이나 기타 강경한 수단으로 해결함, 『三國演義』)의 뜻을 담고 있는 것이다"라 하였다(李筱峰 1993: 252). 주의해야 할 것은, 천청이 당시 대만성의 주석이자 경비사령부 총사령을 겸하고 있었기 때문에 그가 군정대권 모두를 장악하고 있었다는 것이다. 문헌 기록에 따르면 성 정부는 1949년과 1950년에 각각 2건의 명령을 발포하여 지방 현·시 정부에 하달하였는데,[5] 명령의 주요한 취지는 만일 지주가 37.5감조 정책을 심하게 위배할 경우 체포하여 경비사령부로 호송할 수 있다는 것이었다. 이러한 명령에서 나타난 것과 동일하게 당시의 일부 신문 특별기사에서는 이러한 권위적인 분위기를 보도한 바 있었다.

> 일설에 따르면, 지방에서 정책 집행을 담당한 인원들이 지주가 도장을 찍으러 오지 않는 문제로 곤란을 느끼고 있을 당시, 천 주석은 타이중을 순시하여 지방 수장 및 유지(士紳)를 소집하고 담화하면서 매우 간절한 어조로 다음과 같이 말하였다고 한다. '37.5감조 사업은 반드시 확실하게 시행되어야 하지만, 그 과정에서 곤란한 상황이 발생하거나 교활한 방법으로 트집을 잡는 사람들이 있을 것이라 생각합니다. 다만 이와 동시에 나는 목숨을 원치 않는 사람 또한 있을 수 없다고 생각합니다!' 이 말로 지주가 도장을 찍는 문제는 해결되었다고 한다. 또한 전하는 바에 따르면,

---

5 1949년 「臺灣省政府代電(參捌巳支府綱地丙字 第802號)」가 있었는데, 그 내용은 다음과 같다. "각 현·시 정부: 본성에서 「三七伍」 지조를 마땅히 엄격히 추진해야 하는데, 만일 불초한 지주가 본성의 「私有耕地租用辦法」 및 관련 법령의 규정을 위반하고 소작지 회수를 강요하고 협박하거나, 세력을 믿고 법정 소작료를 초과하여 강제 징수하는 경우는 응당 각 해당 관할 소재지 현·시 정부가 사실을 조사하고, 그 죄가 무거운 자는 곧바로 경비사령부에 보내 처벌한다."(「臺灣省推行三七伍減租手册」 1950: 124-125) 1950년 1월 17일, 대만성 정부는 또 하나의 고시문을 내어, 「三七伍」地租 정책은 반드시 끝까지 관철되어야 할 것이라 거듭 천명하고, 불법적 사건에 대해 그 죄질이 나쁜 자는 "응당 이전처럼 「參捌巳支府綱地丙字 第802號」에 의거하여 보안사령부로 호송하고 엄하게 처벌하여 교활한 무리를 경각시킨다(「臺灣省推行三七伍減租手册」 1950: 125-127).

명망 있던 한 대지주는 주석의 이 말을 들은 직후 즉각 20개의 도장을 파서 20명의 사람들에게 주면서, 신속하게 각 지역의 소작농들을 찾아가 계약서에 도장을 찍게 할 것을 요청했다고 한다. 이후 주석이 또 다른 명령을 내려 감조사업에 저항하거나 훼방하는 자는 경비사령부로 호송하겠다고 하니, 지주들은 감히 다시는 관망하지 못하게 되었고 계약서를 변경하는 사업은 곧 이로 인해 순조롭게 전개되어, 각 현에서도 모두 기한에 맞추어 완성하였다(李筱峰 1993: 252-253).

그 외에도 다음과 같은 신문 보도가 있었다.

일부 지주는 결코 37.5감조 사업을 옹호하지 않았으며, 자신의 수입이 1/3로 줄어드는 것 때문에 매우 상심하였다. 일찍부터 그들은 감조사업에 대해 관망의 태도를 취하면서 정부에서 감조의 실행을 소리 높여 주장하는 것에 대해 '천둥소리는 크지만 빗방울은 작을 것'이라 여기고, 확실하게 추진되지 않을 것이라 보았다. 다만, 이후 37.5감조 정책이 실제 추진되고 계약을 변경하지 않은 사람들이 체포되어 경비사령부로 호송되는 것을 보면서 두려워하게 되었고, 특히 당국이 타이베이에서 사고를 저지른 운전기사를 총살하면서 지주들의 심리는 더욱 공황에 빠지게 되어, 분분히 규정에 따라 계약을 변경하였다. 빙동시의 의장은 일찍이 기자에게 말하기를,

사람은 모두 이익을 좋아하니, 지주 또한 예외가 될 수 없습니다. 처음에는 분명히 몇몇 사람들이 관망하는 태도를 가지고 요령을 피우려고 했었지만, 이후 법을 위반한 기사가 사형되자 법을 어긴 지주 또한 위험하다고 느끼게 되면서 두려움을 갖게 되었습니다. 지주들이 이러한 마음을 갖게 되면서 37.5감조 사업의 추진이 갑절이나 순조로워졌습니다(李筱峰 1993: 253).

위에서 서술한 것처럼 천칭이 군법을 사용하여 명령에 복종하지 않는 지주를 처벌하려 했던 것은 물론 37.5감조가 순조롭게 진행될 수 있었던 주요한 원인 중 하나이다. 이 밖에도 2·28사건으로 냉각효과가 나타났다는 점도 있다. 2·28사건의 발생으로 성참의회 의원 중 사망, 체포 및 지명 수배된 자가 발생하면서,[6] 참의원의 의사(議事)에 대한 열정과 태도에는 큰 변화가 나타났다. 1946년 5월, 성 참의회 제1차 회의 당시에는 위원들이 활기차게 발언하여 회의 기간을 5일 연장해야 했을 뿐 아니라 위원의 발언 시간을 제한해야 했지만, 1947년 12월에 열린 제4차 대회에서는 위원들의 제안이 눈에 띄게 격감하여, 의장 황차오친은 폐막 행사에서 "이번 대회 의결안은 총 90여 건에 불과하여 과거 세 번의 대회에 비해 매우 적습니다."(「臺灣省參議會第一屆第四次大會特輯」[7] 1948. 12: 31)라고 하였다. 그렇다면 위원들의 발언 횟수는 왜 감소하였는가? 당시 국민당 대만성당부(黨部) 주임위원 취니앤타이(丘念台)는 참의회 개막 행사에서 이렇게 발언하였다.

> 여러 참의원 여러분들은 본성 650만 인민의 대표로서 마땅히 민주 정신을 충분히 발휘하여 인민을 위해 발언해야 합니다. 근래 참의원 여러분 대부분이 발언하려 하지 않습니다. 물론 2·28사건 중에 일부 참의원이 상해를 입기도 하였지만, 이 때문에 발언을 하지 않으면 안 됩니다. 민의 기관의 대표는 인민이 선출한 자들로서, 우리는 정부에 문제가 있다면 이에 대해 발언할 책임이 있으며 겁내서도 안 되니, 이것이 바로 쑨원(孫中山) 총리가 말한 '대무외(大無畏)' 정신입니다(「臺灣省參議會第一屆第四次大

6 李筱峰의 정리에 따르면(1993: 216-219) 성 참의원 가운데 2·28사건으로 사망한 자로 林連宗과 王添燈 2명, 체포되거나 혹 지명 수배된 자로 郭國基, 林日高, 洪約白, 馬有岳, 顏欽賢 5명이 있었다.

7 이 자료명은 「臺灣省行政長官公署施政報告」의 오기인 것 같다.

會特輯」[8] 1947. 12: 29. 표점부호는 고치지 않았다.)

여기에서도 알 수 있듯이 2·28사건의 그림자는 대만성 참의회에 짙게 드리워져 있었다. 그리고 37.5감조에 대한 토론과 동시에 우리는 당시의 정치적 긴장 상황에도 주의를 기울여야 한다. 중국 대륙과 대만 모두에서 1949년은 정치적으로 상당히 긴장되고 혼란된 시기로서, 국민정부는 중국 대륙에서 점차 패퇴하고 공산당은 부단히 전진하고 있었다. 비록 국민정부가 1949년 12월에야 비로소 정식으로 대만으로 옮겼으나, 그 전에도 국민정부가 대륙에서 패전하고 있다는 소식은 계속해서 대만으로 전해지고 있었고, 국민정부의 인원들 또한 계속해서 철수하면서 당시 대만은 상당한 긴장 상태에 놓이게 되었다. 그해 5월 1일 공산당 세력의 대만 유입을 막기 위해 전성에 걸쳐 호구 총조사를 거행하여 구류된 자는 1,500여 명에 달하였다. 5월 5일 정부에서는 전성 암시장에서 외화를 매매하는 자에게 1개월 이하의 영업 정지에 처하도록 명하였다. 더욱 중요한 것은 5월 20일 전성이 긴박한 계엄령에 돌입하면서, 치안을 어지럽히는 자는 군법으로 심판하게 되었고, 최고 사형까지 처해질 수도 있었다. 4일 후, 정부는 새로운 「출경(出境) 등기 조치」를 공포하였다. 같은 달 27일 경비총부는 계엄령에 근거하여 「불법적 집회·결사·시위·청원·수업거부·파업·철시 등을 방지하는 규정의 실시 조치」와 「신문·잡지·도서의 관리 조치」를 제정하였다. 그리고 이렇게 긴장된 시기는 바로 37.5감조가 실시된 때이기도 하여, 리여우펑은 "이러한 치안상의 조치는 아마 대륙의 국면이 역전될 수 있다는 고려에 기초한 것이었지만, 치안 조치의 개시와 실시는 37.5감조 정책의 계약 변경이 진행되던 단계와 정확히 맞닿아 있다. 이것이 우연이든 고심하여 준비한 것이든 간에 총괄해보면 이러한 '권위적인 분위기'는

8 이 자료명은 「臺灣省行政長官公署施政報告」의 오기인 것 같다.

감조 정책의 추진에 절대적으로 도움이 되었다."(李筱峰 1993: 254)

3. 공유지 매각

그렇다면 37.5감조 정책을 고찰하여 획득한 상기의 결론을 "공유지 방령"에도 적용할 수 있을까? '권위적인 분위기'를 또한 정부로 하여금 공유지 매각 정책을 추진하게 했던 원인으로 볼 수 있을까?[9] 논자들은 종종 1947년의 2·28사건으로 대량의 대만 출신 엘리트와 인사들이 사상(死傷)된 이후, 대만의 민중들이 아무런 소리를 내지 못하고 당국의 의견에 감히 어떠한 반항도 할 수 없었던 상황을 37.5감조가 순조롭게 진행될 수 있었던 원인으로 여기곤 한다. 그렇지만 이러한 논리가 공유지 매각 정책의 실시를 해석하는 것에도 적합한가? 사실 1947-1948년 사이에 대만에서는 수많은 농민항쟁 사건이 발생하였고, 그 대상은 주로 대당공사(臺糖公司, 대만당업유한공사의 약칭)로서 시후(溪湖)·푸리(埔里)·후웨이(虎尾)·허우비린(後壁林) 및 까오슝 현의 제당공장 등이었다. 농민항쟁의 원인은 대체로 대당공사가 관할 토지를 회수하여 자경하고자 했기 때문에 원래 경작하던 소작농으로부터 임의로 소작지를 회수한 결과였다. 예를 들면, 1948년 대만성 정부는 행정원에 보낸 전문 중에서 다음과 같이 표명하였다.

> 근래 각시의 제당공장들이 실제 상황을 감안하지 않고 자경을 빙계로 석극적으로 소작지를 회수하며, 심지어는 부랑자들을 고용하여 강제로 소작농

9 "放領" 두 글자의 해석은 다음과 같다. "정부는 공유지를 규정 자격에 부합하는 인민이 소정의 수속 절차에 의거하여 수령을 신청하도록 허가하고 지가를 납부하면 소유권을 부여하는 것으로서 자신이 스스로 경작할 기반을 갖추게 되는 것을 말한다."(「放領公地扶植自耕農手冊」: 21)

들을 경지에서 내쫓는 상황이 발생하면서 소작지 회수 관련 분규가 누차 일어나게 되었습니다. 가장 분명한 사실은, 곧 빙동·타이난·화롄(花蓮)·난터우(南投)·베이더우(北斗)·시후·시저우(溪洲)·주산(竹山)·산치앤뎬(三嵌店)·허우비린·까오슝 등 지역 제당공장의 소작지 회수와 관련된 분규로 군중이 격분하고 여론이 분분하며, 농촌 사회와 빈농 생계가 모두 불안한 지경에 빠졌다는 것입니다. 본 정부는 이에 주목하여 일찍부터 누차 시정하도록 분명하게 명령을 내렸지만, 대당공사는 끝내 이를 처리원칙에 따라 해결하지 못하여 결국 거의 효과를 거두지 못하였으니, 심히 유감입니다(侯坤宏編, 1988: 503-504).

또한 시후의 제당공장에서도 여러 차례 충돌사건이 발생하였다. 1947년 1월 28일 시후 제당공장에서는 소작지 회수와 관련된 격렬한 분규가 발생했는데, 『청년자유보』는 그해 2월 22일 이에 관해 대대적으로 보도하였다. 보도된 내용에 따르면 당시 베이더우구(區) 공유지 소작농민대회에서 한 농민은 다음과 같이 말하였다.

헌정이 공포된 오늘날 헌법에 합치되지 않는 모든 사항은 당연히 철폐되어야 합니다. 제당공장 측은 여러 차례 불법적인 수단을 동원해 농민의 권익을 침해하여 사람들로 하여금 증오를 품게 하였습니다. 저번 판즈푸(番仔埔) 농장 사건의 경우, 검찰관이 농민의 침점을 기소하지 않고 농민이 범법한 사실이 없다고 판정했음에도, 제당공장 측은 법치정신에 무지하여 끝내 경찰로 하여금 농민을 체포하여 구류하도록 하였습니다. 여한이 가시기도 전에 또 총을 든 직원들이 와서 농민을 협박하고, 심지어는 불법적으로 체포하며 농지의 경작물을 훼손하였으니, 이는 농민의 손실일 뿐 아니라 또한 국가 생산의 손실이기도 합니다. 이러한 제당공장의 행태가 합법적인 것인지에 대해 사람들은 회의를 품고 있습니다!(侯坤宏編 1988: 420)

또 다른 농민 역시 이렇게 말하였다.

> 저는 이전 판즈푸 농민의 대표로서 연말에 검찰관에 구금되었습니다. 당국의 처리 방침이 결정되지 않았던 기간 동안에 감자를 심었는데, 그 감자 중에서 조생종은 올해 1월 말, 만생종은 3월 말에 제당공장 측에 반환되었다고 합니다. 우리 대표들이 아직 출옥하지 않은 사실을 어떻게 알았는지, 제당공장 측은 우리가 경작한 농작물을 훼손하였을 뿐 아니라, 부근 도로상에 패를 세워 만일 제당공장에 위배되는 경우는 맞아 죽어도 인명(人命)을 배상하지 않는다고 고시하였습니다. 또한 해당 제당공장의 제2공장에 감옥을 세워, 제당공장에 반대하는 사람을 행정기관이나 경찰의 힘을 빌리지 않고 잡아다가 구금할 수 있고, 또한 체포된 사람들 중에는 일찍이 고문을 받았던 사람도 있었다고 거리낌 없이 말하였습니다!(侯坤宏編 1988: 422)

좌담회에서는 또 다른 농민이 제당공장에 의해 구금 및 구타당한 상황을 언급함과 동시에 "제당공장은 국가가 경영한다는데, 실로 국가가 우리에게 이럴 수 있는 것입니까? 국가를 대표한다는 제당공장이 우리를 이렇게 대접할 수 있는 것입니까?"라며 강한 어조로 질의하기도 했다. 또 다른 농민도 자기 가정의 몰락이 감당할 수 없을 정도인데, "원인은 과거 일본통치 시대 제당공장의 착취를 받았기 때문입니다. 광복 이후 광명을 다시 볼 수 있으리라 기대했을 뿐인데, 우리의 제당공장이 일본인의 행태를 그대로 따르고 여전히 백성의 노동을 착취하게 될 줄 어떻게 알았겠습니까?"(侯坤宏編 1988: 423-424)라고 하였다. 이에 대해 제당공장 대표 측은 자신들 또한 상부의 명을 받아 일을 처리하는 것이라 하며, 회의에 참여하였던 시저우(溪州)의 대리 공장장 린(林)은 이렇게 말하였다.

우리는 상부의 명령 없이 감히 마음대로 주장할 수 없습니다. 오늘 당업공사(糖業公司)에서 보내온 명령을 받았는데, 우리에게 남겨진 토지의 대장을 신속하게 보고하라고 합니다. 여러분들의 요구가 무리한 것은 아니며, 여러분의 생활이 어렵다는 것을 우리가 어떻게 모르겠습니까. 다만 우리 제당공장은 당업공사의 통제를 받기 때문에, 우리 또한 여러분들이 만족할 만한 답변을 해줄 방법이 없습니다(侯坤宏編 1988: 424).

이를 통해 제당공장의 담당자는 농민들이 받고 있는 고초를 충분히 이해하지만, 대당공사 상부의 압력을 받아 어쩔 수 없이 명령을 집행했던 것을 알 수 있다.

대만성 정부는 일본 제당회사로부터 대량으로 접수한 제당공장 토지를 당시의 기존 경작 농민에게 임대하고자 하였다. 1946년 12월 31일에 공포된 「대만성 공유지 소작에 관한 조치」 제2조에서는 공유지를 "일본인이 본성에서 소유했던 공유전·화전(火田) 및 폐기 조치된 공용지, 그리고 일본인이 본성에서 사유한 경지를 가리킨다"고 정의하였다. 그런데 농민에게 임대한 이후에도 농민은 여전히 제당공장의 지시에 따라 경작했고, 제12조에서는 "원래 일본인 회사에 속한 공유지는 임대한 이후 여전히 각 해당 공사·단체의 생산계획에 따라 경작을 진행하고, 또한 그 생산기술을 받아들여야 한다"고 규정하였다. 그러나 이에 대해 대당공사의 상급기관인 행정원 자원위원회는 다른 의견을 갖고 있었다. 1946년 10월 23일 자원위원회는 행정원에 제출한 공문에서 다음과 같이 표명하였다. "현재 대만 행정장관공서에 의하면 대만성의 공유지 전부를 농민에게 분배하려 한다고 합니다. 파견된 인원이 수도에 와서 지시를 요청하는 내용을 들어보니, 이 처리 대상에 대당공사 토지가 포함되면 공사의 생존에 매우 영향을 끼칠 수 있습니다. 그러니 행정원에서 특별히 공사의 용지를 보류하도록 허가하고 대만 행정장관공서에도 농민 분배 토지에서 제외시키도록 명령을 내려, 공사의 토대가 흔들리지 않고 대만 제당의 전도 발전에 도움이 될 수 있도록 요청하려 합니다."(侯坤宏編 1988: 499) 쌍방의 입장은 명백히 모순되고 있었다.

이것은 전후 자원접수의 쟁탈과도 관련이 있다. 국민정부는 원래 대만 행정장관 공서에 권한을 주어 통괄적으로 접수사무를 책임지도록 하였지만, 행정원 자원위원회도 이를 포기하려 하지 않았다. 1945년 12월 1일 자원위원회는 "대만 공광사업(工礦事業) 고찰단"을 파견한 조사 보고에서 대만의 공업 경제는 제당업을 중심으로 해야 하고, 기타 광공업은 기초가 부실하여 장래 발전의 가능성이 없다는 점을 명확하게 지적하였다. 이 때문에 자원위원회는 일찍이 1945년 12월 22일 행정원에 자원위원회 위원장 명의의 보고를 제출하여 대만 제당업을 접수하고자 하는 의향을 표명하였다. 이에 행정원에서는 지시를 내려 "자원위원회가 정부를 대표하여 제당업 전체를 접수하여 경영하도록 위임하고, 대만장관공서·성 은행 및 사탕수수 합작사는 모두 잠시 자본을 보태지 말라."고 하였다. 이로써 행정원 자원위원회는 대만 행정장관공서의 동의를 미처 얻기도 전에 당시 대만의 가장 중요한 사업의 관할권을 선점할 수 있었다(陳翠蓮 1997: 13). 자원위원회는 이후 부단히 소작지 회수 방법을 이용하여 토지에 대한 통제권을 획득하려 하였고, 이러한 행위는 자연히 수많은 소작농의 항쟁을 불러일으켰다.

예를 들면 유사한 방식의 소작농 항쟁이 까오슝 현에서도 발생하였다. 제낭공상은 원래 임대했던 토지를 일률적으로 회수하여 자경할 생각이었다. 까오슝 현 정부는 관련된 농민의 의견을 상세히 조사한 후, 1947년 7월 11일 성 정부에 한 통의 공문을 보냈다(參陸高府地權字第七九六三號).

(1) 현존 토지는 모두 일제 강점기에 일본인이 강제로 매수한 것입니다. 대만 제당회사를 창설한 이후 횡포한 수단을 사용하여 단지 일부 토지만

을 내어 소작주고, 저렴한 소작료로 경작하도록 하여, 계절마다 수확은 겨우 세 끼를 이을 수 있는 것에 불과하였습니다. 광복 이후, 당업공사는 누차 소작농에게 경작하는 토지를 포기하라고 재촉하면서, 이를 국영정책이라 하였습니다. 그런데 현재 물가는 급등하고, 실업자는 넘쳐나며, 소작농은 삶을 도모하기가 어려우니, 이는 원망할 수는 있지만 감히 말할 수 없는 문제로, 일본 통치에 비해 더욱 가혹합니다.

(2) 현재 소작준 토지는 동맹군에 의해 파괴된 것이 매우 큽니다. 당시 제당공장 책임자는 "너희들이 전력을 다해 개간하는 것을 허가하며, 당연히 영구히 소작줄 것이다"라고 하였습니다. 농민들은 노력의 대가를 획득하기 위해 노고를 견디며 개간하고, 거름을 주어 오늘에야 옥토를 일구었는데, 이번의 회수는 상황을 전혀 참작하지 않은 것으로, 농민이 이전까지 쌓은 공을 무위로 돌리는 것입니다. 농민들은 제당공장에서 자비로움과 인애를 베풀어 널리 빈농을 구제해주기를 희망합니다. …

생각컨대, 본현과 유사한 사건은 치산 구(旗山區) 라오저우컹(蝲䗪坑), 펑산 구(鳳山區) 샤오강 향(小港鄉), 따랴오 향(大寮鄉)의 궈시 촌(過溪村)·차오랴오 촌(潮寮村) 등 지역에서도 있었습니다. 제당공장은 자경으로 돌리라는 상부의 명령을 빌미로 현재 소작농이 경작하고 있는 모든 대당공사 토지를 강제로 회수하여, 사람들이 격분하고 고통을 호소하는 소리가 이어지고 있으니, 사회 안녕에 주는 영향이 지극히 큽니다.

또 생각컨대, 대당공사 토지에서 남겨두고 쓰도록 허가된 토지 중 원래 자경하던 것은 정부가 그 자경을 비준한 것입니다. 만일 농민이 개간한 경우는 마땅히 임차한 농호가 그대로 계속 빌리되, 반드시 생산 작물의 종류 및 기술에 있어서만 제당공장의 지도를 받을 뿐입니다. 지금 제당공장은 오히려 정부의 뜻에 의지하여 억지를 부려 정리(情理)를 잃게 하며, 농촌을 어지럽혀 농민의 생계를 끊고 있습니다. 수많은 농민을 장차 어떻게 안치시킬 것인지는 이미 현재 심각한 문제가 되었습니다. 만약 신속하게 합리적인 해결 방법을 모색하지 않고 이대로 나아간다면, 위험할 것입니다(侯坤宏編 1988: 431-432).

이 전문을 통해 상황이 이미 매우 심각해졌고, 소작농의 생계문제는 대당공사의 소작지 회수로 발생한 문제임을 알 수 있다. 푸리 제당공장의 소작준 토지 역시 유사한 소작지 회수 사건에 직면하였고, 린화무(林火木)을 포함한 97명의 농민이 연서하여 올린 탄원서에서 농민들은 다음과 같이 말하였다.

> 저희들은 모두 농업을 본업으로 삼은 자들로 다른 방법으로는 살 길을 모색하기 어려우며, 또한 빌려 쓸 어떠한 재산도 없이 오로지 현재의 생산에 기대어 한 집안의 생활을 유지하고 있습니다. 비록 생활은 넉넉지 못하나 해당 토지를 경작할 수 있으면 식량이 안정되고 생계가 견실해질 수 있으니, 곧 한 집안이 흩어져서 풍상과 굶주림을 겪지 않을 수 있고 간단하고 소박하게 안분지족할 수 있습니다. 만약 저희들 모두 소작지를 회수당하면, 경작하고자 해도 땅이 없고 생계를 꾸리고자 해도 방책이 없으므로, 한 집안이 삶의 중대한 위협을 반드시 겪게 될 것이고 지옥과 같은 곤경에 빠지게 될 것입니다(侯坤宏編 1988: 451).

이렇듯 수많은 소작지 회수 사건에 직면하면서 농촌에는 상당한 불안이 조성되었다. 1947년 4월, 대만성 국민대회대표 연의회(聯誼會)는 행정원에 전보를 보내, 대당공사에서 자경하는 농경지를 법에 따라 기존에 소작하던 중소 농민에게 임대하여 백성의 곤란을 해소할 것을 요청하였다. 전보에서는 다음과 같이 서술하였다.

> 일본이 대만성을 점거한 51년 동안을 살펴보면, 이들은 점령 기간 중에 적극적으로 제국주의 정책을 추진하였는데, 대만성의 제당사업은 실로 그 착취 대상 중 하나였습니다. 이 때문에 일본 제당공사는 재벌의 자본

과 군경의 힘을 빌려 백성의 토지를 잇따라 강매하니, 그 규모가 총 12만 경(頃)에 이르게 되었습니다. 당시 일부 저항이 있자 이들을 감옥에 유폐하여, 사람들은 치욕을 참으면서도 어찌 할 수 없었기에, 결국 농민들은 경작하고자 해도 땅이 없게 되어, 거리에 원성이 가득하게 되었으니, 이는 오늘날까지도 대만 사람들이 이를 갈며 통한으로 여기는 바입니다. 항전에 승리하여 대만성이 광복된 이후, 정부는 이를 거울삼아 농민이 과거에 받았던 고통을 구제하기 위해 「대만성 공유토지 임대조치」를 반포하여 한때 전성의 농민들은 경의를 표하고, 50여 년의 질고가 남김없이 풀리게 될 것이라 깊이 신뢰하였습니다! 깊이 생각해보건대, 해당 조치가 공포되고 지금에 이르기까지 철저하게 시행되지는 않았습니다. 이전에 일본인들이 강점한 농지는 여전히 대당공사가 계속 경영하였는데, 비록 그중 토지를 구획하여 임대를 내어준 경우도 있었지만, 단지 얼마 되지 않는 불모지로서 사람들은 크게 실망하고 실업자는 날로 많아졌습니다. 생각건대 토지개혁 정책은 정부의 중요한 결정의 하나이며, 게다가 본성은 일본의 50여 년의 착취를 거치면서 사람들은 이미 지쳤습니다. 농촌을 구제하는 것은 시간이 절박한 문제로서 실로 재차 방치하고 연기할 겨를이 없기에, 검토하고 결정해주십사 이렇게 전보를 보내어 요청하게 되었습니다. 대당공사의 자영 농장 경지를 법에 의거하여 본성의 기존 중소 농민에게 직접 임대하도록 하여 사람들의 곤란을 해소시키고, 아울러 대만 동포가 조국의 열정에 기대하는 것에 부합하게 해주십시오(侯坤宏編 1988: 472-473).

같은 해 6월 소집된 대만성 참의회는 비록 2·28사건의 영향으로 인해 출석 참의원이 겨우 16-17명뿐이었고, 제안 역시 이전과 비교했을 때 크게 감소하였으나, 참의원들은 의연하게 「각 제당공장의 관할 토지를 재획정하여 그 이익을 극대화하는 안」을 제출하였는데, 그 이유는 다음과 같았다.

각 제당공장이 본래 관할하는 토지 면적은 매우 넓지만, 다양한 관계로 인하여 그 전체를 다 사용할 수 없게 되어, 버려지고 황무지가 되는 땅이 몹시 아까우니, 마땅히 견실히 답사하여 새로이 구획하고 각 공장이 실제로 필요로 하는 것 이외의 토지를 사람들에게 임대해주어 경작하게 함으로써 그 토지의 이득을 다 얻을 수 있도록 해야 합니다(「臺灣省參議會第一屆第三次大會特輯」 1947: 31).

그러나 대당공사의 상급기관인 행정원 자원위원회는 상술한 농민의 저항을 '불법적인 경작 강행'으로 규정하고, 명령을 내려 제지할 것을 요구하였다. 1947년 7월 26일 대당공사의 전문에서는 다음과 같은 언급이 있다.

현재 관할 토지의 자경을 달성하기 위해서는 반드시 임대해준 토지 전부를 회수해야 하지만, 뜻밖에도 교활한 자들은 해당 토지를 정부가 공사에 위탁하여 임대를 내준 얼마 되지 않는 땅으로 여기고, 불법적으로 경작을 강행하고 다방면으로 방법을 강구하여 소작지 회수를 방해함으로써, 본 공장 업무의 진행 등에 영향을 미치게 되었으니 법을 마련하여 제지해주시기 바랍니다. … 생각컨대, 농민이 본 공사의 관할 토지를 불법적으로 경작하는 상황은 공사의 각 분점 모두에서 발생하고 있습니다. 만일 미리 엄하게 제지하지 않으면 나머지 농민들도 계속해서 제멋대로 따르게 될 것이니, 제당업의 앞날이 실로 우려됩니다. 또한 법령을 경시하는 것이 습관이 되면 이 또한 국가와 사회에 좋은 일은 아닐 것입니다(侯坤宏編 1988: 434).

대만성 정부가 이 사건에 대해 지닌 생각은 사실 행정원 자원위원회와는 차이가 있었다. 1946년 "각 기관에서 남겨두어 사용하기를 신청한 농지 중, 확실히 업무에서 사용하는 부분을 제외하고 본래 임대하여 수익을 내던 토지는 일률적으로 그것을 허가하지 않으며, 마땅히 구획하여 해당 관할 현·시 정부에 교부하고 관할 현·시 정부는 법에 따라 소작준다."(「公地放租」 1949: 7-8) 1947년 9월 1일, 대만성 정부는 전문에서 또한 이렇게 언급하였다.

> 무릇 제당공장의 자경 토지 중에서 이전에 소작주었던 사실이 있는 경우는 업무에 지장을 주지 않는 범위 내에서 법에 따라 소작주어야 하며, 업무상의 수요가 확실하여 반드시 소작지를 회수하여 자경해야 하는 경우, 기한이 약정된 임대계약을 맺었다면, 마땅히 법에 따라 기간이 만료되기 전에 통지하고, 기간이 만료되면 회수한다. 기한을 정하지 않았거나 소작계약을 맺지 않은 경우는 모두 기한을 정하지 않은 소작으로 간주하여 마땅히 토지법 제116조의 규정에 의거하여 1년 전에 임차인에게 통지해야 한다(侯坤宏編 1988: 435).

그러나 대당공사는 대만성 정부의 명령을 수용하지 않고 이전과 같이 대규모의 토지를 점거하면서 소작지 회수를 강행하였다. 1947년 12월 9일, 대만성 정부 민정청 지정국의 「공유지 소작 조사보고」에서는 공유지가 소작되지 않는 주요한 원인으로 "접수 기관의 방해"를 분명하게 지적하였다.

> 본성의 공유지는 모두 광복 초기에 각 기관에서 토지의 원래 성격에 따라 접수하여 관리하였습니다. 「공유지 소작에 관한 조치」 공포 이후 각 기관에서 남겨두어 직접 이용하는 공유경지를 시범·시험·육묘(育苗)의 용도로 한정하였고, 그 외 나머지 공유경지는 응당 일률적으로 토지 소재지의 현·시 정부에 이관하여 법에 따라 소작주도록 하였습니다. 그러나 실제로는 공유지를 접수하여 관리하는 기관 중 소수는 구실을 대면서 규정에 따라 해당 현·시 정부에 넘겨주지 않고 자체적으로 소작주거나 또는 「공유

> 지 소작에 관한 조치」에 따라 처리하지 않는 경우도 있습니다. …
>
> 제당공장은 마땅히 1만 3,487갑(甲: 대만의 토지면적 단위로 0.97헥타르에 상당함)의 공유지를 내놓아야 하는데, 그중 7,000여 갑은 경지가 아니어서 임대할 수 없고, 경지는 곧 내놓으려 하지 않습니다. 예를 들면 타이중 현 넝까오 구(能高區) 푸리 진(埔里鎭)의 제당공장은 공유지 2000여 갑을 접수하고 관리하면서 그 안의 농장 900여 갑을 자경합니다. 현재 경작하는 농민이 100여 호가량이 있는데, 이들의 생활을 유지하기 위해 해당 공장에서 공유지 수십 갑 정도만 내놓아도 되지만, 해당 공장 공장장 천종야오(陳忠耀)는 끝내 이를 원하지 않고 강제적으로 무조건 소작지를 회수하고자 합니다. 또한 타이난 현 푸다이향(布袋鄉) 저우즈(洲子)에도 강둔(港墩) 농장 토지가 있지만 당업공사에서 남겨두어 사용하면서 현재는 대부분이 황폐한 땅이 되었고 토지의 이득을 모두 얻어내지 못하고 있으니, 몹시 애석한 일입니다.
>
> 다엽공사(茶葉公司)가 내놓아야 할 토지는 5,189갑이고 파인애플공사가 내놓아야 할 토지는 1,351갑, 농산공사(農產公司)가 내놓아야 할 토지는 163갑으로 모두 각 해당 지역의 현·시 정부에 넘겨주어 임대하도록 하지 않았습니다(侯坤宏編 1988: 457-578).

대당공사의 태도는 상당히 강경하였고, 대만성 정부는 그 명령을 관철시키기에는 무력했던 것 같다. 하지만 상술한 농민의 저항 문제와 그것이 야기한 사회적 불안을 어떻게 해결해야 했는가? 특히 2·28사건 발생 시점에는 어떻게 하였는가? 대만성 정부는 1947년 6월 27일 열린 대만성 정부위원회 제7차 회의에서 각각 「대만성 황지개간 실업구제 실시계획 요점」과 「대만성 황지개간 실업구제 조치」를 제출하고, 같은 달 30일 대만성 참의회의 제1기 제3차 대회에서는 위의 조치가 의결·통과되었다. 대만성 정부는 1948년 「대만성 황지개간 실업구제 자작농 육성 실시방안」을 제정하고, 그 가운데 「황지개간 실업구제」와

「공유지 매각 자작농 육성」 두 가지 계획을 포함시키게 된다. 공유지 매각의 목적은 당시 지정국장 선스커(沈時可)의 표현에 따르면, 즉 "보다 적극적인 방식을 채택하여 공유지를 이용하여 자작농을 창출하며, 공유경지를 방령하여 얻은 지가를 활용하여 황무지를 개간하고 실업자들을 구제"하기 위한 것이었다(侯坤宏編 1988: 514). 또 다른 견해는 곧 성 참의회에서 제시한 것으로, "전체 참의원은 이상의 제출된 「계획」 및 「조치」를 대해 토론하면서 모두 일제히 찬성하여 통과시켰다. 그리고 황 의장은 해당(제3차) 성 참의회 폐막사에서 공유지를 매각하고 황무지를 개간하여 실업자를 구제하는 것은, 실로 현재의 질서를 안정시키는 것과 중요한 관계가 있는 조치이자 또한 민의의 반응을 충분히 표현하는 조치로서 다시 한번 설명하였다."(「臺灣省公地放領手册」 1948: 5) 해당 회의에서는 또한 다수의 참의원이 제안하여 정부가 빠른 시일 내로 구제 조치를 마련하여 빈곤한 사람들의 생활수준을 제고할 것을 요구하였다(「臺灣省參議會第一屆第三次大會特輯」 1948: 34). 이를 통해 알 수 있듯이 이러한 조치의 주요 목적 중 하나는 정치적인 고려에 기초한 것으로, 민심을 안정시키고 사회 질서를 진정시키기 위한 것이었다.

황무지 개간 경비의 조달을 위해 대만성 정부는 공유지 1만 갑의 매각을 계획하였는데, 이것이 곧 제1기 공유지 매각이다. 대만성 제1차 공유지 방령은 "타이베이 등 7개 현 경 내의 대만척식주식회사 토지 및 대만당업공사와 대만다엽공사에서 구획하여 내놓은 경지 중 소규모 토지에 한정하며 면적 합계는 1만 갑으로(갑은 대만의 토지 면적 단위로 0.97헥타르에 상당한다), 자작농 7,000호를 육성할 수 있으리라 예상"되었다(侯坤宏編 1988: 515). 그러나 상술한 토지 계획에서 대당공사가 내놓은 것은 오로지 타이동 현과 화롄 현에 한정되어 있었고, 면적은 각각 78.7490갑 및 224갑이었다(「臺灣省扶植自耕農實施方案」 26). 그리고 대당공사가 구획하여 내놓은 토지 또한 소규모 토지에 국한되어 있었다. 그리고 앞에서 서술하였던 제당공장 분규와 관련이 있는 대부분의 현·시는 모두 포함되지 않았기 때문에, 이를 통해 행정원 자원위원회 및 대당공사의 저항 능력을 명확하게 확인할 수 있다.[10] 그러나 대당공사가 내놓기로 계획한 약 303갑의 토지로는 결코 대만 농민의 불만을 해소할 수 없었고, 대만성 정부와 행정원 자원위원회 간 대당공사 토지의 주도권 쟁탈 또한 중단되지도 않았다. 예를 들면 대만성 정부 민정청 지정국이 1949년 「공유지임대보고」에서 유사한 문제를 재차 제기하였다.

> 또 일부 공영사업 기관(公司)이 원료를 통제하기 위해 반드시 대량의 공유지를 보유해야 한다는 입장을 견지하고 있는데, 이러한 요구에 따른다면 다음의 두 가지 상황이 발생할 수 있습니다.
>
> (1) 자영농장: (대당공사가 자영 농장 공유지를 거의 6만 갑 가까이 장악한 것과 같이) 각 기관이 대량의 공유지를 장악하여 자영농장을 설치하였고, 그 경영 방식은 곧 다수의 고농(雇農)을 고용하여 경작시키는 것인데, 그 대우가 심히 박합니다. … 농민의 입장에서 말하면 곧 각 기관에서 대량의 공유지를 통제하면서 농민을 고농으로 전락시키는 것으로 생활이 곤궁하다는 점에서는 이전의 제도와 다를 것이 없으니 지극히 불합리합

---

10 사실 臺糖公司는 토지를 내놓지 않았는데, 이는 "당시 인력 및 경제력의 한계로 인해, 또한 이 일이 유례없는 일로서 신중을 기한다는 면에서 먼저 공유지가 비교적 집중되어 있는 臺中·臺南의 두 현에서부터 우선 실시하고 그 나머지 각 현은 곧 이듬해(민국 38년)에 계속해서 처리하기로 결정하였다. 38년, 성 정부에서 37.5감조 정책의 추진을 결정한 후 각 현시는 모두 일체의 역량을 감조 작업에 집중하였으며, 陳 전 주석의 지시에 따라 공유지 매각 사업의 처리를 잠시 연기하였다."(『放領公地扶植自耕農手册』: 77-78)라는 이유 때문이었다. 이번 공유지 매각에서 臺中縣 및 臺南縣의 매각 면적은 각각 1,503.0538갑 및 1,880.0778갑으로 합하여 3,383.131갑이 되었다. 이로부터 알 수 있듯, 이번 공유지 매각과 원래 계획하였던 매각 면적(1만갑)에는 매우 큰 차이가 있다. 이 외에, 공유지 매각에서 수취한 지가는 원래의 목표에 도달하였는가?(실업자 구제 및 빈곤한 인민들의 생활수준 제고) 보고에 따르면, 거두어들인 지가의 운용 방식은 다음과 같았다. '지금까지 거두어들인 지가는 臺東 墾殖農場 출자금 및 農舍 건축비, 퇴역 군인의 개간지구 측량 경비, 水利局과 함께 臺中 草港 등 농장 수리 작업을 보조했던 것 외, 그 나머지는 모두 펀드전용계좌(基金專戶)에 저축하였다. 그러나 자작농 육성 정책을 착실하게 전개하기 위해 이미 재정청과 상의하여 해당 방령지가 항목을 이후에도 지속적으로 자작농 육성을 위한 대출금의 용도로 사용하도록 하였고, 아울러 토지 은행에서는 대출원칙을 제정하여 성 정부에 보고하고 검토를 요청하였는데, 성 정부의 비준 직후부터 즉시 자작농호에게 대출할 수 있게 되면서 육성의 효과를 거두게 된다.'(『放領公地扶植自耕農手册』: 79) 이것은 앞에서 설정했던 원래의 목표와는 차이가 있는 것 같다.

니다. 토지정책의 입장에서 본다면, 이는 비단 경자유전의 원칙을 위반한 것일 뿐 아니라, 또한 공유지 임대의 성과를 직접 파괴하는 것입니다.

(2) 소작에 관한소작: 각 기관은 공유지를 접수하고 관리하며 … 각 기관이 「공유지 소작조치」의 규정에 따라 소작주도록 위탁하여, 이들 위탁 기관에 의해 이루어진 소작 면적은 4만 9,000여 갑으로 그 가운데 대당공사가 4만 2,000여 갑을 보유하고 있습니다. 다만 실제 상황에서 본다면, 소작 위탁을 받은 각 기관 대부분이 「공유지 소작조치」의 규정을 온전하게 준수하지 않고, 예를 들면 멋대로 소작료를 높이거나, 소작주었다가 곧바로 소작지를 회수하거나 불법적으로 소작을 주거나 소작농을 바꾸는 등의 폐단이 발생하여 각지 공유지 소작의 성과에도 영향을 미칩니다(「公地放租」 1949: 43-44).

그 최종적인 결론은, "각 기관의 자영농장 및 임대를 위탁한 공유지가 점한 면적은 매우 커서 적절하게 다 처리할 수 없고, 폐단 또한 발생되므로 일반 사람들이 심하게 비난하는 바라는 것이었다."(「公地放租」 1949: 44) 대만성 참의회는 별도로 이 문제에 대해 다수의 질문을 제기하였다. 예를 들면 제8차 대회 기간 동안 우루이타이(鳴瑞泰)가 제안하고 리여우싼(李友三)·마여우웨(馬有岳)가 연서한 「당업공사 자영농장 경지를 공유지 소작에 관한 조치에 의거해 소작줄 것을 정부에 요청하는 안」에서는 정부에 당업공사가 1950년부터 소작주도록 엄히 지시할 것을 요청하였다(鄭梓 1985: 158). 농민의 저항, 대만성 정부 및 성 참의회, 이후 미국의 압력에 직면하여[11] 정부는 결국 1951년 6월 4일 「대만

11 雷正琪 박사는 공유지 매각을 위해 1952년 9월에 총통에게 편지를 보냈는데, 내용은 다음과 같다. "臺糖公司가 매각하려는 토지는 대부분 지질이 매우 열악하여 최근 대만의 현지조사에서도 농민이 하나같이 臺糖公司에 불만을 표시하고 공유지 매각 계획에 대해서도 실망을 표시하였습니다. … 공영 기업에서는 마땅히 현재의 상황보다는 더 많은 토지를 매각해야 하니, 비교적 많은 면적을 내놓게 한다면 현재 대만 소작농의 수요에 부응하고 아울러 전체 토지 개혁의 성공을 보증하기에 충분합니다."(侯坤宏編 1988: 543-545) 中國農村復興聯合委員會 또한 일

성 공유지 매각 자작농육성 실시 조치」를 제정하게 되었고, 여러 단계의 후속 공유지 매각을 시행하였으니, 방령 대상 공유지의 상당 부분은 대당공사의 토지였다.[12] 예를 들면 1951년 하반기 시작된 제1기 공유지 매각의 대부분은 각 현·시에서 직접 소작주는 국가·성 소유 경지가 주요 대상으로 총 2만 8,447갑, 2,888갑의 토지를 매각하였다. 1952년 상반기의 제2기 공유지 매각은 대당공사가 내놓은 보유할 필요가 없는 토지가 주요 대상으로 그 면적은 총 1만 7,461갑, 4,024갑이었다(王長璽·張維 光 1953: 194).[13] 그 밖에 민국 42년 공유지 매각에서 대당공사가 임대해준 토지 면적은 8,744.2691갑(王長璽·張維光 1953: 198)이었다. 상술한 공유지 매각의 실시 과정에서는 장기간 각지 대당공사 소작농의 집단 항쟁이 중요한 원인 중 하나로서 작용했음을 발견할 수 있다.

찍이 1952년 10월 22일 대만성 민정청 지정국에 전보를 보내어 비록 "'臺糖公司의 토지를 마땅히 구획하여 방령해야 할지 여부는 … 반드시 행정원의 전반적인 고려 이후에 결정해야 한다고 했으므로 본회는 멋대로 주장할 수 없습니다"라고 하였지만, 또한 "정부에 臺糖公司의 공공 토지 중에서 일부 품종 개량에 반드시 필요한 땅을 제외하고, 전부 내놓게 하여 농민이 수령하도록 하고 토지정책이 백성의 바람에 부합해야 할 것이라 요청할 것입니다'라고 하였다."(侯坤宏 1988: 550-552) 사실 農復會는 기본적으로 雷正琪의 의견에 찬성하였으며, 이는 「中國農村復興聯合委員會工作報告」 第1期에서 분명하게 나타난다(黃俊傑 1995: 119-120).

12 臺糖公司의 토지가 '公有土地'인지 또는 '私有土地'인지는 매우 탐구할 만한 가치가 있는 과제로, 이 문제에 대한 연구로는 黃俊傑(1995), 黃舒衛(2000) 등을 참고할 만하다.

13 臺糖公司가 넘겨준 토지의 품질은 대체로 비교적 낮았고 또한 넘겨준 토지 대장에 기재된 토지 地目·等級·面積 또한 실제 정황과는 차이가 있었다. 이 때문에 縣 정부가 토지의 반환을 수용하지 않으려는 상황이 히디히게 출현히였고, 이는 臺中縣에서도 나타났다. "토지에 대해 말한다면 제1기 매각한 토지는 정부에서 내놓은 것으로, 모두 좋은 땅으로 매각하여 農戶는 즐겁게 수령하였고, 또한 交涉하는 번기로움도 없었다. 제2기 매각 토지는 제당공장에서 내놓은 것으로, 토지가 분산되어 있을 뿐 아니라 면적도 보잘것없고, 그 가운데 山田과 火田이 많고 水田은 적으며, 일부는 경지가 아니거나 변경·분할되어야 할 토지였기 때문에, 農戶는 토지 수령에 관심이 부족했고, 토지의 사용에서도 또한 극히 불합리한 모습이 나타났다."(「臺中縣放領公地」: 13)
南投縣 정부는 또한 "제2기의 매각토지는 臺糖에서 내놓은 토지를 매각의 대상으로 삼았으나, 臺糖에서 구획한 매각토지는 토지대장에 기재된 면적에 불과하였다. … 그 안에 기재된 地目·等級·面積은 대부분이 실제와 부합하지 않았고, 또한 地質이 좋지 않은 것이 매우 많았다. … 臺糖公司가 이번에 구획한 경지에서 비교적 좋은 경지는 自用으로 남기고 地質이 떨어지는 경지를 내놓아 매각하였기 때문에 농민에게 질책 받는 바가 되었다."(「南投縣辦理『放領公地扶植自耕農』工作槪況」, 1952: 39-40)

4. 경자유전 실행

전통시대 이래로 '지주'라는 두 글자에 대한 해석은 대체로 넓은 면적의 경지를 지닌 자로, 스스로 경작하지 않고 대부분 도시 내에 거주하면서 순수하게 거액의 소작료를 받아 살아가는 토지 소유권자라는 것이었다. 그들이 소작농에게 고액의 소작료를 수취하여 착취하는 불공평한 현상이 만들어졌기 때문에 이들은 사회개혁 혹은 혁명의 대상이 되었다. 대만의 지주는 당시 사회에서 진정으로 부유한 계급이었는가? '지주'라는 두 글자를 가지고 당시 대만의 토지 소유권자 혹은 업주(業主, 관리자까지 포함)를 형용하는 것은 과연 적당한가? 유감스럽게도 국민정부가 대만에 온 이후 권위적 의식이 주도하는 상황 속에서 토지개혁 정책을 실시하기 위해 채택한 방법은 '지주'라는 두 글자의 정의를 대폭 확장시킨 것이었다. 단지 토지 소유권을 보유하면서 그 땅을 임대하는 자는 곧 지주가 되었고[14] 토지 소유권자가 가진 토지 면적과 재산은 고려하지도 않았다. 이런 상황에서 토지개혁은 당시의 토지 소유권자 혹은 업주에게 상당히 큰 충격을 초래하였으며, 그중 가장 비참했던 자들은 공유지에서 소규모 토지에 대한 소유권을 보유하고 있던 상당히 많은 수의 사람들이었다.

경자유전 정책으로 말미암아 기본적으로 공유 소작지는 일률적으로 징발되었다.[15] 대만의 수많은 사유농지 또한 대부분 공유에 속하는

14 「實施耕者有其田條例」 제6조 제1항 규정은 다음과 같다. "본 조례에서 지칭하는 지주란 토지를 다른 사람에게 임대하여 경작하게 하는 토지 소유권자를 가리킨다. 스스로 경작하지 않거나, 혹 비록 스스로 경작한다고 하나 고농경작(雇農耕作)을 위주로 하는 경우, 그 경지의 자경하는 부분 이외는 임대 토지로 취급한다."

15 「實施耕者有其田條例」 제8조 제1항 제2관의 규정에서는 공유 임대 경지는 일률적으로 정부가 징수하고 현재 경작하는 농민에게 수령하게 하였다. 제2항에서는 다음과 같은 예외 규정을 두었다. "제1항 제2관 및 제3관은 경지 임대인이 만일 노약자·과부·고아·병자로서 토지에 힘입어 생계를 유지하는 경우, 혹 개인이 경지를 임대하는 경우, 상속받으면서 공유로 한 경우, 공유자가 배우자·친척·형제·자매인 경우는 정부의 심사를 거쳐 제10조의 보류 표준에 의거하여 보류할 수 있다." 다만 「實施耕者有其田條例臺灣省施行細則」 제15조·제16조 및 제17조에서는 이

표 5.1 대만의 소유자별 자경·소작 경지면적

항목		개인 소유	공유	단체 소유	계
총호수	호수	294,355	301,344	15,494	611,193
	%	48.16	49.30	2.54	100.00
경지 총면적	면적(甲)	303,723	344,307	33,124	681,154
	%	44.59	50.55	4.86	100.00
자경지 총면적	면적(甲)	189,874	222,318	15,005	427,197
	%	44.45	52.04	3.51	100.00
소작지 총면적	면적(甲)	113,849	121,989	18,119	253,957
	%	44.83	48.04	7.13	100.00
소작지의 호수	면적(甲)	78,864	92,087	7,940	178,901
	%	44.09	51.47	4.44	100.00

출처: 王益滔(1991: 198)

상황에서[16] 표 5.1을 통해서 볼 수 있듯이, 공유지의 면적은 개인 소유지의 면적보다 넓었고, 공유지 중 48.04%는 소작에 속하는 상황이었다. 이 때문에 다수의 사유 농지를 징발당한 자 중에서 공유에 속하는 자들이 매우 큰 부분을 점하게 되었다. 표 5.2에서 볼 수 있듯 징발된 지주의 호수 중 82.18%는 그 토지가 공유에 속하였고, 이러한 토지는 징발된 경지면적의 69.51%를 차지하여 그 비중이 상대적으로 매우 높다.

에 대해 또한 다수의 엄격한 규제를 두었는데, 이는 후술하겠다.

16 王益滔이 말하였다. "공유지는 대만에 매우 많은데, 일종의 대만만의 특수한 토지제도라 할 수 있다. 발생의 주요 원인은 첫 번째는 집단 개간, 두 번째로는 공동 구매, 세 번째로는 유산을 분할할 수 없는 경우 상속인들이 공유하는 것으로, 이 모두가 대만의 개발 역사와 관련되어 있는 듯하다."(王益滔 1991: 197) 湯惠蓀 또한 "토지 공유는 대만에서 극히 보편적이다. … 그 호수는 개인 단독 토지 보유 호수보다 많으니 실로 대만성의 특수한 현상이다. 공유지 형성의 원인은 대략 초기의 공동 개간, 이후의 공동 구매 및 복수의 자식들이 계승하는 경우 때문이었다. 일제 강점기에 토지세는 공유 대표자가 납부하였고 징수하는데 자못 편리하였기에, 그렇게 하도록 하고 제한을 두지 않았다. 그리고 일반 토지 소유자들은 토지 분할 측량 및 이전 수속의 번거로움을 피하기 위해 또한 공유의 길을 선택하기도 하였다. 이에 원래 개인이 단독으로 소유했던 땅도 이전을 하면서 공유지로 변하게 되었다. 또한 원래 공유지였던 땅은 그 공유자가 점차 많아져 권리 또한 점차 나뉘고 복잡해져, 토지의 공유자는 적으면 3-5명, 많으면 수십에서 수백 명에 이르렀다."(湯惠蓀 1954: 64-65)

표 5.2 대만성에서 실시한 경자유전 징발의 각 종류별 경지면적 및 그 지주의 호수(1953년)

종류	징발 경지		경지를 징발당한 지주	
	면적	백분율(%)	호수	백분율(%)
개인 소유 경지	32,063	22.33	15,146	14.28
공유 경지	99,796	69.51	87,149	82.18
단체 소유 경지	11,709	8.16	3,754	3.54
계	143,568	100.00	106,049	100.00

출전: 湯惠蓀(1954: 91)

또한 일본통치 시기부터 토지개혁 실시 이전까지의 모든 조사는 대만의 토지 분배 상황이 이미 매우 불평등했음을 보여주고 있다. 예를 들면, 1920년의 조사통계에서 명확하게 보여주고 있듯이, 1갑 이하를 소유한 호수는 총호수의 64%를 차지했고, 그 소유한 토지 면적은 경지 총면적의 14.35%만을 차지하였다. 그러나 10갑 이상을 소유한 호수는 총호수의 2.03%를 차지할 뿐이었으나, 그들이 소유한 면적은 놀랍게도 35.8%에 달하여 토지 분배가 상당히 불평등했음을 알 수 있다. 일본 통치 후반기인 1932년, 1939년의 두 차례에 걸친 조사에서도 여전히 불평등한 분배 상황이 나타났다. 2차 세계대전 이후, 경자유전 정책 실시 1년 전의 지적총호수(地籍總歸戶) 통계자료에서 나타나듯, 1갑 이하를 소유한 호수는 총호수의 70.62%, 그들이 소유한 토지 면적은 경지 총면적의 24.97%였다. 3갑 이하를 소유한 호수는 총호수의 93.23%, 그들이 소유한 토지 면적은 경지 총면적의 58.43%에 달했다. 그러나 10갑 이상 소유 호수는 겨우 총호수의 0.82%를 차지할 뿐이었지만, 소유면적은 15.87%로 불평등한 분배 상황은 여전했다. 이로부터 추론할 수 있는 것은 징발된 전체 공유 임대 경지(9만 9,796갑) 가운데 절대다수는 소규모 토지 소유권자였다는 점이다. 따라서 지주들이 경제상의 우위에 있다고 하는 정부의 일방적인 선전에는 아마 생각해볼 부분이 있을 것이다. 그리고 우리가 일반적으로 모든 지주들이 최소한 임대 가능한 3갑의 중등 논을 보유했으리라 생각하는 것 또한 하나의 오해인데,

공유 소작지는 모두 반드시 징발당해야 했고 또한 이로 인해 수많은 공유지의 업주는 곤경에 빠지게 되었기 때문이다.

따라서 공유 소작지를 일률적으로 징발하는 정책은 공유 그 업주에게 실제 상당히 심각한 타격을 초래하였다. 비록 법률에서 이후 이와 관련된 부분적인 구제 방안을 제공하였으나, 설정된 문턱이 너무 높아서 그 수혜자는 매우 적었다. 당시 대만성 경자유기전 연합지도단은 다음과 같이 서술한 바 있다.

> 「경자유기전 실시조례」 제8조 규정에서는 노약자, 고아와 과부, 장애인으로서 공유 토지에 의존하여 생활을 유지하는 자는 제10조의 표준에 따라 토지를 보류할 수 있도록 허가하였고, 「시행세칙」 제17조 제1항에서는 그러한 사람들 중에서도 1952년도 호세(戶稅) 부담 총액이 100원(元) 이하인 자로 한정하고 있는데, 규정을 보충해야 할 것으로 생각됩니다. 이 항목의 엄격한 규정의 제한 때문에 각 현·시에서 토지 보류 허가자를 심사하는 데 그 수가 극히 적어서, 큰 현에서 보류를 신청한 경우는 3-500건을 넘지 않고 작은 현에서는 1-200건에 지나지 않으며, 실제 검토하여 허가된 경우는 그중 1/10, 2/10에 불과합니다. 그중 노약자로 의지할 데가 없는 자, 고아나 과부로 친척이 없는 자가 소수지만 확실히 있었음에도 허가를 얻지 못한 경우도 있었습니다. 각 현·시 지정(地政)사무소의 보고에 따르면 사무소에 와서 보류를 허가해주도록 울면서 간구한 자는 적지 않고, 본 지도단도 각지에서 2-3대의 고아·과부가 토지를 징발 당한 후 즉시 생업을 잃은 실례를 목격하였으며, 호세가 규정을 아주 조금이라도 초과한 경우 또한 징발된 사례, 심지어는 소작농이 동정심을 참을 수 없어 토지 수령을 포기하고자 하였으나 지정(地政) 인원 역시 법령에 구애되어 비준해주지 못한 경우도 있었습니다(鄧文儀 1955: 302).

이러한 서술은 공유 소작지 업주의 비참한 곤경을 명확하게 지적하고 있다. 그들이 소유하고 있던 토지 면적은 크지 않았으며, 또한 이에 의지하여 삶을 이어가고 있었지만, 단지 당시의 공유 및 소작 상황으로 말미암아 그들에게는 '지주'라는 칭호가 붙여지게 되었고 극악무도하고 용서할 수 없는 착취자로 변해버렸다. 의심의 여지없이 이는 상당히 부정확한 지탄으로서, 소작농들이 오히려 공유 소작지의 업주를 동정하고 스스로 경작을 중단하여 토지를 이들 지주에게 반환해줄 것을 요청하는 것도 이상할 것이 없다.[17] 하지만 정부의 강제적 규정 때문에 토지 반환의 움직임은 대부분 바라는 대로 이루어질 수 없었다.

어째서 정부는 반드시 공유 소작지를 징발해야만 했는가? 첫 번째는 아마도 공유 토지를 모두 제사를 위한 공산(公業)으로 오해했기 때문일 것이다. 선스커는 입법원에 대한 답변에서 지적하기를, 공동공유 토지가 대만에 가장 많으며, "대만 사람들의 선조가 대부분 푸젠 성과 광둥 성으로부터 와서 온갖 고생을 겪으며 땅을 개간했기 때문에, 그 후손들은 선조의 토지를 함부로 파는 것을 꺼려합니다. 그러므로 대부분의 경우는 토지를 하나의 공유 토지로 남겨두어 제사를 위한 공산으로 하고, 그 수익으로써 매년 제사를 지낼 때나 후손들이 학문을 하려할 때 사용하도록 하니, 주된 목적은 후손들이 나누어 팔아버리는 것을 방지하기 위한 것입니다."라고 하였다(沈時可 2000b: 43). 두 번째는, 토지 재산권의 단일화를 위한 것으로, 선스커는 다음과 같이 말하였다. "공동 공유 토지가 대를 이어 전해지는 사정 때문에 대륙에서는 일찍부터 수많은 소송 사건이 발생하였으므로, 우리나라 민법은 특별히 한 조항을 정하여 정부가 이런 상황을 5년 내 일률적으로 병합·소멸시키도록 일찍부터 규정하였습니다. … 이는 경자유전 때문에 나온 것이 아

17 이러한 원인 외에 업주와 소작농 간 권력의 불평등으로 인해 양자 간에는 이미 일련의 의식 형태가 발전하였고 소작농의 자발적 경작 포기는 그 영향도 받았다(徐世榮·蕭新煌 2003: 35-66).

니며 곧 대륙법의 정신이 소재하는 바입니다."(沈時可 2000b: 45-47)

앞서 서술한 두 가지의 이유 모두 다시 논의할 필요가 있을 것 같다. 전자에서는 공동 공유 토지를 모두 제사를 위한 공산으로 간주했으나, 이는 일종의 오해였다. 왜냐하면 대만의 균분상속제하에서 다수의 아들에게 상속해야 하는 경우 분할하기 이전의 토지는 모두 공동 토지로서, 이것이 반드시 제사를 위한 공산이라고 할 수는 없기 때문이다. 따라서 제사를 목적으로 성립한 공동 공유지와 다른 원인으로 성립한 공동 공유지는 마땅히 각각 구분되어야 한다. 왕이타오(王益滔)는 이에 대해 다음과 같은 견해를 제시하였다. "공유지 중 제사를 위한 공공 토지는 실제로 이미 죽은 조상이 소유한 것이므로, 이 경지를 매수하는 것은 비교적 순조로웠을 것이다. 하지만 이는 진정한 지주의 경지를 사들이는 것과는 그 의의가 다른데, 이는 모든 공유지를 반드시 지주가 공유하는 것은 아니었기 때문이다. 만약 양자를 구별하지 않고 일률적으로 수매하여 숫자를 채웠다면, 공평함을 결여한 부분을 피하기 어려웠을 것이다."(王益滔 1991: 116) 그리고 "「경자유기전 실시조례」 제8조 제1항 제2관 및 제5관에서는 특별히 「공유경지(共有耕地)」와 「제사공산 종교단체 경지」를 구분하고 있기 때문에 선스커가 말한 바는 그가 대만 공유지의 성격을 명료하게 이해하지 못한 것이 아니라면, 곧 오도하려 했던 것으로 볼 수 있다.

후자는 곧 토지 징발의 수단을 빌어 재산권의 단일화를 달성하고 민간에서 재산권 분쟁으로 야기될 수 있는 분쟁을 피하고자 한 것이다. 그러나 당시의 대만은 일본의 식민지 통치에서 국민정부의 통치로 막 옮겨진 상태였으므로, 단기간 내에 대만 사람들이 법률체계의 변화를 수용할 수 있었는지에 대해서는 의문이 없지 않다. 또한 중국의 법체계가 대만에도 반드시 적용되어야 했던 것인지에 대해서도 여전히 탐구할 필요가 있다. 그 밖에, 재산권 단일화 정책의 목적이 반드시 토지 징발을 통해서만 실현될 수 있었던 것인가? 정부는 사람들에게 얼마간의 시간을 주어 공유한 재산권을 자체적으로 처리하도록 하여 재산권 단일화의 목표를 실현함과 동시에 엄청난 노력이 드는 징발 수단을 사용하지 않을 수도 있었다. 또한 만약 행정적 공평성의 측면에서 생각해본다면, 어째서 공유 임대 경지의 업주들은 개인 경지 업주들과 같이 최소한 3갑의 중등 논을 보유할 수 없었는가?[18] 정부의 정책은 분명히 공유 임대 경지의 업주들을 차별 대우한 것이다.

그러나 가장 중요한 것은 재산권 단일화 정책의 목표가 경자유전의 목적과 부합했는가의 여부인데, 이에 대해서는 확실히 상당히 큰 의문이 있다. 왜냐하면 공유지를 소유한 토지소유권자들이 비록 토지를 소작농에게 임대하여 경작시킴으로써 「경자유기전 실시조례」에서 묘사된 지주의[19] 정의에 부합되기는 했지만, 그들의 절대다수는 소규모의 토지 소유권 보유자(혹은 업주라고도 칭한다)들이어서 반드시 넓은 면적의 토지소유권자(또한 소위 지주이다)라고 할 수는 없기 때문이다. 이와 같이 공유 임대 경지의 일률적 징발과 매각을 시행한 결과가 소규모 농지를 소유한 수많은 토지소유권자의 권리를 박탈하고 동시에 그것을 소작농에게 이전한 것이라 한다면, 이는 단지 일군의 소규모 농지 소유권자를 별도로 창출해내고[20] 원래의 토지소유권자들의 권익을 철저히 무시한 것에 불과하다.

상술한 것과 같이 재산권의 단일화를 위해 공유 임대 경지의 소유

18 「實施耕者有其田條例」가 입법원에서 심의될 당시, 일찍이 어떤 입법위원은 모두 동등하게 취급해서 공유 임대 경지의 업주들도 중등의 수전 3갑을 보류할 수 있게 해야 한다고 요구하였으나, 행정원은 이를 받아들이지는 않았다(沈時可 2000a: 12).

19 1953년 1월 20일 입법원에서 통과된 「實施耕者有其田條例」의 제6조 제1항 전반부에는 다음과 같이 규정되어 있다. "본 조례에서 지칭하는 지주란 토지를 다른 사람에게 임대하여 경작하게 하는 토지 소유권자를 가리킨다. 스스로 경작하지 않거나, 혹 비록 스스로 경작한다고 하나 고농경작을 주체로 하는 경우, 그 경지의 자경하는 부분 이외는 임대 토지로 취급한다."

20 매 호의 농민이 수령한 경지면적은 그들이 원래 임차했던 면적의 다과에 따라 차이가 있었으며, 평균적으로 0.74갑을 넘지 않았고, 수령 면적이 1갑 이하의 호수가 가장 많아(총 14만 9,146戶) 수령한 총호수의 76.55%를 차지하였다.

권을 징발한 것은 본래부터 정당성을 결여한 것으로 재산권 단일화는 단지 그 표면적인 이유에 불과하였다고 본다면, 정부가 반드시 공유 임대 경지를 징발하고자 했던 또 다른 이유가 필요하다. 그렇다면 그 근본적인 원인은 도대체 무엇이었는가? 필자가 생각하기에 그 근본적인 원인은 대만의 지주 숫자가 상당히 적고 경자유전 정책을 통해 징발할 수 있는 토지가 상당히 제한되어 있었으므로, 대만성 민정청 지정국에서 공유 임대 경지의 일률적 징발을 상당히 견지했기 때문이다.

그리고 이는 또한 행정원 조직, 특히 성 정부 지정국과 입법원 간의 알력과도 관련이 있다. 지정국에서 기존에 제출했던 「대만성 자작농육성조례」 초안에 따르면 사유 임대 경지는 "개인이 재향지주일 경우 11등급의 수전(水田) 표준에 의거하여 2갑을, 혹 12등급의 한전(旱田) 표준에 의거하여 4갑을 보류하거나, 또한 특수한 용도를 지녔거나 혹은 수확이 불확실한 경지는 신청하여 징발의 면제를 허가받을 수 있는 경우 외에, 개인이 재향지주가 아닌 경우, 공유·단체 소유 혹은 정부가 대신 관리해온 경지는 일률적으로 정부가 징발한다"고 하였다(湯惠蓀 1954: 71). 당초에 예측된 징발 경지면적은 다음과 같다.

이 초안이 대만성 임시성의회에 보내진 이후 성의회는 경지 징발 보류와 관련된 부분을 수정하여, "재향지주의 경지 보류 표준은 등급에 따라 4등급으로 늘려, 논 1-6등급은 1갑을, 7-12등급은 2갑, 13-18등급은 3갑, 19-26등급은 4갑을 보류한다. 밭은 위의 등급 분류에 따르되 논에 비해 갑절로 보류한다. 성 정부의 초안에서 정한 공유 임대 경지 일률 징발에 관한 항목은 삭제한다"고 하였다(湯惠蓀 1954: 72). 이 항목의 수정에서 가장 중요한 부분은 공유 임대 경지가 징발의 대상에서 제외된다는 것으로, 만일 이 제안이 실현될 경우 이상의 표에서 제시된 11만 9,071갑의 공유 임대 경지는 그 예측치에서 삭제되므로, 대만성 지정국 및 행정원 조직에 중대한 좌절이 될 상황이었다.

주의할 필요가 있는 것은 대만성 정부는 처리 시효를 맞추기 위해

표 5.3 대만성 민정청 지정국이 최초로 추정한 징발 경지면적 (단위: 갑)

종류	면적	백분율(%)
개인 소유 소작지	77,665	36.2
공유 소작지	119,071	55.4
단체 소유 소작지	17,199	8.0
기타 소작지	898	0.4
계	214,833	100.0

출처: 湯惠蓀(1954: 71)

서 그들이 「대만성 자작농육성조례」를 대만성 임시성의회에 심의하도록 교부하면서 동시에 이 초안을 또한 행정원에 보고하여 검토 및 지시 요청하고 성의회의 의견이 도달한 이후 이를 다시 중앙에 송부하여 참고하도록 할 것이라 공언했다는 점이다. 이러한 행정 절차는 사실 하나의 중요한 정보를 내포하고 있는데, 성의회에는 실질적으로 결정권이 없으며 결정권은 행정 기관이 장악하고 있다는 것이다. 내정부에서는 이후에 행정원 회의의 결의에 근거하여 "1. 공유 소작지는 그대로 일률 징발한다. 2. 재향지주의 여부와 상관없이 모두 이하의 표준에 의거하여 그 소작지를 보류한다. ① 논: 1-6등급은 1갑 5분(分), 7-12등급은 3갑, 13-18등급은 4갑 5분, 19-26등급은 6갑, ② 밭: 1-6등급은 3갑, 7-12등급은 6갑, 13-18등급은 9갑, 19-26등급은 12갑"으로 결정하였다(鄧文儀 1955: 41). 여기에서 알 수 있듯이, 공유 소작지의 일률적 징발 조항을 삭제하자는 성의회의 제의는 행정원의 동의를 전혀 받지 못했던 것이다. 행정원에서 이후에 예측한 각 종류별 징발 대상 경지의 면적은 표 5.4와 같다. 위의 표 5.3과 비교하면, 단지 개인 소유 소작지 부분에서만 변화가 있었고 그 나머지는 모두 변화가 없었으며, 공유 소작지의 징발은 여전히 가장 큰 비율을 차지하고 있다는 점을 발견할 수 있다.

이후 행정원은 이 공유 소작지 일률 징발과 관련된 초안을 입법원에 송부하여 심의하도록 하였는데, 이 또한 상당한 의견 충돌을 야기하였다. 그중 입법위원들이 가장 동의하지 않았던 부분은 공유 소작지의

표 5.4 행정원이 추정한 징발 경지면적 (단위: 갑)

종류	면적	백분율(%)
개인 소유 소작지	42,489	23.6
공유 소작지	119,071	66.3
단체 소유 소작지	17,199	9.6
기타 소작지	898	0.5
계	179,657	100.0

출처: 湯惠蓀(1954: 74)

일률적 징발로서 대만성 지정국장 선스커 본인 또한 이와 관련하여 기록을 남기고 있다.

> 정례회의 하루 전, 샤오정(蕭錚) 위원이 전보를 보내 선스커에게 내일 소집되는 회의에 참석하여 보고해줄 것을 요청하였다. … 샤오 위원은 이미 소집인인 양바오린(楊寶琳) 위원이 결정을 내린 것으로 그가 당신 선 국장에게 통지할 수도 있으며, 대체로 공유지 문제에 관련된 것이라 하였다. … 개회하자 과연 크고 위세가 넘치는 북방 위원 하나가 일어나서 질의하였다. 그것은 공유지에 관한 것으로 왜 그 제10조에 일률징발 조항을 넣었는가를 물은 것이다. … 경자유전 법안에 대해서는 격렬한 의견 다툼이 있었고, 이것이 장 총통에게 알려지게 되자 그는 국민당 총재로서 입법원 위원의 중요 소집 위원 및 영향력 있는 위원 10여 명, 중앙당부 비서장 장치윈(張其昀), 행정원 비서장 황사오구(黃少谷), 성정부 주석 우궈전(嗚國楨), 재정청상 런셴췬(任顯群) 등을 소집하여 회합하였다. … 리경린(李慶麐) 위원이 발언에 나서 입법위원들의 의견을 설명하였는데, 그들은 공유지를 일률적으로 징발해서는 안 되며, 그중 약간의 문제는 반드시 분류하여 보류해야 하는 등의 이유가 있다고 생각한다는 것이다. 뒤이어 소집인인 양바오린 위원 그 외 위원들이 모두 열렬히 발언하였는데, 그 내용은 대체로 비슷하였다(沈時可 2000b: 41-48).

입법위원들의 발언은 즉 공유 소작지의 일률 징발에 반대하는 것이자 행정기관과 첨예하게 대립한 것으로, 이후 이 논쟁은 장 총통이 출석하여 협조한 다음에야 겨우 해결될 수 있었다. 그는 앞서 기술한 중요회의에서 다음과 같이 조치하였다.

> 장(제스) 총재께서는 고개를 끄덕여 선스커의 보고에 찬동한다는 뜻을 나타내시고 15분간 휴식하면서 회합에 모인 모든 위원 및 농촌부흥위원회 주임위원 장멍린, 총통부 비서장 왕스제(王世杰) 등이 소조회의를 조직하여 제10조의 수정안을 기초하도록 지시하시고, 선스커가 기록을 담당하여 회의를 다시 시작할 때에 제출하여 보고하도록 지정하셨다. 이에 회의 소집인으로 양바오린·리칭린(李慶麐) 두 위원이 공동 추천되었고, 휴게실에서 회의를 개최하였다. 우선 서로 의견을 교환하고 선스커는 각 사람이 발표한 의견을 각 발언자에게 나누어 확인을 받은 다음, 다시 소집인들이 각각 수정·정서한 것을 검토하고 참가 인원 한 명 한 명에게 서명을 받은 후 소집인에게 돌려주었다. 이때 어떤 사람이 와서 15분이 지났다며 재촉하였고 장 총재는 사무실을 떠나려하므로 모두에게 회의실로 속히 갈 것을 청하였다. 기록한 것을 장 총재에게 드려 검토하게 하였고, 장 총재께서 검토한 이후 착오가 있는지를 물어보셔서 소집인들이 없다고 대답하였다. 장 총재는 모두에게 다른 의견이 있는지를 물어보고, 곧 기록과 같이 본안을 수정하라고 선포하시자 모두 손뼉을 치며 만족을 표시하고 물러났다(沈時可 2000b: 48-49).

원래 초안의 제10조는 공유 임대 경지를 일률적으로 징발한다는 것과 관련된 조항이었으므로 부분적 수정이 가해졌다. 또한 조문의 재정리로 원래 초안의 제10조가 이후의 제8조로 변경되었고, 공유 임대 경지 지주의 권익은 근본적으로는 보장받을 수 없게 되었다.

5. 결어

이 장에서는 37.5감조에서부터 이야기를 시작하여, 권위적인 분위기로 정부가 소작 개혁을 순조롭게 추진할 수 있었고, 공유지 매각의 실시는 대당공사에 대한 농민들의 항쟁 때문으로 심각한 실업 문제 및 정치적 안정을 유지하기 위해 정부가 시행했음을 서술하였다. 경자유전 정책에서 지주에 대한 정의가 확대 해석되면서 공유 임대 경지 내 소규모 토지 소유권자들의 권익은 심각하게 침탈당했으며, 지주의 생활이 토지 개혁의 실시로 인해 궁핍해지는 상황이 조성되었으며, 일부 소작농들은 오히려 지주의 상황을 동정하여 토지를 다시 지주에게 돌려주고자 하였다. 하지만 이러한 움직임은 토지개혁 실시의 정당성에 큰 충격을 주었고 이는 토지개혁의 실시에 치명적 타격을 야기할 수 있었기 때문에 사태의 악화를 피하기 위해 당시 절대적인 권력을 지니고 있었던 정부는 계속해서 업주들이 소작농을 착취한다는 이데올로기를 조장하여 이 사안에 대한 해석방식을 통일시키고, 다른 한편으로는 가혹한 형벌을 만들어 소작농이 토지를 본래 업주에게 돌려주는 것을 엄금했기 때문에 업주들의 저항은 몹시 곤란해지게 되었다.

또한 업주의 생활은 어떻게 궁핍한 상황에 빠지게 되었는가? 정부의 선전에 따르자면 그들은 모두 부유한 하나의 착취계급이 아닌가? 그들의 생활이 어떻게 이렇게 심각한 곤경에 빠질 수 있었는가? 이는 사실 매우 심각한 하나의 오해에서 근원한 것으로, 우리는 오랫동안 '업주'(혹은 토지 소유권자)를 '지주'로 오해하여 이들 업주에게 과도한 의식상의 부담을 지웠던 것이다. 그리고 '지주'라는 용어는 당시 일개 착취계급의 대명사로 반드시 제재되고 소멸되어야 할 것으로 간주되었다. 그러나 앞에서 서술했던 국민정부가 중국 대륙 통치 시대 지주에 대해 내린 정의의 어떤 표준에 따르더라도 절대 다수의 대만 업주는 그 표준에 부합하지 않았고 대만의 대다수 경지 소유자는 모두 '지주'

라 불리기에 그 자격이 부족하였다. 그러나 국민정부가 대만으로 온 이후로 토지개혁 정책을 실시하기 위해 결국 지주의 정의를 어떠한 제한도 없이 확장시켜, 그 결과 경지를 소유한 모든 사람 및 이를 임대하는 자에게 곧 '지주'라는 칭호가 붙여졌고, 그 운명은 또한 이로 인해 달라졌다. 필자는 국민정부 및 농촌부흥위원회의 이러한 일관성이 떨어지는 표준 설정 행위가 반드시 검토되고 반성되어야 한다고 생각한다.

위에서 서술한 업주 가운데 가장 비참한 운명을 겪은 것은 공유 임대 경지의 업주들로 그들 대부분은 소규모의 경지를 보유하고 이에 의지하여 삶을 유지하고 있었을 뿐이지만, 국민정부의 정책 고수로 그들의 경지는 대부분 징발되고 매각되어 소작농에게 주어졌다. 비록 당시 입법원이 일찍부터 강하게 반대하였으나 장제스 총통의 출석 협조하에서 공유 임대 경지의 징발정책은 바뀌지 않고, 겨우 제8조 제2항 단서의 예외규정으로 부가되었을 뿐으로, 개인 임대 경지 업주와 같이 최소한 중등의 수전 3갑도 보유할 수 없었다. 그러나 행정원 방면은 여전히 이러한 예외 규정을 원하지 않았고, 오히려 「경자유기전조례 시행세칙」의 해석권을 활용하여 제8조 제2항의 의미를 좁게 정의하여 그 조건에 부합될 수 있는 업주를 극히 소수로 만들었다. 공유 임대 경지 업주들의 권익은 근본적으로 무시되었고, 그들은 오히려 대만 사회에서 착취 대상이자 혁명의 대상이 되어 이 사회의 2등 국민이 되어 버렸다. 국민정부가 그들을 어찌나 그토록 잔인하게 다루었으며 그들의 운명은 어찌 그리 비참했는가! 또한 사람들을 고통스럽게 하는 것은 오랫동안 우리가 추앙해온 국민정부의 자주능력(Amsden 1985; Skocpol 1985; Gold 1986)이 놀랍게도 이와 같은 잔혹한 사실 위에 세워져 있다는 것이다.

50여 년의 시간이 지나고 당시의 업주들은 아마 대부분 세상을 떠났을 것이지만, 이러한 문제가 계속해서 경시되어서는 안 되며 마땅히 심각한 이해와 반성, 신중한 접근과 수정이 필요하다. 〔번역: 조병식〕

| 2부 |

무상몰수의 토지혁명

| 6장 |

해방 직후 북한의 토지개혁*

전현수

1. 서언

1946년 3월 북한에서 실시된 토지개혁은 우리 역사에서 매우 중요한 지위를 점한다. 토지개혁은 지주소작관계를 철폐하여 우리 농촌사회가 나라의 반쪽에서나마 새로운 농업생산관계로 재편되는 출발점이 되었다. 토지개혁은 해방 직후 북한의 공산주의자들이 추구한 민주기지노선이 본격적인 실천단계로 진입하는 계기가 되었고, 남북한 사회가 서로 다른 발전의 길로 분화되는 기점이 되었다.

이처럼 토지개혁은 경제적 의미에서건 정치적 의미에서건 해방 이후 북한사회의 형성과정을 이해하기 위한 필수적인 통과점이 되고 있지만, 이에 대한 연구가 만족할 만한 수준에 도달해 있는 것은 아니다. 토지개혁에 대한 최초의 종합적 연구로는 손전후의 저서를 들 수 있다

* 이 장은 전현수, 2002, 「해방 직후 북한의 토지개혁」, 『대구사학』 68집에 게재되었다.

(손전후 1983).[1] 손전후는 해방 직후 북한에서 생산된 일차사료를 광범위하게 활용하여 토지개혁의 준비와 실시 과정을 상세히 분석해서 토지개혁에 대한 실증적 연구를 현저히 진전시켰다. 그러나 손전후는 토지소유관계의 변화에 중점을 두어 소유관계의 개혁이 직접적 생산과정과 농업생산물의 분배관계 등 농업생산관계의 경제적 내용에 미친 변화에 대해서는 거의 주의를 기울이지 못했다. 또한 시종일관 조선로동당의 정책노선에 입각하여 토지개혁을 조명함으로써 토지개혁이 내포한 복합적이고도 모순적인 성격을 파악하는 데 한계를 드러냈다.

남한학계에서는 사료결핍 때문에 토지개혁 연구가 매우 적었고 그나마 북한의 성과를 재해석하는 수준에 머물렀다(장상환 1987; 이주철 1989). 소련군정문서가 소개되면서 토지개혁 연구는 새로운 가능성을 얻게 되었는데(전현수 1993), 김성보는 소련군정문서와 미군노획문서에 기초하여 남한학계 최초로 토지개혁을 종합적으로 분석했다(김성보 2000). 김성보의 연구는 지주 토지의 몰수 문제를 중심으로 토지개혁노선이 변화한 사실을 지적하고, 농산물 유통정책을 중심으로 농업생산물의 분배구조를 해명한 점에서 의미를 지닌다. 그러나 김성보의 연구는 분석자료의 제한성 때문에 토지개혁 이후 새롭게 형성된 농업생산관계의 경제적 내용을 해명하는 데는 미흡한 점이 많았고(전현수 2002), 토지개혁노선의 변화와 그 성격도 명확히 드러내지 못했다.

남북한을 막론하고 토지개혁 연구가 지닌 결점 가운데 하나는 토지개혁의 정치적 결과에 대한 검토가 거의 없었다는 점이다. 토지개혁은 해방 직후 통일민족국가 수립운동에서 북한 공산주의자들이 추구한 민주기지노선의 산물이었다. 그것은 또한 전 인구의 압도적 다수를 이루는 농촌사회의 구성원들 사이에서 치열한 계급투쟁을 동반했다. 이 투쟁의 성격과 결과 및 이 투쟁이 농촌사회의 자치질서를 어떠

1 손전후 이외의 연구로는 김한주(1954), 김승준(1988)을 들 수 있다.

한 방향으로 변화시켰는가에 대한 검토는 전무한 실정이다. 토지개혁이 통일민족국가 수립운동에서 점하는 지위와 민주기지노선의 계급적 성격도 거의 해명되지 않았다.

이 연구는 연구사적 정황을 고려하여 곡물징발정책의 실패로 초래된 식량위기라는 구체적 정세로부터 출발해서 좌우합작노선에서 좌익동맹노선으로 토지개혁노선이 변화하는 과정을 추적하고, 토지개혁이 평화적으로 수행될 수 있었던 조건을 해명하고자 한다. 이 연구는 토지개혁의 결과 수립된 새로운 농업생산관계의 특질을 분석하고, 토지개혁이 농촌사회의 자치질서도 좌우합작에서 좌익동맹의 방향으로 변화시킨 점을 밝히고자 한다. 이 연구에서는 토지개혁의 실시로 실천단계에 진입한 민주기지노선의 계급정책과 그 정치적 함의를 고찰하고자 한다. 이 연구는 토지개혁이 대단히 복잡하고 모순적인 사회적 현상이라는 점에 착안하여 북한사회 발전의 내적인 동인만이 아니라 외적인 동인, 즉 소련의 정책을 고려하여 토지개혁의 준비, 전개, 결과를 실시구시의 방법으로 분석하고자 한다.

이 글에서는 러시아국방성중앙문서보관소(이하 '국방성문서'로 약칭)와 러시아연방대외정책문서보관소(이하 '대외정책문서'로 약칭)에 소장된 소련군정문서를 주로 활용했다.[2] 이 글에서는 러시아국립문서보관소(이하 '국립문서'로 약칭)에 소장된 조선공산당북조선분국기관지 『正路』(국립문서 문서군 5283, 목록 18, 문서철 208)와 러시아국립사회정치사문서보관소(이하 '사회정치문서'로 약칭)에 소장된 북조선공산당함경남도당부기관지 『옳다』, 『북조선농민신문』 등 해방 직후 북한의 정당·사회단체 기관지들도 활용했다(사회정치문서 문서군 495, 목록 135, 문서철 216-217).

2 소련군정문서에 대해서는 전현수(2001: 157-198) 참조.

2. 토지개혁의 정세

해방 직후 북한의 농업생산관계-지주소작관계는 위기에 직면했다. 이것은 농민들이 더 이상 지주들의 노예로 살려고 하지 않았기 때문이다. 1946년 3월 3일 평양에서 개최된 조선농민조합 북조선연맹 대회에 참석한 농민들은 조선 농업은 근본적인 개혁 없이는 일보도 전진할 수 없다고 판단했다. 이 대회에서 종합보고를 한 농림국장 이순근(李舜根)은 조선 농업관계의 특질을 '토지는 근대적 소유제를 확립하면서 생산관계는 봉건적·반(半)봉건적 착취형태를 재생산하여 농민을 가혹하게 약탈하는 것으로 정식화했다'.(『正路』 1946. 3. 7)

이순근의 보고에 의하면 전체 농가호수(3,046,001호)의 3%에 불과한 지주가 총경지면적(4,219,790정보)의 62.2%를 소유한 반면 전체 농가호수의 64%는 1정보 미만의 경작지를 보유했다. 농민의 계급구성을 보면 자작농이 17.6%, 자작겸소작농이 15.98%, 소작겸자작농이 16.38%, 토지가 전혀 없는 농민이 52.6%였다. 북한만을 떼어놓고 보면 전체 농가호수(1,004,586호)의 4%에 불과한 지주가 총경지면적(1,982,341정보)의 58.2%를 소유했다. 북한 농민의 계급구성은 자작농이 25%, 자작겸소작농이 16.59%, 소작겸자작농이 14.37%, 토지가 전혀 없는 농민이 45.4%였다. 이처럼 생산자인 농민과 생산수단인 토지가 분리되어 있었다. 이순근은 이러한 모순이 농민으로 하여금 농업개선의 여유도 가지지 못하게 했을 뿐만 아니라 생산의욕조차 상실하게 하여 조선농업은 근본적 개혁 없이는 일보도 전진할 수 없게 되었다고 주장했다.

조선공산당의 농업문제 전문가인 박문규(朴文奎)는 해방 직후 농민운동의 가장 주요 과제는 토지문제를 근본적으로 해결하는 데 있다고 주장했다. 그는 일제와 친일파 민족반역자 및 지주의 토지를 몰수하여 농민의 노력과 가족수에 비례해 분배함으로써 이 과제가 달성될 것이라고 보았다(朴文奎 1946: 99-110). 함경남도 일부 지방에서는 좌파의 주도하에 지주 토지를 몰수하여 분배하는 사례가 종종 나타났다. 그러나 토지문제 해결의 관건인 농민운동의 도달 수준은 여전히 낮았다.

1946년 1월 31일 평양에서 개최된 전농북조선연맹 결성대회의 종합보고에 의하면 이 시기 농민운동은 3·7제를 기준으로 하여 소작료를 금납화하는 문제에 주력했다. 그러나 3·7제만 하더라도 아직 실시되지 못한 지역이 많았고, 3·7제 투쟁은 지주들의 반대도 완전히 극복하지 못했다. 지주들은 여전히 종곡대, 비료대, 지세 등을 소작인에게 전가하거나 부역부담을 요구했다. 소작료 금납화 문제도 아직 실시되지 못한 지방이 많았다. 농민들은 여전히 봉건적 정실관계에서 벗어나지 못했고 이 때문에 농민계몽운동을 적극적으로 전개해야 한다는 지적이 많았다(『正路』 1946. 2. 6).

1946년 3월 한 달도 안 되는 매우 짧은 기간에 북한 전역에서 전격적으로 실시된 토지개혁은 이처럼 농민운동 자체의 내재적 발전의 소산은 아니었다. 3·7제 자체가 농민의 조직적 투쟁의 결과 얻어진 것이 아니라 외부로부터 주어진 것이었듯이, 토지개혁은 농민들의 직접적 투쟁의 결과가 아니라 좌파의 주도하에 위로부터 주어진 혁명이었다. 1945년 말에서 1946년 초에 걸쳐 실시된 농산물조달 사업 - 양곡성출(糧穀誠出) 사업의 실패로 초래된 식량위기는 농민운동의 도달 수준과는 무관하게 토지개혁의 실시를 가속화하는 구체적 정세를 결정했다.

토지개혁의 구체적 정세를 규정한 농산물징발 사업은 1945년 10월 평양에서 개최된 북조선 5도 인민위원회 회의로 거슬러 올라간다. 소련군사령부의 요청에 의해 소집된 이 회의에서는 농업 및 조달 분과위원회가 조직되어 도시주민과 소련군의 수요를 충족시키기 위한 곡물조달 문제가 논의되었다. 회의에서는 75만 톤의 농산물조달 계획을 결정하고 각 도·군·면·부락 단위의 조달량도 확립했다. 1945년 10월 12일부터 북한 전역에서 단일한 고정적인 조달가격이 확립되었고, 조달 계획이 완료되기 전에는 농민들이 조달에 응해야 할 종류의 곡물을 판매하는 것이 금지되었다(국방성문서 문서군 소련민정청, 목록 433847, 문서철 1: 97-98).

각급 인민위원회를 통한 농산물조달 사업은 순조롭게 진행되지 못했다. 1945년 11월 12일 소련민정청 행정실장 이그나찌예프(Игнатьев)가 민정청장 로마넨코(Романенко)에게 올린 보고에 의하면 농산물조달 사업은 무질서하게 전개되었고 도시주민에 대한 양곡배급도 통일적인 계획 없이 진행되었다. 이그나찌예프는 곡물조달 실적이 저조하여 양곡배급이 어려워짐에 따라 일부 지역에서는 파업과 태업이 일어날 가능성도 배제할 수 없다고 지적했다. 그는 농산물조달 사업과 도시주민에 대한 양곡배급 사업을 소련군사령부가 직접 지도하여 유관 행정기관들을 통해 실시해야 한다고 제안했다(위의 문서 1: 170-172).

농산물조달 사업의 성과가 저조하여 도시주민에 대한 식량공급이 어려워지자 경제활동도 침체되기 시작했다. 강원도 경무사령관의 보고에 의하면 1945년 11월 현재 도내 대다수 공장들은 식량부족 때문에 정상적인 조업을 지속하기 어려운 상황에 처했다. 각급 인민위원회는 곡물조달 사업을 추진하지 않았고 노동자들에게 공급할 양곡도 전혀 비축되어 있지 않았다. 이 때문에 도내 단 한 곳의 공장에서도 노동자들에게 양곡을 배급해주지 못했다. 이러한 사정은 조업에 부정적인 영향을 끼쳐 노동자들로 하여금 공장을 떠나가게 했다(국방성문서 문서군 소련민정청, 목록 343254, 문서철 9: 68-72).

5도 인민위원회 회의가 결정한 농산물조달 계획은 사실상 좌절되었다. 연해주군관구 병참장교가 작성한 보고서에 의하면 도시주민의 양곡 수요를 위한 곡물조달 사업은 거의 추진되지 않았다. 소련군 수요를 위한 농산물조달 사업만이 전개되었지만 그 실적은 계획을 현저히 밑돌았다. 1945년 12월 25일 현재 소련군 수요를 위한 곡물조달 실적은 12만 868톤으로 계획(21만 톤)의 57.4%에 불과했다. 감자와 야채는 1만 6,850톤을 조달하여 계획(3만 8,000톤)의 44.3%를, 소는 1만 8,830

두를 조달하여 계획(3만 6,000두)의 52.3%를 달성했다(국방성문서 문서군 379, 목록 532092, 문서철 2: 1).

농산물조달 계획이 제때에 완수될 수 없었던 것은 이에 필요한 재정자금이 턱없이 부족했기 때문이다. 5도 인민위원회 회의는 소련군사령부에 농산물조달 계획을 완수하는 데 필요한 자금 7억 8,000만 엔을 소련군사령부 군표로 발행하여 북조선중앙은행에 제공해줄 것을 요청했다(국방성문서 문서군 소련민정청, 목록 433847, 문서철 1: 92). 25군 병참장교의 평가에 의하면 소련군 수요를 위한 농산물조달에만 2억 8,800만 엔이 필요했다. 그러나 1945년 12월 25일 현재 농산물조달을 위해 제공된 자금은 소련군 조달 비용으로 제공된 3,800만 엔이 전부였다(국방성문서 문서군 소련민정청, 목록 343254, 문서철 9: 122-124). 조달자금의 결핍으로 각급 인민위원회는 도시주민을 위한 농산물조달 사업을 추진하는 것이 애초부터 불가능했다. 자금 부족 때문에 소련군 부대들도 조달대금을 정확히 지불할 수 없었다. 강원도 철원군에서는 6개 면에서 6만 7,218엔 상당의 농산물을 소련군 부대에 납품했지만 조달대금을 한푼도 받지 못했다. 이러한 사정은 농민들의 불만을 야기했고 이들로 하여금 농산물조달을 거부하게 만들었다(국방성문서 문서군 소련민정청, 목록 102038, 문서철 1: 35).

계획 자체가 현실적인 가능성을 고려하지 않고 수립된 사실도 농작물조달 실적이 저조한 이유가 되었다. 강원도는 곡물류와 두류의 조달계획이 21만 629톤으로 확정되었는데 이것은 실현이 불가능한 계획이었다. 미곡은 수확량 12만 2,902톤에서 소련군과 도시주민의 수요를 위해 5만 908톤을 조달하고 농촌 주민의 수요와 종곡 및 기타 소비를 위해 7만 1,994톤이 남겨지도록 계획되었다. 그러나 밀, 콩, 수수, 옥수수, 귀리, 보리 등 여섯 가지 곡물은 수확량이 5만 8,515톤에 불과했지만 조달계획은 이보다 7만 2,473톤이 더 많은 13만 988톤으로 확정되었다. 이 곡물들을 미곡으로 대체할 경우 미곡 수확량 전부를 조달해야 한다는 결론이 나오는 것이다(위의 문서, 문서철 9: 207-213).

농산물조달은 농촌사회의 모든 주민 집단으로부터 저항을 불러일으켰다. 지주들과 부농들은 농산물조달에 협력하지 않았다. 강원도에서 지주들은 농산물조달에 공공연히 반대하지 않았지만 온갖 구실로 조달사업을 방해했다(위의 문서: 269-274). 평안북도에서도 지주들과 부농들은 조달계획의 완수를 방해했고, 곡물을 은닉하거나 시장에 몰래 내다 팔았다(국방성문서 문서군 소련민정청, 목록 106546, 문서철 1: 54-61). 농민들도 왜정(倭政) 때 공출이 있었는데 해방된 지금도 공출이 계속되고 있다고 불만을 토로했다. 농민들 사이에서는 소련군이 진주한 이후 "보안대원들과 공산당원들이 모든 것을 강탈해 가 부자가 되고 있다"라는 불평이 확산되었다(위의 문서: 209, 214-220).

농촌 주민들이 농산물조달에 반대한 것은 농산물조달이 이들에게 커다란 경제적 손실을 강요했기 때문이다. 농산물의 조달가격은 시장가격과 커다란 차이를 보였다. 시장에서 농민들은 미곡 1킬로그램을 8-10엔에 팔 수 있었지만 조달가격은 1.39엔에 지나지 않았다(위의 문서: 82).

1945년 12월에서 1946년 2월 사이에 진남포(鎭南浦)에서 미곡의 조달가격은 시장가격에 비해 7배나 낮았고, 수수는 5-7배, 콩은 3배나 낮았다(森田芳夫 1979: 506). 감자와 야채도 마찬가지였다. 강원도에서 감자의 조달가격은 시장가격에 비해 8배나 낮았고 야채는 3.5배나 낮았다(국방성문서 문서군 소련민정청, 목록 343254, 문서철 9: 209, 214-220). 농민들은 고정가격으로 농산물을 판매해야 했지만 공산품은 비싼 변동가격으로 구입해야 했다. 공산품 가격은 계속해서 올랐고 공산품과 농산품의 협상가격차는 현저히 확대되었다. 농민들은 조달가격으로 농산물을 판매하는 것을 거부했다(위의 문서: 68-72, 117-121).

각급 인민위원회 지도부도 농작물조달 사업에 협조하지 않았다. 군·면 인민위원회 지도부는 대부분 조달계획이 비현실적이며 농민들을 기아선상으로 내몰 것이라고 반발했다. 강원도에서는 인민위원회 지도자들이 "농민들이 조달계획을 완수하게 되면 봄에 파종할 것이 하나도 남지 않을 것이다. 조달계획은 지나치게 많다"고 불평했다. 강원도의 각급 인민위원회는 도시주민을 위한 농산물조달 사업을 방기했다(위의 문서: 68-72). 황해도에서도 농민조합 지도자들은 "우리는 조달계획을 완수할 것이다. 그러나 3월에는 소련군 창고에서 주민을 위해 식량을 내놔야 한다"고 주장했다(위의 문서: 220). 평안북도 인민위원회는 소련군 수요를 위한 조달사업만 조직했고 도시주민을 위한 조달사업은 사실상 방기했다(국방성문서보관소 문서군 소련민정청, 목록 106546, 문서철 1: 230-236).

농산물조달 사업이 전개된 시기, 특히 1946년 1-2월에 각급 인민위원회에서는 농산물조달 사업에 반대한 지주들과 부농들에 대한 숙청 작업이 진행되었다. 연해주군관구 군사평의회의 결정에 따라 각급 인민위원회에 조직된 검열위원회는 지도성원에 대한 조사를 거쳐 많은 위원들을 축출했다. 이들을 대신해서 '보다 민주적이며 사업능력이 있는' 위원들이 각급 인민위원회 지도부에 등용되었다(대외정책문서 문서군 0480, 목록 2, 문서함 1, 문서철 2: 14). 황해도에서는 농산물조달에 반대한 이유로 5명의 군 인민위원회 위원장과 9명의 면 인민위원회 위원장이 숙청되었다. 또 4명의 도 인민위원과 21명의 군 인민위원이 농산물조달 사업에 비협조적이라는 이유로 축출되었다(위의 문서, 문서철 1: 11-12, 147-148).

도시주민의 양곡 조달사업은 1946년 2월 소련군 수요를 위한 농산물조달 사업이 완료된 이후 비로소 시작되었다. 그러나 양곡조달 사업의 성과가 저조했기 때문에 식량사정은 갈수록 악화되었다. 1946년 2월 6개 도 가운데 황해도와 평안북도에서만 자체 조달 양곡으로 주민들의 식량 수요를 충족시킬 수 있었고, 나머지 4개 도에서는 도시뿐만 아니라 농촌에서도 심각한 식량부족 현상이 나타났다. 소련군사령부의 집계에 따르면 가을 추수까지 도시주민의 양곡 수요를 위해 25만 9,660톤이 필요했지만 식량사정이 비교적 좋은 황해도와 평안북도에서 수매할 수 있는 양곡은 2만 톤에 지나지 않았다(대외정책문서 문서군 0480, 목록 2, 문서함 1, 문서철 2: 34-43).

식량공급의 악화와 이에 따른 식료품 가격의 급등은 노동자들의 불만을 폭발시켰다. 노동자들은 집단행동에 나섰다. 1946년 1월 28일 황해도 장연군(長淵郡)에서는 200명의 노동자들이 군 인민위원회 사무실로 몰려가 식량배급을 요구했다. 대규모 공장 지대의 노동자들은 식량사정의 악화로 특히 커다란 고통을 겪었다. 공장지대에서는 이미 1945년 12월과 1946년 1월에 노동자들에 대한 식량배급이 전면 중단되었다. 식량사정의 악화는 공장들의 조업을 불가능하게 했을 뿐만 아니라 노동자들의 불만이 정치적 성격을 띠게 만들었다. 북조선전기회사에서는 노동자들이 관리자들에게 거칠게 항의하며 식량배급의 정상화를 요구했다(위의 문서, 문서철 4: 7).

농산물조달 사업은 소련군의 식량 수요를 충족시킬 수 있었지만 농촌 주민의 모든 계층 속에서 소련군정과 북조선임시인민위원회에 대한 커다란 저항을 불러일으켰다. 농산물조달 사업을 통해 도시주민에게 식량을 안정적으로 공급해주는 것도 불가능했다. 소련군정과 북조선임시인민위원회는 곡물징발정책의 실패로 조성된 정치·경제적 위기로부터 탈출할 방안-토지개혁 방안을 시급히 마련하지 않을 수 없게 되었다.

3. 토지개혁법령의 입안

기록에 의하면 북한에서 토지개혁 문제가 최초로 제기된 것은 1945년 9월 13일 개최된 조선공산당(이하 '조공') 평남지구위원회에서였다. 여기서는 조선인 대지주 토지를 몰수하기로 결정했다. 그런데 1945년 9월 25일 개최된 조공 평남지구확대위원회는 조선인 대지주 토지의 몰수를 규정한 13일자 테제를 바로 철회했다(한림대학교아시아문화연구소 1993: 65). 확대위원회는 조선혁명이 지주 토지를 몰수하여 농민에게 나눠주는 토지혁명을 근간으로 하는 자본혁명계단에 처해 있다고 규정했지만, 현 단계의 국제정세는 일본제국주의적 요소의 숙청을 더 우선적으로 제기하고 있으며, 일제 잔재를 철저히 숙청하면 대지주 대자본가 계급도 필연적으로 소탕될 것으로 보았다. 확대위원회는 친일적 요소의 숙청이 가장 정확한 정치노선이지만 비친일적 민족대동단결도 역시 정확한 것이라고 주장하고, 비친일가의 사유재산과 사유토지가 승인되어야 하며 토지강령에서 대지주 토지의 몰수 조항이 취소되어야 한다고 결정했다. 확대위원회는 일본제국주의자와 친일반동지주의 토지는 모두 몰수하여 국유화하고 농민의 노력에 따라 무상분배하되 조선인 지주 토지에 대해서는 소작료를 3·7제로 한다는 강령을 채택했다(朝鮮産業勞動調査所編 1945: 26-31).

동년 10월 13일 평양에서 개최된 서북 5도당 책임자 및 열성자 대회에서도 토지문제가 논의되었는데, 여기서 채택된 결정서는 일본제국주의자와 친일반동지주의 토지를 몰수하여 농민의 노력에 따라 분배하도록 규정했다. 대회는 토지와 재산이 몰수되는 반역지주의 범주를 확정했는데, 한일병합 이전 일제와 병합에 공헌한 매국노 및 그 후계자, 병합 이후 일제의 강도적 시설에 악질적으로 협력한 자, 일제 침략전쟁에 직접, 간접으로 협력한 자가 반역지주로 규정되었다. 결정서는 원칙적으로 빈농에게 토지를 분배하도록 하되 민족해방운동에 참가한 사람과 그 유가족에게 우선권을 부여하도록 했다. 일본제국주의자와 친일반동지주로부터 몰수한 토지에 대해서는 소작인이 그 수확물을 소유하고 지방정권에 수확의 30%에 해당하는 조세를 납부하되, 조선인 지주 토지에 대해서는 수확의 30%를 소작료로 지주에게 주고 조세는 지주가 지방정권에 납부하도록 했다(『正路』 1945. 11. 1).

이처럼 해방 직후 북한에서 다듬어진 토지개혁노선은 일본제국주의자와 친일반동지주의 토지만을 몰수대상으로 하고 조선인 지주 토지는 몰수대상에서 제외하고 있을 뿐만 아니라 일정한 개량을 조건으로 기존의 소작관계를 그대로 유지하는 특징을 보여주고 있다. 이러한 노선은 당면한 단계에서는 지주소작관계의 혁명적 해결을 억제하고, 반제국주의 투쟁과 소작료인하 투쟁의 차원에서만 토지문제를 건드리려는 것이라 할 수 있다. 이러한 구상은 토지문제의 근본적인 해결을 지주까지 포함한 광범위한 민족통일전선에 기초한 통일정부 수립 이후의 과제로 넘기는 좌우합작에 기초한 토지개혁노선이라고 할 수 있다.

소련군정에서도 좌우합작에 기초한 토지개혁구상이 준비되었다. 1946년 11월 로마넨코는 연해주군관구 군사평의회에 보낸 보고에서 일본인 지주 토지(12만 정보, 전체 경지면적의 6%)와 40정보 이상 소유한 조선인 대지주 토지(12만 정보, 전체 경지면적의 6%) 및 친일분자의 토지를 몰수하여 각급 인민위원회에 위임해서 토지 없는 농민과 토지 적은 농민에게 분배해줄 것을 건의했다. 그는 농민은 물론 중소지주도 이러한 개혁에 반대하지 않을 것이라 판단했다. 로마넨코는 당 활동가를 위원장으로 하여 북한과 소련의 농업전문가들 및 각도 대표들로 토지개혁실시준비위원회를 조직할 것도 제안했다. 이 위원회는 11월 중에 농촌현장에 파견되어 토지소유 실태를 조사하고 토지개혁 실시에 필요한 중요 자료를 준비하는 임무를 수행해야 했다(국방성문서 문서군 소련민정청, 목록 106546, 문서철 1: 216-218).

11월 소련군사령부는 토지소유실태조사위원회를 조직하여 각도에 파견했다. 11월 말과 12월 초에 각지에 파견된 위원회는 토지개혁 방안을 담은 보고서를 소련군사령부로 제출했다. 평안남도에 파견된 위원회는 소작제도를 철폐하기 위해서는 개인 소유의 모든 토지를 몰수하여 국유화하고 농민들이 토지를 소작하거나 소작주지 못할 범위 내에서 몰수토지를 농민들에게 분배해야 한다는 결론에 도달했다. 평안북도에서 활동한 위원회도 모든 토지를 국유화하여 농민들에게 분배할 것과 관개시설을 군(郡) 인민위원회의 처리에 맡길 것을 제안했다. 평안북도 용천군(龍川郡)에 파견된 위원들은 5정보 미만의 토지를 보유하고 있는 중농과 부농의 이해를 건드리지 않는 범위 내에서 토지분할을 실시할 것을 제안했다. 이렇게 토지를 분할하면 고용자들과 빈농들은 호당 평균 1.6정보의 토지를 소유하게 될 것이며 지주들에게도 평균 6정보의 토지가 남게 될 것이라고 판단했다(국방성문서 문서군 소련민정청, 목록 343253, 문서철 9: 83-89, 90-94, 95-111).

위원회의 활동 과정에서 토지개혁에 대한 농민들 자신의 견해도 파악되었다. 평안북도 소련군 경무사령관의 보고에 의하면 농민들은 현존하는 토지제도에 대해 다양한 견해를 피력했다. 일단의 농민들은 지주 소유의 일체 토지를 몰수하여 농민들에게 무상으로 분배하는 방안을 지지했다. 다른 부류의 농민들은 지주 토지의 몰수에는 찬성했지만 유상몰수를 지지했다. 이들은 "내가 만일 무상으로 토지를 취득하게 된다면 나는 이 토지의 진정한 주인이라고 자부할 수 없다"고 말했다. 이들은 무상으로 받은 토지는 언제라도 다시 몰수될 수 있을 것이라고 판단했다(국방성문서 문서군 소련민정청, 목록 106546, 문서철 1: 54-61).

12월에 들어와 소련군정의 토지개혁구상은 구체화되었다. 12일 로마넨코는 연해주군관구 정치지도부장 깔라쉬니꼬프(Калашников)에게 '북한의 농업관계와 토지개혁방안'이라는 보고서를 제출했다(국방성문서 문서군 소련민정청, 목록 343253, 문서철 9: 162-165). 이 보고서는 표도로프(Федоров)와 리프쉬츠(Лившиц)가 토지소유실태조사위원회가 제출한 각종 보고서에 기초하여 작성한 것이다. 이것은 소련군정에서 최초로 공식화된 좌우합작에 기초한 토지개혁방안이라 할 수 있다.

표도로프·리프쉬츠 초안은 일본인 토지와 친일 조선인 토지를 무상으로 몰수할 것을 규정했다. 그러나 일본인 토지는 전체 경작면적의

5% 이하에 지나지 않기 때문에 이것을 몰수하는 것으로 농업문제를 완전히 해결할 수 없었다. 이 때문에 헝가리에서 실시한 것처럼 조선인 지주 토지의 상당 부분을 강제로 매입할 것을 규정했다. 매입대금은 20년에 걸쳐 분할하여 지불하도록 했다. 농업에 종사하지 않고 자신의 모든 토지를 계속적으로 소작 주는 자의 토지는 면적에 상관없이 모두 강제로 매입하도록 했다. 이것은 지주들의 대다수를 이루는 부재지주를 겨냥한 조치였다. 농업에 종사하고 소유토지가 5정보 이상인 자의 토지는 계속적으로 소작 주는 부분만 매입하도록 했다. 이 조치는 2-3정보를 초과하지 않는 소규모 토지를 소유하고 있는 농민들을 건드리지 않고 계속적으로 소작주는 지주 토지의 대부분을 국가의 수중에 집중시키기 위한 것이다. 자신의 토지에서 가족 성원이나 고용자의 노동에 의거하여 경작하는, 10정보 이상 소유한 자의 토지는 10정보를 초과하는 부분만 매입하도록 했다. 북한에는 거대한 지주적 대토지소유가 거의 존재하지 않기 때문에 이 조치가 건드릴 토지 소유자 수는 매우 적었다. 교회 수도원 기타 종교단체가 소유한 토지는 수용에서 제외되었다.

북한에는 거대한 지주적 대토지소유가 거의 존재하지 않고 사실상 모든 지주 토지를 소작농이 경작하고 있기 때문에 지주 토지의 몰수와 매입으로 빈농들과 고용자들에게 분배해줄 수 있는 충분한 토지를 조성하는 것이 불가능했다. 빈농들에게 조금씩이라도 토지를 나눠주기 위해서는 부농들로부터 토지를 몰수해야 했다. 그러나 이 조치는 적지 않은 농민들로 하여금 토지개혁에 반대하게 할 가능성이 컸다. 또 이렇게 부농들의 토지를 재분할한다 해도 빈농들에게는 극히 적은 토지만을 나눠줄 수 있을 뿐이고 빈농을 중농의 수준으로 향상시키는 것은 전적으로 불가능했다. 농민경리는 대부분 1-3정보의 경작지를 소유하는데 그쳤고, 5정보 이상을 경작하는 농민은 단지 1-2%에 지나지 않았다. 이러한 판단에 기초하여 표도로프·리프쉬츠 초안은 몰수·매입한 토지를 현재 그 토지를 경작하는 소작농에게 매매하도록 했다. 이렇게 해서 토지개혁의 결과 소작농들은 자신이 현재 경작하는 토지의 소유자가 될 것이다. 예외적인 경우에만 해당 농촌의 농민 대다수의 자유로운 결정에 따라 다소 부유한 농민들의 토지를 감소시켜 빈농들의 처지를 상승시킬 수 있게 했지만, 원칙적으로 농민들 사이의 토지재분배는 실시되지 않도록 했다.

몰수·매입한 모든 토지는 인민위원회의 처리에 맡겨 농민들에게 사적 소유로 20년 분할상환 조건으로 매매하도록 했다. 토지가격은 해당 토지의 2년간 수확물의 가격으로 확정되었다. 농민들은 20년 동안 매년 수확의 10%를 토지대금으로 지불해야 하는 것이다. 표도로프와 리프쉬츠의 판단에 의하면 농민들 자신이 지주에게서 토지를 유상으로 매입하여 이 토지를 다시 농민들에게 매매하는 것을 희망했다. 농민들은 무상으로 토지를 취득하는 것을 바라지 않았다. 농민들은 이러한 경우에만 자신이 취득한 토지가 실제로 영원히 농민들 자신의 소유가 될 것이라고 확신했다. 소유 토지가 몰수되거나·매입되는 토지소유자에 대한 농민들과 고용자들의 부채는 일체 무효화하도록 했다. 표도로프와 리프쉬츠는 이러한 방식으로 토지개혁이 실시된다면 전체 경작면적의 약 65%에 해당하는 100만 정보 이상의 토지가 농민들에게 분배될 것이며, 농민들의 토지 소유면적은 3배 정도 증대할 것으로 판단했다.

소련군정은 처음에는 일본인 지주와 친일 조선인 대지주 토지만을 몰수하도록 했지만, 점차 조선인 지주의 토지까지 몰수토지의 대상을 확대해갔다. 그러나 조선인 지주를 토지개혁의 대상으로 설정한 단계에서도 조선인 지주 토지는 유상으로 몰수하여 유상으로 분배하는 방안을 취했고, 몰수토지의 상한도 10정보로 하는 대단히 유연한 구상을 견지했다. 이러한 방안은 소작제도의 해체를 목적으로 한 것이기는 해도 계급으로서의 지주 자체의 즉각적인 폐절을 목적으로 한 것은 아니었다. 이 구상에서는 여전히 비친일적 지주 및 부농과의 합작의 가능성이 열려 있었다.

1946년에 들어와 북한의 정치정세는 한층 긴장되었다. 모스크바 3상회의의 조선문제에 대한 결정을 둘러싸고 북한의 정치세력들 사이에서 대립과 갈등이 고조되었다. 북한의 정치지형은 이전 시기 좌우합작노선에서 좌익동맹노선으로 신속히 바뀌었다. 이와 관련하여 조공 북조선분국과 소련군정 내에서 토지개혁 방향은 좌우합작에 기초한 토지개혁노선에서 좌익동맹에 기초한 토지개혁노선으로 급진화했다. 1946년 2월 초 북조선임시인민위원회가 수립되자 이 경향은 더 이상 돌이킬 수 없는 대세를 이루었다.

1946년 1월 31일 평양에서 개최된 조선농민조합북조선연맹 결성대회에서는 토지문제의 신속한 해결을 촉구하는 결정서가 채택되었다. 이순근은 대회에서 진술한 자신의 보고에서 전체 농가호수 304만 6,001호의 3%에 불과한 9만 3,996호의 지주가 전체 경지면적의 62.2%를 차지하고 있는 것에 토지소유관계의 기본적 모순이 내재한다고 지적했다. 그는 일본인의 토지소유는 11만 8,510호가 전체 경지면적의 9.5%에 달하는 42만 4,418정보를 소유하여 소작지 면적 261만 정보의 16.4%에 지나지 않는다고 분석했다. 이러한 평가에 기초하여 이순근은 농업문제의 근본적인 해결을 위해서는 조선인 지주의 토지까지 대상으로 해야 하며, 8·15 이후 일본인 소유지가 전체 경지면적의 80%를 점한다는 이유로 토지혁명은 일본인 소유토지만 몰수하면 용이하게 해결될 수 있다고 한 것은 오류라고 비판했다(「전농북조선연맹결성대회 종합보고」, 『正路』 1946. 2. 6, 2. 7). 토지개혁이 조선인 지주까지 대상으로 해야 한다는 점이 분명히 제기된 것이다.

물론 대회에서 채택된 결정서에는 조선인 지주 토지의 몰수를 규정한 어떠한 조항도 포함되지 않았다. 대회는 국제적 동향과 국내적 민족통일전선 문제를 고려하여 토지문제의 근본적 해결은 아직 보류해야 할 단계에 있다고 판단했다. 대회는 일본제국주의자와 조선인 반역자들이 소유한 토지, 산림, 소택, 하천을 몰수하여 농민에게 분배할 것을 요구했지만, 조선인 지주 토지에 대해서는 여전히 3·7제를 기준으로 소작료를 금납화하고 소작권의 이동반대와 단체교섭권 확립에 노력할 것을 결정하는 데 머물렀다(「朝鮮農民組合北朝鮮聯盟結成大會宣言, 綱領」, 『正路』 1946. 2. 1). 토지문제의 근본적 해결은 유보된 것이다. 그러나 토지문제를 해결하기 위해서는 농촌생활의 모든 사회적 관계를 뿌리 깊게 지배하고 있는 지주소작관계를 근본적으로 소탕하는 것이 필요하다는 인식이 확산되고 있었다.

1946년 2월 상황은 근본적으로 변화했다. 2월 8일 북조선 각 정당·사회단체 각 행정국 및 각 도·시·군 인민위원회 대표 확대협의회에서 김일성은 대토지 소유자가 반역자들의 경제적 기초가 되고, 봉건적 토지소유자는 농촌에서 봉건적 세력을 보전하려고 하여 어떠한 개혁에 대해서도 반대한다고 지적하고, 일본제국주의자와 민족반역자 및 조선인 지주 토지를 국유화하여 농민에게 무상으로 분배해서 소작제도를 철폐할 것을 주장했다. 그는 토지개혁 없이는 농촌경제의 발전과 부흥이 불가능할 뿐만 아니라 자유민주주의적 국가건설도 불가능하다고 강조했다(김일성 1948: 8-9). 이때를 기점으로 토지개혁노선은 이전 시기의 그것과 질적인 차이를 보이기 시작했다. 즉 조선인 지주 토지의 국유화와 무상분배를 실천에 옮길 것을 예견한 것이다.

조선인 지주 토지의 몰수가 공론화하자 토지를 요구하는 농민들의 청원운동이 활발해졌다. 1946년 2월 18일 평안남도 강동군(江東郡) 농민대회는 밭가는 자에 한해 토지를 무상으로 분배해줄 것을 청원하는 토지요구 결의문을 채택했다. 이날 1만 2,000명의 농민들이 '토지는 농민에게'라는 표어를 들고 시위운동을 전개했다. 같은 날 성천군(成川郡) 농민대회도 '토지는 지주에게서 몰수하여 국유로 하야 농민의 노력에 의해서 적정히 경작권을 부여하라"고 요구했다(『正路』 1946. 2. 25). 농민대회는 북한의 거의 모든 군에서 개최되었다. 토지개혁 직전까지 북한 전역에서 농민들은 토지를 농민에게 분배해줄 것을 요구하는 서한을 3만 통 넘게 북조선임시인민위원회로 발송했다(국방성문서 문서군 142, 목록 551975, 문서철: 17-20).

토지를 요구하는 농민들의 청원운동이 전개되고 있는 상황에서 1946년 2월 23일부터 3월 3일까지 평양에서 북조선농민연맹대표대회가 개최되었다. 농민대표들은 2월 24일부터 26일까지 토지, 식량, 증산 분과위원회를 개최하여 전문적인 문제들을 심의했고, 2월 28일부터 3월 3일까지는 본회의를 개최했다. 3월 3일 농림국장 이순근은 대회의 종합보고에서 일제 잔재를 청산하고 민주국가를 건설하여 민족적 발전을 기하기 위해서는 민족경제를 재편성해야 하며 민족경제의 재편성은 토지개혁에서부터 시작하지 않으면 안 된다고 강조하고, 소작제도를 철폐하고 토지는 근로농민의 소유로 한다는 원칙에서 토지개혁을 실시할 것을 주장했다(『正路』 1946. 3. 6).

대회는 토지개혁의 기본방향을 규정한 토지문제에 대한 건의서를 채택하여 북조선임시인민위원회로 보냈다. 대회는 일본인 소유 토지, 조선 인민의 변절자들의 소유 토지, 전 토지를 소작주거나 고용노력으로 경작하는 조선인 지주 토지, 사원 기타 종교단체 소유 토지를 몰수해서 고용노동자, 토지 없는 농민, 토지 적은 농민에게 무상으로 분배하여 농민의 영원한 소유로 양도해서 소작제도를 철폐할 것을 규정했다. 대회는 또한 농민 소유의 소소한 산림을 세외하고 모든 산림과 일체 관개시설을 무상으로 국유화할 것과 농민과 고용노동자의 부채를 취소할 것을 제안했다. 대회는 북조선임시인민위원회의 요청에 응해 강진건(姜鎭乾)을 위원장으로 하여 13명의 성원으로 토지개혁 법안작성 위원회를 조직했다(『正路』 1946. 3. 3).

북조선농민연맹대표대회가 진행되고 있던 시기에 소련군정과 소련정부에서도 북한의 토지개혁 방안이 논의되었다. 1946년 2월 하순

연해주군관구 사령관 메레츠코프(Мерецков)와 정치담당 부사령관 쉬티코프(Штыков)는 로마넨코가 작성한 토지개혁법령 초안(국방성문서 문서군 25군, 목록 166654, 문서철 1: 4-7)을 소련국방성 지도부에 제출했다. 로마넨코 초안은 국방성 안으로 확정되어 전연방공산당(볼셰비키) 중앙위원회 정치국 회의에 제출된 것으로 보인다. 로마넨코 초안은 토지국유화, 무상몰수, 무상분배를 규정하여 토지문제의 급진적 해결 방안을 정식화했다.

로마넨코 초안은 토지개혁의 과업을 일본인과 조선인 지주의 토지소유 및 소작제도를 철폐하고, 경작하는 농민에게 토지이용권을 부여하며, 지주에게 예속되지 않은 농민의 개인소유인 농민경리에 기초한 농업제도를 창설하는 데 두었다. 일본국가, 일본인 및 일본인 단체의 소유지, 조선민중의 반역자, 일본제국주의자의 정권기관에 적극 협력한 자, 조선이 해방될 때 자기 지방에서 도주한 자의 소유지는 몰수하여 국유화할 것을 규정했다. 5정보 이상 소유한 조선인 지주의 소유지, 자경(自耕)하지 않고 전부 소작주는 소유자의 토지, 면적에 관계없이 계속해서 소작주는 모든 토지도 무상으로 몰수하여 국유화할 것을 규정했다. 학교 과학연구회 병원 소유지, 승원(僧院) 및 기타 종교단체의 소유지는 몰수되지 않은 토지로 분류되었다. 북조선임시인민위원회의 특별 결정으로 조선의 자유와 독립을 위하여 일본제국주의자들에 반대한 투쟁에서 공로가 있는 자들과 그 가족에 속한 토지, 조선민족문화 발전에 특별한 공로가 있는 자들과 그 가족에 속한 토지도 할양되지 않는 토지로 분류되었다.

로마넨코 초안은 국유화된 모든 토지는 농민에게 무상으로 영원한 이용권을 주도록 규정했다. 몰수한 토지는 고용자, 토지 없는 농민, 토지 적은 농민에게 분여하기 위해 인민위원회의 처리에 위임하도록 했다. 자기 노동력에 의해 경작하는 농민의 사적 소유지는 그 면적이 5정보를 초과하지 않으면 분할하지 않도록 규정했다. 자기 노력으로 자경

(自耕)하려는 지주들은 농민들과 같은 권리로 타군(他郡)에서 토지를 가질 수 있게 했다. 로마넨코 초안에 의하면 농민에게 분배된 토지는 일반 부채 부담에서 면제되며, 토지를 몰수당한 지주에게서 차용한 고용자와 농민의 일체 부채는 취소되게 되었다. 농민에게 분여된 토지는 매매치 못할 뿐 아니라 소작을 주거나 저당하지 못했다. 지주의 축력, 농업기구, 주택의 일체 건축물, 대지 등은 몰수되어 인민위원회의 처리에 위임하되 인민위원회는 고용자, 토지 없는 농민에게 분여해야 했다.

로마넨코 초안은 일본국가·일본인·일본인단체의 과수원 기타 과목(果木)들과 토지를 몰수당한 조선인지주 소유의 과수원 기타 과목들은 몰수하여 국유화하도록 했다. 농민들이 소유한 소규모 산림과 성당 승원 기타 종교단체가 소유한 산림을 제외한 모든 산림은 무상으로 국유화하여 국가소유로 하고, 관개시설도 모두 무상으로 국유화하도록 했다. 초안은 북조선임시인민위원회의 지도하에 토지개혁을 실시하며, 지방에서 도·군·면 인민위원회가 농촌에서는 고용자, 토지 없는 소작인, 토지 적은 소작인들의 농회(農會)에서 선거된 농촌위원회가 토지개혁을 실시할 책임을 부담하도록 했다. 토지개혁 실행은 1946년 3월 20일 이전에 완료하고 토지이용권증명서는 6월 20일 이전에 교부하도록 규정되었다.

소련군정 지도자들은 토지개혁이 실제적인 결과를 얻기 위해서는 5정보 이상 소유한 지주들의 토지를 몰수하는 것이 필요하다고 인식했다. 이 경우 전체 농가의 7%와 전체 경지면적의 52%(110만 정보)를 개혁대상으로 하여 11만 6,400정보(호당 0.2정보)의 토지를 경작하는 55만 9,000호의 토지 적은, 토지 없는 농민들에게 호당 평균 2정보의 토지를 나눠줄 수 있을 것이라 보았다. 10정보 이상 소유한 지주들의 토지를 몰수한다면 전체 농가의 2%(전체 경지면적의 20%)만을 개혁대상으로 하게 되고, 이 경우 토지 적은, 토지 없는 농민들은 호당 1정보의 토지만을 받게될 것이라고 보았다(위의 문서, 문서철 1: 1-3).

소련외무성 지도부는 계급으로서의 지주의 폐절과 부농에 대한 타격을 겨냥한, 좌익동맹에 기초한 로마넨코 초안을 지지하지 않았다. 1946년 3월 1일 외무상 몰로토프(Молотов)와 외무부상 로좁스키(Лозовский)는 좌우합작에 기초한 토지개혁법령 초안을 제출했다. 로마넨코 초안이 지주 토지의 국유화와 농민들에 의한 토지의 무상이용을 규정하고 있는 데 반해, 외무성 초안은 국유화에 대해 아무런 언급도 없고, 몰수토지를 토지가 없거나 적은 농민들, 농업노동자들에게 그들의 소유로 양여할 것을 규정했다. 로마넨코 초안은 토지의 무상분배를 규정했지만, 외무성 초안은 유상분배를 예정했다. 토지 없는 농민들이나 농업노동자들은 25년 동안 평균수확의 1/25을, 토지가 적은 농민들은 15년 동안 평균수확의 1/15을 토지대금으로 지불하도록 했다. 로마넨코 초안이 5정보 이상 소유한 지주들의 토지를 몰수하도록 했지만, 외무성 초안은 10정보 이상의 토지는 전부 몰수하되, 10정보 이하의 토지를 소유하고 있는 경우에는 5정보 이상의 토지만 몰수하고, 농업에 종사하지 않고 모든 토지를 소작주는 지주의 토지에 대해서도 2정보 이상의 토지만 몰수하도록 규정했다(대외정책문서 문서군 018, 목록 8, 문서함 6, 문서철 81: 1-2).

토지개혁법령 초안은 1946년 3월 초 전연방공산당(볼셰비키) 중앙위원회 정치국 회의에서 최종 확정된 것으로 보인다. 외무성 초안은 바로 정치국 회의 자료로 준비된 것이기 때문이다. 현재로서는 법령 심의와 관련된 정치국 회의 결과를 알 수 없다. 그런데 소련군사령부는 이미 3월 4일 김일성과 강량욱(康良煜)의 서명이 달린 러시아어 법령 텍스트를 무선으로 각 군의 소련군 경무사령부로 타전했다(국방성문서 문서군 25군, 목록 166654, 문서철 1: 8-10). 이것은 3월 5일 북조선임시인민위원회에서 공식적으로 채택된 법령과 그 내용이 전적으로 동일하다. 이 사실은 3월 4일 이전에 정치국 회의에서 법령의 최종 문안이 확정되고 그것이 소련군사령부를 경유해 북조선임시인민위원회에 통보된 정황을 보여준다.

3월 5일 공포된 토지개혁법령(國史編纂委員會 1987b: 230-231)은 로마넨코 초안을 기초로 하여 작성된 것이다. 로마넨코 초안과 실제 법령의 차이는 국유화강령이 철회되고 농민적 소유가 확립된 사실이다. 로마넨코 초안에 '몰수되어 국유화되는 토지들'과 '무상으로 몰수하여 국유화되는 토지들'은 법령에서 '농민소유지로 넘어가는 토지들'과 '무상으로 농민에게 소유로 분여하는 토지들'로 분류되었다. '국유화'는 '몰수'로 혹은 '도인민위원회에 맡긴다', '인민위원회에 맡긴다'로 표현이 바뀌었고, '이용권'도 '소유'로 변경되었다. 나머지는 로마넨코의 초안을 거의 그대로 계승하고 있다.

법령은 '자기노력에 의하여 경작하는 농민의 사적인 소유지'에 대한 조치를 완화했다. 로마넨코 초안에서는 그 면적이 5정보를 초과하지 않는 경우에 한해 분할하지 않도록 규정했지만, 법령에서는 면적에 상관없이 분할하지 않는다고 규정했다. 로마넨코 초안의 '관개시설은 전부 무상으로 국유화한다'는 규정도 법령에서는 '토지를 몰수당한 소유자의 소유인 관개시설의 전부는 무상으로 북조선임시인민위원회의 처리에 위임한다'고 수정되었다. 그러나 종교단체에 대한 조치는 한층 엄정해졌다. 로마넨코 초안에는 '성당 승원 기타 종교단체의 소유지와 산림'이 할양되거나 국유화되지 않는 것으로 규정되었지만, 법령에서는 '5정보 이상으로 소유한 성당 승원 기타 종교단체의 소유지'는 몰수되어 부상으로 농민에게 소유로 분여하는 토지로 규정되었다.

토지개혁법령은 북조선임시인민위원회에서 논란을 불러일으켰다. 3월 5일 개최된 총회에서는 토지개혁법령 초안이 검토되었다. 위원장 김일성이 법령 문안을 낭독하고 11명의 위원이 토론에 나섰는데 대부분의 위원들은 법령 초안을 지지했지만, 산업국장 이문환(李文煥), 재정국장 이봉수(李鳳洙), 평안남도 인민위원회 부위원장 홍기황(洪基璜)은 법령의 채택에 반대했다(대외정책문서 문서군 018, 목록 8, 문서함 6, 문서철

81: 4-7).

이문환은 다섯 번이나 토론에 나섰는데 토지개혁법령이 토지국유화를 규정한 소비에트 러시아의 토지법령과 유사하다고 지적했다. 그는 토지를 국유화하려면 공업도 국유화해야 하며, 그렇지 않을 경우 경제 발전이 방해받을 것이라고 주장했다. 그는 "법령의 채택은 우리가 사회주의의 길로 가고 있다는 사실을 증명해주는 일이 될 것이다. 그렇게 되면 자본가들은 '봐라, 벌써 공산주의 건설이 시작되었다'라고 말할 것이며, 공포에 젖어 산업발전에 임할 것이다. 인민은 이 법령이 공산주의자들에 의해 작성되었다고 말할 것이다"고 말했다. 이문환은 지주 토지는 국가에 의한 매상의 방법으로 몰수되어야 한다고 주장했다.

이봉수는 농민들 사이에 토지를 분배하는 문제, 분배 토지의 상속 문제 등이 명확하지 못하다고 지적하고, 대지주와 중소지주의 경계 및 그 수를 명확히 할 것을 요구하고, 대지주 토지는 몰수하되 중지주의 토지는 매입할 것을 제안했다. 홍기황은 평안남도의 도시주민 2/3가 생계수단으로 토지를 보유하고 있는데, 법령이 실시되면 부재지주로서 토지를 모두 빼앗기게 될 이들의 생계수단을 마련해주는 것이 필요하다고 주장했다. 그는 "만일 농민들에게 무상으로 토지를 분배한다면 인민들은 북한에서 공산주의를 건설하고 있다고 말할 것이다. 머지않아 공장과 기업소가 국유화될 것이라는 소문이 벌써 퍼지고 있다. 이것은 부자들로 하여금 남한으로 도망치게 하는 결과를 초래하고 있다"라고 주장했다.

북조선임시인민위원회 부위원장 김두봉(金枓奉)과 서기장 강량욱은 한마디도 하지 않았는데, 이 점은 회의를 방청한 소련군정 관계자의 눈에 주목할 만한 사실로 비쳤다. 회의에서는 더 이상 진지한 토론이 전개되지 못했다. 토지개혁은 봉건제도의 청산을 목적으로 한 것이지, 자본주의적 질서를 건드리는 것이 아니라는 김일성의 결론이 있은 후, 법령 초안은 만장일치로 채택되었고 다음날 공포되었다. 반대토론에 기초한 초안의 수정과정이 생략되고 준비된 초안이 법령으로 확정된 것이다. 이것은 법령이 토론과 설명의 대상은 되지만 수정은 불가능한 '소련군정법령'임을 보여주는 것이다.[3]

김두봉의 침묵이 의미하는 바가 무엇일까? 이 점을 이해하기 위해서는 조선신민당(이하 '신민당')의 토지개혁 강령에 대한 검토가 필요하다. 1946년 2월 16일 작성된 선언과 강령에서 신민당은 조선혁명이 '자산계급성 민주주의의 발전계단'에 있으며, 그 주요 임무는 민족적 대동단결에 기초한 민주정권의 수립 및 농업경제와 공업경제의 균형적 발전을 전제로 한 민족경제의 합리적 재편성에 있다고 천명했다. 신민당은 일본제국주의자와 친일분자에게서 몰수한 토지를 근로농민대중에게 분여하고 소작제를 폐지하는 농업경제의 개혁이 민족경제의 합리적 재편성의 관건이 될 뿐만 아니라 민주정권 수립에 물질적 기초를 준비하는 것이라고 인식했다(대외정책문서 문서군 0480, 목록 3, 문서함 3, 문서철 5: 57-74).

신민당은 1945년 12월 초 입국한 이래 경작하는 농민에게 토지를 분배할 것을 주장했지만 조선인 지주 토지의 몰수에 대해서는 한 번도 명시적인 언급을 하지 않았다. 민족적 대동단결에 기초하여 민주적 임시정부를 수립하고 미소 양국의 조선에 대한 군정을 폐지하는 것을 당면한 최대급무로 규정한 신민당은 토지개혁도 '어떤 일개 정당의 주장과 역량으로 실현될 것이 아니라 민주적 각당 각파의 공동한 요구와 종합적 역량에서 시행해야' 하는 과제로 판단했다. 김두봉은 1946년 2월 14일 조공 북조선분국 기관지에 기고한 글에서 토지개혁은 '반드시 조선민족 이익을 보장할만한 임시정부와 그 기관을 경유하야 실천할 것'을 주장했다(「朝鮮獨立同盟의 回顧와 展望」, 『正路』 1946. 2. 14). 그러나 토

3 남조선민주주의민족전선이 편찬한 『朝鮮解放年報』도 토지개혁법령을 '군정법령'으로 규정했다(민주주의민족전선 1988: 132-136).

지개혁법령이 공포되자 신민당 지도부는 크게 동요했다.

3월 8일 신민당 중앙집행위원 및 시본부위원 연석회의는 '토지개혁법령의 철저적 실천은 농민을 지주로부터 해방시키며 지주는 근대적 기업방면으로 전환케 함으로써 우리 당의 목표인 민주주의적 신조선 건설에 부합되는 것'이라는 논거로 법령을 지지하는 결정서를 채택했다(「北朝鮮土地改革法令에 對한 朝鮮新民黨의 決定書」, 『正路』 1946. 3. 12). 법령에 대한 지지는 3월 10일 신민당 평양시 본부대회에서도 재확인되었다. 김두봉은 "일부 소수의 지주는 이 법령으로 말미암아 생도가 막혀진 듯이 생각하나 그들도 농민과 동일한 영농을 할 수 있는 권리와 혜택을 입을 수 있으며 또한 공업경제로 전신함으로써 농업경제와 공업경제의 배합균형 우에서 민족경제의 합리적 재편성에 능동적으로 기여할 수 있는 기회를 가지게 되는 것이다. 또한 농민들로서는 토지의 매매 저당 등의 금지로 인하여 소유권이 없는 것같이 생각하기 쉬우나 그것은 토지의 겸병을 방지하기 위함이오 자손에게 상속할 수 있고 소호라도 소유권에는 변동이 없다"고 역설했다(『正路』 1946. 3. 16).

신민당의 결정서와 김두봉의 언급은 기존의 입장과는 커다란 차이가 있을 뿐만 아니라 그 자체로서도 대단히 모순적이다. 법령은 계급으로서의 지주의 완전한 폐절을 목적으로 한 것이지 지주의 자본가로의 전환을 목적으로 한 것은 아니기 때문이다. 지주의 자본가로의 전환-자본주의적 발전의 전망은 완전히 봉쇄되었다. 신민당 지도부는 자신의 토지개혁강령에 억지로 끼워 맞춰 법령을 지지하는 모순을 드러내고 있다. 신민당 지도부의 동요는 계속되었다. 3월 23일 신민당은 토지정책에 대한 성명에서 법령에 원칙적으로 찬성하지만 "기술적 조치방법에 있어서 고려를 요할 점이 있다"고 전제하고, "경제정책 일반이 상호연관성을 갖고 있기 때문에 그 시행시기와 경작능력이 없는 토지소유자의 생활보장 문제가 고려되어야 한다"고 주장했다. 몰수토지의 상한 문제에 대해 남한에서는 용인할 최소한도의 면적을 북한과는 달리

고려할 필요가 있다고 주장했다(『解放日報』 1946. 3. 23).

북조선임시인민위원회에서의 논란과 신민당의 동요는 토지개혁법령의 급진성에 기인한 것이다. 토지개혁법령은 이미 언급한 것처럼 로마넨코 초안에 기초하여 작성된 것이다. 그것은 법령이 몰수토지 상한 설정을 5정보를 기준으로 하고, 무상몰수 무상분배 원칙을 견지하고, 분배토지의 매매나 임대차 및 저당설정을 금지하여 로마넨코 초안의 핵심을 그대로 계승하고 있기 때문이다. 법령은 농민적 토지소유를 말하고 있지만 경작하는 농민만이 토지를 소유할 수 있고, 매매나 임대차 및 저당설정이 금지되어 있어 농민적 토지소유는 경작권·이용권으로 제한되고, 농민들 사이의 소유 분해에 따른 자본주의적 발전의 길이 봉쇄되어 있어 토지국유화와 동일한 효과를 지니게 되었다. 법령은 소련 군정 지도부와 김일성을 중심으로 준비되어 종래 좌우합작에 기초한 토지개혁 방안에 기울어 있던 북조선임시인민위원회와 신민당 지도부에 갑자기 외부로부터 제기됨으로써 급진성에 대한 논란과 동요를 불러일으킨 것이다.

토지개혁노선이 급진화한 이유는 어디에 있을까? 이 점을 이해하기 위해서는 1946년 3월 초에 개최된 조공 북조선분국 제5차 확대집행위원회 회의에 주의를 기울여야 한다. 이 회의에서는 토지개혁에 대한 결정서가 채택되었는데, 이 결정서는 조만간 실시될 토지개혁이 지금까지 검토되어온 토지개혁 방침과는 차이가 있으며, 이 차이는 '새로운 국제국내 정세에 의해 제기되는 것'이라고 지적했다. 북조선분국은 이승만, 김구 등 '친일파 민족반역자 및 지주배들'이 반동적 언사로 민중을 기만하고 공산당을 반대하며 모스크바결정과 소련에 반대하는 '반동적 파시스트적 행위'를 노골화하고 있다고 정세를 진단했다. 이러한 정세에서 '반공반소분자들의 반동성을 민중 앞에 폭로시켜 그들을 민중으로부터 고립시키고 광범한 근로농민대중을 (공산)당의 영도하에 쟁취'하며 '반공반소분자들의 경제적 근거를 완전히 숙청'하기 위해 급진적인 토지개혁이 불가피하다고 판단했다(한림대학교아시아문화연구소 1993: 223-226). 토지개혁이 반탁세력에 대한 공세의 일환으로 제기된 것이다.

4. 토지개혁의 실시

3월 8일 북조선임시인민위원회는 토지개혁법령의 실시 장정(章程)을 채택했다(國史編纂委員會 1987b: 233-237). 장정은 토지개혁을 실시할 농촌위원회의 조직과 임무에 대하여 규정하고 있다. 각 농촌에서 고용자, 토지 없는 소작인, 토지 적은 소작인의 총회를 소집해 그 농촌의 인구수에 따라 5-9명의 농촌위원을 선거해 농촌위원회를 조직하고 농촌위원회는 면 인민위원회의 지도하에 공작하도록 했다.

농촌위원회가 실행할 임무는 토지를 몰수당할 지주에게 소속된 건물, 농구, 축력, 종곡, 관개시설, 과수원 등을 조사하여 대장에 기록하고, 몰수될 일체 토지를 조사하며, 토지를 가지게 될 고용자, 토지 없는 농민 및 토지 적은 농민의 소유지, 인구수, 연령별 구성과 그들이 소작했던 지주의 토지면적을 조사하고, 몰수토지의 분배방안을 작성하여 면 인민위원회의 승인을 받는 것이다. 인민위원회가 토지분여안을 승인하면 농촌위원회는 곧바로 농민에게 토지를 분여하고, 토지소유권 증명서 교부를 위해 토지 가진 고용자 및 농민의 명부를 면 인민위원회에 제출해야 했다.

몰수토지의 분배는 가족수와 노력자수에 의해 실시하도록 했다. 노력자와 가족들에 대한 토지점수는 다음과 같은 계산방식에 따랐다. 남 18-60세 1점, 여 18-50세 1점, 청년 15-17세 0.7점, 소아 10-14세 0.4점, 소아 9세 이하 0.1점, 남 61세 이상 0.3점, 여 51세 이상 0.3점. 예를 들어 토지를 분여받을 농가에 9명의 가족이 있는데 그 가운데

20-45세의 남녀가족이 3명, 15-17세의 남녀가족이 1명, 11-14세의 남녀가족이 2명, 9세 이하의 남자가족이 1명, 61세 이상의 남자가족이 2명이라면 이 농가는 토지분배에서 5.2점의 토지가 배당되는 것이다. A라는 마을에서 모두 200정보의 토지가 몰수되었고, 이 마을의 토지분배 점수가 500점이라면, 토지분배 점수 1점 당 0.4정보의 토지가 분배되는 것이다. 그러므로 5.2점의 토지분배 점수를 받은 농가는 2.08정보의 토지를 분배받게 되는 것이다. 이 방식은 허약한 농민과 건강한 농민을 구별하지 않고 연령별로만 노력점수를 환산하는 불공정성을 내포했다.

몰수토지의 분배는 리(里) 단위로 이루어졌다. 리 단위로 토지를 분배했기 때문에 분배토지의 양적·질적 차이가 발생했다. 작은 부락에 많은 농민이 살 경우 노력점수 1점에 대한 할당량이 적어지고, 큰 부락에 적은 농민이 살 때는 단위점수에 대한 할당량이 많아지게 되었다. 화전(火田), 박전(薄田), 옥토(沃土), 수전(水田)을 불문하고 화전 지대에 사는 농민은 화전을 받고 수전 지대에 사는 농민은 수전을 받게 되었다.

몰수토지를 정확히 분배하기 위해 각 농촌에서 토지 재분할을 실시하도록 했다. 몰수한 토지는 모두 재분할하되 농민의 개인소유 토지는 재분할하지 않도록 했다. 소작인에게 토지를 재분할할 때는 그 소작인에게 배당된 토지면적에 의해 그가 이전에 경작하던 지면을 분여하도록 했다. 소작인의 배당면적을 초과하는 토지는 토지를 소유하지 못한 농민에게 분여하기 위해 반드시 분할해야 했다. 일필지를 이분삼분하거나 편토(片土)가 분할잔여로 남을 수 있으나 편토가 남을 때는 최근방 토지를 분여받는 자에게 주도록 했다. 토지분배는 새끼줄, 표석 등으로 목량분할(目量分割)하고 나중에 분필측량(分筆測量)하도록 했다.

몰수와 분할은 사실주의 원칙에 의거하여 토지대장을 표준으로 하지 않고 현재 사실을 표준으로 하여 처리하도록 했다. 현재 경지가 대장에 임야로 기재되어 있으면 사실을 표준으로 하여 경지로 처리하도록 했다. 법령은 3월 5일 이전으로 소급하여 적용되었다. 3월 5일 이후 법령의 공포 사실을 모르고 토지를 매매했다 하더라도 이것은 무효로 처리되었다. 3월 5일 이전에 토지를 매매했지만 등기소가 개소되지 않아 등기하지 못한 토지에 대해서도 그 사실을 인정하지 않고 전부 무효로 처리했다. 8·15 이전에 매매한 토지는 사실이 명백할 경우에만 유효로 인정되었다(『北朝鮮農民新聞』 1946. 3. 20; 『正路』 1946. 3. 13).

법령이 공포된 최초의 며칠 동안에는 해설사업이 불충분하여 상당수 농민들이 정치적 적극성을 발휘하지 않았을 뿐만 아니라 심지어는 토지를 나눠주는 법령이 제정되었다는 사실을 믿으려 하지 않았다. 농민들은 법령을 확인하기 위해 떼를 지어 소련군 경무사령부와 인민위원회로 몰려와 법령 문안을 요구했다. 농민들은 법령의 영속성에도 의문을 제기했다. 농민들은 "토지가 얼마나 우리 수중에 남아 있겠는가. 다른 정부가 들어서면 지주들이 다시 토지를 가져가지 않겠는가 하고" 의문을 표시했다. 상당수 농민들은 법령의 가혹성에도 동요했다. 농민들은 "지주의 토지와 축력 및 농기구를 몰수하는 것은 가능한 일이지만, 무엇 때문에 지주들을 살던 집에서 내쫓아야 하는가. 지주 토지를 전부 몰수하는 것은 부당한 일이다. 반만 몰수해야 한다"라고 말했다. 농민들은 지주 토지를 몰수하려는 결단성도 발휘하지 못했다. 농민들은 "조선인 지주 토지를 몰수하는 것은 불필요하다. 우리는 일본인 토지로 족하다"는 반응을 보였다(국방성문서 문서군 소련민정청, 목록 102038, 문서철 2: 110, 117, 125).

농민들의 소극성은 매일 현저히 줄어들었고 정치적 적극성은 매일 현저히 향상되었다. 법령이 실재한다는 사실을 확인한 농민들은 이에 대한 자신의 긍정적인 견해를 표명할 뿐만 아니라 법령의 신속한 실시를 요구하며 농촌위원회의 활동을 원조하고 법령의 옹호에 적극적으로 나섰다. 농민들로 하여금 토지개혁에 반대하도록 선동하는 지주들의 시도는 실패했다. 농민들은 "지주들이 우리를 기만하기 위해 토지가 공산주의자들에게 분배될 것이라고 말했지만 우리는 토지가 농민에게 분배되는 사실을 목도한다. 우리는 법령을 공포한 인민위원회를 지지한다"고 선언했다(위의 문서: 130).

대다수 지주들이 토지개혁에 적대적인 태도를 취했다는 사실은 놀랄 만한 일이 아니다. 지주들 사이에서는 토지개혁을 비난하는 여론이 들끓었다. 그러나 지주들은 개혁에 저항하는 적극적이고 조직적인 행동은 취하지 않았다. 지주들은 법령의 일부 조항을 왜곡하거나 선동적인 소문을 퍼뜨리는 등 '부정적인 언사'를 수단으로 반대했을 뿐이다.

지주들은 법령이 임시적인 것이며 곧 폐지될 것이라고 주장하며 농민들을 협박했다. 지주들은 38선이 철폐되거나 신정부가 들어서면 법령은 휴지조각이 되고 토지는 다시 지주들에게 돌려줄 것이라고 말했다. 지주들은 소련군이 물러가고 미군이 진주하면 공산주의자들을 모두 총살할 것이고 토지 분배에 가담한 농민들을 모두 응징할 것이라고 협박했다. 지주들은 법령의 합법성에 의문을 제기했다. 지주들은 법령을 채택한 북조선임시인민위원회는 누가 선거했는가, 그들은 스스로 자신을 선거했다는 논거로 법령이 법적 효력도 지니지 못한다고 주장했다(위의 문서: 107, 122, 126, 145, 151, 197).

지주들은 법령의 적합성에도 의문을 제기했다. 이들은 법령이 조선 실정에 맞지 않아 농업경제의 퇴보를 초래할 것이라고 말했다. 지주들은 조선 농민들은 지주들의 지도하에 농사짓는 데 익숙해져 있기 때문에 인민위원회가 영농사업을 조직하고 시도하는 것은 불가능하며 결과적으로 수확량을 급격히 저하시킬 것이라고 주장했다. 지주들 사이에서는 남북한에서 서로 다른 내용의 토지개혁이 실시된다면 통일정부의 수립은 불가능해질 것이며, 북한의 토지개혁이 취소되지 않으면 남북한 인민들 사이의 충돌은 피할 수 없을 것이라는 여론이 확산되었다(위의 문서: 106-107, 122, 131-132).

38선 접경 지역에 거주하는 지주들은 자신의 재산과 토지를 처분하고 남한으로 도주하는 길을 택했다. 지주들의 월남은 특히 황해도에서 자주 목격되었다. 지주들의 월남은 대부분 법령이 공포된 최초의 며칠 사이에 집중되었다. 토지개혁에 놀란 일부 지주들은 황망히 월남을 선택함으로써 탈출구를 찾았던 것이다. 일부 지주들은 토지 몰수가 피할 수 없는 사실이라는 것을 인식하고 인민위원회에 나타나 토지를 자진 희사했다. 이러한 사례는 특히 함경북도와 황해도에서 많이 나타났다. 일부 지주들은 학교와 병원 등에 자신의 토지를 기부했다(위의 문서: 118, 126, 141-142, 147, 178).

토지개혁 시기 일부 지주들은 직접적인 저항을 시도했다. 황해도의 일부 군에서는 지주들이 자신의 토지와 재산을 몰수했다는 이유로 농촌위원과 이장을 구타했다. 평안남도의 일부 군에서는 지주들이 토지개혁 실시에 적극적으로 가담한 면 보안서장을 습격했다. 지주들의 자식들은 지역 농민위원회 위원장 집에 난입하여 위원장을 구타했다. 평안남도 개천군(价川郡)에서는 지주들이 토지개혁에 대한 반대표시로 소련군 경무사령부 창고와 학교에 불을 질렀다. 대동군(大同郡)에서는 소련군 경무사령부가 지주들의 투석 공격을 받았다(위의 문서: 150, 179, 183, 202-203).

자신의 토지가 부분적으로 할양된 부농들도 토지개혁에 대해 적대적인 태도를 취했다. 부농들 사이에서는 “이 법령은 필시 농민들에게 큰 이익을 가져다주지 못할 것이다. 농민들이 아무리 열심히 일한다 해도, 그들은 아무것도 소유할 수 없고 수확물은 모두 소련군이 가져갈 것”이라는 언사가 확산되었다. 왜정 시기에 크지 않은 토지를 취득하여 이를 모두 소작주는 특권적인 지위를 누려 온 상층 노동자들 사이에서도 토지개혁에 대한 불만이 목격되었다(위의 문서: 122, 137).

그러나 위에서 언급한 어떤 집단도 토지개혁에 반대하는 강력한 저항운동을 전개하지 못했다. 이 운동의 주력을 이룬 것은 학생들이었다. 평양에서는 14개 중학교와 공업전문학교 학생들 대부분이 동맹휴학에 가담했다. 학생들은 신탁통치와 북조선임시인민위원회, 토지개혁에 반대했다. 3월 10일 발각된 광성중학교 학생동맹의 선언서에는 "타인의 장단에 맞춰 춤을 추는, 자신의 조국을 저버린 모든 반역자들을 처단하라"는 호소가 담겨 있었다. 평양의전 학생들은 여러 지역으로 돌아다니며 토지개혁 반대 전단을 배포했다. 3월 13일까지도 평양시 중학생 75%가 동맹휴학을 계속했다(위의 문서, 문서철 2: 114, 118-119, 126-127, 129, 141-142).

해주(海州)에서도 중학생들 대부분이 토지개혁에 대한 반대표시로 수업을 거부했다. 3월 8일 대중적 시위를 전개하려는 시도가 있었고 소련군 경무사령부의 전신선이 절단되었다. 무기를 탈취할 목적으로 보초들에 대한 공격도 가해졌다. 10일 비합법적 집회에서 학생들은 인민위원회와 공산당을 습격하기로 결정했다. 학생들은 '공산주의자들은 누구를 위해 일하는가, 소련을 위해 일하는가, 조선인민을 위해 일하는가'라는 선동적인 질문들을 제기했다. 주동자들이 체포되었지만 12일 밤 장교 숙소 하나가 공격받았다. 17일 '반혁명적인' 전단을 배포했다는 이유로 학생들이 체포되었다(위의 문서: 111, 114, 121-122, 141-142).

신의주(新義州)에서는 3월 11일 도 인민위원회 위원장이 학생집회에서 법령을 해설했지만, 집회에 참석한 150명의 학생들 중 단 한 명도 법령을 지지하지 않았다. 20일 남자중학교에서 두 학년의 학생들이 토지개혁에 반대하며 수업을 거부했다. 청진(淸津)에서는 지주의 자녀들이 등교를 거부했다(위의 문서: 118, 122, 133, 150). 함흥(咸興)에서도 3월 13일 의전, 농업전문학교 학생들과 6개 중학교 학생들 2,640명이 자주독립과 식량문제 해결을 요구하는 시위를 벌였다. 시위는 사실상 토지개혁에 반대하는 성격을 띠었다. 시위대는 당 정치학교를 습격하고 시 당위원회 선전부장과 검찰소 직원들 및 경찰관들에게 폭행을 가했다. 경찰의 총격으로 2명이 사망했다(대외정책문서 문서군 0480, 목록 2, 문서함 1, 문서철 3: 3).

학생들의 동맹휴학을 저지하고 학원을 정상화하기 위한 일련의 조치들이 취해졌다. 당국은 학교장회의를 소집하여 동맹휴학 주동자들을 색출하여 퇴학시킬 것을 지시했다. 평양의 모든 학교에서 학부형회의가 개최되어 동맹휴학을 비난하는 결정서가 채택되었다. 각 학교에서 학생들의 성분을 검사하기 위한 위원회가 조직되어 동맹휴학에 적극 가담한 학생들의 리스트가 작성되었다. 그러나 학교장들은 학생들을 퇴학시키는 조치를 취하지 않았다. 이로 인해 평양시 중학교 교장 1명이 면직되었다(국방성문서 문서군 소련민정청, 목록 102038, 문서철 2: 127-128).

북한의 정당·사회단체는 대부분 토지개혁을 지지했지만 조선민주당은 토지개혁에 적극적으로 참여하지 않았다. 민주당원들은 대부분 토지개혁에 소극적이었고, 지주 출신의 민주당원들은 종종 토지개혁에 대한 반대표시로 당무를 거부하거나 탈당했다. 민주당원들은 법령을 심의하는 각급 인민위원회 회의에서도 회의가 시작될 때 회의장에서 퇴장했다. 민주당원들은 토지를 몰수당한 지주들에 대해 공공연히 동정과 연민의 정을 표시했다. 일부 당원들은 학교를 방화하거나 공산주의자들을 처단할 것을 선동했다(위의 문서, 문서철 2: 120-123, 152).

민주당 조직들은 대부분 법령에 대한 견해를 공개적으로 표명하지 않았지만, 지주 대상인 인텔리 출신의 당원들은 법령에 대한 적대감을 감추지 않았다. 이들은 지주들만이 농업을 잘 경영할 수 있음에도 불구하고 지주 토지를 몰수하여 농업 경영 능력이 없는 빈농과 고용자에게 토지를 나눠주는 것은 북한 사회를 빈곤의 나락으로 이끄는 처사라고 비난했다. 이들은 법령이 인민들 사이에 불화와 반목을 조장할 것이라고 주장했다. 지주와 그 자식들이 아무런 저항 없이 토지를 내놓는 것에 동의하지 않을 것이기 때문이다. 민주당원들은 소련군을 비난했다. 소련군이 오지 않았다면 모든 것이 좋았을 것이고, 왜정 시대가 지금보다 살기 좋았다고 주장했다(위의 문서, 문서철 2: 132).

일부 지역에서는 토지개혁에 대한 물리적 저항을 시도할 목적으로 비밀단체가 조직되었다. 1946년 3월 19일 평안남도 중화군(中和郡)에서는 토지개혁 사업을 방해하고 공산당과 인민위원회 지도자들에 대한 암살까지 계획한 '무당파(無黨派)'라는 테러조직이 적발되어 해체되었다. 3월 23일 황해도 신천군(信川郡)에서는 토지개혁에 참가한 주민들에게 사적인 제재를 가한 단체들이 적발되어 24명이 체포되었다. 정당·사회단체·행정기관의 지도자들에 대한 직접적인 테러행위도 발생했다. 3월 7일과 9일 평양에서는 공산당 시당 사무실과 시 보안국 사무실에 수류탄이 투척되었다. 8일 밤 보안국장 최용건(崔庸健)의 집에도 수류탄이 투척되었다. 14일 밤 인민위원회 서기장 강량욱의 집에 수류탄이 투척되어 아들과 딸이 죽고 그 자신과 부인도 부상을 입었다(위의 문서, 문서철 2: 108, 111-112, 133-134, 159-160, 183, 187).

토지개혁 시기 개혁의 지지자들과 반대자들 사이에는 필사적인 계급투쟁이 전개되지 않았다. 지주들과 부농들은 대부분 '부정적 언사'만을 일삼았고 물리적인 저항이나 직접적인 테러활동에는 참여하지 않았다. 이들은 조성된 정세에 굴복했다. 학생들만이 비교적 토지개혁에 강력히 반대했지만, 학생운동도 대중적인 성격을 띠지 못했고 지주들과 부농들의 공공연한 투쟁과 결합되지 못했다. 정당세력으로는 유일하게 민주당이 토지개혁에 반대했지만 민주당도 조직적이고 적극적인 투쟁을 전개하지는 못했다. 북한의 토지개혁은 역사상 그 유례를 찾아볼 수 없을 만큼 평화적으로 완수되었다.

보통 적내사들 사이의 필사적인 계급투쟁을 동반하는 토지개혁이 이처럼 평화적으로 전개된 것은 1946년 1-2월 토지개혁 실시 직전에 각급 인민위원회와 정당·사회단체에서 지주, 자본가, 부농 성분이 숙청되어 저항세력의 조직적 기반이 현저히 약화되었기 때문이다. 지주, 자본가, 부농의 정치·경제적 이해를 대변하는 조선민주당은 1946년 1월 조만식을 중심으로 하는 우파 그룹이 숙청된 이후 공산당의 제2중대로 환골탈퇴되어 토지개혁 시기 저항운동의 지도부로 기능할 수 없었다

(전현수 1997: 561-562).

소련군의 무력도 토지개혁에 대한 저항운동을 약화시킨 주요 요인이 되었다. 소련군의 북한 진주 이후 북한에 존재한 모든 무장단체는 해체되었으며 이들이 소지한 무기도 몰수되었다. 결정적 투쟁의 시점인 토지개혁 시기 저항세력은 비무장 상태에 있었고 사실상 맨주먹으로 소련군과 보안기구들의 압도적인 무력에 대면해야 했다. 소련군의 무력은 토지개혁이 유혈혁명으로 상승하는 것을 막는 억지력으로 작용했다.

나라가 미소 양군의 분할점령에 의해 남북으로 분단되고 남한에 강력한 반공반소기지가 존재했던 사정도 토지개혁의 평화적인 완수를 보장하는 조건이 되었다. 지주들은 소련군정과 북조선인민정권에 반대하는 결사적인 항전을 택하기보다는 월남하여 남한에 '계급적 복수'를 위한 기지를 건설하는 길을 택했다. 이 결과 북한에서는 지주와 농민 간의 계급적 대립이 평화적으로 해소될 수 있었지만 남한에서는 지주와 농민 간의 계급적 적대가 한층 강화되었다. 남한으로 도주한 지주들과 그 자식들은 극우단체를 조직하여 반소반공투쟁을 전개했고 이들의 '계급적 복수'는 한국전쟁 시기에 현실화되었다.

5. 토지개혁의 정치·경제적 결과

토지개혁의 공식적인 결과는 다음 표 6.1과 같다.

표 6.1에서 볼 수 있는 것과 같이 몰수한 토지는 모두 100만 325정보에 달했다. 몰수토지 가운데 50.1%가 5정보 이상 소유한 조선인 지주 토지와 전부 소작 주는 자의 토지였다. 계속적으로 소작 주는 자의 토지는 몰수토지의 35.8%를 차지했다. 몰수토지에서 일본인 및 일본국가 토지가 차지하는 비중은 11.3%에 달했고, 민족반역자 및 도주자 토

표 6.1 토지개혁의 결과

구분	면적	호수	구분	면적	호수
몰수한 토지	1,000,325	422,646	분여한 토지	981,390	724,522
일본인 및 일본국가 토지	112,623	12,919	고용농민에게	22,387	17,137
민족반역자 및 도주자 토지	13,272	1,366	토지 없는 농민에게	603,407	442,973
5정보 이상 소유한 지주 토지	237,746	29,683	토지 적은 농민에게	345,974	260,501
전부 소작 주는 자의 토지	263,436	145,688	이주한 지주에게	9,622	3,911
계속적으로 소작 주는 자의 토지	358,053	228,866	인민위원회보유지	18,935	–
성당·승원 및 종교단체의 토지	15,195	4,124			

출전: 조선민주주의인민공화국 국가계획위원회 중앙통계국, 『1946-1957 조선민주주의인민공화국 인민경제 및 문화발전 통계집』(1958), 64쪽; 『1946-1960 조선민주주의인민공화국 인민경제발전 통계집』(1961), 59쪽.

지의 비중은 1.3%에, 성당·승원 및 기타 종교단체 토지의 비중은 1.5%에 달했다.

몰수한 토지는 총경지면적의 53%에 달했다. 몰수토지는 전체 소작지의 99%에 달했다(대외정책문서 문서군 0480, 목록 3, 문서함 4, 문서철 10: 35). 토지개혁의 결과 일본인 토지와 조선인 지주 토지는 전부 몰수되었다. 전부 소작 주거나 계속적으로 소작 주는 자의 토지도 몰수되었다. 이처럼 토지개혁은 일본인과 조선인 지주의 토지소유를 타파하고 소작제도를 청산했다. 토지개혁은 농촌사회에서 지주소작관계를 발생시키는 사회경제적 기초를 청산했다.

몰수토지는 토지 없는 농민, 토지 적은 농민, 고용농민에게 분배되었다. 총 98만 1,390정보의 토지가 분배되었는데 토지 없는 농민에게 61.5%가, 토지 적은 농민에게 35.2%가, 고용농민에게 2.3%가 분배되었다. 1만 8,935정보의 토지가 각도 인민위원회의 보유지로 남게 되었는데 이 토지는 중국인들에게 소작을 주어 활용했다. 인민위원회 보유지 중에는 복구작업 없이는 활용하기 곤란한 황무지도 포함되었다.

토지개혁 이전에 북한 농촌사회에 존재한 토지가 없거나 적은 농민들은 약 70만 호에 달했다. 토지개혁의 결과 총 72만 611호에 이르는 고용농민(1만 7,137호), 토지 없는 농민(44만 2,973호), 토지 적은 농민(26만 501호)에게 토지가 분배되었다. 토지를 분배받은 농가호수는 전체 농가호수(112만 1,295호)의 70.3%에 달했다. 호당 분배토지의 면적은 각 도에서 동일하지 않았다. 분배토지의 면적은 평균 1.21정보인데, 평남이 1.37정보로 제일 많고 함남이 0.94정보로 제일 적다. 평남과 함남의 분배토지 면적의 차이는 0.43정보에 달한다(김성보 2000: 173, 표 2-6).

토지개혁의 결과 소작제도는 전면적으로 청산되고 지주에게 예속되지 않은 농민의 개인소유인 농민경리에 의거한 새로운 농업제도가 확립되었다. 이 새로운 농업제도의 본질은 이 제도가 근로농민적 토지소유와 직접적 생산자에 의한 생산물의 전유를 특징으로 하는 개인농민경리의 소상품생산에 기초한 제도라는 데 있다(김한주 1954: 25-29).

근로농민적 토지소유는 봉건적 토지소유가 붕괴될 때 생겨나며 자본주의적 토지소유관계 발생의 물질적 전제가 되는 보통의 농민적 토지소유와는 다르다. 농민적 토지소유에서 자작농민들은 자기 토지를 자유롭게 매매, 임대, 저당할 수 있기 때문에 농업에서 자본주의 발전의 길을 열어주게 된다. 이와 달리 근로농민적 토지소유는 농업에서 자본주의적 발전의 길을 봉쇄했다. 몰수한 토지는 모두 농민에게 무상으로 영원한 소유로 분배되었지만, 분배된 토지는 매매, 임대, 저당이 허용되지 않았다. 법령 제10조를 반대로 해석하면 분배되지 않은 자작토지의 매매는 가능한 것처럼 보이지만, 현실에 있어서는 개인 간의 매매가 금지되었다.

근로농민적 토지소유하에서는 오직 경작하는 농민만이 토지를 소유할 수 있다. 토지분배 후 노력이 감소해도 농가는 잉여토지를 소작주지 못하고 자작해야 했다. 분배된 토지는 영원히 소유케 하며 세습이 허용되었지만 가족의 노력에 비례하여 끊임없이 재분할되었다. 토지를 경작하지 않을 때에는 토지에 대한 소유권을 내놓아야 하며 그가 소유한 토지는 인민정권의 관할하에 들어가 토지가 모자라는 다른 농민에게로 경작권이 넘어갔다. 근로농민적 토지소유는 농민의 거주이전과 직업선택의 자유를 제한하고 농민을 토지에 결박시켜 개인으로서의 자유로운 발전을 저해했다.

토지개혁의 결과 농촌사회의 계급구성은 근본적으로 변화했다. 토지개혁 과정에서 일본인 및 조선인 지주는 완전히 숙청되었다. 토지개혁 이후 지주는 계급으로서 더 이상 존재하지 않았다. 부농들의 지위도 비록 그들의 토지가 전부 몰수되지는 않았지만 현저히 약화되었다. 토지개혁 과정에서는 지주와 유사한 경영을 하는 부농들만이 숙청되었다. 그러나 토지의 매매, 저당, 임대차를 금지한 법령은 부농 경리의 발전 가능성을 현저히 제약했다. 부농들은 자신의 경리에서 자신의 노력으로 경작해야 하며, 고용자들의 계절적 노동을 활용하는 것 외에는 고용노동을 항상적으로 활용하는 것이 금지되었다. 이러한 제한은 농촌에서 부농경리와 자본주의적 요소의 발전을 억제했다. 다음 표 6.2가 보여주고 있는 것처럼 토지개혁의 결과 부농 경영의 수는 10,782호로 감소했다. 평균 5정보 내외의 토지를 소유한 부농은 전체 농가수의 1%에 지나지 않았다. 토지개혁 이전에 이들이 비중이 5%에 달한 점을 고려하면 부농의 지위는 현저히 약화된 것이다(김승준 1988: 186).

토지개혁 이전에 농촌사회에서 토지가 전혀 없는 고용자들은 전체 농가호수의 46%에 달했지만 토지개혁의 결과 이 범주의 농민들은 사라져버렸다(대외정책문서 문서군 0480, 목록 4, 문서함 14, 문서철 47: 92). 표 6.2에서 알 수 있는 것처럼 1정보에서 2.5정보 사이의 토지를 소유하고 있는 소농이 전체 농가호수의 44%를 점하여 농촌사회의 기본적인 대중으로 자리잡게 되었다. 토지개혁 이후 소농은 농촌사회의 핵심적 인물로 등장한 것이다. 이와 동시에 토지개혁 이후에도 농촌사회에는 1정보 미만의 적은 토지를 소유한 빈농이 상당수 남아 있었다. 빈농은 전체 농가호수의 31.1%를 차지했다. 2.5정보에서 5정보 사이의 토지를

표 6.2 북한 농민의 계층구성

	계	0.5정보 미만	0.5–1.0 정보	1.0–1.5 정보	1.5–2.5 정보	2.5–3.5 정보	3.5–5.0 정보	5정보 이상
농가수	1,121,295	120,381	229,212	257,669	235,248	208,260	59,743	10,782
비중(%)	100	10.7	20.4	23.0	21.0	18.6	5.3	1.0

출전: 한림대학교아시아문화연구소(1993: 34)

소유한 중농은 전체 농가 호수의 23.9%에 달했다. 이처럼 북한은 전체 농가의 75.1%가 2.5정보 미만의 토지를 소유하고 있는 빈농과 소농의 나라로 변화했다.

토지개혁은 민주기지노선의 형성과 실천의 분기점이 되었다. 민주기지노선이란 해방 직후 조공 북조선분국이 견지한 정치노선으로 소련군의 진주로 혁명의 유리한 조건이 갖추어진 북한에서 먼저 민주개혁을 실시하여 민주주의의 근거지를 건설하고 이를 남한으로 확대한다는 것이다. 1946년 4월 10일 조공 북조선분국 제6차 확대집행위원회에서 김일성은 "토지개혁은 봉건제도와 일제잔재의 근거지인 북조선 농촌을 민주주의 근거지로 전환시켰다. 북조선의 민주주의 건설은 토지개혁에 의해 그 물질적 토대를 얻고 있다"고 주장했다. 토지개혁을 북한의 민주주의 건설의 기초로 인식한 것이다. 김일성은 여기서 그치지 않고 토지개혁이 "전조선 민주주의 건설의 기초가 된다"고 선언했다. 이러한 판단에 기초하여 김일성은 "조선인민은 민주주의 조선을 건설하기 위해 토지개혁을 시행한 북조선임시인민위원회와 같은 임시정부를 요구해야 하며 북조선임시인민위원회가 통일정부의 핵심이 되고 방양(榜樣)이 될 것을 요구해야 한다"고 역설했다(國史編纂委員會 1987a: 46). 토지개혁을 민주기지노선의 출발점으로 인식한 것이다.

조공 북조선분국이 견지한 민주기지노선의 계급정책은 좌우합작보다는 좌익동맹에 의거한 것이었다. 함남도당은 토지개혁에 의해 '반동지주와 반민주세력'의 본색이 폭로되어 '통일전선이 순화되고' '밑으로부터 강화되었으며', 인민위원회와 농민위원회에서 '반민주적 반동적 분자'가 숙청되어 형식적 통일에서 실제투쟁과 계급성에 기초한 통일로 발전했고, 김구·이승만 일파의 반동성이 폭로되어 민족전선에서의 탈퇴가 명확히 규정되었다고 판단했다. 함남도당은 민족주의 진영을 배제한 밑으로부터의 계급성에 기초한 순화된 통일, 좌익동맹으로 발전한 토지개혁이 남북조선의 통일을 위한 구체적 지표를 제시하는 것이라고 인식했다(「土地改革과 民族統一」, 『옳다』 1946. 4. 2; 「土地改革成果에 對한 咸南道黨의 決定書」, 『옳다』 1946. 4. 9; 「咸南土地改革總結과 今後 黨事業에 對한 報告」, 『옳다』 1946. 4. 18).

토지개혁은 농촌사회의 조직원리를 변화시켰다. 농민운동조직과 농촌정권기관은 좌우합작에서 좌익동맹으로 그 계급적 기초가 변화했다. 토지개혁이 실시되기 이전에는 농민운동조직은 운동이 발전하지 못한 지역에서는 빈농과 중농을 중심으로 하는 농민조합으로, 발전된 지역에서는 부농과 지주까지 포용하는 농민위원회로 조직되었다(朴文奎 1946: 99-110). 전농북조선연맹은 민족통일전선이 요구되는 단계에서 농민위원회가 더 활발한 기능을 할 수 있다고 보았다(『正路』 1946. 2. 1). 1946년 1월 31일 현재 농민조직의 계급구성은 농업노동자 7%, 빈농 30%, 소농 35.5%, 중농 20%, 부농 8%, 지주 0.5%로 농촌사회의 광범위한 주민 집단을 망라했다(『正路』 1946. 2. 6). 농민운동의 조직형태와 계급구성은 좌우합작에 기초한 것이다.

인민위원회의 계급구성도 좌우합작에 기초했다. 토지개혁 직전 평북, 함북, 황해 3개 도의 도·군·면 인민위원의 사회성분별 구성은 나음 표 6.3과 같다.

표 6.3에서 볼 수 있는 것처럼 도·군·면 인민위원은 노동자, 농민, 사무원 출신이 79.4%로 다수를 점했지만 지주, 상인, 자본가 출신도 20.4%로 적지 않은 비중을 차지하고 있다. 인민위원회는 각계각층의 주민의 대표자들로 구성되어 그들의 이해를 반영할 수 있게 된 것이다. 물론 대부분의 인민위원회는 각 지방에서 자연발생적으로 출현하여

표 6.3 도·군·면 인민위원의 사회성분별 구성(1946. 3. 2. 현재)

	도 인민위원	군 인민위원	면 인민위원	계	비율(%)
계	110	684	2,661	3,455	100.0
노동자	9	68	308	385	11.1
사무원	47	191	638	876	25.4
농민	38	282	1,163	1,483	42.9
지주	14	111	430	555	16.1
상인	2	24	117	143	4.1
자본가		3	5	8	0.2

출전: 대외정책문서 문서군 0480, 목록 2, 문서함 1, 문서철 2, 14-15쪽에서 재구성. 군 인민위원 합계는 679명으로 표에 기재된 684명보다 5명이 적다. 이 오류는 무시한다.

처음에는 지주, 부농 출신이 지도부를 장악했다. 1946년 1-2월 각급 인민위원회에서 지주, 부농, 자본가 성분을 숙청하는 사업이 대대적으로 전개되었지만 토지개혁 직전까지도 이들의 영향력은 상당 정도 남아 있었다(대외정책문서 문서군 0480, 목록 2, 문서함 1, 문서철 2: 14).

토지개혁 노선의 급격한 전환은 지주와 부농 성분이 적지 않은 비중을 점하고 있는 기존 조직에 의거해 개혁을 실시하는 것을 어렵게 했다. 기존 조직은 그 사회성분별 구성으로 볼 때 계급으로서의 지주의 폐절과 소작제도의 청산을 목적으로 한 토지개혁의 집행자가 될 수 없었기 때문이다. 좌우합작에 기초해 조직된 기존의 인민위원회와 농민운동조직은 급진적인 개혁에 소극적이었으며 심지어는 개혁을 방해하려 했다. 이러한 사정이 개혁의 집행기관으로 빈농과 고용자를 중심으로 농촌위원회를 별도로 조직하지 않을 수 없게 한 것이다.

토지개혁 실시 과정에서 9만 697명의 위원들을 망라한 1만 1,500개의 농촌위원회가 조직되어 몰수될 토지를 조사하고 몰수한 토지를 농민들에게 분배하는 사업을 집행했다. 농촌위원회는 일부 지역에서는 지주와 부농이 혼입된 경우가 없지 않았지만 절대 다수는 빈농과 고용자에 의거하여 조직되었다. 예를 들면 평안남도 강동군의 전체 농촌위원 1,103명 가운데 95% 이상이 빈농과 고용자였다. 평안북도에서는 1만 4,525명의 위원들로 1,988개의 농촌위원회가 조직되었는데, 농촌위원의 구성은 고용자가 2%, 토지 없는 농민이 79%, 토지 적은 농민이 19%를 이루었다(손전후 1983: 141-145).

토지개혁 실시 과정에서 농민위원회와 인민위원회의 계급적 기초는 좌우합작에서 좌익동맹의 방향으로 변화했다. 농촌위원회가 출현하자 농민위원회와 인민위원회의 계급적 구성을 빈농과 고용자의 지위를 강화하는 방향으로 재정립하는 문제가 제기되었다. 1946년 3월 16일 조공 북조선분국 선동선전 부부장 허정숙(許貞淑)은 토지개혁에 따라 "농촌의 정권은 인민의 민주정권으로 즉 농촌의 정치는 농민 특히 고농(傭農)과 빈농 자신의 일로 바꾸어져야 한다"고 주장했다(「농촌위원회의 진로」, 『옳다』 1946. 4. 2).

토지개혁 실시를 원조하기 위해 농촌현장으로 파견된 활동가들 사이에서는 농촌위원회를 기초로 하여 인민위원회와 농민위원회를 재조직해야 한다는 주장이 제기되었다. "부락 인민위원장이 농촌위원으로 당선된 것은 극히 적다. 부락 농민위원장이 농촌위원으로 당선된 것은 그보다 많다. 부락 인민위원장은 이번 토지를 받은 농민들의 이익을 절대 대표할 수 없다. 농민위원회의 성분도 농촌위원회에 비교하여 매우 불순하다"는 판단이 현장 활동가들 사이에서 힘을 얻었다. 이들은 농민위원회를 해소하고 농촌위원회를 세포조직으로 두고 면 이상 간부를 일제히 개선하여 빈농위원회를 내세우고 이로 하여금 농촌정권을 대체할 필요성을 제기했다(「농촌위원회의 진로」, 『옳다』 1946. 4. 2).

1946년 4월 함남도당은 토지개혁의 성과를 총괄하는 결정서에서 토지개혁이 인민위원회와 농민위원회의 구성 요소와 사업을 검열하는 시금석이 되었다고 지적하고, 인민위원회와 농민위원회에 지주와 부농 성분이 많아 토지개혁을 태공하거나 심지어 노골적으로 반대했다고 평가했다. 함남도당은 인민위원회를 진정한 인민정권으로 만들기 위해 혁명적 노동자 농민 속에서 우수분자들을 등용하여 불순분자들을 시급히 청산하고, 농민위원회도 농촌위원회를 중심으로 개조할 것을 결정했다(『옳다』 1946. 4. 9).

토지개혁 이후 농촌사회의 재조직 방향은 1946년 4월 10일 개최된 조공 북조선분국 제6차 확대집행위원회에서 결말이 났다. 여기서는 김일성의 보고에 기초하여 토지개혁사업의 총결과 금후 과업에 대한 결정서가 채택되었다. 북조선분국은 농민조합을 농촌위원회와 통합하여 농촌위원회가 농민조합의 직접적인 지도를 받도록 하되 농민조합 내의 불순분자, 지주, 부농을 축출하고 농촌위원회의 빈농과 고용자를 중심으로 혁명적으로 개조할 것을 결정했다. 그러나 농촌위원회가 구장, 이장 등의 행정조직을 대행하는 것은 부적합하다고 판결했다. 각급 인민위원회를 강화하기 위해 이색분자와 불순분자를 숙청하고 농촌위원회에서 능력 있는 간부를 선발하여 인민위원회를 개조할 것도 결정했다(國史編纂委員會 1987a: 62-66).

토지개혁의 결과 각급 인민위원회는 대부분 재조직되었다. 토지개혁 시기 개혁에 반대한 308명의 지주들이 각급 인민위원회에서 축출되었다. 평안남도인민위원회는 지도부가 전면적으로 재구성되었다. 해주시와 평양시의 인민위원도 상당수 교체되었다. 황해도 선천군과 사리원시의 인민위원회 성원도 전원 교체되었다. 강원도에서는 춘천시 인민위원회 위원장과 2명의 부위원장이 경질되었다. 지주와 부농 성분의 숙청과 함께 노동자, 농민, 인텔리 등 근로대중 속에서 새로운 대표들을 선발하여 인민위원회의 지도적 지위에 등용하는 사업이 전개되었다. 토지개혁 이후 각급 인민위원의 사회성분별 구성을 보면, 각급 인민위원 2만 1,477명 가운데 농민이 1만 5,223명(70.9%), 노동자가 1,678명(7.8%), 사무원이 2,776명(12.9%), 상인이 1,098명(5.1%), 수공업자가 535명(2.5%), 자본가와 지주가 158명(0.8%)을 차지했다(대외정책문서 문서군 0480, 목록 2, 문서함 1, 문서철 2: 14-15; 문서군 0480, 목록 2, 문서함 2, 문서철 7: 10-11). 토지개혁 전에 비해 지주와 자본가 성분은 20.4%에서 0.8%로 현저히 감소했다.

농민운동조직의 계급적 기초도 변화했다. 1946년 5월 1일 현재 농민운동 대열은 토지개혁 전의 80만 명에서 184만 8,077명으로 확대되어 전체 농민 580만 명의 32%를 조직화했다. 농민운동조직의 계급구성은 고용자 2%, 빈농 64%, 중농 27%, 부농 7%의 분포를 보였다. 토지개혁 전에 비해 지주와 부농 성분은 8.5%에서 7%로 줄어들었다. 지주와 부농 성분의 감소비율은 1.5%에 지나지 않았지만, 농민운동조직의 지도적 지위에서 지주와 부농 요소는 급격히 제거되었다. 황해도에서는 농민위원회 도 간부 4명, 군 간부 32명, 면 간부 220명이 정리되고 '농촌위원회의 정수분자를 핵심으로 빈농 출신의 충실한 간부를 선발하여 재조직되었다'(「북조선농민연맹 사업종합보고」, 『北朝鮮農民新聞』 1946. 6. 23).

토지개혁은 농촌사회의 자치질서를 급격히 변화시켰다. 농촌사회의 자치질서의 토대를 이룬 인민위원회와 농민운동조직의 계급적 기초가 전혀 새로운 질을 띠게 된 것이다. 토지개혁 이전 인민위원회와 농민운동조직이 친일파를 제외한 비친일적 지주, 부농, 중농, 빈농, 고용자의 광범위한 통일전선에 기초했다면, 토지개혁 이후 인민위원회와 농민운동조직은 빈농과 고용자에 의거하여 중농을 포섭하는 계급동맹에 기초했다. 농촌사회에서 좌우합작에 기초한 자치질서 수립 노선이 폐기되고 지주와 부농에 대한 날카로운 계급투쟁에 기초한 자치질서 수립 노선이 확립된 것이다.

이러한 전환이 전국적·정치적 차원에서 문제가 될 때는 지주, 부농, 자본가 및 이들의 정치·경제적 이해를 대변하는 정치세력과의 결별을 의미한다. 조공 북조선분국 제6차 확대집행위원회 결정서에도 지적된 것처럼 토지개혁은 민주주의 정당과의 통일전선을 약화시켰다. 조선민주당에 대한 적대적 태도는 평남 대동군(大同郡) 남부면(南阜面)에서 민주당원들이 도주하고 당 간판을 뗀 사실에서 극명하게 표현되었다. 황해도에서는 공산당에 와야 땅을 준다고 하여 농민들이 민주당을 탈퇴했다. 평북 선천군(宣川郡)에서도 농민위원회에 가입해야 토지를 준다고 하여 민주당원들이 탈당하고 농민위원회에 가입했다. 정주군(定州郡) 고읍면(古邑面)에서만 이러한 이유로 50명의 민주당원들이 탈당했다. 영변군(寧邊郡)에서는 민주당의 목적이 공산당과 같으면 당을 별도로 조직할 필요가 없으니 공산당에 가입하라고 압력을 가한 일이 있었다. 용천군(龍川郡)에서는 민주당원들이 민청원의 감시를 받았다(國史編纂委員會 1987a: 54, 64).

토지개혁 시기 조공 북조선분국은 반탁진영의 모든 정치세력에 대해 전면적인 공격을 가했다. 공산당은 이승만과 김구가 친일파 집단인 한국민주당과 야합하여 대지주와 자본가의 "봉건적 팟쇼전제정권"을 세우려 하고, "변상적 제국주의세력"과 결탁하여 한국을 다시 압박과 착취의 고통으로 유인하고 있다고 비판했다. 공산당은 이승만을 나라의 이권을 팔아먹은 파렴치범으로, 김구를 "살인 방화 매국"의 화신으로 단죄했다. 남조선민주의원에 대해서도 친일분자 민족반역자 소수특권계층을 기반으로 "팟쇼적 노선"을 걷고 있다고 비판하고, 이를 타도하기 위해 '무자비한 투쟁'을 전개할 것을 촉구했다(『正路』 1946. 3. 24).

공산당은 조만식이 김구·이승만과 보조를 같이하여 반소반공의 사상적 모략에 광분했다고 성토했다. 이 시기 조만식은 친일파 민족반역자로 몰려 '여론재판'을 받았다. 조만식에 대한 비난은 그가 학도지원병 모집에 협력한 전쟁범죄자라고 주장함으로써 극에 달했다. 공산당은 조만식이 1943년 11월 16일자 『매일신보』에 투고했다는 "生命을 國家非常之秋에 半島를 爲하야 皇國을 爲하야 또는 大東亞共榮圈 建設을 爲하야 받치게 된 諸君은 얼마나 榮光스러운가"라는 내용의 "叛逆的 勵文"을 공개하고 조만식을 인민재판에 붙여 처벌할 것을 요구했다. 북한의 개신교 목사들도 신사참배를 선동하고 학도지원병 모집에 협력한 "왜놈들의 앞잡이"로 성토되었다(『正路』 1946. 3. 24, 3. 31, 4. 10).

이러한 사실은 토지개혁이 농촌사회의 자치질서 차원에서뿐만 아니라 전국적·정치적 차원에서도 비친일적 지주, 부농, 자본가와의 연합의 가능성을 현저히 제한하여 좌우합작에 기초한 통일민족국가 수립의 전망을 어둡게 할 수도 있었다는 점을 시사한다고 하겠다. 실제로 함경남도 일대에서는 "토지개혁으로 민족통일전선이 물 건너갔다"(『옳다』 1946. 4. 1)는 분위기가 확산되었다.

6. 결어

해방 직후 북한의 지주소작관계는 위기에 직면했다. 농민들은 더 이상 지주들의 노예로 살려고 하지 않았다. 농촌사회에서는 토지를 요구하는 농민들의 운동이 전개되었다. 1945년 말 1946년 초에 실시된 농산물 징발정책의 실패로 초래된 식량위기는 토지개혁의 실시를 가속화했다. 북조선임시인민위원회와 소련군정은 농산물 징발정책의 실패로 초래된 정치·경제적 위기로부터 탈출할 방안을 시급히 마련해야 했다.

조공 북조선분국과 소련군정에서는 좌우합작에 기초한 토지개혁 강령이 준비되었다. 개혁노선은 일본인 지주와 친일 조선인 대지주의 토지만을 몰수대상으로 설정했다. 이후 점차 몰수토지의 대상이 조선인 지주 토지까지 확대되었지만, 이 경우에도 여전히 신중한 노선이 견지되있다. 토지문제의 혁명적 해결은 좌우합작에 기초한, 비친일적 조선인 지주까지 포함한, 통일정부의 수립 이후의 과제로 연기되었다.

모스크바 3상회의의 조선문제에 대한 결정이 전해지자 북한의 정치지형은 좌우합작에서 좌익동맹의 방향으로 변화했다. 이와 함께 토지개혁 강령에도 중대한 수정이 가해졌다. 조공 북조선분국과 소련군정에서는 조선인 지주 토지를 국유화하고 몰수토지를 농민에게 무상으로 분배하는 토지개혁의 새로운 노선이 제기되었다. 소련공산당 지도부는 국유화강령을 철회하고 토지에 대한 농민적 소유를 확립한 토지개혁법령 초안을 확정했다.

새로운 토지개혁노선은 계급으로서의 지주의 폐절과 소작제도의 청산을 목적으로 한 것이다. 이러한 급진적인 토지개혁은 반소반공세력의 경제적 기초를 청산하기 위한 조치로 간주되었다. 북조선임시인민위원회에서는 토지법령에 대해 강도 높은 반대의견이 개진되었고, 북조선신민당 지도부도 법령의 실시에 동요하는 입장을 보였다. 이것은 모두 법령의 급진성에 기인하는 것이다. 그러나 법령은 신성불가침한 군정법령으로 간주되었다.

토지개혁 시기, 개혁의 지지자들과 반대자들 사이에서는 필사적인 계급투쟁이 전개되지 않았다. 나라가 남북으로 분단되어 있고 남한에 반소반공기지가 존재하는 조건에서 지주들은 북조선임시인민위원회와 소련군정에 반대하는 결사적인 투쟁을 전개하기보다는 월남하여 남한에 '계급적 복수'를 위한 기지를 건설하는 길을 택했다. 이 결과 북한에서는 지주와 농민 사이의 계급적 대립이 평화적으로 해소될 수 있었다.

토지개혁의 결과 지주소작관계는 청산되고 새로운 농업제도가 수립되었다. 이 제도의 특질은 근로농민적 토지소유에 의거한 개별 농가의 소경영 및 직접적 생산자에 의한 생산물의 전유에서 찾아진다. 토지개혁의 결과 농촌사회의 계급구성은 근본적으로 변화되었다. 지주는 더 이상 계급으로 존재하지 않게 되었다. 부농도 상당히 약화되었다. 소농이 농촌사회의 중심적인 세력으로 등장했다. 이와 함께 빈농도 여전히 적지 않은 부분을 차지했다.

토지개혁은 농촌사회의 자치질서를 급격히 변화시켰다. 좌우합작에 기초한 자치질서는 지주와 부농에 대한 날카로운 계급투쟁에 기초한 자치질서로 변화했다. 토지개혁의 실시로 실천단계에 진입한 민주기지노선은 비친일적 지주, 부농, 자본가와의 연합의 가능성을 현저히 제한하여 좌우합작에 기초한 통일민족국가 수립의 전망을 어둡게 할 가능성이 있었다.

| 7장 |

전후 중국의 경자유전

토지개혁인가 토지혁명인가*

유용태

1. 서언

2차 세계대전 종료 후 중국의 경자유전은 공산당의 주도하에 1946년 5월 개시되어 1952년 12월에 완료되었다(소수민족 지구 제외). 공간적으로 보면 그것은 화북의 공산당 지배구역에서 시작되어 내전의 형세에 따라 점차 화중과 화남으로 확대되었다. 그 결과 3억 명의 농민에게 7억 무(1畝=610㎡)가 분배되었고, 그 면적은 당시 전체 경지의 44%였다. 이 과정에서 공산당의 토지정책은 크게 세 차례 바뀌었는데 5·4지시(1946. 5), 토지법대강(1947. 10), 토지개혁법(1950. 6)이 그것이다. 전 인구의 1/3이 거주한 화북과 화중의 일부 공산당 구역(해방구)은 토지개혁법 이전에, 그리고 전 인구의 2/3가 거주한 화중과 화남은 그 이후에 진행되었다.

* 이 장은 유용태, 2012, 「중국의 토지혁명과 신민주주의 경제, 1945-1953」, 『中國近現代史硏究』 55집을 새로운 자료에 의거해 보완하고 수정한 것이다.

이들 세 정책을 몰수냐 매수냐의 기준에 따라 다시 구분하면 토지법대강 이전과 이후로 나눠진다. 5·4지시는 죄악이 큰 친일파와 악질적 향촌권력자의 토지만 청산방식으로 분배하고 지주 일반의 토지에 대해서는 농민의 직접 매매와 정부의 유상매수를 허용하였다. 이와 달리 토지법대강과 토지개혁법은 지주 일반의 토지를 모두 무상몰수하여 무상으로 분배하도록 하였다. 그렇다면 5·4지시 단계는 지주계급의 물적 토대를 존속시켜 그 토지자본을 산업자본으로 전환시키는 '토지개혁'으로, 토지법대강 이후 시기는 그 물적 토대를 소멸하여 단절시킨 '토지혁명'으로 구별해서 파악해야 하지 않을까 한다.

그러나 거의 모든 연구가 이런 차이를 무시한 채 전후 중국 토지제도의 변혁을 시종 '토지개혁'으로 불러왔다. 이는 중국공산당이 자신의 토지정책을 소비에트혁명시기(1927-1937)의 '토지혁명', 항일전쟁기(1937-1945)의 '감조감식'(減租減息, 소작료와 이자율 인하), 항전승리 후(1945-1952)의 '토지개혁'으로 구분해온 관행에 따른 것일 뿐 학술적 연구의 결과가 아니다. 어느 시기에든 지주의 토지를 무상몰수하여 분배하는 방식으로 지주제를 폐지하고 지주계급의 물적 토대를 소멸하였다면 그것은 토지개혁이 아니라 토지혁명에 속한다. 공산당은 이를 인정하면서도 '토지혁명'이란 용어는 끝내 회피하였다.

중국의 토지개혁에 관한 연구는 크게 정치사적 시각에서 토지분배가 공산당의 내전승리와 지배력 강화에, 그리고 경제사적 시각에서 농업생산력 증대에 각각 얼마만큼 기여했는가를 밝히는 데 모아졌다. 중국학계는 대체로 이 두 가지 모두에 대해 긍정적으로 평가하지만, 최근 들어 소장연구자들이 현당안관(縣檔案館) 소장자료까지 이용하여 좌경착오의 실상을 드러내는 성과를 내놓기 시작하였다(王友明 2006; 陳益元 2006; 莫宏偉 2010). 서방학계는 전자에 대해서는 긍정적이지만 후자에 대해서는 부정적으로 평가하는 것이 일반적이다. 정치·경제 양면에서 비교적 긍정적 효과를 초래했음을 인정한 연구도 있다(Moise 1983).

최근 중국 안팎에서, 토지개혁이 공산당의 집권을 가져왔는가 공산당의 집권이 토지개혁을 가능케 하였는가에 대한 논의가 일기 시작하였다. 국내에서는 최근에 와서야 특정 시기에 한정된 두 편의 논문이 나왔고 각각 한국전쟁 및 재만 조선인과 관련해서 토지개혁을 파악한 점에서 눈길을 끈다(김진경 2003; 염인호 2006).

이 장에서는 화중지역을 중심으로 다음 두 가지 사항을 검토하려 한다. 첫째, 중국공산당의 토지정책사에서 토지혁명과 다른 토지개혁론이 언제 어떻게 등장했는지를 추적한 후, 1946년에는 개혁과 혁명이 병존하다가 1947년에는 혁명으로 급진화되었으며 그럼에도 왜 '토지혁명'이란 용어가 회피되고 '토지개혁'이라 부르게 되었는가를 밝힌다. 둘째, 두 단계에서 모두 계급투쟁 방식으로 진행된 향촌정권의 변혁과정을 검토한다. 그리하여 이 두 가지 문제가 신민주주의의 기초형성에 어떤 의미를 갖는지를 음미해보고자 한다. 이 연구에 사용된 자료 중 특기할 것은 『화중해방구재정경제사료선편(華中解放區財政經濟史料選編)』 1-7권(南京大學出版社, 1987)이다. '재정경제' 사료라는 이름 때문인지 종래의 토지개혁 연구 논저에서 이 자료가 활용된 예를 보지 못하였다.

2. 경자유전의 방법: 개혁과 혁명

지주적 토지소유를 농민적 소유 또는 국유로 전환해야 산업화를 효과적으로 달성할 수 있다는 것은 근대 세계 각국의 공통된 인식이다. 동아시아의 경우 그 밑바탕에는 정전제(井田制)에 의거한 전통적 토지균분사상이 깔려 있다. 그러나 이를 매수방식으로 할 것인가 몰수방식으로 할 것인가를 놓고서는 정치적으로 첨예한 대립이 있었을 뿐만 아니라 사상적으로도 계열을 달리하는 심원한 차이가 있었다. 또한 몰수와 매수의 차이는 그 대상이 '토지' 일반인가 그중의 일부인 '농지'인가의 차이를 수반한다. 이 범위의 문제도 실은 방법의 문제와 긴밀하게 연동돼 있다.

예를 들면 방기중은 일제강점기의 한국에서 모색된 토지문제 해결의 방법을 사회주의 계열의 '토지혁명론'과 사회민주주의 계열의 '토지개혁론'으로 나누어 대비시켰다. 이때 무상몰수·무상분배를 혁명론으로, 유상매수·유상분배를 개혁론으로 규정하였다(방기중 2001: 104-113). 그 밖에 자본주의를 추구하는 민족주의 계열에서도 유상매수의 토지개혁론이 제기되었다(김용섭 2000: 446-455). 몰수는 혁명이고 매수는 개혁이라는 이 구분법과 달리, 신기욱은 농민대중의 주체적 운동을 기준으로 삼아 '개혁'이란 국가가 정책과 법제에 의거해 실현하는 것이고 '혁명'이란 농민의 아래로부터의 요구와 도전에 의해 실현하는 것이라고 대비시켰다(신기욱 2001: 36-44). 그러니까 방기중의 논리에 따르면 국가의 정책과 법제에 의거하더라도 토지를 무상으로 몰수하여 분배하였다면 이는 토지혁명인 것이다.

그럼에도 연구자들은 몰수와 매수의 차이를 간과한 채 북한·중국의 경자유전을 토지개혁으로 간주할 뿐 토지혁명이라 부르지 않는다. 중국의 경우, 이는 중국공산당사에 의거한 통설, 곧 토지혁명(1927-1937)-감조감식(1937-1945)-토지개혁(1946-1952)의 3분법을 당연시한 결과다(董志凱 1987; 趙效民 主編 1990; 郭德宏 1993; 羅平漢 2005). 궈더훙(郭德宏)은 소비에트혁명시기(1927-1937) 공산당의 무상몰수·무상분배를 토지혁명으로 간주하고, 쑨원(孫文)의 평균지권론(平均地權論)과 경자유기전론(耕者有其田論, '其'자를 넣어 농민이 현재 경작하는 바로 그 땅을 소유한다는 뜻을 강조함)에 의거한 국민당 지방정부의 유상매수·유상분배 정책을 토지개혁이라 구별하였다. 하지만 그 역시 항일전쟁 승리 후 공산당의 무상몰수 정책을 토지개혁이라 하였다. 항전승리 후에도 매수단계와 몰수단계의 차이가 있었음을 의식한 동즈카이(董志凱)는 매수단계의 경자유전을 '초보적 토지개혁'으로, 몰수단계의 그것을 '토지개혁'으로 구분하였으나 이것으로 문제가 해결되는 것은 아니다. 이 두 단계를 구별하지 않은 채 하나로 묶어서 토지혁명이라고 파악한 예외적인 연구도 있으나 용어의 개념에 대해서는 설명하지 않았다(陳永發 1996; 張佩國 2002).

많은 연구가 1945년 전후의 단절을 강조하여 감조감식과 토지분배를 이분법적으로 구분한 것과 달리, 그 사이의 내적 연속성에 주목한 연구도 있다. 화북의 공산당 구역에서 1942년부터 감조감식을 통해 사실상 '토지개혁'이 진행되었다고 보고 그 연장선에서 전후의 토지분배를 이해한 연구가 그런 예이다(Pepper 1978; 田中恭子 1996; 王友明 2006). 그래서 수잔 페퍼(S. Pepper)와 다나카 교코(田中恭子)는 전후 공산당의 정책을 "토지개혁에의 회귀"라고 불렀다. 프리드먼 등은 전후의 토지개혁은 항일전쟁기의 감조감식 정책에 단지 계급투쟁의 폭력이 추가되었을 뿐이라고 파악하였다(Friedman et al. 1991: 84-89, 92-98). 감조감식의 결과 토지수익성이 감소하자 지가도 하락하였으며, 소작농은 그 틈에 쉽게 지주의 토지를 구입할 수 있게 되었음에 주목한 것이다. 다만 페퍼가 지적한 대로 당시 공산당 지배구역은 지주토지가 극히 적은 지역인 만큼 감조의 효과는 제한적일 수밖에 없었다. 이들은 감조감식과 토지개혁을 이분법적으로 나누어 보는 시각의 문제점을 어느 정도 극복한 의미가 있으나, 항일전 승리 후 경자유전의 방법이 1946년의 개혁에서 1947년 이후의 혁명으로 나아간 차이를 간과하였다.

이처럼 중국 안팎의 학계는 1927-1937년의 토지혁명과 1946(혹은 1942)-1952년의 토지개혁을 명확히 구별하였는데, 둘 사이에는 연속과 단절의 양면이 있다. 1927-1937년은 중국공산당사에서 소비에트혁명 시기로 규정되며 그때 토지는 소비에트정부에 의해 시종일관 무상몰수되었다. 다만 그 대상과 소유권은 시기에 따라 달라서 처음에는 지주·부농의 토지를 몰수하고 분배된 토지는 모두 국유로 하였으나, 나중에는 지주 토지와 부농의 출조(出租) 토지만 몰수하고 농민의 소유권도 인정하였다. 이런 변화가 일부 근거지에서는 1930년부터, 중공중앙 차원에서는 1935년부터 나타났다(박상수 2005: 213-214; 顧龍生 1999: 63-65). 지주토지(공유지 포함)의 몰수, 부농의 자경지와 고공경작지(雇工耕作地)를 보존한 것, 농민의 소유권을 인정한 것 등은 항전승리 후 토지정책의 핵심내용으로 이어졌다.

그렇다면 항전승리 이후 특히 지주토지의 전면 몰수가 진행된 1947-1952년 시기의 이른바 토지개혁은 소비에트혁명시기의 토지혁명과 본질상 다르지 않다. 그럼에도 전후 공산당은 토지개혁이란 용어로 사실상 토지혁명을 대신함으로써 용어의 의미를 둘러싼 투쟁을 전개하였다. 토지개혁과 토지혁명은 사상적 계열과 계급적 기반을 달리하는 토지정책이므로 이에 관해 분명히 해둘 필요가 있다.

먼저 유상매수의 토지개혁론은 18세기 후반 윌리엄 오길비(W. Ogilivie)에서 유래하였다. 그는 토지개혁론의 사상적 선구로서 자연법 사상에 입각하고 있다(김윤상 2009: 6장). 유럽에서는 토지개혁운동이 그의 사상적 영향 속에 19세기 후반 산업화 과정에서 심화된 빈부격차를 해소하기 위한 노력의 일환으로 제기되고 실천되었다. 영국의 토지보유개혁협회(1871)와 독일토지개혁동맹(1898) 등이 활동을 벌인 결과 1차 세계대전 직후 바이마르공화국을 비롯한 유럽 국가에서 토지개혁이 단행될 수 있었다. 한편 무상몰수의 토지혁명론은 공산당선언(1848)의 토지몰수론을 이어받은 20세기 초 러시아 마르크스주의(특히 레닌주의)에서 유래하였고 러시아혁명에서 선언적으로 실천되었다.

이 두 사상계열의 토지문제 해결방안은 이윽고 중국에 소개되었다. 토지개혁론은 내가 확인한 바에 따르면, 1928-1929년 「헝가리의 토지개혁」, 「핀란드의 농지개혁」이란 제목으로 『신국가잡지』, 『신생명』 등의 잡지를 통해 알려졌다. 그 내용의 골자는 외세의 지배로부터 벗어난 상황에서 지주 일반의 토지는 유상매수하고 외국인 및 외세와 결탁한 자의 토지는 몰수하여 유상분배하는 것이다. 1930-1940년대에 중국의 각종 잡지에서 유럽의 토지개혁 이론과 사례를 소개하는 노력은 지속적으로 이어졌다.

그 사이 국민당은 쑨원의 평균지권론과 경자유전론을 토지정책으로 채택하고 있었다. 그가 정전론의 영향도 받으면서 헨리 조지의 이론을 수용하였다는 것을 잘 알려진 사실이다. 이는 조세정책과 유상매수에 의거해 점진적으로 지주제를 폐지하는 것이므로 토지개혁 개념에 합치한다. 국민당은 1930년 이를 명시한 토지법을 제정했음에도 이 용어를 회피한 채 쑨원식 용어를 견지하였다. 다만 국민정부 산하 연구기관인 중국지정학원(中國地政學院)과 중국지정연구소가 1932년 성립 이래 연구 차원에서 토지개혁이란 용어를 사용하였을 뿐이다.[1] 지정연구소의 핵심 인사 샤오정(蕭錚) 등이 1943년『평균지권과 토지개혁』을 펴낸 것은 그러한 연구활동의 결산이라 할 수 있다. 그러나 국민정부와 국민당은 토지개혁이란 용어를 계속 회피하였다. 1947년 4월 지정연구소를 이어받아 중국토지개혁협회가 성립되고 나서도 이런 상황은 별로 달라지지 않았다. 다만 푸젠(福建)과 허난(河南) 등 일부 지역의 지방정부에서만 1947년 무렵 개별적으로 수용되었을 뿐이다.

토지혁명론은 코민테른(Comintern)의 도움으로 중국공산당을 통해 1922년부터 중국에 소개되었다. 코민테른은 1922년「동방문제에 관한 일반 테제」에서 각국 공산당은 지주제를 소멸하는 '토지혁명'을 진행하고 '소비에트공화국'을 건설해야 하지만 반제투쟁에 광대한 농민을 동원하고 그에 반대하는 자산계급 민족주의자들과 통일전선을 형성하기 위해서는 '토지개혁'과 '민주공화국' 건설 구호를 제기해야 한다고 하였다. 여기서 토지혁명은 지주토지의 몰수와 무상분배, 토지개혁은

1 이는 蔣介石이 1932년 11월 中央政治學校 地政研究班 개교식 치사에서 "토지(제도)개혁" 방안에 대한 연구를 당부한 이래의 일이다. 지정연구반은 그 후 中國地政學院으로, 1940년 다시 中國地政研究所로 바뀌었다(蕭錚 1980).

유상매수와 유상분배로 대비되었다(共産國際 1922: 359, 364). 이런 일반 테제와 달리, 코민테른은 1923년 5월 중국공산당에게 반제통일전선의 형성과 동시에 토지혁명을 진행해야 한다면서 지주 토지와 공유지를 몰수하여 농민에게 분배하는 토지혁명 구호를 제기하라고 지시하였다(共産國際執行委員會 1923: 456).

중국공산당이 지주토지의 몰수를 처음으로 토지혁명이라 표기한 것은 1차 국공합작이 결렬된 후인 1927년 8·7회의에서다. 중국공산당은 1925년부터 지주토지의 몰수를 최종목표로 하고 당면한 과도기 정책으로 감조감식을 제기하였다. 그럼에도 토지혁명이란 용어는 피했는데 이는 국공합작의 통일전선을 고려한 때문으로 보인다. 8·7회의 이후부터 공산당은 토지혁명이란 용어를 가지고 1937년까지 줄곧 자신의 토지몰수 정책을 표현하였다. 이때 그 의미는 지주계급의 봉건통치를 타도하고 그 토지를 몰수하여 농민에게 분배함으로써 일체의 봉건적 압박을 폐지하는 것으로 정의되었다(中共'八七'會議 1927: 155; 中國紅軍第七政治部 1929: 336). 따라서 토지몰수는 반드시 정권 및 무장의 탈취와 결부되어 진행되어야 하는 것으로 전제되었다. 공산당은 1937년 2차 국공합작과 항일전쟁 개시에 따라 토지혁명을 감조감식으로 전환하였다.

이상에서 살펴본 중국공산당의 토지정책에 나타나는 특징은 지주토지의 몰수와 과도기 조치인 감조감식 두 가지만 있을 뿐 토지개혁에 해당하는 유상매수가 없다는 점이다. 그런데 공산당은 1944년부터 갑자기 유상매수의 토지개혁을 제기하기 시작하였다. 그것은 1939년 12월부터 1945년 5월 사이에 신민주주의론을 정립하면서 나타난 변화로 보인다.

우선 마오쩌둥(毛澤東)은 이때 신민주주의론을 제기하면서 이를 쑨원의 삼민주의에 기대어 정당화하기 시작하였다.[2] 그는 자신의 신민주

2 항일전쟁기 중국공산당이 쑨원의 삼민주의로 자신의 정책을 정당화하는 과정에 대해서는 蔡

주의 혁명이 "쑨원이 1924년 선포한 삼민주의혁명과 기본적으로 일치한다"면서, 장차 수립될 신민주주의공화국은 "모종의 필요한 방법을 강구하여 대지주의 토지를 몰수하여 농민에게 분배하고 중산(中山, 쑨원의 호) 선생의 '경자유기전' 구호를 실행할 것"이라고 천명하였다. 그러나 앞에 언급한 대로 쑨원의 경자유전은 무상몰수의 토지혁명이 아니다. 그래서 그도 같은 글에서 삼민주의가 공산주의와 다른 점은 "토지혁명 강령을 갖고 있지 않다"는 점이라고 지적했던 것이다(毛澤東 1939: 125-126; 毛澤東 1940: 175). 그렇다면 그는 실행방법상 개혁과 혁명의 중대한 차이를 무시한 채 목표의 공유만을 부각시켜 견강부회식 설명을 가한 셈이다. 이는 쑨원의 권위를 빌려 공산당의 몰수정책을 정당화하려는 의도된 수사가 아닐 수 없다. 그렇다 해도 아직은 이를 토지개혁이라 부르지 않았다.

한편 1939-1944년 마오쩌둥은 토지혁명이 신민주주의혁명 단계에서도 불가결함을 재확인하였다. 그는 현재의 중국혁명 혹은 토지혁명은 사회주의혁명이라고 말하는 이들도 있으나 이런 관점은 착오이며 반식민지반봉건사회를 종결하고 사회주의사회를 건설하는 사이의 과도단계의 신민주주의혁명이라고 하였다(毛澤東 1939: 125, 130) 나아가 그는 "신민주주의의 주요한 경제적 특징은 토지혁명이다. 설사 현재 항일이 우리의 주요 임무인 시기에도 그러하다."라고 전제한 뒤 "신민주주의사회의 주요한 경제기초는 공업이며, 이를 발전시키기 위해서는 반드시 먼저 토지문제를 해결해야 한다. 봉건토지제도에 반대하는 혁명이 없이는 자본주의를 발전시킬 수 없다."라고 하였다(毛澤東 1944: 183-184). 토지혁명은 신민주주의 단계의 반봉건혁명이라는 것이다.

樂蘇·曾靜(2002) 및 安井三吉(1992: 226-242) 참조. 安井은 공산당의 이러한 정당화 논리가 1946년 내전의 폭발과 함께 점차 사라졌다고 보았으나 토지개혁에 관한 한 1950년 토지개혁법에도 명시적으로 나타나 있다.

그러나 마오의 이러한 토지혁명론은 1944년 7월부터 토지개혁론으로 바뀌었다. 그는 영국기자 스타인과의 회견에서 다음과 같이 토지개혁이란 새로운 용어를 쓰기 시작하였다.

> 만약 전체 중국이 모든 당파의 합작으로 진정한 민주국가가 되면 곧 전국범위에서 우리의 감조정책을 실행할 수 있다. 비록 그것은 쑨원의 경자유전 주장(이는 토지문제의 최종 해결방법이다)에 미치지 못하지만 실제상으로는 여전히 하나의 위대한 개혁이다. 진정한 민주정부가 각지에서 건립되기만 하면 현재 봉건착취제도하에 처해 있는 모든 토지는 점차적으로 평화적으로 경작자에게 전이될 수 있다. 모든 토지를 점차적으로 경작자에게 전이하는 방법은 장차 지주의 자본을 공업에 투자하도록 고무할 것이다. … 비록 지금 우리가 취하고 있는 것은 감조감식의 방법뿐이지만 오직 공산당만이 진정한 토지개혁을 실행할 수 있다(毛澤東 1944: 185-186).

인용문에서 보듯이, 마오는 민주연합정부가 구성되면 토지몰수가 아닌 감조감식과 유상매수에 의해 평화적으로 경자유전을 실현하고 지주의 자본을 공업에 투자하도록 고무할 수 있다면서 이를 토지개혁이라 불렀다. 쑨원식 경자유전이 바로 이에 해당한다. 다만 국내평화와 민주연합정부라는 조건이 구비되지 않으면 지주토지의 몰수를 배제할 수 없다고 덧붙였다. 이 회견에서 마오는 "서방의 일부 선진국가가 과거에 행한 토지혁명"이라 하여 토지개혁과 혼동하는 모습을 보이기도 하였다. 그가 이 혼란에서 벗어나는 것은 「연합정부론」부터이다.

그는 1945년 4월 「연합정부론」에서 '토지개혁'으로 '토지혁명'을 완전히 대신하였다. 예를 들면 "일본침략자를 소멸하고 신중국을 건설하기 위해서는 반드시 토지개혁을 실행하여 농민을 해방해야 한다", "토지개혁을 실행하여 농민을 해방해야 비로소 중국사회의 생산력을 해방할 수 있다."고 하였다. 그런데 그는 "중산 선생의 '경자유전' 주장은 당면한 자산계급민주주의혁명 시대의 정확한 주장"이라면서 "1927-1937년 중공은 중산 선생의 '경자유전' 주장을 집행하였다."고 하였다(毛澤東 1945: 243-249). 이는 그 스스로 앞의 기자회견에서 1927-1937년 중공이 '토지혁명'을 실행하였다고 말한 것과 선명한 대비를 이룬다.

그 직후, 공산당이 충칭에서 발행한 공개 잡지 『군중』(주간)은 1945년 10월부터 토지개혁이란 용어를 널리 유통시키는 데 앞장섰다. 「남동 유럽의 토지개혁」, 「전쟁과 토지개혁」, 「토지개혁과 공업화를 논함」 등의 글을 통해 사상과 사례를 동시에 소개한 것이다. 공산당의 경제사가 허깐즈(何幹之)는 1946년 4월 『북방문화(北方文化)』에 발표한 「토지개혁과 중국자본주의의 발전」에서 공산당 지배구역을 토지혁명이 실행된 곳과 그렇지 않은 곳으로 나누고 후자에 속한 산시 성 미즈 현(陝西省 米脂縣) 일대에서 1940-1943년 빈농이 토지를 매입하는 방법으로 경자유전이 실현되고 지주가 상공업자로 전화되었음을 강조하였다(何幹之 1946: 565-573).

요컨대 중국공산당은 1940년부터 쑨원의 권위를 빌려 자신의 토지정책을 정당화하기 위해 경자유전의 목표와 결과만 같으면 그 방법이 달라도 동일한 정책을 공유한 것으로 간주하였다. 그리고 1944년부터 유상매수의 점진적 평화적 방법을 토지개혁으로 규정하고 이 용어로 토지혁명을 대신하면서 그 이름으로 1946-1952년의 경자유전을 실행에 옮겼다. 이 과정에서 매수와 몰수의 차이를 무시한 채 토지개혁이란 용어가 당연시되어 보편화되었으니 이제 그 실제의 과정을 검토해보자.

3. 청산분배와 유상매수의 토지개혁

항일전쟁이 끝난 후에도 공산당은 공식적으로 감조감식의 방침을 견지하였다. 그 위에 자기 지배구역의 일부에서 농민 스스로 경자유전 요구를 제기하자 공산당은 1945년 말부터 친일파(漢奸)의 토지를 몰수하여 염가(시가의 최하 10%에서 최고 50%)로 농민에게 매각하도록 하였다. 화중해방구 수환변구(蘇晥邊區)정부가 1946년 1월 이에 관한 규정을 공포한 것이 그런 예이다(董志凱 1987: 30-31). 춘경기의 도래와 함께 농민의 토지요구가 커지자 공산당은 진일보한 정책을 모색하였다.

먼저 중공동북국은 1946년 3월 만주국 시기의 공지(公地)를 분배하라고 지시하여 만주의 일제 및 친일파 토지의 무상분배를 개시하였다.[3] 이어서 중공중앙은 토지문제 해결을 위한 준비회의를 소집하였다. 당시 당의 토지정책을 총괄하던 책임자 류사오치(劉少奇)는 4월 26일 "현재 산시, 허베이, 산둥, 화중의 광대한 군중이 청산과 감조 투쟁 중에 토지문제를 직접 해결하고 있으니 우리 당은 군중의 이러한 토지개혁 행동을 옹호하지 않을 수 없다"면서 각 지구의 책임자들을 초청해 이 문제에 관한 토론회를 열었다(中共中央文獻硏究室編 1996: 38).

중공중앙은 이 회의를 거쳐 작성된 5·4지시에서 경자유전의 실행 방법을 다음과 같이 세 가지로 제시하였다. ① 몰수. 오직 "죄악이 큰 친일파"의 토지와 재산만 몰수한다.[4] 이는 친일파 청산의 정치적 의미를 갖는다. ② 청산(淸算). 각종 부당한 수단으로 농민을 압박하고 수탈한 "호신·악패(豪紳·惡霸)"를 대상으로 그 내역을 소사해 토해내도록 하되 돈이 아니라 토지로 상환토록 한다. ③ 매매. 감조투쟁으로 토지수

3 여기서 公地는 주로 東拓 및 滿拓을 포함하여 만주국과 관동군 및 일본인 개인 및 단체 등이 소유, 관리하던 토지이며, 學田과 같은 전통적 공전도 일부 포함된다(염인호 2006: 222).

4 친일파의 토지·재산 몰수는 1942년에 이미 시작되었으나 분배하지 않고 정부가 관리하면서 농민에게 소작을 주고 있었다(中共中央 1942: 288).

익성이 떨어져 지주가 스스로 토지를 팔 경우 소작농이 우선권을 갖고 매입한다. 그리고 이상의 세 방법으로 토지를 획득할 때, 부농의 토지는 보존하고 중소지주를 대지주와 구별해서 배려해야 한다는 원칙도 명시되었다(中共中央 1946. 5: 6-9).

공산당은 5·4지시에서 이러한 방법의 경자유전 실행을 "토지개혁"이라고 명시하였다. 이는 실제로 1차 세계대전 후 유럽에서 전래된 토지개혁이란 용어의 의미에 부합한다. 5·4지시의 개혁적 성격은 지주가 자원하여 토지를 매각할 경우 유상매입의 길을 열어둔 점에서 드러난다.

그런데 실제 진행과정을 살펴보면, 위 세 가지 방법 중 가장 주요한 작용을 한 것이 청산투쟁이다. 더구나 위의 지시가 하부조직을 통해 현장 간부들에게 전달되는 과정에서 청산대상은 크게 확대되었다. 가령 중공화중국은 5·4지시의 실행방법에 관해 토의한 후 5월 28일과 6월 9일 산하의 당 간부들에게 내린 지시(편의상 이를 '보충지시'라 하자)를 내렸는데, 거기서 청산대상이 호신·악패 외에 일반 지주와 고리대업주로, 그리고 모든 공전(公田, 족전·학전·선당전·사묘전 등 전통적 공유지)으로 확대되었다. 이들의 토지를 "내전시기의 몰수방식"이 아니라 청산방식으로 획득하여 분배한다는 차이점을 강조하고 이를 "청산분배"라 하였다(中共華中分局 1946. 5: 229; 中共華中分局 1946. 6: 252-255). "몰수분배"와 대비된 용어이다. 이 두 가지 추가사항은 지주토지와 종족·향촌의 공전(公田)이 많은 화중지역의 특성을 살린 보충지시라고 볼 수 있으나, 처음부터 일반 지주를 대상에 포함시키고 있다는 점이 주목된다.

이는 해방구의 소작관계 청산투쟁 사례를 보면 이내 알 수 있다. 청산액의 계산방식은 소작보증금의 원금 + 〔그 이자 + 과도하게 징수된 소작료(국민정부 기준 37·5%의 초과분)〕 × 소작기간(년)이다. 이때 청산대상 기간을 언제까지로 할 것인지가 문제인데 그에 대한 어떤 기준도 없어서 지역마다 달랐다. 장쑤 성 즈스 현(江蘇省 紫石縣, 지금의 海安縣) 동

빙 향(東屛鄕)에서는 이 계산법을 소작이 시작된 청말까지 소급 적용한 결과 청산금액이 소작지 7무의 지가를 상회했으므로 소작지를 그대로 소작농의 소유로 만든 사례가 보고되었다.[5] 1946년 6월을 전후하여 이 지역에서는 이처럼 "전부 청산하여 자기 땅으로 만든다"는 청산분배가 "이미 보편적으로 합법적 관념"이 되었고 "지주들도 아무런 저항을 하지 못했다."(歐陽惠林 1946. 6: 516-522) 허난 성 북부 타이항 산(太行山) 지구의 경우 1947년 6월 구해방구 8현 20촌과 신해방구 8현 12촌에서 5·4지시의 청산투쟁을 통해 지주와 부농의 토지가 각각 전경지의 47.8%에서 12.6%로, 36.7%에서 9.1%로 감소하였다(中共太行區黨委 1947: 254-257). 중공중앙이 청산대상 기간을 최근 3년으로 제한한 것은 1951년 1월이다.

그러니까 적어도 이런 지역에서는 몰수분배 정책이 법령으로 공식화된 1947년 10월 이전에 청산분배 방식에 의거해 토지개혁이 사실상 거의 완료된 셈이다. 청산분배가 소작농 입장에서는 부당하게 빼앗긴 것을 돌려받는 정의롭고 합법적인 행위로 여겨졌으나, 지주 입장에서는 땅값을 받지 못했으므로 사실상 몰수나 다름없었다. 그러나 부당하게 빼앗긴 것을 계산하여 돌려받는 인정절차 없이 진행된 무상몰수와도 다른 것이었다.

그 다음으로 주목되는 방법이 농민의 직접 매수와 정부의 토지공채를 매개한 매수이다. 청산할 대상이 없는 곳이나 청산을 요구할 주체 역량이 미약한 곳에서 이런 방법이 권장되었다. 가령 감소투쟁도 그 자체가 목적이라기보다 소작료 수익을 감소시켜 지주 스스로 토지를 매

5 이곳의 소작료는 추곡의 경우 수확물의 60%(1940년부터 실물 납부)이며 보증금은 최저가 지가의 20%였다. 당시 지가는 전쟁과 감조운동의 영향 속에 급속히 하락했으니, 晋綏해방구 臨縣의 경우 上山地 1垧 가격이 1935년 米 2石, 1939년 9斗, 1942년 4斗, 1946년 2斗로 떨어졌다. 1947년에는 1935년의 1/10에 불과했다. 垧은 지역에 따라 달라서 동북에선 15무, 서북에선 3-5무였다(謝覺哉 1984: 1217).

각하도록 유도하는 방향으로 전개되었다. 특히 중공화중국은 정치군사적 형세가 불안정하고 대중 기초가 취약한 지역에서는 감조감식운동과 결합하여 지주 토지를 적극 매매하도록 권장하였다(中共華中局 1946. 5: 229). 농민은 이 방법이 정당하고도 소유권을 확실히 보장받을 수 있는 가장 좋은 방법으로 여겨 선호하였다. 반면 지주는 그렇게 할 경우 나중에 전세가 역전되면 소유권을 되찾고자 하였으므로 차라리 몰수당하는 것만 못하다고 여겨서 불가피한 경우가 아니면 회피하였다.

정부의 토지공채에 의한 유상매수를 추진하려 한 사례를 보자. 중공중앙은 1946년 7월 19일, 일부 토지(친일파 토지, 강점한 토지, 은닉 토지)의 몰수와 함께 지주 일반의 토지를 정부가 토지공채로 유상매수하여 유상분배하는 안을 마련하였다.[6] 이는 "쑨원의 경자유전 주장과 정치협상회의의 경자유전 결의에 근거한 것"으로서, "농민의 토지 취득을 보장하는 동시에 지주에게도 비교적 많은 이득을 줄 수 있어야 비로소 전국적으로 시행될 수 있다"는 판단에 따른 것이다. 중공중앙은 이 초안을 각지의 고위 간부들에게 하달하고 현지 농민의 반응을 담은 의견을 구하였다. 그와 동시에 중국민주동맹(이하 '민주동맹') 인사들에게 이 방안을 적극 설명하였다(中共中央 1946. 7a: 19). 중공화동국은 9월 1일, 이제 곧 정부가 유상매수법령을 공포할 것이니 각지에서는 대중의 청산운동을 유상매수와 결합하여 청산 이후 지주에게 남은 토지를 매수하라는 지시를 각 현에 하달하였다(中共華東局 1946. 9: 6-7). 그러나 그 후 이 초안에 대한 각지의 의견이 긍정과 부정으로 엇갈리는 속에 통

6 일반 지주는 중농보다 2배의 토지를 더 소유(항일지주는 3배 더 소유)할 수 있도록 상한선을 정하고 그 이상의 토지를 정부가 超額遞減價格으로 매수해 농민에게 반값에 분배하며 10년간 분할 상환토록 하는 방안이다(中共中央 1946. 7c: 1-3; 中共中央 1946. 7b: 21-24). 이 두 종의 초안은 그 대강에서는 일치하지만 구체적 실행 방법에서는 다른 면도 있다. 후자의 경우, 농민은 모든 분배받은 토지에 대해 지방정부가 정한 지가를 납부해야 하며 이를 공채기금으로 활용한다고 돼 있다. 이 안은 청산투쟁으로 획득한 토지에 대해서도 적용될 것이므로 현지 간부와 농민들에게 수용되기 어려웠을 것이다.

일적 지침이 마련되지 못하고 산둥 성과 산간닝변 구(陝甘寧邊區)에서만 각각 10월과 12월 유상매수 방안을 명시한 토지개혁조례가 공포되었다. 이는 산간닝변구의 5개 향에서 시범 실시되다가 1947년 3월 중공중앙의 소재지인 옌안(延安)이 국민정부군에 점령됨에 따라 중단되었다.

유상매수 방안은 비록 시범 실시로 끝나고 말았지만 왜 하필 이때 취해졌으며 그 실제 의미는 무엇일까? 그것은 공산당의 토지정책사에서 보건대 분명히 전에 없던 특이한 방안이다. 그래서인지 이를 단지 "정치적 제스처"로 폄하하는 견해도 있지만(Wong 1973: 35) 이는 결과론적 해석일 뿐이다. 양쿠이송은 5·4지시 직후 일부 지역에서 농민의 토지획득투쟁이 급진화되어 정치협상회의(1946. 1)로 모아진 중간파의 이탈이 우려되었기에 이를 시정하기 위함이었다고 보았다(楊奎松 2008: 33). 이런 정치적 효과를 거두려면 지주들에게 사실상 몰수로 간주된 청산분배 대신에 유상매수를 실행한다고 했어야 한다. 그러나 중공중앙은 유상매수를 청산투쟁과 결합하여 그 보조적 수단으로 활용할 계획임을 분명히 하였다. 그리하여 청산투쟁을 전개할 만큼 대중의 발동이 이루어지지 않은 곳에서는 유상매수의 합법적 방법으로 농민의 토지획득을 촉진하고, 청산투쟁이 진행된 곳에서도 그 결과만으로는 분배할 토지가 불충분한 경우에 지주부농의 여분의 토지를 매수하여 해결할 수 있기를 기대한 것이다. 아울러 지주 출신의 공산당원과 민주동맹을 비롯한 토지개혁 찬동세력들의 토지를 이 방법으로 매수할 요량이었다. 이는 시범실시 결과보고서에서, 그리고 중공중앙과 중공화중국이 각각 1947년 1월과 4월에도 공채빌행에 의한 매수를 지시하면서 강조한 점이다(中共中央 1947. 2: 408-410; 王友明 2006: 177-178).

여기서 합법적 방법이라 함은 국민정부의 법령 안에서 경자유전을 실행하는 것을 말한다. 국민당은 이미 1930년 6월 토지법, 1935년 4월 그 시행법을 공포하여 유상매수에 의한 점진적 경자유전 방침을 천명하였고, 1946년 4월 종래의 토지법을 수정, 공포하였다. 한편 1946년

1월 국민당의 주도하에 소집된 정치협상회의는 화평건국강령에 감조감식과 함께 "토지법을 실행하여 경자유전의 목적을 달성한다"고 명시하였다.[7] 공산당이 하필 1946년 봄에 감조감식에서 토지개혁으로 정책을 전환한 것은 정치협상회의의 결의 때문이다. 공산당의 유상매수 정책은 이에 따른 것이었으니 이로써 반대세력의 저항을 약화시키는 정치적 효과를 이끌어낼 수 있게 되었다.[8] 이에 공산당은 위로부터의 유상매수를 아래로부터의 청산투쟁과 결합해야 했으며, 그래서 공산당은 스스로 "공채발행에 의한 유상매수는 원래 대중을 발동하는 구호"라고 하였던 것이다.

국공 양당뿐만 아니라 연합정부 구성을 위한 정치협상회의에 참가한 민주동맹과 그 가맹단체들도 대부분 토지몰수의 대상을 친일파로 한정하고 지주 일반의 토지에 대해서는 유상매수·유상분배의 방법을 적용하려고 하였다. 민주동맹은 1945년 10월 "토지소유의 최고한도를 정하고 그 이상의 토지는 국가가 법에 의거해 유상매수하여 점진적으로 토지국유화를 완성한다."고 결의하였다(中國民主同盟 1945. 10: 42). 민주동맹과 그 가맹단체들은 유상매수의 개혁이라는 방법을 선호하였으면서도 마침내는 점진적으로 사회주의에 도달해야 한다는 데에 뜻을 같이하였다. 심지어 국민당조차 1932년 12월 "토지가치세와 자본수입누진세를 징수하여 사회주의 경제기초를 수립한다"는 결의안을 통과한 터였다(中國國民黨第四屆中執委 1932: 175-176). 국민당 강경파를 제외한 대부분의 정치세력이 연합정부와 신민주주의 노선에 찬동한 까닭

7 국민정부 토지법의 골자는 사유토지의 한도를 정하고 그 이상의 부분을 유상매수하며, 소작료는 수확량의 37.5%로 제한하고, 地價稅와 不在地主稅를 징수하며 개발로 인한 토지가치의 증가분에 대하여 增值稅를 징수한다는 것이다(中華民國國民政府 1930: 52-60; 政治協商會議 1946. 2: 234).

8 1946년 5월 8일 중공중앙은, 5·4지시의 경자유전 정책으로 인해 동요하는 자산계급과 중간분자에게 그것은 "정치협상회의의 결의"를 실행하는 것임을 설명하라고 지시하였고, 5일 뒤에는 그것이 "孫中山의 주장과 정치협상회의 결의"를 실행하는 것임을 내세워 반동파의 공세에 적극 대응하라고 지시하였다(中共中央文獻硏究室編 1996: 44-45).

도 다른 데 있지 않다.

따라서 이 시기에 공산당이 청산분배와 유상매수의 토지개혁을 추진한 것은 당시 정치협상회의로 모아진 건국민의에 따른 것인 동시에 그것을 무시하고 토지혁명으로 나아갈 수 없었던 형세를 반영한 것이다. 다만 공산당의 유상매수는 정부의 정책과 농민의 대중운동을 서로 결합하여 추진하려 한 점에서 국민정부의 유상매수 정책과 달랐다. 1946년 7월 이미 전면내전이 폭발한 상황이었음에도 이처럼 유상매수 정책을 견지한 것은 미국을 중재자로 하는 국공협상이 계속되고 있었고 그에 대한 각계의 기대가 컸기 때문에 이를 고려한 결과라고 할 수 있다.

하지만 결과적으로 이 시기 해방구의 경자유전은 실험에 그친 유상매수 대신 주로 청산방식에 의해 실현되었다. 일부 저항하는 지주들도 있었지만 대체로 큰 저항 없이 2-3개월 내에 청산분배가 이루어졌다. 화중 해방구 전체에서 청산방식으로 경자유전이 실행된 토지는 경지의 25-35%였다(陳丕顯 1948: 186). 이 단계의 해방구 토지개혁은 두 가지 문제를 남겼다. 지주토지와 공전의 상당 부분이 아직 분배되지 않은 것, 그리고 청산분배의 결과 농민층 내부의 토지소유 불균형이 심화되어 경작 능력이 우월한 부농과 중농에게 토지가 집중되었고, 빈고농에게는 이득이 없었다는 점이다. 따라서 빈고농은 이런 방식의 투쟁에 적극 나설 이유가 없었다. 5·4지시가 시행된 마을에서도 빈농은 여전히 생계를 해결하지 못하는 곳이 많다는 불만이 터져 나온 것은 그 때문이다.

이에 경자유전과는 또 다른 과제인 평균분배를 요구하는 빈농노선이 급속히 대두하였다. 평균분배 요구를 갖고 있던 빈고농과 현장 간부들은 분배할 토지가 모자라자 5·4지시의 한도를 뛰어넘어 지주토지를 몰수하거나 심지어 일부 지역에서는 부농과 중농의 토지까지 침범하였다. 그로 인해 중농의 반감과 원망을 야기하였고 심지어 지주와 국민당 스파이의 반혁명 폭동에 가담하는 예가 나타났다(中共華中分局 1946. 9: 120). 이런 분위기 속에 청산투쟁이 급진화된 일부 지역에서는 이미 자의적 구타와 타살(亂打亂殺) 현상이 나타났다. 이는 기본적으로 인구가 많고 토지가 적은 조건에서 현장 간부와 빈고농의 평균주의가 혁명의 이름으로 작동한 결과라 할 수 있다.

이러한 빈농의 평균분배 요구도 수용하고, 국공내전 형세의 변화에 따라 조성된 새로운 필요에 부응하기 위한 대책이 준비되었다. 그 과정에서 5·4지시의 개혁적 성격이 퇴조하고 혁명적 성격이 강화되었다. 류사오치가 마오쩌둥의 「후난농민운동고찰보고」(1927)를 현장 간부들에게 배포하도록 지시한 것은 그러한 정책전환의 신호탄이라 할 수 있다.

4. 몰수분배의 토지혁명

공산당이 지주토지의 무상몰수를 공식화한 것은 1947년 10월 토지법대강의 공포이지만, 그것을 향한 토지정책의 변화는 그해 2-3월부터 모색되었다. 그 중요한 계기는 국민당이 정치협상회의 결의를 무시한 채 헌법을 공포해 연합정부 구성을 위한 국공협상이 2월에 최종적으로 결렬된 정치상황, 그리고 국민당군의 전면공세로 공산당 정부의 수도 옌안이 3월에 점령된 군사형세였다. 바로 이때 국공협상을 위한 공산당 측 대표와 중재역할을 담당해온 미국특사도 철수하였다.

중공중앙은 이런 정세를 돌파하기 위해 그간의 토지개혁에 대한 조사를 지시하였다. 이에 따라 류사오치는 1947년 3-4월 화북의 해방구에서 현지조사를 실시하였다. 이때 그는 토지개혁 이후에도 농민이 빈곤한 현실을 목격하고 이를 개혁의 불철저함 탓이라고 보고 빈농노선을 전폭적으로 옹호한 마오의 「후난농민운동고찰보고」를 인쇄해 배포하라고 지시하였다. 그 핵심 내용은 농민협회가 향촌권력자를 직접 타도하고 처형하는 혁명운동을 적극 옹호한 것이다. 그 결과 5월부터 해당 지역에서 자의적 계급획분과 그에 따른 난타난살이 급증하였다(楊奎松 2008: 38-53, 102). 그에 대한 지주 측의 저항으로 당간부와 농민들도 다수 피살되었으며, 국민당군에 점령된 해방구에서는 토지개혁에 앞장선 간부와 농민들이 대량으로 처형되었다.

이런 흐름을 타고 4월 9일 중공중앙공작위원회가 조직되고 그 서기를 맡은 류사오치의 주도하에 7-9월 전국토지회의가 열려 토지정책의 기조가 급진화되었다. 이 회의는 원래 5·4지시 1주년에 맞춰 5월에 열릴 예정이었으나 옌안이 국민당군에 점령됨으로 인해 연기되었다. 회의 결과는 10월 10일 중국토지법대강으로 공포되었다. 대강에 명시된 경자유전의 새로운 실행 방법은 다음과 같다. ① 향촌의 모든 지주의 토지 및 재산(농기구, 경우, 양곡, 가옥)과 공유지를 몰수하여 기타 일체 토지와 함께 향촌의 모든 인구에게 균분한다. ② 부농의 토지와 재산 중 중농 규모 이상의 부분을 몰수하여 빈농에게 균분한다. ③ 분배된 토지와 재산은 각자의 소유로 하여 정부가 토지등기를 발급한다. ④ 이 법을 위반하거나 파괴하는 자는 농민협회가 인민법정을 조직하여 심판 처분한다(中共中央 1947. 9: 547-549). 농민의 모든 채무가 취소되고 지주토지의 무상몰수가 전면적으로 시행됨에 따라 농민대중의 발동과 그에 의거한 정치투쟁은 더욱더 강조되었다. 이 몰수분배는 앞에서 본 청산분배보다 한 걸음 더 급진화된 것이다.

이 법령의 공포를 전후하여 급진적 빈농노선이 전면 부상하였다. 빈농의 평균분배 요구를 충족시킬 토지가 부족하자 중농을 부농으로, 부농을 지주로 분류하고 그 토지를 몰수하는 과격행동이 나타나 그 과정에서 대량의 사상자가 속출하는 지경에 이르렀다. 공산당 현(縣)위원회 서기가 향촌에 내려가는 공작대에게 “지주를 찾아내지 못하면 밥을 굶어야 한다!”고 지시할 정도였다(張佩國 2002: 94). 마오가 지주·부농을 인구의 8%로 파악한 것도 지역차를 고려하면 과도한 경우가 있었는데, 1947년 한 해에 이 급진노선의 결과 지주부농으로 분류된 사람은 무려 25% 내외에 달했고 25만 명 이상이 사망(타살, 자살)하였다(楊奎松 2008: 69-70, 99). 지주·부농을 죽음에 이르게 한 것도 문제이지만 특히 중농의 반발에 중공중앙은 위기를 느끼지 않을 수 없었다.

이에 공산당은 1947년 11월 말부터 빈농 우선에서 중농보호 우선으로의 선회를 준비하였고 이듬해 2월 이를 명시한 지시를 내렸다. 빈농의 평균분배 요구를 최우선으로 하는 정책을 철회하고 중농과의 연합, 곧 중농토지의 보호를 최우선으로 할 것, 그리고 부농의 분류기준을 전체수입 중 고용노동 수입이 15% 이상인 자에서 25% 이상인 자로 완화할 것 등이 그 핵심이다(董志凱 1987: 182-199). 그러나 이 수정지시는 빈고농과 현장 간부의 평균주의 요구로 인해 제대로 지켜지지 않았고 난타난살의 무정부상태가 지속되었다. 급기야 1948년 6-7월 중공화동국과 중공중앙은 신해방구의 토지몰수와 분배를 일시 중지하고 감조감식을 실행하라는 지시를 내렸다. 감조감식의 경험이 없는 신해방구에서 현장 간부와 소수 빈고농이 앞장서서 폭력적 몰수분배를 강행하는 것은 새로운 권력의 권위형성을 저해할 수 있다고 판단한 결과이다.

그 연장선에서, 내전이 끝난 후 인민공화국은 1950년 6월 「토지개혁법」을 공포하였다. 이제는 지주의 토지 및 재산과 공전만 몰수하고 부농의 토지는 몰수대상에서 제외하였다. 농민의 토지소유권은 인정하되 도시 근교의 농업용 토지는 국유화하였다(中華人民共和國 1950: 336-338). 토지개혁법의 몰수대상은 토지법대강에 비하여 축소되었지만 지주 일반의 토지를 무상몰수하는 정책은 견지되었다. 류사오치는 몰수정책이 나오게 된 경위를 다음과 같이 설명하였다.

10년 내전기에 토지혁명 경험을 갖고 있었으나, 항일전쟁 개시 후 토지

몰수를 감조감식으로 전환하였다. 상황이 바뀌어 감조감식을 경자유전으로 전환하였는데 5·4지시가 바로 그것이다. 5·4지시는 정확하지만 불철저하였기에 이번에 토지법대강으로 이를 다시 平分土地로 전환하였다. … 소비에트 시기(10년 내전기-인용자)의 경험에 비춰보건대 철저하게 토지를 평분하는 것은 반드시 농민군중이 각성되고 조직되어 발동된 이후라야 가능하다(劉少奇 1947. 9: 385-386).

그렇다면 그는 무상몰수와 평균분배(平分土地)를 분명히 '토지혁명'의 주요 특징으로 간주한 것이다. 그럼에도 그는 이 양대 특징을 회복한 토지개혁법의 경자유전 실행 방식을 '토지개혁'으로 불렀다. 그는 "토지개혁의 기본내용은 지주계급의 토지를 몰수하여 토지가 없거나 적은 농민에게 분배하는 것"이라고 하여, 무상몰수를 토지혁명이 아닌 토지개혁이라고 보는 관점을 재확인하였다(劉少奇 1950: 32).

이와 같은 용어선택과 논리에 따르면 유상매수와 유상분배의 경자유전은 토지개혁이 아니게 된다. 실제로 이를 보여주는 사례가 있다. 국공내전의 형세가 역전돼 가고 있던 상황에서 국민정부 산하연구기관인 중국토지개혁협회가 1948년 2월 공채에 의한 유상매수와 유상분배를 골자로 하는 "토지개혁방안"을 발표하였다.[9] 이것이야말로 방법 면에서도 사상의 계열 면에서도 국민당 본래의 쑨원식 토지개혁에 해당한다. 바로 그렇기 때문에 공산당 잡지 『군중』도 공산당 자신의 유상매수·유상분배 안(1946. 7)을 쑨원의 경자유전론에 따른 토지개혁이라고 적극 선전했던 것이다(許滌新 1947: 4-5). 그러나 5개월 뒤 같은 잡지가 위 "토지개혁방안"을 "가짜 토지개혁(假土地改革)"이라고 비난하고

9 지가는 지조(37.5%)의 7배로 하고 농민은 이를 14년 분할 상환하는 조건이다(中國土地改革協會 1948. 2: 465-467). 이 협회는 중앙정치학교 지정연구반(1932. 11)-중국지정학원-중국지정연구소(1940)-중국지정학회로 이어진 국민정부 산하연구기관의 후신으로서 『土地改革』(월간)을 발행하였다.

나섰다(許滌新 1948: 10-12). 앞의 선전은 매수가 곧 개혁이라는 논리를 따랐으나, 뒤의 비난은 몰수가 개혁이므로 매수는 개혁이 아니라는 논리를 펼친 것이다.

공산당 지도부는 자신의 경자유전 정책이 토지법대강 공포 전후에 이미 토지개혁에서 토지혁명으로 전화되었음을 잘 알고 있었다. 1947년 9월 13일 전국토지회의에 참석한 시에 주에자이(謝覺哉)는 자신의 일기에서 회의 안건인 지주토지의 몰수와 평균분배를 "토지혁명"이라 적었다(謝覺哉 1984: 1153).[10] 그로부터 2주 뒤 중공위산어전위(中共豫陝鄂前委)가 "전국토지회의의 총노선과 정신은 무산계급이 영도하고 빈농을 기초로 하는 인민대중의 철저한 토지혁명"이라고 하면서 "토지혁명을 철저히 완성하라"고 지시한 것은 앞의 일기와 상응한다(中共豫陝鄂前委 1947. 9: 422-424). 그 직전인 6월 2일 진지루위(晋冀魯豫) 해방구 토지회의에서 푸이뽀(溥一波)가 금후의 임무로 "토지혁명(운동)"을 누차 역설한 것도 마찬가지다(溥一波 1947. 6: 23-36). 1948년 4월 29일 중공화중국 정치위원 천피셴(陳丕顯)은 화중국 토지회의에서, "토지개혁은 복잡한 농민혁명운동"이라고 전제한 뒤 "빈고농에 의거하고 중농과 단결해 지주계급을 소멸하는 토지혁명은 우리 당의 현 단계의 전략방침"이며 "자위전쟁(국공내전)은 곧 토지혁명이라는 말은 조금도 틀림이 없다."고 하였다(陳丕顯 1948. 4: 194-196, 203).

이상 네 가지 사례는 모두 1947-1948년 중앙과 지방의 토지회의 내부문건과 참석자의 일기이다. 그 밖에 토지혁명이란 용어가 사용된 다른 문건은 찾아보기 어렵다. 천피셴의 문건이 공작위원회의 검열을 거치지 않은 것임을 명시하고 있는 것으로부터 통상적으로는 이 용어가 검열을 통해 걸러졌음을 알 수 있다. 내전이 종결된 후에도 공산당

10 謝覺哉는 1940-1941년 陝甘寧邊區政府 비서장과 中共中央西北局 부서기를 거쳐 1946-1948년 당시에는 邊區政府 중앙법률문제연구위원회 주임이었다.

은 토지개혁이 "지주계급을 소멸하는 사회혁명"이며 "격렬하고 복잡한 반봉건 혁명투쟁"이라고 하여 방법상으로나 성격상으로나 토지혁명임을 인정하고 이를 지속적으로 강조하였지만, 토지혁명이라는 용어는 끝내 피하였다(中共中央 1948. 8: 426; 中共中南局 1950. 12: 439). 이는 당시 공산당이 계급투쟁, 신민주주의 혁명, 농민혁명 등의 혁명용어를 남발한 것과 대비된다.

이처럼 경자유전의 방법이 이미 개혁에서 혁명으로 전화함으로써 토지개혁이란 용어가 현실과 괴리되었음에도 그대로 통용되었다. 그 까닭은 크게 세 가지 요인이 상호작용한 결과로 보인다.

첫째, 내전 속에서도 공산당이 연합정부 구성이라는 정치협상회의 노선의 건국민의를 견지하여 중간파와의 연대를 고려한 결과로 보인다. 실제상으로는 토지개혁에서 토지혁명으로 진전되었음에도 여전히 토지개혁이란 용어로 그것을 대신한 것은 소비에트혁명시기의 토지혁명을 연상시키는 정치적 이미지를 회피하려는 계산의 결과일 것이다. 이런 의도는 공산당이 청산분배 및 유상매수의 5·4지시와 무상몰수의 토지법령을 마련하면서 양자 모두를 쑨원의 평균지권론과 경자유전론, 정치협상회의 화평건국강령으로 정당화한 데서 잘 드러난다(中共中央 1946. 5: 9; 劉少奇 1950. 6: 33).

둘째, 연합정부 수립의 건국민의를 조성하는 데 앞장선 민주동맹을 비롯한 중간파들도 점차 지주제의 철저한 소멸을 요구하는 쪽으로 선회한 결과 무상몰수에 대한 거부감이 약화되었기 때문으로 보인다. 전면 내전이 폭발한 이후에도 중간파는 연합정부 수립을 위해 내전정지·화평건국을 요구하였는데, 국민당은 이들을 탄압하면서 체포와 살상을 서슴지 않았다. 특히 국민당이 1947년 7월 마오쩌둥을 반란 수괴로 지목해 체포령을 내리고 10월 민주동맹을 그의 앞잡이로 규정해 불법화한 시점에 토지법대강을 공포한 것은 주목할 만한 일이다. 민주동맹은 그 직후 1948년 1월 홍콩에 피난한 상황에서 "지주, 호신, 매판,

봉건을 대표하는 전체집단을 반대하여 이들 반동집단의 통치를 철저히 소멸하기 위해 그 경제적 기초를 철저히 소멸해야 한다."라고 결의하였다(張小曼 外 2001: 96-97).

셋째, 격화된 내전의 정치군사적 대치가 돌출되어 토지혁명의 폭력성이 분식되었기 때문이다. 마오는 이러한 상관관계를 정확히 간파하고 있었다(毛澤東 1950. 3: 64). 공산당이 1947년 7월 내전의 군사전략을 전략적 방어에서 전략적 진공으로 전환하는 동시에 그에 상응하여 무상몰수 정책을 공식화한 것도 그 때문이었다. 내전이 끝난 후에도 한국전쟁은 공산당의 안보위기를 지속시켰고, 그 틈을 타고 지주와 국민당 스파이가 각지에서 폭력저항을 기도했기 때문에 쌍방의 폭력은 더욱 촉진되었다(김진경 2003: 190-192). 이런 분위기를 타고 마오는 광둥성의 평화적 토지개혁을 지방주의적 우경착오라 비판하고 계급투쟁 방식으로 진행하여 1952년 말까지 완료하라고 지시하였다.

이상에서 보았듯이 공산당은 토지개혁으로 토지혁명을 대신해왔다. 따라서 공산당이 1946년 11월까지도 토지개혁이란 용어를 의도적으로 피했고 그 대신 "번신"(翻身, 각성하여 거듭난다는 뜻) 혹은 "토지문제 해결"이라는 모호한 용어를 사용하였다는 웡의 견해는 사실과 다르다(Wong 1973: 37). 공산당이 정말로 회피하고자 한 용어는 '토지개혁'이 아니라 '토지혁명'이다. 그것은 앞에서 검토한 대로인데, 마오가 5·4지시를 비준한 다음날 그것을 선전하는 과정에서 "토지혁명을 말하지 말라"는 별도의 지시를 내린 데서도 재확인된다(中共中央文獻硏究室編 1996: 42).

반면 공산당 바깥에서는 거꾸로 토지개혁을 토지혁명이라 표현한 예가 흔하다. 우선 국민당과 가까운 쉬보관(徐佛觀)은 1948년 당시 토지법대강을 "항전 이래 중공 토지정책의 중대하고도 현격한 전환"이자 "장시(江西) 시기 토지혁명노선의 회복"이라고 파악하였다(徐佛觀 1948: 1-9). 역사적 맥락을 살펴 정곡을 찌른 견해이다. 한 잡지는 '시사해부'란에서 국민당이 "토지개혁" 강령을 갖고 있으나 실행하지 않아서 공산당이 "토지혁명"을 시행하고 있다고 양당의 토지정책의 차이를 대비시켰다(蘇迅 1948: 4-5). 국공내전이 종결된 이후에도 가령 민주동맹의 주요 인사들은 진행 중인 중공의 토지개혁을 토지혁명으로 이해하였다. 경제학자인 타오다융(陶大鏞, 전 四川大學 교수, 『新建設』 주편)은 1950년 공산당의 토지정책은 1927년 이래 상황에 따라 변화하였지만 "토지혁명의 방향은 시종 불변"이라면서 신민주주의 혁명의 승리를 위해서는 "토지혁명을 끝까지 진행해야 한다"고 하였다(陶大鏞 1950: 4-5). 경제학자인 선즈우앤(沈志遠, 전 홍콩 達德學院 교수), 사회학자인 판광단(潘光旦, 전 淸華大學 교수) 등도 1950-51년 장쑤 성 타이후(太湖) 지역 농촌현장을 관찰한 후 "토지개혁은 단순히 지주 손에서 토지를 내어 농민에게 기계적으로 분배하는 것이 아니라 반드시 경제·정치·교육 등등 각 방면을 포괄하는 군중혁명운동"이며 "대중이 궐기하여 수행해야 하는 토지혁명운동"이라고 밝혔다(沈志遠 1950: 100; 潘光旦·全慰天 1952: 131). 그러나 이들의 용어는 그 후 공산당의 담론권력이 강고해짐에 따라 억압된 것으로 보인다.

소수민족 지구를 제외한 전국의 토지혁명이 1952년 12월 완료되었는데, 그 결과 나타난 정치사회적 변화는 다음 절에서 따로 살펴보기로 하고 여기서는 경제적 변화를 간추려 보자.

가장 주목되는 변화는 지주계급과 지주제의 소멸이다. 중화인민공화국 국가통계국의 통계에 따르면, 토지분배 전후의 상황은 표 7.1과 같다.

분배 이전 지주 인구는 4.75%(2,188만 명)이며 경지의 38.3%(호당 144.1무)를 소유했다. 그런데 분배 이후 지주는 인구의 2.6%로 감소하고 호당 경지도 12.2무로 줄어서 빈고농의 호당경지 12.5무에도 못 미쳤다. 결국 지주는 이전의 계급일 뿐 사실상 빈고농화한 것이다. 다음 장에서 보듯이 지주는 정치적으로도 공민권을 박탈당했으니 계급적으

표 7.1 토지분배 전후 각 계급 경지점유 상황

	토지분배 전			토지분배 후		
	인구(%)	토지		인구(%)	토지	
		비중(%)	호당(무)		비중(%)	호당(무)
계	100	100	14.26	100	100	15.3
빈고농	52.37	14.28	3.55	52.2	47.1	12.5
중농	33.13	30.94	15.12	39.9	44.3	19.0
부농	4.66	13.66	63.24	5.3	6.4	25.1
지주	4.75	38.26	144.11	2.6	2.2	12.2
기타	5.09	2.86	6.87			

출전: 武力(2006: 235)에 의거해 필자의 필요에 맞게 변형

로 완전히 소멸된 셈이다.[11]

반면 토지분배 결과 기대된 중농화(자작농 창설) 효과는 미미하였다. 빈고농의 호당 경지는 3.55무에서 12.5무로 늘었으나 인구수는 겨우 5.3% 감소하였고, 중농의 호당 경지는 4무 정도 늘었으나 인구수는 6.8% 증가하는 데 그쳤다. 그렇다고 부농이 증가한 것도 아니다. 부농은 원칙상 지주와 구별되는 계급으로서 보호의 대상이어서 기본적으로 부농토지 중 자경지와 고공경작지는 놔두고 출조지(出租地)만을 분배한다는 정책이 견지되었다. 물론 시기와 지역에 따라 좌경착오로 인해 그 이상의 토지가 몰수되기도 하였다. 토지분배 전 부농은 인구의 4.7%로 경지의 13.7%(호당 63.2무)를 소유하였는데, 토지분배 후 인구의 5.3%로 경지의 6.4%(호당 경지 25.1무)를 소유하였다. 인구는 0.6% 늘고 호당 경지는 거의 1/3로 줄어든 것이다. 계급투쟁에 의한 평균분배라는 혁명적 방법이 추구되었음에도 토지가 적고 인구가 많은 근본적 한

11 토지혁명 과정에서 사망(타살, 처형, 자살, 병사)한 자는 최하 80만 명 최고 200만 명으로 추산된다(김진경 2003: 190-197; 염인호 2006: 244-245). 최근 중국에서도 토지혁명의 폭력성을 드러내는 연구가 나와 눈길을 끈다. 각지의 자살 및 타살 실태와 그 수에 대해서는 楊奎松(2008: 11-15), 莫宏偉(2010: 6-7장) 참조.

계를 돌파할 수 없었음을 말해준다.[12]

분배 이전 지주와 부농의 토지는 모두 합쳐 경지의 52%였고, 분배된 토지는 전체 경지의 44%였다. 그런데 당시 공산당은 물론 다수의 일반 언론도 '지주·부농'이 경지의 70-80%를 소유하였다는 편향된 현실인식에 의거해 더욱 철저한 투쟁을 촉구하였다.[13] 물론 지역차가 커서 후난·광둥의 일부 지역에는 70% 내외인 곳도 있었으나 이를 일반화하는 어려움을 표 7.1은 말해주고 있다.

5. 향촌정권의 변혁과 농민참정

앞에서도 보았듯이 지주 토지를 무상으로 몰수하여 농민에게 분배하려면 그 장애물인 구래의 향촌정권과 그 담당자들을 제거해야 한다. 청산과 매수 단계든 몰수 단계든 그들에 대한 청산투쟁으로 농민협회의 정치적 우세를 확립한 다음 지주 일반에 대한 투쟁을 전개하는 것이 토지분배의 수순이었다. 향촌정권 문제는 위로는 국가 권력과의 관계에서, 아래로는 향촌농민과의 관계에서 따로 파악될 필요가 있다.

먼저 국가와의 관계에서 보면 향촌정권은 현 이하 구-향-촌의 정권을 지칭한다. 민국시기 구(區公所)와 향(鄉公所)은 독립적 재정권(징세), 사법권(감금, 재판), 군사권(자위무장)을 갖고 있으며 구장·향장과 그

12 1930년대 중국 농민의 최저생활 유지에 필요한 호당 경지면적은 논자에 따라 다르지만 최하치가 전국평균 16.5무이고 최고치가 21무이다(天野元之助 1978: 111). 토지혁명 당시 농민의 호당 평균 경지 14-15무는 그 최하치에도 못 미친다. 토지혁명은 소농의 영농규모를 키우고 부농·대농의 영농규모를 줄여 전체적으로 생산성 높은 농가의 감소를 초래하였다. 이는 수리시설과 같은 인프라의 유지를 곤란케 만들었다(Bramall 2000: 42-50).

13 이런 인식이 공산당에 한정된 것은 아니어서 가령 당시 중간파 지식인의 잡지 기자도 지주부농이 75-80%의 토지를 소유하였다고 보았다(觀察記者 1948. 4: 15). 최근의 실증연구에 따르면 토지분배 이전 지주 소유지의 비중은 더욱 낮아서 논자에 따라 36%, 38.3%, 40% 등으로 파악된다(郭德宏 1993: 42; 楊奎松 2008: 3).

를 보좌하는 직원이 이를 행사하였다. 국민정부는 1932년 보갑제(保甲制)를 실시하여 향촌에 대한 국가의 지배를 강화하려 하였으며, 1940년에는 향 이하의 보(100호)에까지 치안과 토비방어 등의 명목으로 무장병력을 배치하도록 하였다. 그러나 원래 현 이하의 향촌은 신사·지주·부상 등 지역엘리트의 자치에 맡겨온 전통이 강하게 남아 있어서, 향촌정권은 국민정부의 권력 강화에 기여하지 못한 채 자치기구와 행정기구 사이의 어중간한 상태에 놓여 있었다(Yang 1959: 102-106; 王先明 2009: 146-185). 결국 향촌정권의 자의적 지배 공간은 넓었다. 더구나 각종 전쟁의 연속과 토비의 만연 속에서 그들은 갈수록 무력수단에 의지해 주민을 통제하면서 징세와 치안을 담당하였다. 주로 이들이 "악패"로 지목되었다.[14]

한편 향촌정권과 권력자들은 향촌농민과의 관계에서 스스로 권력과 권위를 재생산하는 자율적 기제를 갖고 있었다. 그것은 오랜 세월에 걸쳐 형성된 관습적 의례와 가치체계의 상징, 혈연적 위계질서, 문화·도덕적 권위 등을 포함한다. 화중과 화남의 경우 이런 것들을 떠받치는 마을 및 종족 단위의 공산(공전 외에 사당을 비롯한 공공건물을 지칭하는 공당(公堂)까지 포함)이 장기지속의 구조로서 향촌정권을 떠받쳤다. 공전 면적은 지역에 따라 달라서 화북에 적고 화중과 화남에 많았다. 1946-1949년 당시 경지 중 공전의 비율은 후난·후베이·장쑤·저장 성을 비롯한 화중지역 15% 내외, 광둥 30%, 푸젠 52%였다(川井伸一 1987: 205; 福建省人民政府土地改革委員會 1953. 4: 406; 華東軍政委員會土地改革委員會 1952: 335-338). 권력자는 공산 관리자로서 공전 소작권을 분배하고 수익금의 일부를 향민과 족인에게 재분배함으로써 소작농을 지배할 수 있었을

14 惡霸는 권력, 위세, 폭력에 의거해 인민의 생명과 재산을 손상시킨(구타, 살인, 부녀자 강간 및 강탈, 토지와 재산의 강점 등) 자로 그 증거가 확실한 자라고 규정되었다(中共中央 1948. 2: 225).

뿐만 아니라 공당의 제사의례를 주관함으로써 자신의 권위를 정당화하는 데 필요한 상징권력을 재생산할 수 있었다(유용태 2004: 74-88). 공산당은 이처럼 공전 관리자로서 모종의 정치적 특권을 갖고 있는 자들을 "호신"으로 지목하고, "이른바 공전은 호신의 사유재산"으로 간주하였다.[15]

중공중앙은 토지개혁 초기부터 이상과 같은 특징을 가진 향촌정권의 혁신을 추구하였다. 중공중앙은 1946년 5월 5·4지시에서 "악패·호신"을 청산투쟁의 핵심 대상자로 지목하고 농민협회와 민병을 발전시켜 "향촌정권을 개조"하라고 명시하였다. 그 직후 중공화중국이 보충지시에서 공전을 청산대상으로 지목한 것은 지역적 특성을 살려 향촌정권의 물적 토대를 박탈하는 조치로서 중요한 의미를 갖는다. 공산쟁탈을 통한 향촌정권 개조는 국민혁명기 후난과 후베이 성에서 처음 시도된 바 있으니(유용태 2004: 3부 1장) 20년 만의 재현인 셈이다. 국민정부의 전시민의기관인 국민참정회도 1946년 4월 당시 향촌이, 관권과 결탁해 민권을 억압하는 "토호열신(土豪劣紳)"의 신권(紳權) 치하에 놓여있다고 진단하고 이를 진정한 민치(民治), 즉 향민자치로 전환해야 한다고 결의하였다(國民參政會 1946. 4: 526-527). 공산당이 말하는 악패호신은 토호열신의 다른 이름이었다.

농민협회는 악패·호신으로부터 향촌정권을 탈취하기 위해 민병을 조직하였다. 농민협회가 민병을 앞세우고 그들에 대한 청산투쟁을 벌일 경우 향촌정권의 자체 무력으로 적극 대응하였다. 개인 지주들도 칼·창은 물론 소총·기관총으로 무장한 놀랄 만한 규모의 사적인 무장을 보유하고 있어 함께 대항하였다.[16] 그들은 무장한 약탈집단인 토비와 결

15 豪紳은 원래 신사학위를 가진 자중 농민에게 힘으로 군림하는 자를 지칭하였으나 1920년대 이후에는 학위와 상관없이 세력 있는 지역엘리트를 통칭하는 의미로 쓰였다(中央人民政府政務院 1950. 8: 127; 王先明 2009: 358-399).

16 1947년 허난 성 북부 汲縣 正面村(110戶)의 경우 지주 8호 중 5호가 총기를 갖고 있었는데, 그

탁되어 있는 경우도 흔했다. 난타난살 현상이 줄곧 일어난 것은 이 같은 쌍방의 무력이 충돌한 결과이다.

향촌정권을 개조하는 농민협회의 투쟁은 혁명적 계급투쟁으로 간주되었다. 현장 간부들은 농민대중이 이 투쟁에 자발적으로 나서주기를 기대했으나 농민들은 특히 초기에는 주저하였다. 그들이 가장 두려워하는 것은 선불리 나섰다가 국민당군에게 재점령되거나 외지로 피신했던 악패와 지주들이 무장세력을 이끌고 되돌아와 보복을 가하는 사태였다. 내전상황에서 군사형세가 자주 뒤바뀌었기에 이런 유혈사태는 흔히 발생하였다. 그럴 경우 이미 단행된 토지분배는 원점으로 되돌려지고 청산과 몰수에 앞장선 농민이 집단으로 살해되었다(中共豫晥蘇區黨委 1947. 6: 384). 농민이 이 두려움을 떨쳐버리고 투쟁에 나서게 하려면 그 가장 큰 걸림돌인 향촌권력자들의 위세를 타격해 실추시켜야 했다.

이를 위해 공산당과 공작대, 농민협회는 눈에 띄는 악패와 호신을 본보기로 지목해 인민재판에 회부하고 공개처형하는 대형 이벤트를 기획하여 대중동원의 계기로 삼았다. 그 준비 작업으로 향촌 권력자들의 압박과 수탈로 인해 받은 자신의 고통을 진술하는 소고회(訴苦會)를 개최하고 그들에 의해 침해받은 내역을 계산해 돌려받는 청산투쟁을 거쳤다. 이를 통해 농민의 요구가 정의로운 것이라는 확신을 갖게 만들어 행동에 나설 수 있는 자신감을 불어넣고자 하였다. 이런 소규모 집회를 바탕으로 수천수만 명의 농민이 모인 대중집회에서 대표적 악패와 호신의 죄목을 열거하고 그에 대한 처형을 결의하면 현장에서 집행

내역은 라이플총 119정, 권총 30정, 기관총 5정, 자동소총 2정 등이었다. 그중 지주 閻玉德은 라이플총으로 무장한 100명의 사병을 거느리고 있었다. 1948년 저장 성 동부 四明山 일대 지주의 사적인 무장은 縣 경비대인 보안대의 전투력을 능가할 정도였다. 이 같은 지주의 사적인 무장은 1910-1920년대 광둥, 후난, 후베이 일대에서도 보이는 현상으로서 국공내전기에 한정되지 않는다(中共太行區黨委 1947. 4: 229; 劉曉 1947. 2: 24; 유용태 2004: 92-93).

되었다. 향촌 "농민의 90%가 찬성하면 그게 곧 법률이다."라는 중공중앙의 대중노선이 이를 뒷받침해주었다. 이런 정치집회를 통해 일부 농민들은 하늘이 바뀌었음을 실감하고 공포심을 떨쳐버리게 되었다. 이러한 정치적 단련과정을 거쳐 농민이 마침내 떨쳐 일어나게 되면 그들의 폭발하는 분노는 걷잡을 수 없이 확대되었다.

농민의 집단행동에 나타나는 이 같은 특징을 당 지도부는 잘 파악하고 있었음에도 적어도 인민법정 조례를 공포하기 전에는 이를 제도적으로 관리통제하려는 노력을 기울이지 않았다.[17] 이 과정에서 자신의 공적을 선취하고자 하는 현장 간부의 경쟁은 특별히 주목해보아야 한다. 공작대를 구성한 현장 간부는 화북의 토지개혁을 경험하고 남파된 남하간부와 그들에 의해 각 현 단위에서 단기교육을 거쳐 양성된 현지 출신 간부의 두 부류가 있는데, 이들 간의 경쟁이 치열하였다. 지주부농출신 간부들 중에는 자신의 혁명성을 과시하기 위해 난타난살의 극좌행동을 선택하기도 하였다(中共桐柏區黨委 1948. 3: 503-504). 더구나 남하간부들은 한 향촌에 단기간 머무른 후 다른 향촌으로 전보되었기에 경쟁적 급진행동을 신속히 확산시키는 루트가 되었다(Moise 1983: 144).

그에 못지않게, 오래된 사적인 원한에 대한 농민대중의 보복심리가 상호 상승 작용하면서 난타난살 현상을 조장하고 지속시켰다. 떨쳐 일어선 농민들도 후환을 두려워하여 지주가족을 아예 없애버리는 극단으로 치닫는 경향을 보였다. 게다가 지주들이 혈연관계에 있는 중농·빈농들에게 자기 토지와 재산을 위장 매각하여 분산시켰기 때문에 이를 색출하는 과정에서 농민협회가 일부 중농을 위장된 지주로 분류해 청산대상자에 포함시키기도 하였다. 이는 필연적으로 본래의 중농을 침범

17 "농민은 줄곧 지주의 압박과 착취하에서 무수한 고통을 받아서 끝없는 원한을 품고 있었기 때문에 일단 각성하여 떨쳐 일어나면 필연적으로 억울한 원한을 풀고자 요구하여 '눈에는 눈 이에는 이' 식의 보복행동을 일으킨다. 농민의 이러한 행동에 대하여 잘 장악해 지도하지 않으면 제멋대로 발전해 난타난살에 이를 수 있다."(人民日報社論 1950. 7. 22)

하는 농민 내부의 투쟁을 야기하였다.

농민 내부의 투쟁 사례는 중공중남국 관할하의 여러 지역에서 확인된다. 허난 성 은허 현(河南省 安陽縣)에서는 1947년 7월 이전에 이미 빈고농 주도 하의 농민협회가 다수의 중농을 지주의 앞잡이로 간주해 토지와 재산을 몰수하는 "농민내부의 혼전"이 발생하였다. 실제로 중농 중에는 위장된 지주, 최근에 파산한 지주, 약간의 토지를 소작주거나 고리대업을 하는 농민이 있어서 이를 주의 깊게 구분하지 않았기에 쉽사리 빈농이 중농을 공격하는 사태가 발생한 것으로 진단되었다. 1947년 허난 성 어느 촌에서는 120호 중 80호가 투쟁대상으로 되었으며, 다른 촌에서는 지주의 앞잡이로 지목되어 30여 명이 처형되었으나 진정으로 처형되어야 할 자는 2명뿐이었다고 한다(魯笳 1947. 8: 305). 1951년 1월 후난과 장시의 각 현에서는 중빈농에게 분산되거나 땅 속에 감춰진 지주 재산을 찾아내는 투쟁과정에서 "도리어 자기진영을 혼란에 빠뜨렸고 중농을 침범하고 부농경제를 파괴하는 편향"이 나타났다(新華社中南總分社 1951. 1: 444). 이 폭력현상이 가장 심했던 시기는 토지법대강으로 몰수분배를 공식화하기 전후인 1947년 5-12월이다. 그 대상이 인구의 20-30%에 이른 곳도 있었다.

중공중앙은 난타난살의 "좌경착오"가 현장 간부의 "조급증병"에서 말미암은 것으로 진단하고 대상을 인구의 10% 이내(지주와 부농을 다 합쳐도 인구의 10% 미만이므로)로 좁히도록 지시하였다. 그러나 중공중앙은 이런 지시와 함께 어떤 경우에도 대중을 발동하는 데 "찬물을 끼얹어서는 안 된다"는 요구를 마지막까지 견지하였다(長江日報社論 1952. 12. 9). 그러니 각 향촌에서 이 지시를 무겁게 받아들일 리가 없었다. 공산당이 이처럼 대중발동을 견지한 주된 목적은 정치투쟁 속에서 남다른 열성과 능력을 보이는 빈농들을 발탁해 당원과 현장 간부로 충원하고 향촌에까지 공산당의 위신과 지배력을 확립하려는 데 있었다. 실제로 당원과 군대의 충원은 급속히 증가하였다.

악패·호신에 반대하고 향촌정권을 개조하는 투쟁에는 10% 내외의 극빈농(赤貧)이 앞장섰다. 공작대가 향촌에 파견되어 오면 먼저 빈농 집에 들어가 함께 생활하면서 마을 사정을 파악하고 빈농을 중핵으로 농민협회를 조직하였다. 농민협회는 많은 경우 향촌인구의 30% 내외를 회원으로 확보하였고 회원의 대략 10% 정도가 민병으로 조직되었다. 연합정부를 추구하는 단계였으므로 공산당 이외의 간부들도 농민협회와 향촌정권의 담당자가 될 수 있었지만, 민병의 지휘자는 오직 공산당원으로 제한되었다. 향촌정권의 개조과정에서 무력의 중요성이 그만큼 컸다는 뜻이다. 농민협회와 민병의 힘에 의해 그동안 향촌정권을 장악해온 권력자들이 타도되었다.

이 과정에서 나타난 난타난살의 좌경착오는 당연히 교정해야 했지만 향촌정권의 개조 자체는 불가피한 민주혁명과정으로 여겨졌다. 민주동맹의 판광단은 종족과 향촌의 공전이 매매를 불허하여 토지의 상품화를 저해한다는 점에서 "봉건적"이며 공전을 몰수해 분배하는 것은 민주혁명의 성격을 갖는다고 보았다(潘光旦·全慰天 1952: 89, 100-103).[18] 동시에, 공전의 몰수는 공공의 제사공간의 물적 토대를 소멸함으로써 혈연관계와 신성성에 의지한 향촌질서의 혁파를 수반했다는 점에서도 민주혁명의 의미를 갖는다. 이는 권력형성의 요인 중 가장 지속성이 강한 것이어서 향촌정권의 혁신에서 간과할 수 없는 요점이다. 따라서 공전이 많은 곳은 향촌정권도 강고하였으니, 공전이 많은 화중과 화남의 토지분배가 화북보다 어려울 수밖에 없는 이유가 여기에 있다. 족전이 많은 광둥 성 신후이 현(新會縣)의 경우, 1951년 8월 투쟁대상이 된 악

18 근현대 중국의 '封建' 개념은 엄밀하게 정의된 학술용어가 아니어서 제각각이다. 중국공산당의 용법만 보아도 그 의미는 1922-28년에는 주로 분권적 세력과 지향(군벌체제, 省自治運動, 연방주의, 地主·豪紳·土豪 중심의 향촌정권, 지주제, 유교도덕 등)을 지칭하였으며 심지어 이와 상반되는 전제왕권과 관료를 비롯한 모든 구제도를 포괄하였다. 이 같은 광의의 용법은 1929년 중국사회사논전을 거쳐 공산당 안팎에 일반화되었다(馮天瑜 2006: 234-248, 286-302; Fitzgerald 1996: 150-167).

패 246명 중 지주 213명(86.7%), 부농 14명(5.7%), 중농빈농 15명(6.1%), 유맹(流氓) 4명(1.6%)으로 지주가 절대 다수이다(莫宏偉 2010: 163). 여기서는 악패와 지주가 거의 일치하였고 그들은 동시에 족전을 비롯한 공전 관리자였다. 이들이 제거되고 그 물적 토대가 몰수됨으로써 종족 세력은 약화되었다(Yang 1959: 176-180).

그렇다면 종족과 공전이 상대적으로 적고 지주토지마저 극히 적은 화북지역에서는 어떠한가? 거기서도 향촌의 권략자인 "악패"가 타도된 점에서 위의 경우와 같지만 그 악패의 계급성분이 지주에 한정되지 않고 공전과 결부되지 않아서 상대적으로 권력기반이 취약하다는 차이가 있다. 그러므로 실제로 이 토지혁명운동은 화북에서 개시되어 화남으로 확대되었던 것이다. 친후이의 연구에 따르면, 산시 성 관중(關中) 지역의 타도대상은 사유지든 공유지든 토지가 아니라 권세를 기준으로 파악된 악패였고, 농민대중은 토지분배보다 악패타도에 더욱 적극적으로 나섰다. 웨이난전 구(渭南專區) 13개 현에서 악패로 분류된 112명의 계급성분은 지주 60명(53.6%), 부농 8명(7.1%), 중농 이하 농민 40명(35.7%), 기타 4명(3.6%)이다(친후이·쑤원 2000: 85-89).[19] 허난 성 타이항 산 구역의 경우, 1946년 7개 촌의 청산투쟁 대상자 141명 중 지주 78명(55%), 부농 44명(31.2%), 중농 이하 농민 18명(12.7%)이다(中共太行區黨委 1947. 4: 245). 지주가 절반 정도를 차지하고 부농은 물론 중농규모의 토지를 가졌더라도 악질토호 행동을 일삼은 중농과 빈농들도 포함되었다.

이렇게 향촌의 구지배층이 제거된 후, 농민대표회의 혹은 각계인민대표회의가 향촌의 민의기관으로 건립되었다. 전자는 농민협회 대표로 구성되며 후자는 그 밖의 각계 단체 대표까지 포함하여 구성되는데,

19 친후이는 악패와 그 숙주인 봉건공동체를 화북의 "關中모델"과 화중남의 "太湖모델"로 나누어 파악하고 이를 타도한 민주혁명의 의의를 인정하였다.

점차 후자로 제도화되었다. 각계 인민대표회의는 정부위원을 선출하여 구·향 인민정부를 성립시키는 최고 권력기구이다(유용태 2011: 374-396). 그것은 1949년 9월 공포된 인민정치협상회의 공동강령을 기초로 한 것이어서 법적 근거를 갖는 기구이다. 토지혁명의 핵심사항인 계급분류, 몰수재산의 분배와 관리, 분배된 토지와 주택의 소유권 등기 등에 관한 최종 결정은 향 인민대표회의의 권한이었다. 그래서인지, 지주와 부농의 공민권은 토지분배가 완료되기 전에는 정지되었고 그 후에도 제한되어서, 현급 이상의 단위에서만 "개명신사" 대표로 피선될 수 있었다. 향촌 단위의 선거에서는 부농의 선거권만 인정되었다. 그러므로 경자유전의 결과 지주부농 위주의 향촌정권은 중빈농 위주의 향촌정권으로 혁신될 수 있었다.

실제 사례를 보자. 1949-1951년 후난 성 창사 현(湖南省 長沙縣)의 각계인민대표회의 대표 중 농민이 67.9-74.7%나 되었다. 나머지는 교직원, 상공업자, 민주동맹 및 개명신사(지주출신으로 민주개혁에 찬동하는 인사) 등이다. 향급 기관으로 내려가면 농민비중이 더욱 커졌다. 저장성 6개 현의 6개 시범향의 향인민대표회의 대표는 모두 중농과 빈고농으로 채워졌고 부농은 전혀 없다. 이는 향촌정권을 빈농 2/3, 중농 1/3로 구성하라는 중공중앙의 가이드라인을 따른 결과이다. 그런데 이런 규정과 달리 실제로는 현과 구·향 각계인민대표회의 대표 중 중농이 빈농보다 훨씬 많았다. 토지를 분배받은 빈농 중 정치적 지위상승을 위해 계속 노력하는 자도 일부 있었지만 정치에 관심을 끊고 농사일에 전념하려는 자가 많았기 때문이다.

민의기관 구성에서 지주를 배제하고 부농을 제한한 것은 자유주의 원리에 반하지만 절대다수 농민의 참정을 제도화한 점은 이들의 참정을 배제해온 구제도와 비교해 획기적이라 할 만하다. 물론 이는 제도 면에서의 평가이고 실제 운용 면에서도 그런 의미를 가질 수 있는지는 또 다른 문제이지만, 민주화의 진전을 위한 가능성을 마련한 것은 분명하다(Moise 1983: 143-145).

각계인민대표회의의 선거에 의거해 새로 건립된 구·향 인민정부는 행정기관으로서 국가 권력의 향촌침투를 확대시켰다. 그 아래의 촌은 비록 행정기관이 아니지만, 구·향 정부를 보좌하는 기층 자치단위로서 국가의 정령을 개별 농호에 하달하는 "행정조" 기능을 담당하였다(于建嶸 2004: 228). 국가 기구와 동일시되면서 국가 권력의 향촌침투를 극대화한 기구가 공산당 지부이다. 공산당은 여태 비밀정당으로 활동해왔으나 이제 위대한 경자유전을 지도한 주체로서 농민대중 앞에 처음으로 자신을 공개하였다. 그리고 토지혁명에 적극 나선 농민들을 당원으로 확충해 향과 촌에까지 당조직을 건설하였다. 당원수는 1946년 134만 명에서 1949년 449만 명으로 급증하였다. 그럼에도 식견과 능력을 갖춘 당원은 그 15% 내외에 그쳤기에 당의 향촌 지배력은 아직 안정되지 않은 상태였다(Harding 1981: 35).

요컨대 향촌정권의 혁신은 그 권력기반의 유형상 지주토지와 공전이 많은 화중남이든 그것이 적은 화북이든 공히 사적인 무력에 기초한 권세에 의지해 농민을 압박하고 수탈한 권력자를 타도한 점에서 민주혁명의 의미를 갖는다. "악패"로 지칭된 그들이 사적인 무력을 보유하고 행사한 것이야말로 일체의 무력이 공권력에 독점된 근대국가에서는 있을 수 없는 분권적 현상이 아닐 수 없다. 각 향촌은 분권 지향의 경제적·정치사회적 기반 자체가 무너지자 이제 농민협회, 부녀협회, 신민주주의청년단, 학생연합회, 당지부 등을 매개로 하여 전국적 조직망 속에 점차 통합되어 갔다.

6. 결어

이상에서 보았듯이 중국공산당은 신민주주의론을 정립하면서 1944년부터 '토지개혁'이란 용어로 '토지혁명'을 대신하기 시작하였고 1946-1952년 이를 전면 실행하였다. 이 기간 중 공산당은 청산분배와 유상매수방식의 경자유전(1946. 5-1947. 4)도, 몰수분배의 경자유전(1947. 5-1952. 12)도 공히 지주계급에 대한 농민의 혁명적 계급투쟁임을 시종일관 강조하였다. 그럼에도 양자 모두를 토지개혁으로 불러 토지혁명이란 용어를 철저히 회피하였다. 이는 신민주주의론에 따라 연합정부를 구성하겠다는 건국의지를 과시하기 위한 정치적 선택의 소산이다. 당시의 공산당이 필요 이상으로 "혁명담론"을 남발하여 끊임없이 현실을 이데올로기화하고 급진화시켰음을 감안하면(黃宗智 2003: 66-96), "토지개혁"의 실제 내용을 이데올로기화하면서도 당초의 용어를 견지한 것은 예외적인 경우에 해당한다.

결국 전후 중국의 경자유전은 지주의 토지와 재산을 무상으로 몰수하고 공민권을 박탈하여 지주계급과 지주제를 정치경제적으로 소멸한 점에서 소비에트혁명시기의 토지혁명과 다르지 않다. 따라서 필자는 전전의 그것을 '제1차 토지혁명', 전후의 그것을 '제2차 토지혁명'이라 부르고자 한다. 둘 다 국공내전 속에서 단행된 점이 주목된다. 다만 '2차 토지혁명'은 신민주주의론에 의거해 "지주의 상공업 재산과 상공업 경영에 직접 이용되는 토지"를 몰수대상에서 제외한 점에서 다르다.[20] 물론 그들 소유의 농촌지역 출조토지는 지주토지로 간주되어 몰수되었다.

토지개혁 과정에서 도시의 상공업 보호와 짝을 이루는 조치가 농촌의 부농보호이다. 내선이 끝난 후 공산당은 농사에 열중하여 "집안을 일으키고 부자가 되자"는 생산경쟁 구호를 내세웠다. 중농의 원망도 바로 그것이었기에 생산의욕이 고취되고 부농이 증가하고 생산력

20 당시 중국에는 지주 겸 상공업자는 물론 상공업자 겸 지주도 많았다. 전자의 비율은 蘇南지역 55%였고 후자의 비율은 武漢 80%, 長沙 90%였다(潘光旦·全慰天 1952: 23-25).

이 회복되는 추세를 보였다. 생산과 담세의 핵심주체인 중농의 생산의욕을 북돋아야만 국민총생산과 구매력을 높일 수 있으며 이를 위해서는 부농보호 원칙이 반드시 견지되어야 한다. 그래야만 비로소 신민주주의 경제의 기초가 마련될 것이었다. 우여곡절 속에서도 그 가능성은 열린 셈이었다. 특히 농민의 조세부담이 1952-1957년 평균 13% 내외로 안정되어 부농이 증가할 수 있는 조건이 조성되었다.[21]

그러나 토지분배가 완료되기도 전에 공산당은 부농의 성장에 두려움을 느끼고 그에 대한 제한을 촉구하였다. 1951년 4월 중공 산시 성위원회가 중공화북국과 중공중앙에 보낸 보고에서, "농촌경제의 회복과 발전에 따라 농민자발역량이 발전"하여 "우리가 요구하는 바의 현대화와 집체화의 방향이 아니라 부농의 방향으로 발전"하고 있으며 이를 잘못 처리하면 "호조조(互助組)의 해체나 부농의 장원(莊園)으로 변질"되는 길밖에 없다고 비판한 것이 그 예이다(中共山西省委 1951. 4: 194-195). 마오쩌둥은 공개적으로는 신민주의 단계가 지속되어야 한다고 주장하면서도 내부적으로는 이런 요구를 수용하였다. 이는 1951년 12월 집체농장을 시험적으로 개설하라는 지시를 내린 데서 분명해졌다(毛澤東 1951. 12: 590-591). 지방의 현장 간부도 중앙의 마오도 왜 이처럼 이론적으로는 자본주의 발전이 필요한 현실을 인정하면서도 실제로는 이를 두려워해 예상보다 앞당겨 '조기에' 차단하려고 하였을까?

공산당이 비록 경자유전 실행의 목적으로 생산력 발전을 명시하는 것을 잊지 않았음에도 부농의 성장을 두려워해 조기에 차단하고 나선 까닭은 이론과 현실의 양면에서 찾아져야 한다. 먼저 계급분화 자체를 적대시한 것은 신민주주의 경제에 대한 공산당의 이론적 숙고가 부족했음을 의미한다. 이는 당내 급진파의 인민주의적 성향을 반영하는 것인데, 이를 증폭시킨 현실적 요인이 따로 주목되어야 한다. 그것은 '토

21 1950-1951년에는 한국전쟁 전비부담이 겹쳐 20-30%였다(宋新中 1997: 94, 144).

지개혁'이었어야 할 경자유전을 공산당이 내전의 형세에 맞춘 정치군사적 필요에 따라 '토지혁명'으로 전화시킨 때문이다. 이로 인해 지주와 부농을 폭력적으로 소멸하였으니 그 가족의 결집과 반격이라는 후환을 두려워할 수밖에 없고 부농의 성장은 바로 그 부활의 표식으로 인식되었다. 더구나 언제든 기회만 오면 그들을 지원해 권토중래하려 할 것이 분명한 국민당세력이 내전에서 소멸되지 않고 지척의 대만에 버티고 있었다. 한국전쟁은 패주한 그들이 미국의 전폭적 지원을 받아 소생하게 만드는 전기가 되었다.

전후 중국의 경자유전이 신민주주의론의 정신에 진정으로 부합하려면 토지혁명이 아닌 토지개혁의 방법을 견지했어야 한다. 그에 반하여, 토지혁명 법령을 공포한 1947년 10월 이후 공산당의 신민주주의 경제구상은 모종의 변질을 수반할 수밖에 없는 요인을 잉태하게 되었다. 신민주주의 단계를 조기에 포기한 주된 내인은 바로 토지혁명에 있는 것으로 보인다.

노동력이 아닌 인구수에 따른 균등분배 원칙도 중농을 육성하고 부농을 보호한다는 신민주주의 본래 취지에 반한다. 토지분배 이후 농업생산은 1952년에 항일전쟁 이전의 최고 수준을 10% 상회하였으나 1953-1954년 연속 2년간 그 상태를 유지해 정체되는 추세를 보였다. 이는 인구수에 따른 균등분배로 영농규모가 더욱 영세화된 데다가 농업기술의 혁신과 인프라의 확충이 뒷받침되지 않는 속에서 노동력 투입만 증가한 결과이다. 이런 방식의 경자유전으로는 농민의 빈곤문제를 해결하기 어려웠으니, 이에 생산력을 증대하고 계급분화를 방지하는 이중의 목적으로 1955년부터 대규모영농을 위한 집단화와 토지국유화가 단계적으로 추진되었다(유용태 2006: 94). 그러나 이미 알려진 대로 이 방법도 농민경제의 향상에는 기여하지 못하였다.

결국 토지혁명의 경제적 효과는 농민경제보다 국민경제의 부흥과 발전을 위한 토대를 마련한 점에 있다. 농업생산물의 대부분이 지주계급의 비생산적 소비로 사라지게 하던 분배구조가 혁신되어 이제 국가와 농민 사이에 직접 분배하되 그 대부분이 국가의 산업화 재원으로 투입될 수 있게 한 것이다(Shue 1980: 90-106).

이런 국민경제적 효과 못지않게 주목해야 할 것이 정치적·사회적 효과이다. 토지혁명을 통해 지주·신사 계급과 그들 중심의 향촌정권이 소멸되고 농민을 주체로 하는 새로운 향촌정권이 수립된 점, 그로 인해 무력에 의지한 향촌권력자의 자의적 폭력행사가 종식된 점이다. 이때 중농·빈농들도 직업대표제의 각계인민대표회의를 통해 정권에 참여할 수 있게 된 것은 신민주주의 정치의 가능성을 보여준 제도로서 주목된다. 이 점에서 토지혁명은 분명 향촌의 계급구조를 혁신한 민주혁명의 의의를 갖는다. 신해혁명이 해결하지 못한 미완의 과제가 비로소 완수된 것이라 할 수 있다.

동시에 이 과정에서 공산당의 당원과 조직이 획기적으로 확충되었으니 농민협회가 당과의 관계에서 어느 정도의 자율성을 어떻게 확보할 것인가가 새로운 과제였다. 불행히도 이윽고 단행된 농업의 국유화와 집단화로 인해 그 자율성의 토대는 소실되었으니 막대한 비용을 지불한 토지혁명의 역사적 의의는 제한될 수밖에 없었다. 이 중국식 토지혁명은 1953년 시작된 베트남 토지혁명의 모델이 되었고, 거기서는 외래 모델에 의지한 탓에 부정적 측면이 더욱 두드러졌다.

| 8장 |

거대한 변혁*

북베트남 토지개혁에 대한 엇갈린 시선들

올리비에 떼시에

1. 서언

1945년 9월 2일, 대통령 호치민은 하노이 시의 바딘 광장에 모여 있는 수십만 군중들 앞에서 베트남민주공화국의 독립을 선포했다. 베트남 노동당 중앙위원회의 10차 총회(8. 25-10. 5)를 마친 직후인 1956년 10월 29일, 디엔 비엔 푸 전투의 승리자 보 응우옌 지압(Võ Nguyên Giáp) 장군은 수도의 주민들에게 연설하는 과정에서, 토지개혁이 "봉건적인 농지소유구조를 완전히 철폐했기" 때문에, 큰 차원에서 보면 인민과 당이 거둔 새로운 승리였지만, 그 과정에서 행해진 커다란 실수들이 그 성과를 제한시켰음을 인정했다. 이 연설을 기점으로 하여 이전의 실수들을 바로잡는 운동이 공식적으로 시작되었다. 베트남민주공화국의 해방전쟁이 시

* 이 장은 Olivier Tessier, 2008-2009, "Le 《grand bouleversement》 (long trời lở đất): regards croisés sur la réforme agraire en République démocratique du Việt Nam", *Bulletin de l'Ecole française d'Extrême-Orient*, No. 95-96을 완역한 것이다.

작된 1946년부터 1956년 사이 10년은, 베트남의 공식적인 역사서술에 따르면 온 나라를 뒤흔들어 현대로 전환시킨 전환기다(Hữu Ngọc 1997).

군사적인 충돌에 병행하여, "사회주의 대규모 경작"을 향한 첫 번째 단계였던 토지개혁은 베트남 북부 농촌의 사회·경제·정치적 풍경을 급격하게 변환시킬 것이었다. 국내외의 정치·군사적 환경의 압력, 20년 동안 좌충우돌하면서 이어진 다양한 사건들, 그리고 소련과 중국으로부터 도입된 도식적인 이데올로기(이미 만들어진 생각들)의 영향, 공화국 지도자들로 하여금 실제 농민들의 상황과는 매우 차이가 나는 방향을 설정하도록 만든 다양한 쟁점 등은 이미 역사적·사건사적 전체성을 포괄할 수 있도록 넓은 관점에서 대부분 서술되고 분석되었다. 우리의 접근방식은 약간은 다르다. 우리는 하나의 엇갈린 시선을 제시하는 데 주력할 것인데, 이 시선은, 관측의 각 층위들을 고려하고, 하노이의 새로운 주인들이 내린 거대한 정치적 선택이 불러일으킨 지역적 결과들에 관심을 기울이면서, 토지개혁과, 그 사건들을 겪은 사람들이, 이를 경험하고 이해하고 재구성해낸 방식, 그리고 그 사건들이 그 사람들의 기억 속에 남긴 흔적을 살필 것이다. 중앙의 권력기구에서 강제한 규정과 현장에서의 그 실현 사이를 오고가기 위해서, 우리는 푸 토(Phú Thọ) 성의 타인 바(Thành Ba) 현, 닌 전(Ninh Dân) 사(社, 県 아래의 행정촌으로 社長이 호구파악과 징세를 담당한다. 社 밑에 村이 있고 그 밑에 總이 있다. 편자 주)의 예를 들었다(표 8.1 참고). 중부지역(Trung Du)의 중심에 자리 잡고 있으며, 하노이에서 북서쪽으로 120km 정도 떨어진 닌 전 사는 4개의 촌(자연촌)으로 구성되어 있으며(thôn Đồng Xa, thôn Mánh, thôn Sen et thôn Hay Mánh, thôn Sen et thôn Hay), 홍강의 델타지역과 고원 산악지대 사이에 끼인 계곡지역의 전형적인 촌이다. 농민들에게 큰 충격을 남긴 이 경험의 사회사를 파편적이긴하지만 재구성해보기 위해서, 우리는 사를 구성한 4개 촌의 하나인 하이(Hay)에서 토지개혁의 격랑에 휩싸였던 촌 사람들과의 인터뷰를 가졌다(표 8.1 참고).

2. 1945년에서 1953년까지의 토지정책: 개혁의지와 저항전쟁에 의해 강제된 실용주의 사이에서

흔히 사람들이 토지개혁(1953-1956)이라고 부르는 것은 1945년 8월 혁명 이후 시작된 토지소유 재구조화 과정의 종결이다. 당 총서기이자 토지개혁위원회 위원장이었던 쯔엉 찐(Trường Chinh)은 1953년 이 재구조화 과정을 다음과 같은 3개의 연속적인 단계로 규정했다. 첫째, "제국주의자들과 봉건적인 극우반동분자들에게 토지정책이라는 창끝을 겨누기 위해서" 제국주의자와 배신자에 속한 토지를 몰수하고 공유지, 개간지, 부재지주가 소유한 토지를 재분배하는 단계, 둘째, "봉건주의자들의 경제력을 약화시키고, 농촌에서 그들의 정치적 권위를 무너뜨리기 위한 첫 번째 조치를 취하며, 근로농민을 강화시키기 위해서" 소작료와 이자율을 인하하고 부채를 탕감하는 단계, 셋째, "봉건주의자들의 토지점유권을 철폐시키고 그들의 정치력을 무력화시키며 '토지를 경작농민에게, 농촌의 진정한 주인은 농민이다'라는 구호를 실현하는" 진정한 의미의 토지개혁을 실현하는 단계이다.[1]

"토지를 경작농민에게"라는 유명한 구호는 이처럼 마르크스-레닌주의 혁명을 완성시키려는 전체적인 혁명전략 속에 자리 잡고 있었으며, 이 혁명은 두 단계로 이루어진 하나의 과정을 통해서 이루어질 것이었다. 우선 민족민주혁명, 즉 부르주아지를 포함한 모든 애국세력을 연합시켜 광범한 반제전선을 형성함으로써 식민체제를 전복시키고, 뒤이어 봉건제도를 철폐하고 "노동자-농민"[2] 동맹의 틀 안에서 노동계급

1 「토지개혁의 실현을 위해」, 1953년 11월 14-23일, 노동당 제1차 전국대표대회에 제출된 보고서(Trường Chinh 1994: 451).

2 당시 베트남의 상황에서, '노농동맹'에 기반하여 노동계급이 지도하는 체제의 인민민주주의적 특성을 강조하는 것은 소련의 교조주의적 틀을 차용한 수사방식이었는데, 당시 절대다수였던 농민들(전체 인구의 90%)에 비해서 노동계급의 비중이 크지 않았기 때문이었다. 찐 반 짜오(Trịnh Văn Thảo)에 따르면, 이로 인해 "베트남 공산주의의 독창성"이 나타나는데, 혁명과정

표 8.1 홍강 유역의 토지소유구조

	평균 경작규모	비율/전체 소유자 수	비율/전체 토지면적	해당면적
소규모 소유자	0–5마우 (0–1.8헥타르)	90%	36.7%	440,000헥타르
중규모 소유자	5–10마우 (1.8–3.6헥타르)	10% (두 범주를 합함)	26.7%	320,000헥타르
대규모 소유자	10–100마우 (3.6–36헥타르)		16.7%	200,000헥타르
공유지			20%	240,000헥타르

출전: Gourou(1940)

이 지도하는 체제를 형성시켜 나라를 사회주의로 이끄는 사회주의 혁명이 이어질 것이었다.

그런데 토지개혁이 인도차이나 공산당 창당(1930. 2. 18) 때부터 강령에 포함되어 있었고 "외국인이건, 내국인이건 교회건 간에, 지주가 소유한 모든 토지를 수용하여 중소농민들에게 분배한다"고 명시적으로 서술되어 있었던 반면(Hoàng Ước 재인용 1968: 51), 당시 미래의 대통령 호치민의 주장은 혁명의 첫 번째 단계의 실현에 초점을 맞추고 있었다. 1930년 2월 18일 「인도차이나 공산당 창건에 즈음하여 고함」이라는 글에서, 그는 혁명의 다섯 번째 과업으로 "모든 플랜테이션, 제국주의자들과 베트남인 반동파의 소유물을 몰수하여 가난한 농민에게 분배한다"고 결정했다(Hồ Chí Minh 1994: 38). 그렇다면 베트남 북부 농촌의 상황은 어떠했는가?

에서 노동계급의 부재로 인해 "노동자들의 자리를 농민들이 차지하게 하고" 노동농민당이 노동당의 역할을 대신하는 기제가 작동하게 되었던 것이다(1987: 177). 브로슈(P. Brocheux)가 1981년에 쓴 논문 「베트남의 공산주의자들과 농민들(Communistes et paysans au Vietnam)」은 응우옌 아이 꾸옥(호치민)이 1920년대 계몽된 노동계급의 지도하에 진행되는 프롤레타리아 혁명운동에 농민대중을 변증법적으로 통합시키려 했던 노력들을 잘 보여준다. 이 통합이 효율적이기 위해서는 농민계급을 정치적으로 일깨우고 교육시킨 뒤 조직하는 것이 절대적으로 필요했다.

기진맥진한 농민들

1930년대 초에 행해진 홍강 유역 토지소유에 대한 조사는 극도로 분화된 토지소유구조를 보여주고 있다. 강변 토지소유자의 60%는 1마우(mau[3], 0.36헥타르) 미만의 논을 소유했고, 90%가 5마우(1.8헥타르) 미만의 토지를 경작했으며, 중간규모와 대규모 토지소유는 별로 발달하지 않았다(Dumont 1995: 36).

그럼에도 토지의 분산은 매우 불평등하였는데, 토지를 전혀 소유하지 못했던 소작농과 일용노동자, 반소작농을 전혀 포함하지 않았음에도, 90%의 소유자가 가용면적 1/3을 간신히 넘는 토지를 보유하고 있었기 때문이었다. 한편, 구루는 같은 시기 대토지소유를 향한 경향성, 즉 소수의 손에 토지가 집적되는 경향성을 지적했다. 이런 상황은 사유지뿐만 아니라 공유지에도 관계되었는데, 지역 유지들이 이 토지들을 은밀히 사유화하고 있었기 때문이다.[4] 저자는, 통제되지 않는 고리대의 발달과 과도하게 높은 소작료로 유지들은 소규모 소유자 대다수를 질식시켰고, 이들 중 점차 많은 사람이 그들의 땅을, 비록 그들이 문서상의 소유자임에도, 환매조건부 매각방식을 통해 팔도록 강제했기

---

3 베트남 북부에서의 농경지 측량 단위는 다음과 같다. 1투억(thước) = 24m², 1사오(sào) = 360m² = 15투억, 1마우(mẫu) = 3,600m² = 10사오.

4 1930년 홍강 유역에서 공유지는 경지의 20%를 차지했는데, 이 평균치보다는 각 촌 사이의 큰 편차를 고려해야 한다. 이 공유지는 정기적으로(대개는 3년마다) 사 장부에 기록된 사람들에게 재분배되었는데, 이로 인해 이 중 가장 빈곤한 사람들은 자신의 경제적 상황을 획기적으로 개선시킬 수도 있었다. 지역 유지들이 이 공유지를 은밀히 사유화하고 있음은, 대표적으로 판 케 빈(Phan Kế Bính)과 응우옌 반 현(Nguyễn Van Huyên)과 같은 인물들이 속한, 20세기 초반의 "근대"학파 저자들에 의해서 여러 차례 언급되었는데, 이들은 농민공동체의 타락을 상징적으로 보여주는 예로 이 공유지의 사유화를 지적했다. 이 저자들은 나름대로의 전통적인 제도들이 타락해가는 사회를 생생하게 묘사하면서 고발했는데, 탐욕, 부패, 인기영합, 연고주의, 특권이나 사회적 인정을 얻기 위한 과도한 집착 등이 원래는 공동체의 평등을 지키기 위한 제도들의 가치를 점차 훼손시켜서, 이 제도들을 지역의 몇몇 힘 있는 사람들을 위한 부와 권력의 독점을 위한 도구로 만들어버렸던 것이다. 당시 몇몇 외국의 관찰자들(Chassigneux, Delamarre, Rouilly, Gourou) 역시 이 관점을 취했는데, 이들은 그들이 목격했던 악습이나 일탈행위를 비난하면서, 동시에 프랑스인들의 존재와 총독부 관료들이 취했던 개혁안들을 정당화했고, 따라서 식민지 수탈제도가 어느 정도 농민들의 상황 악화에 책임이 있음을 숨겼다(Tessier and Papin 2002).

때문이라고 이유를 밝혔다(Gourou 1940). 구루로 하여금 점차 심해진 고리대와 소작제라고 하는 내재적인 — 따라서 식민지 상황에서 기인한 것이 아닌 — 인과관계만을 이런 경향성의 원인으로 제시하게 만든 객관적인 이유들에 대해서는 여기서 논의할 여유가 없지만, 이런 불안정성의 고리가 실제적이었음은 명시해야만 한다. 흉작이나 세금부담의 가중, 일련의 자연재해(잦은 홍수, 가뭄, 태풍)는, 일용 노동자 수준으로 몰락해가는 대다수 소농들에게 급히 자기 소유 토지의 상당 부분을 내놓게 만들었다. 달리 말하자면, 이 소규모 경작체제하에서 예견할 수 없는 사건들이 언제라도 극도로 위태로운 식량생산의 균형을 허물어뜨릴 수 있었던 것이다. 이 구조적 허약성을 잘 보여주는 예로, 브로슈(P. Brocheux)와 에머리(D. Hémery)가 『인도차이나 통계연표』(*Annuaires statistiques de l'Indochine, 1913-1943*)의 자료를 이용해 구성한 통계에 따르면, 1인당 매년 150-170킬로그램의 도정된 쌀이 돌아가게 되는데 이는 한 사람의 성인을 유지하기에는 부족한 분량이다.[5] 특히 이 통계표는 20세기 초부터 식량공급 상황이 지속적으로 악화되는 경향성을 분명히 보여준다(그림 8-2 참고). 이 상황악화는 여러 요소들이 결합된 결과였는데, 이 요소들 중에서 사망률이 상당히 낮아진 결과 인구가 급속히 증가했음을 주목하자. 인구의 증가는 당시 식민지 기술관료들이 베트남 북부 농업 프롤레타리아의 증대를 설명하는 주된 이유였는데, "곡물생산 밀집도(논 면적 평방미터당 인구수)는 통킹지역 전역에서 678에 달했고 홍강 연안 여러 지역에서는 800에서 1200에 달했다."(Henry 1932: 8)

1929년 국제적인 경제위기의 여파로 상황은 급격히 악화되었는데, 식민지의 경제, 그리고 따라서 인도차이나의 식민화된 사람들에 미친 파급력은 농민들의 물질적 조건을 위험할 정도로 나쁘게 만들었고 굶

5 일반적으로 한 사람의 성인이 살기 위해서는 연평균 300-350킬로그램의 도정되지 않은 벼가 필요하며 이 벼는 도정할 경우 210-250킬로그램의 쌀이 된다.

주림과 함께 봉기의 움직임을 불러일으켰다. 그러자 총독부 관료들은 농촌에 대한 기존의 태도를 바꾸기 시작했는데, 이로 인해 두 가지 축을 중심으로 구성된 적극적인 정책이 시작되었다. 첫 번째 축은 홍강 유역의 인구밀도가 높은 지역으로부터 인구밀도가 상대적으로 낮은 중부와 남부 지역으로 인구를 이주시키는 것을 목표로 했다. 하지만 그 결과는 거의 기대에 미치지 못했다. 두 번째 축은 홍강 유역 전체를 개발하는 원대한 계획이었는데, 물을 저장하는 댐을 쌓아 이모작을 일반화시키고[6] 수확에 상대적인 안정성을 얻기 위한 것이었다. 이 점에 있어서 노력은 상당한 공감을 얻었다(Vesin 1992). 하지만 재정적 압력 역시 증대했다. 1920년에서 1934년까지, 5인으로 구성된 가구당 조세부담액은, 도정되지 않은 벼로 계산하면, 323킬로그램에서 1톤 이상으로 늘었다(Brocheux and Hémery 1995). 설상가상으로, 조세수납은 더욱 엄격해져서 더 이상 이전처럼 특례나 조정을 바랄 수도 없었다.[7]

결과적으로,[8] 누증하는 인구성장에 대응할 수 있을 정도로 농업생산발전을 촉진할 수 있는 인구적 재정적 수단들을 동원하지 않으면서, 식민 당국은, 인도차이나를 인구변환 속으로 끌어들였고, 이로 인해 베트남 북부를 빈곤화와 구조적인 식량위기의 악순환 속으로 말려들어가게 하는 데 기여했으며 점차 더 많은 농민들이 영구적인 식량부족을 경험하게 만들었다. 필연적으로, 이 불안정한 균형을 유지하게 만드

6 홍강 유역에서 수리시설의 설치는 대규모일 수밖에 없었는데, 논에 물을 댈 뿐만 아니라 계절풍이 동반한 비가 내릴 때 넘치는 물들을 배수하는 것 역시 필요했기 때문이었다. 하지만 이를 위해서 물을 끌어올리는 거대한 기계시설뿐만 아니라 배수와 관개를 위한 거대한 운하들 역시 설치해야만 했다.

7 뒤몽(R. Dumont)의 다음과 같은 증언이 이를 입증한다. "1931년 9월, 나는 윤리적으로 내가 사랑했던 지역을 떠나야만 한다고 느꼈습니다. 한 식민공군 특무상사가 빈(Vinh)에서 명령에 따라 비행기 위에서 비무장한 민간인의 대열에 기관총을 쏨으로써 '불명예스럽게 되었다'고 말한 직후였습니다. 응예 안(Nghê An)의 이 지역이나 호치민의 지역에서 농민들은 가뭄이 들면, 이런 경우 왕조시대에 허용했던 것처럼 조세의 인하를 요구했습니다."

8 이 주제에 대한 종합적인 내용은 Tessier and Fontenelle(2000) 참고.

는 기둥들 중 하나가 흔들거리게 되자마자, 파괴적인 상황이 발생했다. 1945년의 대기근은 가장 참혹한 결과물이었다. 1944년 가을과 1945년 겨울 사이에 150만에서 200만 농민들이 주로 홍강 유역에서 사망했다. 홍강 유역 인구의 1/4 이상이 몰살당한 이 비극을 설명하려는 시도로, 응우옌 테 안(Nguyễn Thế Anh 1985)의 저작들이나 반 타오와 후루타 모토(Văn Tạo and Furuta Moto 1995)의 책은 두 가지 중요한 요소들이 결합되었음을 주목한다. 첫 번째 요소는 설명되었듯이 인구 대비 곡물의 비율이 지속적으로 악화된 것이 그것인데, 1943년부터 연달아 닥친 일련의 기후변동으로 인해 이 비율은 급격히 악화되었다. 두 번째 요소는 프랑스 식민기구가 강제한 산업작물재배의 재배치였는데, 이는 전쟁이 강제한 군수물자의 부족에 대응하는 동시에, 베트남을 점령한 일본군이 더 많은 벼를 공출해갔기 때문이었다. 이 두 요소는 촉매작용을 하면서 위기를 키웠다.

기근이라는 상존하는 위협에 대응해서, 베트민(좌우합작의 통일전선 조직인 베트남독립동맹의 약칭, 한자로 越盟)은 배고픔에 대한 투쟁에 주력했고, — 사실 이 투쟁은 인도차이나 공산당의 창건 이래로 당의 정치 전략에서 중요한 자리를 차지하고 있었다 — 이 투쟁은 호치민으로 하여금 진정한 대중운동을 지휘할 수 있게 했으며, 일본의 항복 이후 혼란스러운 상황을 이용하여, 결국 1945년 8월 권력을 장악할 수 있게 했다(Nguyễn Thế Anh 1985).

토지소유의 재구성과 이데올로기적 전환

1945년 11월 13일, 내무부는 소작료를 25% 인하하고, 이중임차와 간접조세, 혁명이전에 계약된 채권을 파기하는 지시를 내렸다. 이 지시는 독립선언의 순간에 취해진 일련의 조치들, 특히 인신에 관계된 조세의 금지와 관련된 조치들을 보완한 것이었다. 하지만 이 조치들은 1949년까지는 별다른 효과를 내지 못하고 있었으며, 적용되어야 할 전체 토지의 10%에만 영향을 미치고 있었다. 프랑스 이주민 토지재산 대부분(61.2%)과 "베트남 배신자들(친프랑스 분자들)"의 토지들이 몰수되었지만, 공유지 전체의 31.7%와 지주 소유지의 10.4%만이 재분배되었으며, 지주들은 소작료의 실질적인 감소에 반대하고 있었다(Hoàng Ước 1968: 66-71). 1945년 기근이라는 상처의 충격 속에서 아직도 시름에 잠겨 있는 농민들에게 약속은 했지만, 하노이의 새로운 주인들은 다른 것에 더 신경을 쓰고 있었다고 말해야 할 것이다.

사실, 1945년 8월 봉기 개시 몇 주 전인 7월 12일 열린 포츠담회의의 결정에 따라, 연합군은 북위 16도선[9] 이북의 일본군 무장해제의 책임을 류 한(Lu Han) 장군이 지휘하는 윈난(雲南)의 반공산주의적인 중국 국민군에게 맡겼다. 이에 따라 9월과 10월 사이에 18만 병력이 통킹에 도착했다. 전국적, 지역적 정치현장에서 공산주의자가 아닌 민족주의 당파가 복권될 위험에 맞서서, 베트민은 1945년과 1946년 사이에 식민주의에 반대하는 저항운동의 모든 세력을 체계적으로 무력화시키고, 자신들의 우월한 지위에 반발하는 지도자들을 물리적으로 제거하며, 종국에는 비공산주의 정치엘리트와 지식인들을 해체시키기 위한 작업을 진행했다.[10] 같은 시기 동안, 호치민과 통킹의 프랑스 판무관 장 생트니(Jean Sainteny)는 긴 협상에 들어갔고 이를 통해 1946년 3월 6일 협약이 맺어졌다. 하지만, 이 나라의 미래를 두고 프랑스인과 베트남인이 절대적으로 대립적인 관점을 취하고 있었기 때문에, 이 위태로운 상황은 곧 악화되었고, 1946년 11월과 12월 하이 퐁(Hải Phòng)의 두 접경지에서의 일련의 사건과 도발로 인해, 되돌아올 수 없는 지점에 이르게

9 북위 16도선 이남에서 이 과업은 영국군에게 맡겨졌는데, 이들은 인도차이나에서의 정통성은 프랑스 행정부에게 있다고 간주했다.

10 공식적인 역사서술이 언급을 꺼렸기 때문에 잘 알려져 있지 않은, 초기 몇 년 동안의 장면들에 대해서는 길레모트의 최근 논문(Guillemot 2004)을 참조할 만하다. 이 논문은 베트민의 전략에 복잡하고 변덕스러운 연합전술과 극도로 잔인한 탄압을 결합시켜서 세밀하게 서술하고 분석한다.

되었다. 12월 19일, 호치민은 민족적인 저항을 호소했다. 제1차 인도차이나 전쟁이 시작되었으며, 이로 인해서 베트민은 다시 불법화되었고 북쪽 지역으로 물러서야만 했다.

공식적인 역사서술에 따르면, 1945년 농민들을 위해서 취해진 조치들의 미흡한 효과들은 해방지대, 즉 베트민의 통제하에 놓인 지대가 별로 많지 않았던 사실과, 농민들이 아직도 이데올로기적으로 토지개혁을 수행할 준비가 되어 있지 않았기 때문으로 설명된다. 하지만 매우 불안정한 군사적 투쟁의 맥락에서 더욱 실용적인 또 다른 설명방식이 제기된다. 저항전쟁이 성공적으로 수행되기 위해서는 가능한 한 가장 넓은 공감대를 필요로 했으며, 이 공감대는 사람들을 적대적인 계급들로 분리시켜서는 형성될 수 없었다. 보다 구체적으로, 부르주아지, 토지를 소유한 유지들 그리고 종교적 소수자들까지[11] 모든 반제애국세력들의 연합전선이 벌이는 독립투쟁에 결합시키고자 했다(Ngô Văn 1995). 토지개혁과정의 첫 번째 단계는 따라서 "지주"들을 중립화시키면서도 이들을 적이 되도록 밀어내지 않아야만 했다(Nguyễn Đức Truyên 1993: 17).

1940년대 말에, 베트남 북부에서의, 그리고 더 세계적인 차원의 각 축장에서의 세력관계의 변화는 베트민에 유리하도록 전개되었는데, 이로 인해 베트민은 나름대로의 정치적 노선을 재천명할 수 있었다.[12] 가

11 따라서, 저항전쟁의 초기 몇 년간, 즉 1950년 당 노선이 이데올로기적으로 경직될 때까지, 가톨릭 사세들과 베트민 지도사들은 반식민주의적 민족선선의 틀 내에서 화해정책을 추진하고 있었다. 공산주의자가 아니었던 반식민주의 운동에 대해 피비린내 나는 탄압이 이루어졌던 것에 비해서(1945-1947), 사제나 가톨릭 신자 중 일부 인사들에게 우호적인 조치가 취해졌던 것이 이를 입증한다. 소수였던 가톨릭 세력이 베트민 조직에 참여한 것은 민족주의적 감정뿐만 아니라, 그들을 "조국의 배신자들"로 낙인찍었던 비난을 끝내게 하기 위한 것이었는데, 이들은 유교 권력이 위험한 것으로 간주했던 외국 종교에 가담했으며 이로서 나라가 독립을 잃게 만든 죄가 있다고 비난받았었다. 역사의 아이러니지만, 양자의 상호접근은 대부분 프랑스인이었던 가톨릭 고위성직자들로 인해 본의 아니게 강화되었는데, 이들은 가톨릭 공동체가 민족주의에 참가했던 실체를 부정하고 오직 프랑스 성직자들만이 고위성직을 맡을 수 있다고 주장하였다(Trần Thị Liện 2004).

12 한편으로 베트민의 통제하에 있었던 해방구는 농촌지역에서 프랑스 권력의 영향력이 쇠퇴하는

장 중심적인 변화는 의심의 여지없이 1949년 마오쩌둥의 승리와 중화인민공화국의 수립이었다.[13] 1950년 6월 29일 공포된 토지개혁법과 이후 2년 동안의 전 국토에 대한 그 적용은, 해방된 중국 북부와 북동부 지역에서 1947년부터 더욱 급진적으로 전개된 토지개혁 때 얻어진 경험을 바탕으로 했으며(Chen Chi-Yi 1962), 이는 베트남민주공화국이 뒤따라야 할 길을 열어준 것이었다.[14] 중국과 베트남에서 토지개혁이 이루어진 경제적·사회적·정치적 상황이 분명히 근본적으로 달랐음에도 불구하고 하노이 당국자들은 별다른 심사숙고 없이 중국모델을 통째로 수입해서 적용시켰다.

1949년부터, 쯔엉 찐의 지도하에 노동당은 당의 입장을 공고히 하면서, 비록 각 지역에서 실현되기에는 두 해를 더 기다려야 했지만, 대규모 토지개혁(과정의 세 번째 단계)을 추진하기로 결정했다. 일련의 새로운 포고령들과 결정들은 이자율의 경감과 소작료의 엄격한 완화가 절

만큼 계속적으로 확산되었고, 또 다른 한편으로 소련과 중국을 대표로 하는 우방국들의 지원은 매일매일 더욱 분명해졌다(소련이 베트남민주공화국을 승인한 12일 후인 1950년 1월 18일, 중화인민공화국도 이를 승인했다.).

13 소련과 마오쩌둥주의 모델의 강제력은, 역사가이자 국회의원이었던 즈엉 쭝 꾸옥이 회상했던 것처럼, 하노이의 권력자들에게 거의 선택의 여지를 남겨주지 않았다. 토지개혁은 같은 진영의 두 강대국에 의해서, 그 실제적인 실현이 베트남이 그토록 간절히 바라고 있던 대규모 원조의 선제조건이 되었던 만큼, 사회주의 인터내셔널에 대한 베트남민주공화국 지도자들과 인민의 충성의 표현으로서 강제되었다(Dương Trung Quốc 2007: 7).

14 이 장에서 우리는 중국 경험의 압도적인 영향을 주로 거론할 것이다. 중국식 모델은 베트남 농촌에서 토지개혁의 실현을 책임진 소조와 분반들을 세포로 조직했던 수천의 중국인 고문들에 의해 직접적으로 적용되었다. 그럼에도 불구하고 "이 모델의 모델"이 1929년부터 시작된 소련 농업혁명이었음은 여전히 사실이다. "국가의 행동은, 농민층에 대한 진정한 공격이었으며, '사회적 천재성'을 일깨워 그 규모와 과감함 그리고 격렬함을 통해 '스톨리핀의 위로부터의 변환'을 몰아내버렸기" 때문에 이는 혁명인 것이다(Lewin 1982: 77). 사실 인구를 다섯 계급으로 분류한 것은 — 이로부터 영감을 받아 중국 그리고 베트남 토지개혁이 이루어졌는데 — 수백만 농민의 죽음을 의미했던 "쿨라크(부농)의 해체"를 근거 짓고 정당화했으며, 이는 생산수단의 집단화와 콜호즈 식의 대규모 사회주의 농업의 창조를 목표로 한 것이었지 토지의 공평한 재분배를 목적으로 한 것이 아니었다. 이 토지의 재분배는 내전 직후에, 레닌이 결정한 신경제정책(NEP)에 의해서 촉발된 경제토지구조의 점진적인 변환의 틀 내에서, 농민들 스스로에 의해 이미 부분적으로 실현되었었다. 1920년대 말에 들이닥칠 절대적이고 맹목적인 전체주의와 비교해볼 때, 신경제정책은 "'사회계약'의 외양을 갖고 있었으며, 곧 자유와 다원주의의 황금시대로 보일 것이었다."(Lewin 1982: 77)

대적으로 강제됨을 강조했고,[15] 교회재산과 버려진 토지 그리고 황무지가 가난한 농민들에게 분배되어야 함을 명시했다. 이 일련의 입법들을 완비하는 차원에서, 1951년, 조세체계가 가장 가난한 사람들에게 유리하도록 완전히 재조직되었다. 이는 고려되는 계급들에 따라 점진적인 납세 기준을 설정하는 것이었는데, 빈농들은 그들 수확의 6%에서 10%만을 내게 되었으며, 중농은 15%에서 20%를 내는 반면, 조세부담은 부유한 농민들에 전가되어서 지주들은 35%에서 50%, 경우에 따라서는 65%까지의 할당액을 부담해야만 했다(Houtart and Lemercinier 1984: 10-11). 1952년 말에, 프랑스 이주민들과 '베트남 배신자들'이 차지하고 있던 토지의 90%와 공유지와 준공유지의 77%가 이미 몰수되거나 징발되어 재분배되었다. 지주들은, 공식적으로는 1945년 8월 혁명 이전에 보유하고 있던 토지의 43.5%만을 보유하고 있었다. 이 토지소유의 재편성은 농촌의 계급구조의 변환을 필연적으로 동반했다.[16]

몇 년간의 실행 끝에 당의 정책은 그 결과를 맺기 시작했는데, 공식적인 토지개혁이 시작되기 전인 1953년에 이미 48만 헥타르가 분배되어 210만 농민들에게 돌아갔으며 이는 1945년과 1957년 사이에 소유권이 바뀐 81만 헥타르의 59%를 차지했다(Vickerman 1986: 60-63).[17]

---

15 해방된 지역에서 농지정책의 집행을 위해 점차 강화된 이 강고한 태도의 표현으로, 일련의 규정들은 각 성의 차원에서 집행을 책임진 행정조직들의 성격을 명확히 했다. 1949년 8월 11일 174호 결정(résolution)은 1949년 7월 1일의 지시로 베트남 배신자들에게서 몰수한 토지의 재분배를 담당하기 위해 각 성에 전담 특별 위원회를 구성할 것을 지시했다. 1949년 8월 21일자 33호 공문은 프랑스인들에게서 몰수한 토지들에 대해 같은 조치를 취할 것을 규정했다. 1950년 5월 22일자의 대통령령 89호는 1949년 12월 21일자 령의 개정안으로 각 지역 단위에 새로운 범주의 보조조직들을 만들게 했는데, 성 토지개혁위원회(Comités provinciaux)는 소작료의 인하, 이중임차와 간접조세, 혁명 이전에 계약된 채권을 파기하는 조치들을 실제로 실행하는 것을 관리 감독했다(Ginsburg 1962: 199-200).

16 토지개혁위원회가 1953년 북부(Viet Bac) 16개 성 91개 사와 31개 촌에서 실시한 조사에 따르면, 1945년과 비교하여 토지소유자의 수가 1/3 줄었고, 중농과 빈농 소유의 토지면적은 거의 두 배가 늘어 전체 토지의 80%를 차지했다. 농업노동자의 비율은 21%에서 14%로 상당히 줄었지만 빈농의 수는 같은 기간 35%에서 44%로 늘었다(Lê Thành Khôi 1978: 54).

17 1945년에서 1953년 사이에 재분배된 토지. 공유지와 준공유지: 전체 37만 5,700헥타르 중 28만 9,300헥타르. 지주와 "배신자들"의 토지: 전체 38만 300헥타르 중 15만 6,600헥타르. 프랑스인

그런데, 대농장 체제가 아니었던 북베트남 토지소유의 특성상, 이 성공은 상반되는 효과를 드러내게 된다. 이 토지소유의 재편은 실제로 재분배될 수 있는 토지의 양을 현격히 줄였는데, 농민들의 기대를 부분적으로만 만족시킬 뿐이었다. 게다가 국가는 그때까지, 꼭 마르크스-레닌주의 신조가 아니더라도 보다 공정한 사회의 탄생을 바라는 사람이라면 누구라도 이의를 제기하지 않을 일정 범주의 토지들에 대해서 징발권을 행사하고 있었다. 프랑스 이주민과 "베트남 배신자들"에게서 몰수한 토지, 혹은 징발된 공유지와 준공유지가 이런 토지였는데, 이는 재분배된 토지의 60%를 차지했고, 이 땅을 누구에게 분배하느냐의 문제는 광범한 공감대를 얻어야만 했다. 따라서 가장 어려운 일이 남은 셈이었다.

이런 조건들 속에서, 마지막 결정적인 단계에 들어선 토지개혁 수행을 어떻게 정당화할 것인가? 가능한 하나의 선택은, 프롤레타리아의 적들을 공격하면서(노동자-농민의 잠재적 연대), 다른 어느 때보다도 더욱 정치적이고 교조적인 목표 속에 이를 설정하는 것이었다. 이를 위해, 쯔엉 찐이 주창하고 강조했던 지역적인 차원에서의 당 조직력의 미흡함에 대한 신랄한 자아비판보다는, 정부와 저항세력에게 거짓 충성을 맹세하면서, 농민들에 대한 지배력을 유지하기 위해 숨기고 속이는 비열한 짓을 저지른, "착취자들과 반동분자들"에 대한 모욕에 초점이 맞추어졌다. 구체적으로, 그들은 1949년부터 그들의 토지재산을 눈속임으로 재배치한 것이 분명했다. 토지를 친척이나 아랫사람들에게 분산시키기, 땅 없는 농민들(반소작농, 소작농)에게 "기증한" 것처럼 속이고 노임 없이 일을 시키기, 가장 질 낮은 논들을 저항세력에게 넘겨주기, 1951년 조세개혁으로 인해 토지매매시장이 혼란한 틈을 탄 위장 매매

으로부터 양도: 2만 6,800헥타르. 교회 토지: 전체 2만 4,000헥타르 중 3,200헥타르(Vickerman 1986: 61). 1956년의 착오교정 중앙집행위원회 보고서를 인용하면서, 당 퐁은 비슷한 비율들을 제시했다. 비엣 박 지역의 3,035개 사에서 봉건지주, 배신자들, 프랑스 이주민들에게서 몰수한 51만 710헥타르 중 63.7%가 1953년에 농민들에게 분배되었다(Đặng Phong 2005: 91).

나 양도 등(Pagniez 1955: 48-50), 쯔엉 찐은 이 은폐와 가장된 혁명의식을 과도할 정도로 의심했고 이 의심을 당 내부에 투사했으며 — 그는 내부의 적들(착취자 계급, 기회주의적인 애국자들 등)이 당에 침투해서 약화시킨다고 생각했다 — 이것이 토지개혁을 최후의 단계로 이끌어간 주된 정당화 방법들 중 하나였다. 따라서 원칙적인 수사는 매우 교조적이었다. 한 줌의 부자들이 제국주의자들에 매수되어 농민을 착취하고 생산수단을 독점하던 것은 당이 이끈 적절한 정책들로 인해서 분명히 줄어들었지만, 그 착취자들에게 유리한 조건이 새로 형성되면 처치 불가능할 정도로 되살아날 것이었다.[18] 사회주의 혁명의 두 번째 단계, 즉 낡은 "봉건"질서의 파괴와 프롤레타리아 체제의 확립은, 본래 타협의 대상이 될 수 없으며, 따라서 이 단계는 계급투쟁을 통해서 도달해야 하고, 착취자 계급은 회복불가능하게 박멸해야만 했다.[19] 그리고 만약 아직도 재분배되지 않은 땅들이 남아 있다면(전체의 41%), 이것은 결국 마르크스-레닌주의 혁명의 도래라는 최종목표에 종속된 부차적인 문제일 뿐이었다. 개혁은 이 최종목표를 위한 것이어야 했으며, 이런 관점에서, 농촌에서의 실제적인 상황에 맞추어 개선될 것이었다.[20]

---

18 이 절대적인 필요성은 1937년 출판되고 1959년에 재간된 『농민문제』(*Vấn Đề Dân Cày*)라는 저술에서 보 응우옌 지압과 쯔엉 찐이 제기한 걱정에 근거하고 있었다. "토지문제와 농민문제는 인도차이나 문제의 핵심이다"라는 원칙에서 출발하여(Broncheux 1981: 255에서 인용), 두 저자는 농민들이 잠재적 혁명성을 보유하고 있지만 또한 농민들이 히틀러 체제를 지지했던 나치 독일의 예를 들면서, 반동 편에 가담할 가능성도 있음을 주장하였다(Brocheux 1981: 255).

19 이 점에서도 역시, 진로는 몇 년 전에 큰 형인 중국에 의해 이미 개척되었다. 수상 저우 언라이(周恩來)는 1950년 11월 3일에 행한 연설에서 "법은 한 계급이 다른 한 계급을 억압하기 위한 수단이다"라고 말했고, 군정위원회 부위원장인 덩 즈화이(鄧子恢)는 같은 해 12월에 같은 내용을 다음과 같이 명백히 표현했다. "토지개혁(봉건소유의 몰수와 토지의 재분배)은 반봉건투쟁의 가장 치열한 단계이다. 토지개혁을 투쟁의 다른 양상들과 분리시키고 단순히 토지를 재분배하는 것으로 생각하는 것은 커다란 실수가 될 것이다."(Brénier 1954: 200)

20 남아 있는 토지의 규모가 농민들의 기대를 만족시키기에 충분하지 않음을 알고 있었던 호치민 정부는, 1953년 5월 "농지정책에 대해서"라는 지시에서, 당시의 전쟁 상황과 계급투쟁에 근거한 개혁의 이데올로기적 성격을 고려하여, 재분배에서 혜택을 입을 사람들의 우선권의 순서를 규정했다. 전역 장병, 영광스러운 전장에서 쓰러진 전사의 가족, 저항세력의 구성원 등은 "다른 논들에 비해 토질이 우수한 가장 좋은 논들을 받을 것이다."

현장에서, 다가올 격변의 발단

지역적인 차원에서 개혁의 이 첫 번째 두 단계의 충격은 어떠했는가? 남아 있는 주민들의 진귀한 책들은 소작료 인하의 단계를 숨기거나 그 구체적인 실상에 접근하지 않은 채 간략히 회상한다. 닌 전(Ninh Dân) 사에서 이 문제에 대한 질문을 받은 주민들은 일반적으로 이 시기와, 모두의 기억 속에 새겨져 있는 토지개혁의 마지막 단계를 뒤섞어버린다. 그렇지만 취해진 행동들은 매우 사실적이다. 1950년 5월, 논을 임시적으로 할당하는 위원회(Hội Đồng Tạm Cấp Ruộng Đất)가 설립되어, 비록 별로 많지는 않았지만(전체 600마우의 논들 중 20마우), 공유지 논들과 가톨릭 선교사들에 속했던 논들(30마우)의 재할당을 진행하였다. 1954년 사를 형성했던 310가구의 1/3 정도였던 약 100여 가구가 혜택을 입어 3사오에서 5사오 정도의 논을 할당받았다. 한편, 땅 없는 가난한 농민을 지원하는 상조기금이 형성되어 벼 24톤의 공동기금이 모아졌다. 따라서 각 빈농 가구들은 계절별로 20킬로그램에서 50킬로그램까지의 벼를 1%라는 매우 낮은 이율로 빌릴 수 있었다. 이 기금은 1959년 집단화가 될 때까지 운영되었다. 이 원시적인 형태의 협동신용대출은 두 가지 중요성을 지니고 있었다. 이데올로기적인 관점에서, 이 기금은 집단적인 투자로부터 얻어낼 수 있었던 혜택과, 이를 통해서 생산수단을 공유화하자는 당 정책의 정당성을 입증했다. 또 실제로 기금은 고리대를 대체할 수 있는 수단으로 자리 잡으면서 가장 가난한 사람들의 부담을 경감시킬 수 있었다. 조세체계의 재편은 사의 공산당 세포의 역사에서 간략히 다뤄졌다.[21]

1951년 5월, 정부는 농업조세정책을 공포했다. 이 정책의 실현은 하나의

---

21 하이(Hay) 촌 거주민, 안(An) 씨가 1996년에 저술한 『닌 전 사 공산당 세포의 역사』(*Lịch Sử Đảng Bộ xã Ninh Dân*)는 출판되지 않은 필사본으로, 따라서 불편한 내용들도 삭제되지 않았다.

> 계급투쟁이었다. 이 정책에 반대했던 몇몇 지주들은 유죄판결을 받았다. 예를 들어 히엔(Hiện) 씨는 징역 9년형을 받았다. … 사의 조세담당원이 주민들에게 그들 소유의 실제 면적과 실제 수확을 물었다. 이에 따라, 4년(1951-1954) 동안, 닌 전 사는 논 600마우에 대해 벼 60톤을 … 그리고 차밭 700마우에 대한 세금으로 70만 동(đồng)을 납부했다.

'실제 면적'과 '실제 수확'에 대한 언급은 촌 유지들과 주민들 사이의 합의를 통해 기재된 사항이나 논의 면적을 숨기는 관행이 일반화되었음을 암묵적으로 시사한다. "봉건적인 낡은 사회"의 이 전형적인 관행에 비해서, 새로운 조세체계의 적용은 엄격하고 투명해야만 했다. 그 적용이 국가에 대한 새로운 관계, 즉 그 속에서 인민이 주인이 되어 권력을 장악하고 행사하는 관계를 수립하는 첫걸음들을 상징했기 때문이다. 국가에 피해를 주는 것은 따라서 전체적으로 인민에게 피해를 주는 것이었고 혁명적 원칙을 배반하는 것이었다. 또 위법자에 대한 형벌은 엄하고 전형적인 것이어야 했는데, 예를 들어 고집부리는 토지소유자에게는 본보기로 무거운 징역형을 부과해야 했다. 이 가혹함은, 1949년까지 유지되었던 공감을 통한 계급동맹으로부터 1950년대 초에 강제된 교조적 비타협성으로 정책이 전환되었음을 보여준다. 주된 전쟁지원 활동[22]에 재정적으로 참가했던 사 구성원들의 명단을 토지개혁 시기의 계급분류와 비교해보면, 이 단절은 훨씬 더 분명해보인다.

표 8.2에 종합된 내용들은 언뜻 보기에도 모순적인 상황을 보여주는데, 헌납자들이 거의 대부분 몇 년 후에 "지주", 즉 인민의 착취자로

22 이는 전쟁노력과 희생정신을 찬양하는 구호들과 함께, 저항전쟁을 지원하고 기여하게 하는 활동이었다. 당과 리엔 비엣(Liên Việt, 베트민을 새로운 조건에 맞게 확대한 통일전선인 베트남국민연합의 약칭, 聯越) 대표자들을 포함한 사선전위원회가 저항전쟁을 위한 공채와 국민방위 기여금 모금을 장려했다. 모금활동의 조직과 함께 군대지원협회(Association de soutien aux militaires, hội nuôi quân) 등을 위시한 리엔 비엣의 가맹단체들이 저항전쟁을 위한 활동을 벌였다. 군대지원협회는 여러 가지 활동을 했는데, 특히 주민들을 조직해 베트남 인민군 병사들을 부양하는 데 주력했다.

표 8.2 전쟁지원활동에 대한 물질적 참가

기증 / 언급된 사람의 분류	"금의 주간" 1945년*	"병사들 지원" (1947–1950)	"호이 누오이 관" 협회 지원	"병사들 숙박" 1949년	저항을 위한 공공채권**
지주 부농 불명	4	4+교구사제	8 3 2	10 1	13 3 4
언급된 전체인원	4	5	13	11	20

출전: 『닌 전 사 당의 역사』, 1996

주: * 1945년 9월 16일 개시된 이 시민헌납운동은 심각한 재정적자에 대응해야만 했던 새로운 베트남민주공화국 정부를 지원하기 위한 것이었다. 같은 해 대중적인 헌납운동들이("독립기금", "국민방위기금"), 행정조직들의 구성과 인민군 전력강화를 위해 요청되었다. 인도차이나 공산당은 실제로 권력을 잡았을 때, 그리고 3월 9일 일본의 폭력행사가 있었던 이후에도, 프랑스행정부의 손에 남겨진 인도차이나은행의 통제권을 장악하지 않는 실수를 범했다. 따라서 이 은행은 계속해서 금융유통과 인도네시아 피아스타 화폐 발행을 통제했다(Stowe 2004: 61-62). 화폐를 둘러싼 전쟁이라는 저항전쟁의 또 다른 국면이 시작된 것이다.

** 저자는 오직 부유한 가족들만이 저항을 위한 공공채권이나 국채를 사들일 수 있었음을 세심하게 밝히고 있다. 세 차례의 채권발행을 통해 88.8톤의 벼와 2톤의 차가 모였고, 이 물품들은 리 트엉 끼엣(Lý Thường Kiệt) 전투를 위해 베트남 인민군(APV) 병참대에 맡겨졌다.

분류되었기 때문이다. 쉽게 생각해봐도, 주된 헌납자의 면면과 토지개혁 때의 분류 사이의 이 상관관계가 그들이 누렸던 경제적 여유의 논리적인 결과임을 알 수 있다. 이 상식적인 주장 속에 일말의 진실이 분명히 존재하겠지만, 저항전쟁에 대한 이 투자는 전혀 동질적이지 않았다. 1954년에 지주로 분류된 28명 중에, 11명만이 전쟁활동을 물질적으로 지원했고, 이 중 6명이 네 차례의 모금에 참여했다. 이를 보면, 분명히 지역의 당 조직을 통해서 압력이 행사되었겠지만, 참여가 의무적이지는 않았던 것 같다. 또 모금활동에의 참가가 "인민재판"에서 그들에게 우호적으로 작용하지도 않았는데, 사형이나 중형을 선고받은 4명 중에 3명이 저항전쟁에 재정적 지원을 했었던 11명 속에 끼어 있었기 때문이다. 쯔엉 찐이 규정한 것처럼 기회주의적인 애국심이나 "착취자"로서의 그들의 과거를 잊게 하기 위한 술수였을까? 아니면 이 부자들이 가지고 있던 신념이나 특권으로 인해 공산주의에 물들 수 없었던 진정한 민족주의자들이었을까? 분명히 단정 짓기는 불가능하지만, 각자의 선택은 적어도 부분적으로는, 그들이 나름대로 처했던 독특한 상황의 결과물이었다. 여기에서 강조해야 할 점은 촌락사회가 중앙권력이 믿게 하려 했던 것보다는 훨씬 더 복잡했다는 사실이다.

앞에서 인용했던 히엔 씨의 경우는 이 불분명했던 참여의 예인데, 정치노선의 경화가 부분적으로 그 원인이 되었다. 이 사람은 1951년 9년형을 받고 수감되었을 뿐만 아니라, 1954년에 "권세를 부린 악질지주"로 다시 12년형을 선고받았다. 공식적으로 그는 1956년 감옥에서 죽었지만, 그의 손자는 그가 총살당했을 것이라고 주장한다. 하지만, 히엔 씨는 닌 전 사 주민으로 1945년에서 1951년 사이에 독립투쟁에 가장 많은 물질적 지원을 했던 사람이었다. 1949년 군대지원협회가 선전활동을 위해 사에 왔을 때, "이들을 소개하는 예식이 히엔 씨의 집에서 이틀 동안 열렸으며, 이 자리에는 그 주의 병무담당 부서의 장이었던 브엉 옥 호안(Vương Ngọc Hoàn) 씨가 참석하고 있었다."(Ninh Dân 1996: 23-24) 이 행사 이후, 다른 지주들이 한 분대 혹은 한 사람의 병사만을 숙박시켰던 반면, 히엔 씨는 베트남 인민군의 한 소대 전체에 숙소를 제공했다. 그는 또 소 일곱 마리를 군대지원협회에 기증했으며 돈과 볏단 그리고 옷가지들도 주었다.

3. 토지개혁으로부터 그 착오의 수정에 이르기까지 (1953–1956)

원칙과 목표: 계급투쟁

개혁의 전체적인 틀은 대통령 호치민이 1953년 12월 1일 국회의 3차 회기에 제출한 보고서에 의해 확정되었다. "저항전쟁의 시기에 정부는, 소작료의 인하, 과다 징수한 소작료의 환불, 식민주의자와 배신자의 토지를 농민에게 할당할 것, 해방구에서 공유지였던 토지의 임시적인 분배 등을 명했다. … 중심적인 문제는 여전히 해결되지 않은 채로 남아 있다. 농민대중은 토지가 부족하거나 전혀 없다. 인구의 90%를 차지하는 우리 농민들은 대략 경지의 30%만을 소유하고 있으며, 1년 내내 애쓰며 비참한 생활을 하고 있다. 봉건지주들은 전체인구의 5%에 불과하지만, 식민주의자들과 함께 경지의 70%를 차지하고 놀면서 화려한 생활을 하고 있다. 이 상황은 이론의 여지없이 정당하지 못하다. … 토지개혁은 땅을 경작농민에게 줄 것이며, 농촌에서 지주계급이 강제하는 속박으로부터 생산력들을 해방할 것이다. 토지를 나눠가져야 한다."(1994: 167)

이미 다른 연구들에 의해 지적되었기 때문에(Vickerman 1986; Woodside 1970), 이 연설에서 강조되었으며 토지개혁의 결정적인 국면을 개시하도록 정당화하는 데 사용된, 지주소유지 비율의 기만적인 성격에 대해 여기에서 길게 논할 필요는 없을 것이다. 이처럼 묘사된 상황은 극단적인 경우를 찾으면, 보 응우옌 지압과 쯔엉 찐이 1937년 『농민문제』에서 서술한 비엣 박(Việt Bắc)의 토지소유구조 상황과 유사한데, 이곳에서 "봉건지주과 식민주의자"가 경지의 20% 정도인 공유지와 준공유지를 완전히 독점했음에도 불구하고, 이 비율에는 전혀 미치지 못했다. 결국 이 이데올로기적 수사를 사용한 것은, 1945년 이후 당의 토지정책이 집행되어 얻어진 결과물들을 부정하는 것이 되었으니, 서로 모순되는 것이었다.

토지개혁법은 3일 후인 1953년 12월 4일 의원들의 만장일치로 채택되었는데, 전쟁상태를 반영하는 우선순위에 따라 기준이 결정되었다(Fall 1960: 272). 이 맥락에서, 사회정의와 경제재건 활성화라는 표면적인 목표를 넘어서서 당은 급격한 정치적·사회적 단절을 촉발시켜 갈등으로부터 신속히 벗어나려 했다. 개혁에 부과된 다음의 목표들이 이를 입증한다.

• 독점하고 착취하는 봉건체제를 철폐하고, 농촌에서 생산력 상승을 촉진시키기 위해 일하는 사람들에게 토지를 분배한다.

• 7년 동안의 긴 전쟁 후, 피할 수 없는 대 결말을 촉진시키기 위해, 저항전쟁에 대한 (인구의 90%를 차지하는) 농민의 동원을 새롭게 추진한다.[23]

• 대중들의 문화적 수준을 개선한다. "먹은 후에야 지혜로움을 생각"하기 때문이다(Hồ Chí Minh 1994: 170).

• 생산수단의 집단화에 기반을 구축하고, 남부에서 나름대로의 토지개혁을 추진하고 있었던 "바오 다이(Bao Dai) 허수아비 정권"에 가담한 내부의 적들에 맞서 싸운다(Pagniez 1955: 45).

• 토지개혁에 근거하여 당의 지역조직을 개혁함으로써 밀폐된 것으로 유명한 농민들의 구조 속에 안착시킨다. "혁명 이후 많은 지역에서 지주들이 다양한 농민조직의 지도력을 장악했다. … 다른 지역에서, 그들은 당 세포나 행정기구, 농민연맹, 리엔 비엣(베트남 국민연합) 등 다양한 사조직들에 스며들었고, 이를 통해 농민들을 탄압하고 착취했으며, 저항전쟁과 정부정책들을 방해했다. … 이것이 농촌에서 당 세포를 재조직하고 토지개혁 동안 그들의 형성을 저평가하는 경향에 맞서 싸워야 하는 이유이다."(Trường Chinh 1994: 457-458) 독립전쟁을 종결지으면서 이 정치적, 사회적, 경제적 목표들을 일치시키기 위해서, 당은 "계급노선"을 따라 나아갈 것이며, 이를 위해 이제까지 갈팡질팡해온 토지정책 적용을 분명히 드러내기 위한 자아비판(chỉnh huấn)[24] 활동을 전

---

23 디엔 비엔 푸 전투를 서술하는 회고록에서 보 응우옌 지압 장군은 새로운 혁명 권력을 맞이한 농민의 운명과 그들의 기대에 대해 간략하게 서술했다. "우리는 경작하는 사람들에게 토지를 준다는 혁명의 한 가지 주된 목적을 실현하기에는 아직 충분히 강하지 못했다. 1953년 12월 4일, 당의 제안에 따라 베트남민주공화국 국회는 농지법을 채택했다. 이 사건의 중요성은 저항세력들, 특히 대부분 농민계급 출신이었던 간부와 전사들에게 새로운 활력을 불어넣었다. 인민 모두가 열정적으로 전쟁터로 향했다."(Võ Nguyên Giáp 2005: 88)

24 'Chinh huan'은 부다렐(G. Boudarel)이 '개혁-교육' 혹은 '개조-교육'으로 번역한 용어로, 마오쩌둥이 1942년 만들어낸 중국 방식이었으며, "그 모든 조항과 사용방식이 전체적으로 옌안으로부터 수입되어" 1950년 베트남에 전해졌다(1983: 47).

개하겠다고 다시 천명했다. "지금까지 우리의 주된 실수는 당과 정부의 농업정책 실현이 가혹하고 힘든 계급투쟁이며, 토지개혁을 수행하기 위해서는 단호하게 대중들을 동원해야 하고 대중노선을 따라 나아가야 함을 이해하지 못한 것이었다."[25]

권위적이고 관료주의적이며 "우경적" 일탈을 정정하기 위해서, 호치민이 결정한 전체노선은 다음의 간략한 공식으로 표현되었다. "땅 없고 가난한 농민들에 전적으로 의지하며, 중농들과 긴밀하게 연대하고, 부농들과 소통하며, 단계에 따라 신중하게, 봉건착취 체제를 폐지시키고, 생산을 발전시키며, 저항전쟁을 밀고나간다."[26] 개혁이 사회주의로 나아가는 결정적인 단계가 되어야 했지만,[27] 그럼에도 대통령은, 정치적인 면에서 중간계급들로부터 분리되지 않고, 경제적인 면에서 생산도구를 파괴시키지 않도록, 분별력을 가지고 실용적으로 움직일 것을 촉구한 것이다(de Hartingh 2003). 토지, 가축(특히 역축들), 농기구, 임금노동자 고용, 토지의 소작 여부 등 생산요소들, 따라서 생존수단들의 소유라는 주된 기준을 통해, 5개의 계급[28]이 구분되었다. 다음은 당

25 마오쩌둥주의 변증법과 완벽히 일치를 이루면서, 대중운동의 추진은 토지개혁의 동력이자 그 정치적, 사회적, 경제적 형평성의 보증이 되어야만 했다. 후일, 쯔엉 찐은 어느 나라든 토지개혁을 실현시킬 수 있는 방법은 다음의 두 가지밖에 없었다고 주장하면서 이 선택을 정당화했다. 하나는 평화적인 경로로, 이 과정을 통해 가난하고 땅 없는 농민에게 토지가 이전되는 단순한 방식이지만 이 경우 착취자 계급은 제거되지 않는다. 다른 하나의 경로는 대중동원과 의식화를 통한 방식인데, 이 경우에는 자연스럽게 폭력이 수반된다. 토지개혁이 프롤레타리아 혁명과 제국주의 봉건계급들의 제거라는 보다 전반적인 틀 안에서 이루어지기 때문이다. 오직 두 번째 경로만이 사회주의 사회의 건설로 이어진다(Trường Chinh 1956: 11).

26 「1953년 12월 1일 국회 제3차 회기에 제출된 보고서」(Hồ Chí Minh 1994: 167).

27 선전가 응우옌 칵 비엔(Nguyễn Khắc Viện)은 이를 다음과 같이 설명한다. "농업발전은 독립적인 정책이 아니라, 민족해방전쟁과 새로운 경제사회 건설과 관련된 여러 문제들을 해결하는 하나의 동일한 과정으로 인식되었다. … 토지개혁은 봉건소유의 철폐를 수반하면서 농민들을 천년 동안 유지된 체제로부터 해방시켰다."(1974: 505-506)

28 이 다섯 계급으로의 구분은 마오쩌둥이 중국에서 했던 구분을 모방한 것이다(Chen Chi-Yi 1962: 219).

시 다섯 계급이 어떻게 규정[29]되었는지를 간략하게 보여준다(Hoàng Ước 1968: 147-161).

1. '농업 노동자(고농)': 문자상으로 "농민 프롤레타리아"를 의미하며 "땅 없는 농민들"로 자주 변역된다. 이들은 땅도 농기구도 없어서 살기 위해서는 당연히 임금노동을 해야만 했다.

2. 빈농: 토지와 농기구의 부족으로 인해 다른 사람의 토지를 소작해야 했으며, 과도한 소작료와 이율로 인해 노동착취의 대상이 되었다.

3. 중농: 토지·가축·농기구를 충분히 소유하고 있어서 자족적이며, 남을 착취하지도 착취당하지도 않았다.

4. 부농: 토지와 농기구를 충분히 소유하고 있고 이 중 일부를 스스로 경작했다. 하지만 그들 소득의 상당 부분이 동시에 노동력을 고용하거나 자신의 토지를 남에게 소작을 줌으로써 얻어졌다.

5. 지주: 많은 토지를 독점하고, 대개는 농업노동에 참여하지 않은 점이 이들을 부농과 구분할 수 있게 한다. 그들의 주된 수입은 고리대를 뜯거나 소작제, 노동력 고용을 통해 인민을 착취한 것으로부터 얻어졌다. 이 계급은 그들의 정치적 참여나 인민에 대한 태도에 따라 다시 3개의 하위범주로 구분되었다. ① 배신자, 반동, 권세를 부린 유지들, ② 일반적인 지주들, ③ 일부 민주적인 인사들을 포함한 저항세력 지주들.

어느 계급에 속하는지를 이처럼 규정한 것은 개혁의 핵심이었는데, 이것이 누구에게 어떤 조건으로 토지를 취하러 길 것인지를 결정했기 때문이었다. "토지의 소유를 속이는" 지주들에 대해 당이 갖고 있던 끊임없는 의심을 반영하는 표시로서, 농촌의 계급 구분은 더 거슬러 올라가 1949년의 토지소유 상태를 근거로 했다.

29 계급구분의 기준과 방법은 그 이전에 행정명령(1853년 3월 5일 n° 239 B/TTg)을 통해 규정되었기 때문에, 토지개혁법에는 명시되지 않았다.

토지와 재산에 대해 국가가 보유하고 있었던 토지 장악권은, 지주들이 소유하고 있는 토지 면적이 아니라, 그들의 사회정치적 소속에 따라 행사되었다. 따라서 세 가지 방식이 결정되었다.

첫째, 무상몰수는 반혁명분자들과 저항세력이나 인민에 맞서 범죄를 저지른 사람들[30]에게 징벌의 한 형태로서 규정되었다. 둘째, 보상 없는 징발은 다음의 토지에 대해 적용된 압류권이었다. 방치되거나 황무지가 된 공유지와 준공유지, 조상을 위한 제사 목적으로 할당된 토지, 친족이나 가족 소유 토지, 교회와 사원의 토지, 하지만 종교 활동이 유지될 수 있도록 하기 위해, 이론적으로는 이 중 일부는 친족, 교회, 사원[31]에게 남겨졌다. 셋째, 행정적 변제(국가가 정한 가격으로 의무적인 판매)는 저항세력에 가담한 지주나 법을 위반하지 않은 정상적인 지주들에게 베푸는 호의적인 조치였다. 하지만 토지 장악이 어떤 식으로 이루어지든 지주들에게 일정 부분의 재산을 남겨 주는 것이 중요했다. 그래야 지주들이 자신의 노동을 통해 생존하고 빈곤 상태에 떨어지지 않으면서도 동시에 노동을 통해 재교육될 수 있었다. 이 조치로 인해 '중농' 계급이 중추적인 역할을 하게 되었는데, 그들의 토지와 다른 재산들은 온전히 유지되었다.

재분배에 대한 원칙은 적어도 발표된 것에 따르면, 따라서 매우 단순했다. 국가가 징발하거나 변제한 토지들은, 농민들의 생산력을 자유롭게 만들기 위해, 토지가 부족한 사람들에게[32] 부양해야 할 사람 당 최

30 이 법은 일부 부농이 그와 같은 행위로 인해 유죄선고를 받게 되고, 이 경우에 그들은 지주계급의 앞잡이로 간주되어 그들 토지의 일부가 징발될 것임을 예고했던 반면, 중농이나 빈농이 배신자나 반동이 되는 상황에 대해서는 어떤 언급도 없었다. 역사유물론이라는 교조 전체가 존중된 것이다.

31 "교회나 불교사원 혹은 다른 종교 사원에 속하는 토지문제는 농민들에 대한 분배를 고려하여 해결될 것이다. … 합법적으로 획득된 토지와 재산은 변제될 것이다. 종교 공동체에 속한 다른 범주의 토지는 징발될 것이다. 사제, 승려 그리고 다른 종교인들에 속하는 토지는 그 소유의 사회적 소속에 따라 판단될 것이다."(Trường Chinh 1994: 478)

32 25조는 다음의 순서에 따라 수혜자들의 범주를 규정했다. ① 토지가 부족한 빈농, 프롤레타리

대 0.5헥타르까지 분배될 것이었다. 이 점에 있어서, 토지개혁법의 34조(4장)는 매우 중요했는데, 이 조항에 따라 재분배의 수혜자들은 이전 소유자나 공공권력을 위한 어떤 보상도 치르지 않으면서, 받은 토지에 대한 완전한 소유권을 공식적으로 부여받았기 때문이다.

이 토지소유의 재구조화가 사회정의에 대한 고려만이 아니라, 두 가지 형태의 집단 소유, 즉 공유지와 조상제사를 위해 할당된 친족의 토지소유를 폐지시킴으로써, 촌락의 구조를 재구성하는 것 역시 목표로 삼았음은 분명하다. 혁명 이전의 농촌사회에서 친족기구와 공유지의 정기적인 재분배는 주기적인 통합과 배제를 결정하는 두 중심축이었었기 때문에, 이는 촌락에서 권력의 위계와 사회적 단합에 중요한 두 기반을 파괴하는 것이었다.

전개: 단합으로부터 분열로

토지개혁을 실질적으로 실행하기 전에, 중국 고문단의 지도하에[33] 집행원들(정치적 간부들)을 이데올로기적으로 형성시키는 사전단계가 진행되었다. "조직적인 면에서, 사전작업은 토지개혁을 대비해서 간부들을 조직하고 교육시키는 과정을 포함했다. 당과 군대 내에서 이데올로기적 개조(chỉnh huấn) 운동이 벌어지는 동안, 그해에 실현된 소작료 인하를 위한 대중동원 때처럼, 우리는 이 작업을 이미 했고 계속 진행 중에 있었다."(Trường Chinh 1994: 505) 이렇게 교육받은 "토지개혁 소조들"로 조직된 정치 간부들은 개혁의 첫 번째 단계를 수행하기 위해 사에 파견되었는데, 그 목표는 소작료와 고리대 이자를 급격히 인하하는 것이

아 농민, 중농, ② 다른 농업 노동자, ③ 저항전쟁에 참전한 병사, 영광스러운 전장에서 부상당하거나 사망한 병사들의 가족, 간부와 공무원의 가족, ④ 그 지역의 실업자와 난민.

33 "수백의 중국 고문단이 그들 나라의 경험을 우리에게 전해준 이후에 토지개혁은 실행되었습니다. 나는 모든 간부들이 참가해야 했던 8차례의 회의를 아직도 기억하고 있습니다. 여러 차례의 그룹별 회의가 포함되어 있었고, 토론을 통해서 우리는 우리의 계급의식을 발전시키는 방법을 배워야만 했습니다."(Bùi Tín 1999: 48)

었고, 두 번째 단계의 목표는, 당과 성의 토지개혁위원회가 정한 조건들을 충족시키는 경우에만 정해진 지역에서 토지의 분류와 재분배를 시작하는 것이었다.

운동은 1953년 4월에 시작되었는데(1953년 4월 12일, 소작료 인하를 실현하기 위한 대중 동원에 관한 행정명령 149/SL호와 이 행정명령의 집행을 위한 1953년 4월 20일 결정 253호), 이는 국회에서 법이 표결(1953년 12월 4일)[34]되기 7개월 전이었고, 1956년 가을까지 지속될 최종적인 디엔 비엔 푸 전투가 벌어지고 있는 바로 그 순간이었다. 이 운동은 8차례에 걸친 소작료 인하 투쟁과 6차례에 걸친 토지개혁 투쟁으로 분류된다.[35] 1953년 12월부터 실행과정에서 이 두 단계들은 서로 맞물려서 일곱 번째와 여덟 번째 소작료 인하 투쟁과 네 번째와 다섯 번째의 토지개혁 투쟁은 겹쳐서 진행되었다(Hoàng Ước 1968: 107).

첫 번째 단계는 토지개혁 소조에게 배신자 지주와 권세를 부린 악질지주를 파악할 수 있게 하고, "대중들을 동원하여" 대중들로 하여금 직접 지주들에 대한 투쟁을 수행할 수 있게 해야 했다. "대중들을 동원"한다는 것은, 그 의미를 따져보면, 중국에서 1950년과 1952년 사이에 전개된 것을 모방한 3개의 국면으로 나뉜 연속된 하나의 과정임을

34 이 부인할 수 없는 사실은 하딩(B. de Hartingh)이 제시한 분석을 모호하게 함으로써 논쟁의 여지를 남긴다. 그는 "지도부가 의회 회기를 조직하면서 찾으려 했던 것은 사전에 정해진 조치들에 대한, 당연히 훨씬 더 강화된 법적치장이었을 뿐이다"(2003: 55)라고 결국에는 인정하고 있지만, 토지개혁법을 채택할 때 의회에서 있었던 토론에 본질적인 중요성을 부여한다(2003: 50-55). 하지만 당시 상황은 어떤 모호함도 남기지 않는다. 몇몇 의원들이 실제로 다양한 의견들을 제시하기는 했지만 중요한 결정은 이미 오래 전에 내려져 있었다. 그 증거로, 최종 결정은 공식적으로 베트남노동당 전국대회와 제5차 중앙집행위원회 전체회의가 열린 1953년 11월 14일에 승인되었는데, 이는 토지개혁법이 의회에 제출되기 3주 전이었다.

35 실험적인 투쟁은 1953년 12월 25일과 1954년 3월 30일 사이에 6개 사에서 진행되었다. 이후 1차 투쟁은 53개 사(1954. 5. 25-1954. 9. 20), 2차 투쟁은 210개 사(1954. 10. 23-1955. 1. 15), 3차 투쟁은 466개 사(1955. 2. 18-1955. 6. 20), 4차 투생은 859개 사(1955. 6. 27-1955. 12. 31), 5차 투쟁은 1,720개 사(1955. 12. 25-1956. 7. 30)에서 진행되었고, 모두 합하면 22개 성에 속한 3,314개 사(나뉜 사들을 포함하면 3,653개 사)에서 진행되었다(Hoàng Ước 1968: 107-108).

이해해야 한다. 첫째, 지주들에 맞서도록 겨냥된 심리적 감정의 형성, 둘째 미리 정의된 범주에 따른 주민의 계급 분류, 셋째 1953년 4월에 그를 위해 창설된 토지개혁 특별법정(혹은 인민법정)의 권위하에 지휘된 민중재판 형태의 지주들에 대한 유죄판결과 소유권 박탈이다(Fall 1960: 283). 이를 위해 농민대표자회의와 농민협회의 집행위원회가 사 단위에서 사의 저항행정위원회와 여성연맹, 청년연맹과 협력하여, 당과 정부의 농업정책 집행을 책임질 조직으로 지명되었다. 구체적으로 토지개혁 소조의 각 간부들은 각각 (가난하고 땅이 없는) 불우한 농가에 거처를 잡고 '세 가지의 함께(ba cung)', 즉 '함께 일하고, 함께 자고, 함께 먹기'를 실행하면서 상황을 살펴야 했다. '뿌리내려 연쇄시키기(bat re, xau chuoi)'라는 구호에 따르면, '뿌리내리기(bat re)', 즉 당과 정부의 정책을 '의식화'시키고 확산시키는 운동은 프롤레타리아 농민, 빈농, 중농 전반에게 연쇄적인 반응(xau chuoi)을 얻어내며 확산되어야 했다. 따라서 그 목표는 개혁 소조의 간부들이 그 사의 모든 가족들과 생활을 공유하는 것이 아니라, 최초의 몇몇 가구들에서부터 시작해서, 계급의식의 형성이 기름에 불이 붙듯이 자발적으로 확산되는 것이었다.

한 소조가 1953년 9월 초 닌 전(Ninh Dân) 사에 도착했다. 8월부터 시작되어 세 달 동안 해방구 163개 사(특히 푸 토 성과 타이 응우옌 성)에서 진행된 소작료 인하 두 번째 투쟁기의 일이었다.

> 1953년 우리 당은 "소작료와 이자율 인하"정책을 추진했다. 사에 파견된 그룹은 코아 씨(조장), 튀엔 씨(부소장), 반 씨, 봉 씨, 팃 씨와 다른 사람들을 포함하고 있었다(반 씨는 화가였고 봉 씨는 작가였다). 그들은 좀 추오이(동 사 촌)에서 추 코 씨의 집에 머물렀다. 같은 시기에, 비엣 씨가 소작료 인하투쟁을 지휘하기 위해 사에 도착했는데, 그는 만 촌에서 칸 씨의 집에 머물렀던 황 토아 씨와 같은 중국고문단과 함께 했다.

그 그룹과 사의 당 세포는 투쟁을 촉발시켰고 성과가 있었다. 논 200 마우의 소작료가 20% 경감되었으니 200×160킬로그램 = 32톤의 벼가 줄어든 셈이었다. 이 기간 동안 딘 씨[36]가 부패로 당에서 출당되었고, 감 씨는 "착취자들"과 식사를 같이 했다는 이유로 사 위원장 지위에서 해직되었다. 이 그룹은 또 오래된 차용계약의 철폐도 선언했다. 새로운 빚에 대해서는 이율이 25-30% 정도로 낮아졌다. "소작료와 이자율 인하"운동은 따라서 지주들의 권력과 힘을 줄이면서 농민들의 사회적 지위를 개선시킬 수 있었다(Ninh Dân 1996: 36).

이 짧은 이야기는 두 번째 단계의 실행을 특징지을 경향과 일탈의 전조들을 보여준다. 첫 번째로, 각 소조들이(이들은 곧이어 사토지개혁위원회가 지휘하는 분대가 되다) 급조되어 황급히 교육받은 간부들을 포함하고 있었는데, 한 사람은 화가였고 또 한 사람은 작가였다, 이들이 항상 농촌 세계의 실상을 잘 알고 있는 것은 아니었다. 두 번째로, 대통령 호치민이 실용주의적인 목적으로 권장했던 넓은 층의 계급연대와는 반대로, 이데올로기적 원칙들의 기계적인 적용과 피상적인 계급구분, 그리고 지역조직들과 당 세포들의 숙청은 이미 1953년에 실행되었다.[37] 마지막으로, 이 사전 단계의 초기 투쟁 때부터 중국인 고문관들이라는 관리조직이 존재했음은 사 차원에서, 그러니까 개혁이 진행된 기본 단계에서, 널리 알려진 일이었다. 이들의 존재로 인해, 간부들이 전혀 알 수 없었던 촌의 실제 상황에 대한 인식이 왜곡되었고, 이 왜곡을 얼버무리기 위해서 현장에서의 교조적인 접근은 더욱 심해졌다. 이 마지막 측면에 대해서는, 중국의 토지개혁 집행과정에서 중국인 간부들은 이미 농

36 신원확인의 원칙에 충실하기 위해, 우리는 의도적으로 닌 전 사 사람들이나 인근으로 이주한 그 촌 출신 사람들의 이름은 이름의 한 글자만을 표기했다.

37 혁명 직후 베트민에 의한 권력 강화를 특징지었던 폭력은 결코 멈추지 않았고, 당 구성원들에 대한 물리적인 제거는 전혀 예외적인 것이 아니었다(McHale 2004).

촌의 실제 현실과 타협해야만 했었다는 점을 기억하자. 그들의 토지소유 구조가 러시아나 몇몇 유럽 국가들에서 우세했던 대토지 소유제의 특성을 드러내지 않았기 때문이었다(Brénier 1951). 달리 말하면, 이 간부들은 현장의 실체를 "재조정해본", 다시 말해 거짓으로 덮어 본 충분한 경험을 가지고 베트남에 도착했다.[38]

소작료 인하라는 이 사전단계가 마무리되고, 수집된 정보들과 인민의 의식획득 수준이 충분하다고 토지개혁 소조가 판단하면, 이들은 이 사실을 상부에 전달하고, 두 번째 단계가 시작되었다. 이 두 번째 단계는 사람들을 앞에서 언급한 5개의 범주로, 특히 지주들에 대한 확인을 강화하면서, 계급구분을 하는 것으로 구성되었다. 계급 구분은 간부들의 지휘하에 농민 대표자 위원회의 협의를 통해 행해졌는데, 그 내용은 성의 토지개혁위원회의 승인을 받아야 했다. 법조항에 따르면, 분쟁이 있을 경우에 그 사안은 대중동원과 토지개혁이 진행되는 각 지역 단위로 토지개혁을 위해 특별히 창설된, 인민법정에 회부되어 결정되었다(Pagniez 1955: 51).

닌 전 사는 1954년 1월 23일부터 1955년 1월 15일까지 진행된 두 번째 개혁투쟁과 연관된 210개 사 중 하나였다. 감 씨는 20여 명으로 구성된 소조가 1954년 말쯤 사에 도착했다고 회상했는데, 당의 역사가 이를 입증한다.

> 1954년 말, 봉 씨(1년 전 소작료 인하 소조에 참가했던 바로 그 작가)를 조장으로 하는 간부 그룹이 닌 전에 파견되었다. 그룹의 사무소는 동 사

---

38 베이징 체제에 우호적이었던 몇몇 유럽의 저술가들은 1950년대 초부터 중국에서의 토지개혁 집행이 태동시킨 사회적 정의와 경제적 발전에 대해 열광했다. 이들에 대응하여 브레니에는 제시된 수치의 실상에 관심을 기울였다. 1932년과 1941년 사이에 미국 농경학자인 로싱 버크(Lossing Buck)가 현장에서 실시한 일련의 조사를 기반으로 해서, 인민의 토지를 독점하고 빈농과 땅 없는 농민들을 착취해서 형성되었다는 대규모의, 그리고 매우 대규모의, "봉건적" 토지 소유가 존재했었다는 점을 그는 의심했다.

촌의 메오 씨 집에 차려졌고, 3명의 중국인이 포함되었다. 그룹은 사의 네 촌(thon)에 상응하게 4개의 분대로 분할되었다. …

토지개혁위원회와 사의 당 세포의 지휘하에 농민들은 지주들에 대한 투쟁을 전개했다. '경자유전' 구호가 실현되었다. … 지주들의 토지만이 아니라, 양곡, 가옥, 가축, 농기구들 역시 몰수되었다(Ninh Dân 1996: 39).

착취자들에 대한 이 투쟁은 공개적으로 고발하는 모임에서 최고조에 달했다. 그곳에서 사람들은 인내해야 했던 고통과 가혹행위를 이야기하면서 잔악한 지주나 권세부린 유지들을 고발하고 규탄해야 했다. 그 목표는 다른 무엇보다도, 선전가 응우옌 깍 비엔(Nguyễn Khắc Viện 1974)의 표현에 따르면, 지주들이 자아비판을 하고 그들의 실제적인 혹은 허구적인 범죄를 인정하도록 하는 과정에서, 사회정치적 위계가 철폐되는 것을 바라보게 함으로써, '집단적인 감정적 쇼크'를 유발시키는 것이었다. 이런 배치 속에서, 토지개혁 간부들은 이론적으로 당연히 일어나게 될 프롤레타리아 봉기의 계시자이자 촉매자, 즉 화약에 불을 붙이는 불꽃에 불과했다.

하지만 곧 몇 가지 문제들이 생겨나서 그 작동을 방해했다. 첫 번째로, 이데올로기적인 동기로, 그리고 그 수가 제한되었기 때문에, 개혁 간부들은 명령을 받아, 토지개혁이 편파적이지 않은 방식으로 실행될 수 있도록, 사에 친척이 없는 빈농과 농업노동자를 모집해야 했다. 실제로, 의심스러운 사람이거나 촌에서 전혀 존중받지 못하는 사람들이 토지개혁 소조에 가담한 경우도 있어서, 이런 사람들이 농민들의 중심인물이 된 사실을 믿지 못하는 주민들 사이에 문제를 일으켰다(Boudarel 1991: 179-180). 하지만 특히, 1945년과 1953년 사이에 상황이 매우 바뀌었기 때문에, 1937년 쯔엉 찐과 보 응우옌 지압이 규정한 그 계급구분이 적용되자 문제가 커졌다. 지주들은 1945년 8월 혁명 이전에 소유하고 있던 토지의 43.5%만을 소유하고 있을 뿐이었다. 이런 조건 속에서, 구분 기준들 자체가 매우 불투명했던 것을 고려한다면, 계급 구분의 출발점에서부터 개혁 간부들이 어려움에 봉착하게 된 것은 놀라운 일이 아니다. 사태는 악화되어, 당 지도부가 스스로 요구하여 간부들 속에 자리 잡은 "정신에 엄습하는 의구심들(thắc mắc)"에 대해 알게 되자, 지도부는 "이들을 '우경주의'로 규정하고, 토지개혁 간부들에게 '비율방식'을 사용하도록 강제하기로 결정했다. 당연히 공식적으로 선언하지는 않았다."(Yvon-Trân 1994: 23)

따라서 모든 사에서 5% 비율의 지주들이 파악되어야 했는데, 이 비율은 소련과 중국에서의 경험이 수입된 것이었으며(Hartingh 2003), 북베트남의 농촌 세계의 현실과는 그렇게 잘 들어맞지 않았다.[39] 실제로 1953년에서 1956년 사이에 진행된 일련의 조사 결과에 따르면, 지주의 비율은 1945년과 1949년 사이에 3.4%에서 1.9%로 떨어졌고 부농의 비율은 1945년과 1953년 사이에 2.2%에서 1.1%로 낮아졌다(Hoàng Ước 1968: 156-160). 1849년에서 1953년 사이에 지주들의 비율이 더 이상 변화하지 않았다고 가정하더라도, 운명적인 비율인 5%[40]를 맞추기 위해서는, 부농계급을 지주계급에 합해야 했을 뿐만 아니라, 부족한 2%에서 2.5%를 채우기 위해서는, 이에 덧붙여 적지 않은 비율의 중농들 역시 여기에 끼워넣어야 했는데, 이 비율은 중농계급 전체가구의 10% 정도를 차지했다(Vickerman 1986: 93). 이런 정도의 혼합을 하기 위해서, 토지개혁위원회는 사람들 사이에 증오의 분위기를 유지하게 해야 했고, 공개석인 규탄집회에서 내부적인 분열을 격화시켜야만 했는

39 중국에서도 토지개혁의 실질적인 추진 이후, 간부들은 사람들이 어느 계급에 속하는지를 결정해야 하는 유사한 문제에 직면했었다. 어느 곳에서든 드러난 권력 남용에 맞서서, 중국 정부는 신속하게 대처하여 토지개혁법이 공표된 직후인 1950년 8월 4일 『농촌에서의 계급구분』이라는 이름의 매우 상세한 문서를 출판했다.

40 당 지도부로부터 나온 한 문서는 인구의 5.86%라는 더 세밀한 기준을 제시했는데, 이 기준은 "실제보다 훨씬 더 올려 잡은 것이었다."

데, 이 와중에 매우 오랫동안 지속되어온 예속이라는 실체와 개인적인 분쟁들, 영속적인 토지부족을 완전히 해결할 수 없었던 가장 가난한 농민들의 토지에 대한 갈망이 온통 뒤섞여 겹쳐졌다.

독단과 공포가, 토지개혁 4, 5차 투쟁기에(이 두 차례의 투쟁기는 개혁이 적용된 총 3,314개 사 중 80%에 달하는 사들과 연관되어 있었다) 새롭게 해방된 지역들(해안 평원들과 홍강 유역)에서 절정에 달했다. 완수해야 할 이 대규모 과업의 필요성으로 인해, 그리고 대중들의 동원 속에서 "간부들의 정치적 위치를 강화시키고" 중앙과 성의 간부들이 현장의 실제적인 상황으로부터 점차 멀어지고 관료주의에 물들게 되는 것을 치유하기 위한, "이데올로기적인 재교육을 진행시킬 수 있는 절호의 기회"를 찾은 쯔엉 찐의 지휘하에서, 이들은 각 촌으로 파견되었다(Trường Chinh 1994: 513-514). 이 간부들에 대한 피상적인 교육과 신해방구에서 그들의 경험부족이 꽤 많은 수의 실수들이 행해진 이유라고 몇몇 저자들이 평가하기도 하지만, 이 일탈은 무엇보다도 쯔엉 찐이 1953년 12월에 규정한 지도원칙들을 기계적으로 과격하게 적용시킨 논리적인 결과로 보인다. 제네바 협정(1954년 7월 20일) 이후, 당은 더욱 자유롭게 되어 토지개혁에 관한 정치적인 고려를 무엇보다도 우선시하면서, 그 노선을 상당할 정도로 강화시켰다.[41] 게다가 홍강 유역에서의 토지분배는, 인구가 매우 밀집해 있었고 토지 소유가 극도로 분화된 특성으로 인해, 특히 중부지역처럼 오래 전에 해방된 지역에서 행해진 토지 재분배보다 훨씬 더 복잡한 문제를 제기했다. 따라서 새로운 논리 도구에 의존해야만 했다. 내부적으로만 전파된 몇몇 지시들은 '지역 권력과 특히 당 세포를 체계적으로 의심'하라고 했는데, 이들은 '계급의 적들'과 미

41 1954년 11월, 『새로운 상황, 새로운 책임 그리고 새로운 당의 정책』이라는 이름의 당 중앙위원회 행정명령은 토지개혁이 당의 가장 중요한 문제이며 경제를 재건시키고 발전시키는 본질적인 조건이기 때문에, 이제 평화가 공고해진 만큼 토지개혁에 집중해야 한다고 강조했다.

그림 8.1 인민재판 장면들(푸 토 성 타인 바 현)

"하녀의 고발", "왜 내 딸을 죽였느냐?"
출전: Faber(1955)

국과 그 허수아비인 남부의 응오 딘 디엠(Ngô Đình Diệm) 정권에 매수된 제국주의 스파이들에 의해 내부에 심어졌을 것이었다. 결국 토지개혁 간부들은 적들을 사방에서 발견하게 되었다. 이 망상증은 1955년 말과 1956년 초에 극에 달해서, 이 당시의 상황은 완전히 당 지도부의 통제를 벗어난 것 같았다.

점차 농민들의 회의와 공개 고발 모임을 대신한, 인민법정의 설치가 그 상황을 가장 무섭게 대변했으며 당 세포들의 숙청을 강화시키고 일반화시킬 수 있게 했다. 수백 아니 수천의 농민들이 보는 앞에서 소위 '지주'와 봉건 유지들은, 정치 간부들에 의해 조정당하여[42] 그들을

42 응우옌 반 키는 1993년 출판된 레 루(Lê Lựu)가 쓴 소설 『거짓말쟁이들 촌의 역사』(*Lựu Chuyen Lang Cuoi*)가 불러일으킨 신랄한 비판들을 환기시킨다. 레 루는 이 책에서 재판을 주재하는 토지개혁위원회의 절대 권력을 묘사했는데, 재판의 진행은 사전에 미리 준비되어 있었다. "우리는 다음과 같은 방식으로 그룹 지워진 36명의 고발할 준비가 되어 있는 여자들이 있었다. 3명은 토지의 독점을 고발할 것이고, 4명은 소작제를, 6명은 가혹한 대우를, 5명은 현물로 징수한 이자를, 1명은 강간을, 4명은 적을 위한 스파이 행위를, 3명은 민족주의 정당인 VNQDD에의 가입을, 6명은 일용노동자의 착취를, 2명은 중언을 멈추게 하기 위해 밧(Bat)을 살해하려 한 음모를, 2명은 개혁에 반대하는 음모를 고발할 것이었다. 만약 그녀들 중 1명이 고발 중에 실신하더라도 재판부는 우리에게 할당된 시간을 채우기 위해 다른 그룹 중 한 사람을 불러낼 것이었다."(Nguyễn Văn Ký 1997: 185에서 재인용)

고발한 빈농들이나 땅 없는 농민들을 마주해야 했으며, 과거 그들의 죄를 인정해야만 했다. 그 후, 그들은 창피당하고 욕을 듣고 구타당했으며, 그들 중 가장 비참했던 사람들은 현장에서 처형되었다. 그들의 땅은 즉시 재분배되었다. 하지만 이 특별법정은 예속된 상태에서 마침내 해방된 농민들 사이에 깊은 연대감을 불러일으키는 대신, 공포 분위기와 집단적인 광기를 확산시켰는데, 이 법정이 결국에는 시체를 만들어내는 "자아비판(chỉnh huấn)" 방식의 연출에 불과했기 때문이었다. 역사가 쩐 휘 리유(가명 Hải Khách)는 1953년 5월 18일 단 추(Dân Chủ) 사에서 그가 지켜보았던 인민재판의 장면을 세밀하게 묘사했다.[43] 그는 이 책에서, 토지개혁위원회 위원장과 그 배석자들이 어리석고 무능하고 어떤 형태의 도덕성도 갖고 있지 않았으며,[44] 공개 고발자로 세워진 여성을 포함한 프롤레타리아 농민 계급에 의해 지주들이 학대당하고 수없이 폭행당했음을 전체적으로 고발하고, 기소당한 사람에게 어떤 방어권도 거부하는[45] 이 저질의 인민법정 풍자극을 맹렬히 비판했다. "이 인민민주주의 권력 치하에서 행해진 것보다 더 비열하고 경멸할 만한 고문을 찾기란 불가능할 것이다."(Trầnh Huy Liệu 2007: 26) 오랜 세월 동

43 저자가 작성한 생생한 주들은 처음 출판에서는 제외되었으나, 토지개혁을 다룬 2007년 *Xưa & Nay* 특별호를 통해 최근 출판되었다.

44 또 부이 틴(Bùi Tín) 장군은 모집된 간부들의 수준이 매우 불균등하고 의심스러운 경우도 자주 있었다고 주장했다. 이들의 대부분은 교양도 없고 도덕적이지 않았으며, 무엇보다도 권력을 누리는 데 몰두했다. "이런 종류의 사람들을 승진시키는 것은 장기적으로 매우 심각한 결과들을 낳았다. 그중 많은 사람들이 실제로 공공안전을 담당하는 경찰부대인 공안(Công An)의 간부가 되었다. 해가 지나면서, 이 부대는 계속해서 체제의 안전을 보장하는 가장 중요한 기구로 간주되었다."(Bùi Tín 1999: 51-52) 씁쓸하고 환멸스러운 시각인데, 저자는 무오이 반(Muoi Van)의 예를 들었다. 그는 토지개혁 간부였다가 호아 빈(Hòa Bình) 성의 경찰국장으로 승진되었는데, 완전히 퇴폐적인 품성에 의무감이라고는 하나도 없었고, 1982년에는 부패와 자금횡령으로 사형 선고를 받았다.

45 베트남의 경우에도 적용될 수 있는 다음의 중국 인민법정에 대한 기술이 잘 보여주듯, 경험의 차용은 여기에서도 분명하다. "농촌에서, 특히 토지개혁 준비에 필요한 선동 기간에 간부들은 인민재판권을 행사하고 남용했다. 2-3명의 간부는 판사의 역할을 대신했고, 군중들은 고발을 옹호했으며 배심원들을 맡았다. 피고인들은 대부분, 탐욕스럽거나 난폭했었기 때문에 인민들 앞에 불려나온 사의 권세가들 중 하나였다. 판결은 이미 내려져 있었고 인민은 복수를 했다."(Grosbois 1952: 43)

안 수없이 되풀이되어 농민들에게 누적된, 때로는 정당한 원한과 낙담에, 착취자에게서 몰수된 재산들에 대한 욕심, 그리고 지역차원의 권력 구조 속에서의 개인적인 상승 전략 등이 뒤섞였던 것이다. 결국 그 관찰자는 혼란스럽고 일관성 없는 전체적 상황을 큰 붓으로 그려낸 것인데, 이제는 영원히 사라져 버린 봉건제의 잿더미 속에서 "새로운 인간"이 태어날 수 있도록, 계급의 적들에게 모욕감 주기를 광적으로 추구한 것이 유일한 목표였던 것 같았다.

촌에서의 토지개혁

구체적으로 닌 전 사에서 이 투쟁은 어떤 형태를 취했고, 그 실체는 무엇이었을까? 수치의 관점에서 보면, 당의 공식적인 역사는, 부농은 대략 10여 명으로 추정하고 여기에 지주 28명의 명단만을 제시했다. 이 지주들 중에 4명은 "권세를 부린 악질지주"로 선고받았고, 다른 4명은 사형을 선고받았는데, 이 중 3명은 타인 바(Thành Ba) 현 다른 사의 토지개혁위원회에 의해서, 2명은 선 끄엉(Sơn Cương) 사에서, 그리고 1명은 부 엔(Vũ Ển) 사에서 선고를 받았다. 이런 상황은 닌 전 사의 특성들 중 하나에서 기인했는데, 사 주민들의 대부분이 "차 재배 이주민"이어서, 그들의 출신지에 공식적으로 등록이 되어 행정적인 처분을 받았다. 응욱(Nức) 씨가 이야기한 다오(Đào) 가문의 몇몇 사람들이 그런 경우였다.

> 키엠 씨의 동생 랑 씨는 만 란(Mạn Lạn) 사에서 지주로 선고받았습니다. 사람들이 그에게서 책상과 밥그릇에 이르기까지 모든 것을 몰수했습니다. 그는 만 란에 6-7마우 정도의 논을 가지고 있었고 여기(하이 촌)에는 10마우 정도의 차 농장이 있어서 노동자들을 고용해야 했었습니다. 그는 만 란에 거주했고, 여기의 차 농장(trai)을 돌본 것은 그의 아내였지요. 그녀는 하오 씨 집 옆에 집 한 채를 가지고 있었습니다. … 하이에 살고 있었

던 또 다른 동생 히엔 씨는 4마우의 논과 2-3마우의 차밭을 가지고 있었는데 그는 여기에서 부농으로 선고되었습니다.[46]

28명의 지주들 중에 24명은 사의 거주자였다. 9명은 하이 촌[룽 부오이(xóm Lũng Bưởi) 총(總) 사와 좀 카우 산(xóm Cầu Sắn) 총 사를 포함한다]에, 3명은 만(Mánh) 촌에, 9명은 동 사(Đồng Xa) 촌에, 그리고 3명은 센(Sen) 촌에 거주했다. 1954년 등록된 310가구에 비교해보면, 지주의 비율은 인구의 9%를 차지했고, 이 비율은 내정된 5%의 비율을 훨씬 넘는다. 공식적으로는 배신행위에 대해서 사형만을 선고할 수 있었지만, 닌 전 사의 토지개혁위원회는 이들 중 10명에게 오랜 기간의(2년에서 12년) 수감형을 내렸다. 반대로 다른 계급들, 특히 "부농"들의 소유 면적이나 각자에게 몰수한 재산 등의 상황은 알려진 것이 없다. 우리의 요청으로, 닌 전 사의 당의 역사를 쓴 저자는, 하이 촌이 우리 연구에 도움이 될 것으로 생각하여, 이 촌과 관련된 공식적인 자료들을 우리에게 제공해주었다. 토지개혁 시기에 87가구(438명의 부양인구)가 조사되었는데, 총 146마우 5사오의 논과 216마우 4사오의 차 농장이 있었다.

이 상세한 수치들은 '지주층'으로 통칭된 상황의 변수들이 꽤 많았음을 잘 보여주는데, 명단의 첫 번째 사람만이 '권세를 부린 악질지주'로 분류되었다. 먼저, 우리는 몰수되어 다시 재분배된 토지가 촌에서 경작한 논 전체의 43%와 차 농장 전체의 40%에 달함을 알 수 있다. 이 수치가 몰수된 토지의 면적만을 말하고 있기 때문에, 가족들을 부양할 수 있도록 그들에게 남겨진 논 면적(이론적으로 3사오×6명의 부양인구×지주 9명)을 더해야 한다. 이처럼 계산하면 논만을 따져볼 때, 징발 비율이 55%에 근접하고, 이를 토대로 하면, 그 이전에는 거의 대부분의 가

---

46 1997년 3월 12일 면담.

표 8.3 하이 촌에서 지주 9명에게 몰수한 토지

	장소	수감형	논	차	늪	소
투 씨	하이	5년	10마우	15마우	2사오	2
호에 씨	하이	11년	20마우	35마우	2사오	4
농 씨	좀 룽 부오이	2년	8마우 2사오	10마우	3사오	2
트린 씨	좀 룽 부오이		2마우 5사오	5마우		
람 씨	좀 룽 부오이		2마우 7사오	5마우		
쭈옌 씨	좀 룽 부오이	?	5마우 4사오	5마우	1사오	1
친 씨	좀 카오 산		5마우 5사오	5마우	1사오	1
노 부인	좀 카오 산		4마우 8사오	2마우		1
토 씨	좀 카오 산		4마우 3사오	3마우		1
전체			63마우 4사오	85마우	9사오	12

구들(87가구 중 78가구)이 45%의 토지만을 소유하고 있었기 때문에, 개혁이 자랑하는 공평한 재분배가 상당한 정당성을 가졌음을 알 수 있다. 하지만 각각의 사례를 분석해보면, 촌에서 가장 큰 토지를 소유했던 두 지주가, 몰수된 토지면적의 거의 절반을 차지하고 있었음을 알 수 있다. 여기에 명단의 세 번째 지주까지 포함하면 이 비율은 60%의 논과 70%의 차 농장에 달한다. 당의 역사에서 부여한 표현에 따라, 닌 전 사의 "전형적인 지주"였던 히엔 씨가 그 사 전체에 소유하고 있었던 징발된 토지를 살펴보면 이와 같은 토지집중의 경향은 더욱 분명하다.

> 세 달 간의 투쟁 끝에, 농민들은 사의 지주들에게서, 271마우 6사오의 논과 276마우 5사오의 차 농장, 30마우의 송려나무와 야자수 숲, 6마우 4사오의 늪, 그리고 83마리의 물소와 소를 몰수해서, 빈농들과 중농들에게 재분배했다. 지주들 중에는 한 가지 전형적인 경우가 있었는데, 동 사 촌의 히엔(Hiện) 씨에게서 사람들은 148마우의 차 농장과 97바우의 논, 4 마우의 늪, 50마리의 물소와 소를 빼앗았다(Ninh Dân 1996: 39).

이 "세 달 간의 투쟁" 동안 닌 전 사 전체에서 몰수당한 논의 35%, 차 농장의 50%, 늪과 가축의 60%를 그 혼자서 소유하고 있었던 것이다. 여기에서 전혀 의심의 여지없이 분명한 개혁의 정치적 의미를 볼 수 있는데, 이 개혁은 현장에서 시급히 일을 처리해야 했던 간부들로 하여금 할당된 비율을 맞추기 위해 지주들을 "만들어 내게" 내몰았다. 앞서 언급한 구루(P. Gourou)가 지주에 대해 조사한 것에 따라, 1930년대 초에 작성된 계급구분과 비교해보면, 헤이 촌에서 지주로 분류된 9명 중 6명은 잘 해야 "중간규모 소유자"이거나 "소규모 소유자"에 가까웠다. 한편 전체 가구의 10%에 근접하는 헤이 촌의 높은 지주 비율은 우리를 놀라게 하는데, 이 비율이 일반적으로 받아들여지는 것보다 두 배나 높은 것이기 때문이다. 반대로, 주민들에 의하면 단지 세 사람만이 그 이전에 '부농'으로 분류되었었는데, 이들이 당시 소유한 토지는 '지주들' 중 가장 재산이 적은 사람들이 소유한 정도의 토지만을 가지고 있었다. 결국 계급 간의 구분이 불분명했다는 것이 실제적인 사실이었다. 여기에, 인민에 대한 소유자들의 태도라는 계급구분의 두 번째 핵심적인 기준이 연관되었다. 안(An) 씨의 증언에 따르면, 이 기준은 "중농이나 부농을 착취자 계급에 떨어지게" 할 수 있었다. 하지만 공산당의 역사를 쓴 저자는 애써 이 주장을 누그러뜨리려 하는데, 그는 "문제는 중국인 간부들이 우리로 하여금 그 전에 채택되지 않았던 방식을 적용시키게 했던 것인데, 즉 5%의 지주가 있어야 했기 때문에 사람들이 일정 정도 이상의 토지를 가진 모든 사람들을 지주로 결론지었고,"[47] 이를 통해 토지면적 기준이 다시 더 중요해졌다고 주장했다. 확실히, 논의 면적에 차 농장과 이를 운영하기 위해 필요했던 임금 노동자들의 존재라는 요소가 가산되었음은 분명한 사실이다. 이 점에서, 실제 수치를 다시 살펴보는 것도 좋을 것이다. 차 농장을 운영하기 위해

47 1996년 10월 14일 면담.

서 5마우(1.8헥타르) 이하인 경우에는 주로 농장주의 가족들이 일을 했으며, 임금 노동자의 고용은 특히 수확이 한창일 때처럼 일시적인 것에 그쳤다.

이전의 농민들과 당시의 간부들과의 면담에서 토지개혁을 상기시키자, 면담자 대부분은 깊은 침묵에 빠져들었으며, 그 즉시 토지개혁에 관해 사 차원의 전체적인 상황들을 재구성하고 어떤 사건들이 일어났었는지를 회상해야 할 모든 가능성에 대해서 불편해 했다. 비록 반세기가 흘러갔지만, 이런 재구성 시도에 반대하는 것은 잊어버렸기 때문이 아니라, 우리 질문들이 되살려낸 불편하고 거북스러운 감정 때문이었다. 그만큼 우리가 만난 사람들 각자는 이 시기를 괄호 안에 묶어서 없애버리려 애쓰는 것 같았다. 싸워야 할 적들이, 더 이상 과거처럼 사나 지역의 외부인들이 아니라 일상생활을 함께 한 사람들, 그들이 존경했거나 혹은 증오했던 이웃이나 집안의 어르신들이라는 사실 때문에, 기억이 희미해지고 더 나아가 왜곡된 것이었다. 농민들은 갑작스럽게, 점령세력에 맞서 싸우는 투쟁에서 생겨난 함께 단결해야만 했던 강한 연대로부터 벗어나서, 이제 사회적 관계들이 계속해서 불쾌해지고 내부적으로 분열되는 상황 속에 이끌려가게 된 것이었다. 이야기 조각들이나 단편적인 회상들의 묶음이 하나의 일관된 이야기 줄기를 구성하지 못한다 하더라도, 이는 결국 당의 선동과 조작에 의해 생겨난 지역의 사회적, 정치적 적대감들이 강화되는 과정을 입증하는 소중한 증언인 것이다. 개인적으로 경험한 이야기를 통해서, 1926년에 태어난 틴(Thịnh) 씨는 이를 인상적으로 보여준다.

> 제 부모님들은 '돼지 도살자'이셨고, 계곡의 구릉지든 논이든 아무런 땅도 소유하지 못하셨어요. 모두 토지개혁 때 받으셨죠. 1954년에 저는 '임금 노동자(고농)'로 규정되고 백정이었던 큰 형님은 소상인으로 규정되었습니다. …

제 아내와 함께, 우리는 지주에게 임금을 받아 사는 "임금노동자"로 규정되었지만, 계곡의 구릉지 6사오와 논 4사오밖에 못 받았습니다. [촌의] 다른 사람들에 비하면 별로 받지 못한 것이었는데, 지주들을 고발하려 하지 않았기 때문이었습니다. 우리가 당원이 아니었고 모임[고발하는 회합]에 참여하지 않았었기 때문에, 간부들이 우리에게 토지를 더 적게 분배했습니다. 하지만 촌의 농민협회 책임자였던 뒥 씨와 그의 동생, 그리고 개혁 소조로 참여했던 은간 씨는 우리 부부처럼 임금노동자였었는데, …

반대로, 지주들을 고발한 사람들은 "응오이 톳(người tốt)"[문자 그대로 "좋은 사람"]으로 규정되어 토지를 더 많이 받았습니다. 그저 지주들이 행한 잘못이나 폭력을 이야기하거나 지어내면 되는 것이었습니다. … 이렇게 해서 [틴 씨 바로 이웃에 살았던] 바오 씨의 아버지는 식구 5명에 논 2마우를 가지고 있었지만 '빈농'으로 규정되었습니다. 1952년, 세금이 많이 증액되어 적용되었기 때문에, 촌의 많은 사람들이 그들의 토지를 팔던 때, 그는 호에[지주 계급] 씨로부터 1.3마우의 논을 샀었습니다. 하지만 [토지개혁의 순간에] 사람들은 이를 고려하지 않아서, [토지개혁] 위원회가 그에게 새로 논을 나눠주었는데, 1952년 이전의 상황을 적용해서, 그가 각자 받아 소유해야 할 부양식구 당 3마우라는 평균치에 못 미치는 땅을 가지고 있는 것으로 간주되었기 때문이었습니다. 그는 동시에 2.5마우의 차 밭과 1.5마우의 황무지를 가지고 있었습니다.[48]

계급의 구분선이 불분명한 것을 넘어서서, 고려된 기준들 그 자체가 계급구분의 유동성이 더욱 심해지는 것을 자극했을 뿐만 아니라 가구들 사이에 토지가 분배되는 시기의 불평등성을 낳게 했다. 우선 토지 소유규모의 결정이라는 기준은, 수로 셀 수 있기 때문에, 겉보기에

48 1997년 3월 31일 면담.

는 객관적인 기준인 것처럼 보인다. 물론 평가의 근거가 될 기준이 어느 시기인가에 따라 상당한 변화가 있을 수 있음을 인정해야 한다. 바오 씨의 아버지가 보유하고 있는 면적을 계산할 때, 1949년 이후 그가 샀던 토지는 계산되지 않았지만, 다른 경우들에서는 개혁 당시 토지소유 상황이 우선 적용되었다. 타이 씨의 말을 들어보자.

> 제 아버님은 지주로 규정될 정도로 토지나 논을 많이 갖고 있지 않았고 노동자도 어쩌다가 고용할 정도였습니다. 1년에 200에서 500콩(công)[1콩: 1 노동일]을 고용한다면 '부농'으로 분류되고, 1년에 500콩 이상이면, 지주로 분류되었습니다. 제가 어렸을 때 [타이 씨는 1933년에 태어났다], 아버님은 골짜기에 차 농장 20마우와 논 약 5마우, 그리고 소 몇 마리를 가지고 있었습니다. 하지만 소작료 인하가 적용되면서 차츰 많은 땅들을 파셨죠. 이 때문에 개혁 때 제 어머니는 [타이 씨의 아버지는 그보다 약간 전에 돌아가셨다] "[논이] 부족한 중농층"으로 규정되셨습니다. 사람들이 토지를 그 이전에 팔았다 하더라도, 그들이 고용된 노동자들을 어떻게 대했는지가 고려되었습니다. 그것 때문에, 노동자들과 다른 농민들을 존중하고 혁명 이후부터 영웅적인 태도를 보였던 몇몇 사람들은 지주들보다 더 많은 토지를 소유하고도 무사했습니다. 논은 7-8사오밖에 없었지만 차밭은 10마우나 가지고 있었던 안 씨의 아버지가 그 경우입니다. 호에 씨와 투 씨의 문제는 모든 농민들이 그들을 잔혹한 소유자로 고발한 것이었습니다.[49]

앞에서 이야기한 마지막 기준, 즉 혁명에 가담한 정치적 행위에 대해서는, 그 평가가 실제로는 토지개혁위원회의 유일한 판단에 맡겨져 있었고, 이로 인해서 모든 종류의 지역적 해결책이 열려 있었다. 틴 씨

49 1996년 4월 2일 면담.

의 다음과 같은 이야기에 복 씨 역시 동의했다.

> 제 아버지는 혁명 활동에 가담했었습니다. … 1954년에 그분은 [헤이 촌의] 토지개혁 소조에 참여했습니다. 그분은 지주로 규정되어야 했지만, 혁명가셨고 사의 부시장이셔서[1954-1958], '부농'도 아니고 '중농'으로 분류되었습니다. 그분은 6마우의 논, 4마리의 물소, 4마우의 차밭을 가지고 있었고, 이 소유물들을 1958년에 협동조합에 주셨습니다. … 다른 사람들은 4-5마우의 논과 4-5마우의 차밭을 가지고도 지주로 분류되었습니다. 물론 이 사람들의 경우는 약간 다른 게, 이들은 계속해서 임노동자들을 고용했었습니다.[50]

자의적인 운영이나 지역적인 연고주의는 때로는 극적인 결과를 낳기도 했다. 닌 전 사 사람들은 다행히 인민재판이라는 맹목적인 폭력에까지 이르지는 않았지만, 토지개혁이 진행된 극심한 긴장 상황은 적어도 두 절망적인 행위로 이어졌는데, 이는 한 그룹의 사회적 규율과 자기통제가 적용되는 방식이 매우 심하게 고장 나 있었음을 상징적으로 보여준다. 만(Mánh) 촌의 무오이(Muối) 씨와 센(Sen) 촌의 티 타(Thị Tạ) 부인의 자살이 그것인데, 이들은 지주로 규정되었으며(첫 번째 사람은 당원이었다), 3년 후에 둘 모두 복권되었다.[51] 반식민주의 혁명투쟁에 대한 지역 엘리트들과 지주들의 참여가 과연 진정한 것인가에 대한, 당에 의해 원격 조종된 토지개혁위원회의 체계적인 의심은, 과거에 대한 왜곡

---

50 1997년 3월 13일 면담.

51 히 반 루옹(Hy Van Luong)은 푸 토(Phú Thọ) 성의 선 끄엉(Sơn Cương) 사에서 베트민에 적극적으로 가담했던 한 여인이 "일반 지주"로 규정되었고 따라서 자신의 애국적인 과거가 몇 글자로 지워진 것을 본 후에 자살했음을 기록하고 있다(1992: 190). 또 모 짝(Mộ Trạch, 1954년에 340가구) 촌에서도, 한 사람이 "지주"로 처형되었는데, 그는 교정운동 과정에서 "부농"으로 재분류되었다. 피오루치(A. Fiorucci)는 촌민 6명의 자살을 찾아냈는데, 그중 3명은 당원이었다(2006: 293).

과 조작과정을 통해서, 이처럼 사와 촌의 권력조직 내에서의 숙청을 정당화할 수 있게 했다.

실수, 공포 그리고 교정운동

공식적으로 당이 자신의 커다란 실수를 알고 조직의 개혁에 착수한 것은 토지개혁의 다섯 번째이자 마지막 투쟁이 한창일 때였다(Trường Chinh 1956). 1956년 8월 18일 호치민이 인민들에게 공개서한을 보낸 것이 그 교정 신호였다. 당과 정부의 적정한 정책으로 인민 전체를 위해 토지개혁이 거둔 승리를 강조한 이후,[52] 대통령은 다음과 같이 선언했다. "부당하게 지주나 부농으로 분류된 사람들의 지위는 재검토되어야 한다. 부당하게 고발당한 당원, 간부, 그리고 다른 사람들의 명예와 권리는 복권되어야 한다. 단결이 우리의 꺾이지 않는 힘이다. 북부를 나라의 재통일을 위한 투쟁의 굳건한 기지로 강화하는 목표를 위해, 인민 전체는 베트남 애국전선(Front de la Patrie du Việt Nam) 속에서의 노동자-농민 연대의 기반 위에 굳건하고 밀접하게 뭉쳐야 한다."(Hy Van Luong 1992: 194 재인용) 그 메시지는 매우 분명하다. 오직, 인민이 되찾은 단결, 당 안에서 회복된 화해와 협력만이 나라의 통일을 위한 투쟁이라는 앞으로의 시련을 견딜 수 있게 할 것이다. 이를 위해 먼저 상처를 치유하는 것이 필수 불가결했다.

토지개혁이 실행된 모든 사에서 투옥, 강제이주, 고문, 처형 등이 실제로 있었다. 인도네시아에서 에른스트 유트레크트(Ernst Utrecht)와 한 인터뷰에서, 호치민은 만 명 정도가 죽었으리라고 인정했지만(Houtard and Lemercinier 1984: 18), 현재로서는 이 짐작을 확인하는 것이

52 이 편지의 제목은 그 자체로 당이 채택한 전략을 보여주는데, 당은 승리를 거두었다는 관점에서 저질러진 실수를 상대화하는 일관성을 보였다. 편지 제목은 「베트남 북부에서 토지개혁의 근본적인 성공을 거둔 것에 대해 농촌의 동포와 간부들에게 보내는 편지」(편지 전문은 Brocheux 1981: 273-274의 논문에 부록으로 달려 있다).

불가능하다. 몇몇 서방의 자료들은 5만에서 10만을 이야기하기도 하지만(Kleinen 1999: 98), 브로슈(P. Brocheux)는 이를 과장된 것이라고 생각하고 "실수로 처형된 사람들의 수는 1만 명에서 1만 5,000명 정도였다"고 주장한다(2000: 169). 이처럼 추산된 사망자의 수는 농민들과 지역 간부들이 자살한 경우를 제외한 것이며, 이 극단적인 절망의 행위는 현장의 조사를 통해서만 확인할 수 있음(앞을 보라)을 분명히 하자. 어찌 되었든, 정신적 상처는 깊숙한 것이었고, 불만은 여기저기에서 일탈을 불러서, 응예 안(Nghệ An)의 가톨릭 지역 여러 곳에서는 반란까지 일어났다(Boudarel 1983: 73). 사라져 버린 사람들을 되살릴 수는 없더라도, 부당하게 약탈당하고 선고를 받은 사람들에게, 그들과 그 가족들의 명예를 더럽힌 치욕을 씻어주어야 했으며 계급 분류를 재검토하고 윤리적 시민적 권리를 회복시키고 재산을 보상해주어야 했다.

1956년 가을 동안, 정부는 급하게 몇 가지 조치를 취해야만 했다. 9월에 토지개혁위원회에 부여되었던 특별한 권한들이 철회되고 특별재판소가 철폐되었다(Chaliand 1968: 33-34). 11월 당 중앙위원회 10차 총회는, 9월부터 시작된 길고 힘든 과정 끝에, 자아 비판서를 발간하고 부당하게 학대받거나 고발당한 사람들에게 사과를 표시했다. 그 즉각적인 결과로 쯔엉 찐은 당의 총서기직에서 물러났으며, 이 직위는 임시적으로 호치민에게, 그리고 다시 레 주언(Lê Duẩn)에게 이어졌다. 그 다음 달에는 모든 단위의 토지개혁위원회들이 폐지되었다(Đặng Phong 2005: 89-90). 정치국의 유명한 두 사람 황 꾸억 비엣(Hoàng Quốc Việt)과 레 반 르엉(Lê Văn Lương), 그리고 중앙집행위원회의 호 비엣 탕(Hồ Viết Thắng)도 마찬가지로 해임되었다.

분노가 점점 커지고, 부당하게 고발당했던 가족들이 대통령궁 맞은편의 당 중앙위원회 건물 앞에 모여들었다. 이 항의자들은 1956년 10월 29일 하노이의 운동장으로 모여 달라는 권유를 받았고, 이곳에서 그 명성이 손상받지 않은 디엔 비엔 푸의 영웅 보 응우옌 지압 장군이 필요한 정보를 제공하는 강연을 했으며, 이 도중에 당의 자아비판을 총괄했다. 토지개혁의 성공을 회상한 후,[53] 지압 장군은 커다란 실수들이 저질러졌으며 이로 인해 반봉건 투쟁의 성공이 제한받았고 수많은 어려움들이 발생했다고 인정했다. 당 중앙위원회에서 확인된 실수의 명단을 여기에서 자세히 살펴볼 수는 없지만, 이들 중 몇몇은 간략하게나마 거론할 필요가 있다. 기독교 지역에서의 종교적 자유에 대한 심각한 손상,[54] 특히 '계급의 적들'이 소유했던 생산수단들에 대해서 인위적으로 부풀려진 수치에 대한 신뢰 부족, '중농들'에 대한 불신 풍조와 '부농들'에 대한 분명한 적대감의 생성, 그들 중 일부는 진정으로 애국자였음에도 불구하고 '지주들'에 대한 심사숙고 없는 고발, 저항전쟁 기간 동안 이전의 조직들과 당 세포들이 이뤄냈던 공로에 대한 철저한 부정[55] 등이 그것이다.

하지만 이와 같은 종류의 비판적인 자기성찰은 분명히 한계가 있었다. 마르크스-레닌주의의 교조적 노선을 견지해야만 했기 때문이다.

---

53 지압 장군은 "이제 북부에는 지주계급이 타도되었다. 토지는 이제부터 농민의 소유물이다. 천만 이상의 농민들은 그들의 토지를 가지고 농촌의 주인이 되었다. 수만의 간부들이 육성되었으며 봉건적인 소유제도는 영원히 철폐되었다. 바로 이것이 경제적, 정치적, 사회적 측면에서 매우 중요한 하나의 변화이다. … 이 변화가 가능했던 것은 당의 정치적 노선이 근본적으로 적절했기 때문이었다."라고 말했다.(Hoàng Ước 1968: 109-110에서 재인용)

54 가톨릭에 대한 이 명백한 배척은 응에 안 성과 타인 호아(Thanh Hoá) 성에서 반란운동이 일어나는 원인이 되었다. "이 지역에서는 '평범한' 권력남용에 종교의 자유에 대한 중요한 제한이 덧붙여졌기 때문이리고, 정부가 황급히 조직한 1956년 11월 14일에서 16일까지의 공개강연회에서, 전국가톨릭연대위원회(Comité national de Liaison Catholique)가 강력히 비판할 것이었다. … 토지개혁 동안 저질러진 실수들은 노동당과 정부의 종교자유 정책을 위반했으며, 신자들의 신성한 권리를 침해했다."(Fall 1960: 119) 신앙과 종교의 자유는 1946년 헌법에 명시되어 있으며, 여러 차례의 지시로 재확인되었음(1953년 1월 4일과 1956년 6월 4일 지시)을 기억해야 한다.

55 지압 장군은 1956년 "하지만 '이전의 조직'에도 좋은 빈농과 농업노동자가 있었음에도 불구하고 이들을 불신함으로써, 사방에서 적을 찾아 생각 없이 타격함으로써, 때로는 특히 경작면적과 토지 생산력을 과도평가함으로써, 빈농들과 농업노동자들에게 피해를 입히거나 심지어 타격을 가하게 되었다."라고 말했다.(Lê Thành Khôi 1978: 60에서 재인용) 모이즈(Moise 1980)의 글은 Vickerman(1986: 103)에 재인용되어 있다. "당원, 지주, 그리고 부농에 대하여 저질러진 부당함만으로 교정운동을 정당화할 수 있을지는 확실하지 않다. 그러나 부당하게 공격받은 중농과 빈농의 사례는 교정운동을 필수적인 것으로 만들만큼 충분히 많다."

당 중앙위원회의 조사는 계속해서 일탈의 책임을 토지개혁 간부들과 현장에서의 미비한 조직,[56] 그리고 베트남의 특수성을 충분히 고려하지 않았던 중국 모델의 기계적인 적용에 떠넘겼다. 개혁의 방향에만 공격이 가해졌고 이로 인해 쯔엉 찐은 사임했다.[57]

1956년 11월 쯔엉 찐은 자아비판적인 문건을 출판했다. 여기에서 중국모델에 대한 모방은 눈에 뜨일 만큼 언급되지 않았으며, 중앙의 지도책임도 일부 인정되었으나[58] 저질러진 실수의 주된 원인으로는 대중들의 동원-의식화 운동의 실패 그리고 토지개혁 소조들에 의한 관리의 실패가 거론되었다.[59] 반대로, 1945년부터 계속해서 그 구분이 흐려져 왔던, 계급들의 계층구조의 본질과 원칙은 전혀 문제되지 않았으며, 이용 가능한 토지의 영속적인 부족도 지적되지 않았고, 정치적이고 사회적인 목표들이 그 자체로 극단으로 치달을 미래의 씨앗들을 담고 있었던 개혁의 내재적인 불명료함 역시 언급되지 않았다.[60]

---

56 이 부분적인 분석은 공식 역사서술이 언제나 주장하는 테제이다. 예를 들어 역사가이자 국회의원인 드엉 쭝 꿕(Dương Trung Quốc)은 2007년에 출판된 논문에서 조직에서의 구체적인 실수들과 "좌경적인" 일탈 경향이 결합되었음을 강조한다(2000: 7).

57 역사의 아이러니로, 쯔엉 찐은 혁명 이후 진행된 토지정책에 대한 비판 속에서, 1953년부터 이와 같은 일탈을 고발했다: "한편 우리는 항일전쟁기 동안의 중국혁명의 경험을 기계적으로 적용했었다."(Trường Chinh 1994: 456)

58 "실수는 대중동원 운동 때문이 아니라, 시간이 지나면서 소조 간부들이 대중동원과 대중권력의 힘을 진정으로 믿지 못하게 되었던 것이 주된 이유이다. [그들은] 강제와 고문의 힘을 믿었고 체포가 대중동원을 대신했다. 그들은 정부가 [권고한] 조치들을 충분히 이용하지 않았다."(Trường Chinh 1956: 12)

59 쯔엉 찐은 당의 정책노선이 근본적으로 적절하고 공정한 특성을 지니고 있음을 주장했지만, 다음과 같이 중앙지도부의 준비와 관리가 부족했음을 인정했다. "그래서 당에는 결함들이 있었다. 지도 조직들 중 일부(중앙위원회와 정치국)은 충분히 조사하지 않았고 그들의 조사는 베트남 상황의 실체에 충분히 근거하지 않았으며, 검증은 충분히 진척되지 않았고, 작업은 서로 협조되지 않았다. 또, 작업집행을 맡은 중앙조직들 중 일부(정확히 말해서 중앙토지개혁상무위원회와 당의 중앙조직위원회)는 [상황에 대해] 시기에 맞추어 정확한 보고를 하지 않았고, 적절한 시기에 실수를 발견해내지 못했으며, 이를 해결할 적절한 조치와 정치적 해결책을 제시하지 못했다."(Trường Chinh 1956: 17)

60 증오의 분위기를 정착시킬 준비는 적어도 1953년부터 계획되었다. 쯔엉 찐이 쓴 「지주계급의 분열을 유발시키고 대중들의 동원에 모든 반봉건세력들을 결합시키자」라는 제목의 보고서의 다음 구절은 이를 잘 보여준다. 그는 이 정책이 언제라도 불러일으킬 것들을 인식하면서 정교히 서술하려고 노력했다. "그들[배신자 지주들, 반동들 그리고 포악한 유지들]의 음모를 적절

한편, 당 지도부와 중앙토지개혁위원회가 1956년 여름에야 일탈의 중대함을 인식하게 되었다는 것은 있을 수 없는 일이다. 국회의원 당 타이 마이(Đặng Thai Mai, 4지역 Nghệ Tĩnh)는, 쯔엉 찐 동무에게 보낸 1953년 6월 19일자 편지에서, 그 스스로가 목격한 중대한 문제들에 대해서 중앙권력이 주의를 기울일 것을 다음과 같이 요청했다. "하지만 동시에, 당과 정부가 [토지개혁에 대한] 전반적인 정책의 집행으로부터 파생된 문제들과 사람들이 분노하는 이유들을 조사하기 위해 특별 감시관들을 급히 파견하고, 이에 의거하여 현장에서 밝혀진 모든 착오를 바로잡는다면, 인민의 의식과 신뢰를 획득하는 매우 긍정적인 효과를 거두게 될 것이라고 저는 생각합니다."(2007: 27)[61] 이 특별한 예만이 아니라, 토지개혁 집행을 맡은 간부들을 대상으로 『토지개혁 내부회보』가 내린 지시들은, 중앙권력들이 각 촌에서 행해지고 있었던 폭력적인 관행들에 대해 잘 알고 있었음을 은연중에 보여주고 있다. 1956년 2월 19일자 회보에는 "고문을 이용하지 않기 위해서는 계급들을 구분하는 정책을 깊이 알아야 한다. 5% 지주라는 기준을 충족시키는 것은 불필요하다"라고 명시되어 있다. 고문의 일반화에 대항해서 1956년 2월 25일자 회보는 그 사용을 규탄하는 호치민 대통령의 명령 전문을

한 시간 안에 진압해야 하고 그들에게 합당한 정도의 심판과 처벌을 내리기 위해 예외적인 인민법정 앞으로 소환해야만 한다. 그러나 불법적인 체포와 처형을 진행시키거나, 고문과 가혹행위 혹은 다른 종류의 육체적인 처벌을 행하는 것은 단호히 금지된다."(Trường Chinh 1994: 494)

61 이 편지에서 작자는 진행되고 있었던 일탈들 중 하나의 상징적인 예를 정중한 어조로, 하지만 그의 격분과 깊은 실망을 숨기지 않으면서 쯔엉 찐에게 알렸다. 이는, 애국적인 문인이자 반식민주의 저항세력의 전국적인 인물이었고, 혁명기 최초의 집단적인 영웅들 중 한 사람이었으며, 국가의 만신전(panthéon)에 모셔져서, 말하자면 하노이 정권에 의해 "국가적 인물이 된"(Tréglodé 2001: 64), 판 보이 쩌우(Phan Bội Chau, 1867-1940) 후손 중 한 사람에 대한 처분이었다. 이 위인의 손자 두 사람 중 한 사람의 부인이 지주로 분류되었는데, 그녀가 1마우의 논을 소유하여 소작을 주었기 때문이었다. 여기에 요점을 덧붙이면, 문제의 손자는 당시(1953년) 북부에서 임무수행(다른 설명 없이 소대장이라고만 적힘) 중이었는데, 그 부인은 오래 전부터 사의 여성동맹의 책임자였고 학교에 다니는 세 아이들의 엄마여서, 달리 방법이 없어서 땅을 소작 주어야만 했으며, 이를 통해 간신히 가족의 생계를 유지할 수 있었다.

다시 실었다. “고문은 야만적인 방식이며, 대중과 혁명에 맞서는 제국주의적이고 자본주의적이며 봉건주의적인 관행이다. … 이것이 고문을 절대로 이용해서는 안 되는 이유이며, 그 사용은 당과 정부의 정책과 혁명적 방식에 반대되는 것이다(Đặng Phong 2005: 86). 따라서 체제의 최고위층들은 알고 있었다. 그러나 그들이 이에 대응할 충분한 연계조직과 적절한 수단을 가지고 있었을까? 달리 말하면, 현장에서의 진행과정에서 벌어진 일탈들을 설명하기 위해, 중앙권력이 이미 그 이전에 통제력을 상실했었다는 공식적인 설명을 믿어야 할 것인가? 1945-1958년 기간에 대해 숀 맥헤일(Shawn McHale)이 수행한 작업들과 그가 내린 “베트남 국가는 허약했다”(McHale 2004: 98)라는 결론을 참고한다면, 이 설명에 어느 정도의 신뢰를 보낼 수도 있을 것이다.

한편, 브로슈(P. Brocheux)는 호치민에 대한 전기에서, 대통령이 개혁의 적용이 불러일으킨 일탈들을 완전히 인식하고 있었지만, 이로부터 출발하여 수만의 고문관들이 현장에 존재하면서 실현시킨 중국모델의 함축성에 대해서, 호가 우호적인 혹은 적어도 수동적인 태도를 견지했으며 북부의 강력한 이웃으로부터 확고부동한 정치력을 입증시키지 못했다는 비난을 받을까 두려워하고 있었다고 강조했다(2000: 173-174). 달리 말하자면, 인간의 존엄성에 대한 존중과 고문사용 중지에 대한, 늦기는 했지만 분명히 진정어린, 그의 언급들에도 불구하고, 토지개혁이 체현한 사회정치적 질서의 전면적인 전복은, 불가피하게 야기되기도 했던 인간적인 재난에 구속됨 없이 그 마지막까지 진행되어야만 했던 것이다. 이것이 바로 호치민의 이전 개인비서 부 딘딘 현(Vũ Đình Dinh Huỳnh)이 그를 “[토지개혁이 동반한 비극의] 주된 책임자로, [그리고] 쯔엉 찐을 그저 파견된 관리로” 간주한 이유였다(Brocheux 2000: 174; Nguyễn Minh Cẩn 2002에서 재인용). 이는 또한 두 저자, 응우옌 민 칸(Nguyễn Minh Cẩn, 이전의 당 고위간부)과 응우옌 꽝 주이(Nguyễn Quang Duy)가, 처음으로 “권세를 부린 지주(惡霸地主)”로 규정되어 1953년 말에 처형당한 응우옌 티 남(Nguyễn Thị Năm, 별칭은 Cát Thành Long) 부인의 상징적인 사례로부터 출발하여, 주장하는 테제이기도 하다. 그녀의 사례는 여러 가지 점에서 상징적이다. 한편으로, 이 최초의 처형은 실험적인 투쟁(1953. 12. 25-1954. 3. 30)의 시작에서부터 토지개혁이 취해야 하는 폭력적인 특성을 보여주었으며, 착취자 계급의 물리적인 제거를 정당화하는 최초의 행위가 되었다. 또 다른 한편으로, 여성을 죽임으로써 피고인의 인간적·사회적 조건과 무관하게 프롤레타리아 재판은 엄정해야 함을 당이 강력히 보여준 것이었다. 마지막으로, 그리고 아마도 특히, 응우옌 티 남 부인의 예외적인 특성과 연관되어 있는데, 그녀는 당의 최고위급 지도자들이 탄압을 받아 타이 응우옌(Thái Nguyên) 성으로 망명해야 했을 때[62] 이들을 숙박시키며 대접했었다. 그녀의 처형은 "가짜 저항자들"과 "임기응변의 애국자들"인 토지소유자들을 끝까지 추적하겠다는 신호였었다. 응우옌 티 남 부인에 대한 진정한 음모는 1953년 7월부터 당에 의해서, 당의 기관지였던 『난 전』(*Nhân Dân*)[63]을 통해, 대대적으로 조직되었다. 호치민은 따라서 이 상황을 확실히 알고 있었으며, 수차례의 의지표명에도 불구하고 그는 그녀를 구하려 하지도 않았고 개혁 동안 처형된 수천의 결백한 사람들을 위해 개입하지도 않았다(Nguyễn Minh Cần 2002).

결국, "1956년의 전환점은 따라서 그 내용이라기보다는 그 형식과 관계된 것이었으며"(Boudarel 1983: 74), 급하게 다시 닫힌 괄호에 불과했다. 마찬가지로, 난 반 쟈이 팜(Nhân văn Giai phẩm)[64] 저항운동 역

62 Nguyễn Minh Cẩn(2002)은 다음의 저자들을 인용하고 있다. Trường Chinh, Hoàng Quốc Việt, Phăm Văn Đồng, Lê Đức Thọ, Lê Thành Nghị, Lê Giản...

63 『난 전』은 1953년 7월 21일자에 실린 냉혹한 비난을 통해, 응우옌 티 남 부인과 그 두 아들(둘 모두 1945년 이전에 베트민에 참가했다)이 260명의 농민의 죽음을 직간접적으로 유발시켰으며, 10여 명의 아이들과 고아들을 학대하고 고문했다는 등의 이유로 고발했다.

64 1956년 마오쩌둥이 중국에서 시작한 운동에 비유하기 위해서 "백화(百花)"운동으로 불리기도 한다.

시 1958년에 진압되었는데, 이 운동은 당이 진행시킨 자아비판의 용감한 출발이, 의사표현의 자유라는 실제적인 공간을 여는 것으로 믿었던 지식인들과 예술가들의 집결지이자 그 운동의 반향을 전한 주된 잡지의 이름을 본떠서 부른 것이었다. 만일 비판적인 시도가 행해진다 하더라도, 당이 그 표현과 내용에 대한 독점권을 보유하려 했기 때문인데, 그들의 정치적 방향을 인도해주었던 마오쩌둥주의 정신을 혹시라도 문제 삼을지도 모르는 이데올로기적 폭발의 위험을 방지하기 위한 것이었다. 대학교수이자 변호사였던 응우옌 만 트엉(Nguyễn Mạnh Tường)에 가해진 불명예스러운 유죄판결은 모두에게, 그리고 특히 지식인들에게, "당이 틀릴 수도 있지만, 오직 당만이 그 실수들을 인정하고 고칠 수 있다"는 흔들릴 수 없는 원칙을 일깨워주었다. 당의 애국전선 총서기의 요구로 응우옌 만 트엉은 토지개혁에 대한 보고서를 작성했고 이는 1956년 10월 30일 전선 총회에 제출되었다. 체제의 정당성과 당의 관행들에 대해 공개적으로 질의한 그 문건의 자유로운 논조와 격렬함은[65] 비록 그 용어에 걸맞은 재판 절차가 진행되지는 않았지만, 저자에게 유죄판결을 받게 하고야 말았다. 그는 모든 정치적 직업적 지위에서 해임되었으며, 사회적 국가적 모욕형, 즉 "느린 죽음"을 선고받았다(Nguyễn Văn Ký 2004). 그리고 비록 소련이나 중국, 캄보디아에서처럼 반대자들에 대한 물리적 제거가 대규모로 적용되지

65 우리는 다음의 문장들을 골랐다. "10명의 무고한 사람이 죽더라도, 적 한 사람이 피해가는 것보다 낫다"는 구호를 사람들이 내걸었을 때, 이 구호는 좌편향이고 터무니없을 뿐만 아니라 또한 반혁명적이기도 하다. 이 구호의 적용은 혁명과 수많은 혁명가들의 가치를 떨어뜨렸다. … 심하게 부상당한 사람이 병원에 실려 왔을 때, 사람들이 우선 알고 싶어 하는 것은 그가 어느 계급에 속하는가이다. 지주 한 사람을 치료하는 것은 그가 정치적 노선을 지키지 않았다는 것을 의미하게 된다. 그를 죽게 내버려두는 것은 그 반대다. 왜 이 극악한 일이 계속 일어나는가? 정치가 우리 의식 모든 영역에 침범하여, 우리로 하여금 인간성마저 잃게 만들었기 때문이다. 정치는 우리를 진리로부터 돌려세웠다. … 권력을 쥐고 있는 사람들이 권력을 남용하는 것을 보게 됨으로써 우리 내면의 삶이 불안해진다면, 이것은 우리에게 매우 분명한 법체계가 없기 때문이고, 각자의 의무와 책임이 명시되지 않았기 때문이며, 시민들이 스스로의 생각을 표현할 권리와 방법이 없기 때문이다. 따라서 실수를 교정하는 것은 진정한 법체계, 진정한 민주주의 체제를 지향해야 한다."(Nguyễn Văn Ký 2004: 222-223에서 재인용)

는 않았지만, 윤리적 사회적으로 무력화시키는 최악의 방법들이 "백화(百花)" 저항운동에 가담한 지식인 예술가들에게 이용되었다(Brocheux 2000: 172).

엄밀한 의미에서의, 즉 사람들과 직접적으로 연관된 착오교정운동은 1957년 초 "착오교정위원회"의 지도하에 시작되었다. 호치민은 지압 장군을 보내 온 나라를 순회하도록 했다. 따라서 그가 인민과 개혁으로부터 살아남은 간부들의 분노와 질책들에 대면해야만 했다. 그럭저럭 실수들은 바로잡히고 피해 받은 사람들에게는 보상이 이루어졌다. 그러나 이 작업은 더욱 복잡한 것으로 드러났다. 부당하게 강탈당한 농민들에게 땅을 돌려주기 위해서는 이제 막 땅을 분배받은 사람들에게서 다시 거두어들여야 했는데, 그 결과 어떤 이들은 남들보다 적은 토지를 갖게 되어서 어쩔 수 없이 새로운 불만이 생겨났다.

보상이 있기는 했지만, 국가예산에서 이 목적으로 특별예산을 편성하지 않았기 때문에, 입은 피해의 극히 일부만을 보전해주었을 뿐이었다. 이런 형태의 특별예산이 존재하는가에 대한 한 의원의 질문에, 응우옌 주이 찐(Nguyễn Duy Trinh)은 국가의 이름으로 부정적으로 답한 뒤, "농민들이 서로 양보하고 협상해서 문제를 그들 사이에 해결할 것이다"라고 덧붙였다(Fall 1960: 284에서 재인용). 이처럼 국가와 당은 스스로가 문제의 출발점이었음에도, 이미 벌어진 심각한 일들을 바로잡는 데에는 어떤 구체적인 개입도 하지 않았던 냉소주의의 또 다른 증거였다. 하지만 부당하게 모함당하여 유죄판결을 받았던 사람들과 그 가족들의 계급을 재심사하고 복권시킴으로써, 당에 대한 뿌리 깊은 원한과 적대감은 어느 정도 진정시킬 수 있었다.

계급분류가 잘못된 것으로 판명된 '지주'들의 심각한 사회적 경제적 상황은 매우 긴급한 해결책을 필요로 했다. 중앙착오교정위원회의 공식적인 수치들은 엄청나다. 심의된 전체 10만 9,816건 중 7만 2,263명의 지주가 복권되었다. 이 계급의 2/3 정도인데, 우리는 아직도 이들 중 얼마나 많은 수가 처형되고, 수감되고, 혹은 자살했는지를 모른다.[66] '부농'에 대해서는 복권비율이 더 높아서 82%, 즉 심의된 전체 6만 2,192건 중 5만 1,003명이 복권되었다(Đặng Phong 2005: 85). 이 수치들을 보다보면, "저질러진 실수"라는 명칭은 연관된 2개의 완곡어법 중 하나였는데, 또 다른 하나인, 호치민 대통령이 국민에게 보낸 공개서한에서 사용한 "승리, 성공"이라는 용어는 피해자들에게 좀 엉뚱해 보였을 것이다. 오히려 계급구분 과정의 완전한 실패와 국가의 사회경제적 정치적 실체의 엄청난 왜곡이라 부르는 것이 더 적절했을 것이다. 물론 토지개혁이 정치적 영역에서 "식민 봉건시대의 사회경제적 위기"를 끝냄으로써 베트남민주공화국을 건국한 행위이기는 했지만 말이다(Fiorucci 2006: 295).

1957년 2월, 그러니까 당 중앙위원회의 자아비판이 있은 지 겨우 세 달이 지난 후, 잡지 『반 수 자』(*Văn Sử Địa*)에 실린 논쟁적인 논문에서, 하이 깍(Hải Khách, 역사가 Trần Huy Liệu가 택한 가명)은 토지개혁의 국가적 지역적 책임자들이 가지고 있었던 무분별한 이데올로기를 격하게 비난하는 분석을 내놓았다. 그에 따르면, 이들은 토지 소유규모와 그 소유자들의 혁명과 인민에 대한 정치적 태도를 체계적으로 뒤섞어 놓게 만들었고, 지주들은 이 태도에 있어서 언제나 원래부터 "봉건적이며 제국주의적이고 잔인한" 사람들로 고발되었다. 베트남이 농업·농촌 중심적인 나라였으며, 각 촌의 사회정치적·경제적 구조가 이제야 간신히 벗어난 한 세기 동안의 프랑스의 식민시대로부터 근본적인 영향을 받았음을 상기시킨 후에, 그는 지주계급이 다른 나라(중국과 소련)의 지주계급과 동일시될 수 없음을 — 그러나 개혁이 진행되는 시기에 동일시되었다 — 강력히 주장했다. 분별력을 호소하는 이 주장은 교정

66 이들 중 "권세를 부린 악질지주"로 분류된 사람들의 경우에는, 심의된 전체 2만 6,453건 중에서 2만 493명이 복권되어 77.4%의 착오율을 보였다.

운동의 시작과 일치했기 때문에, 뒤늦고 '안이하게' 보일 수도 있으나, 필자는 1954년 3월, 중앙토지개혁위원회 간부들 중 한 사람인 황 꾸억 비엣(Hoàng Quốc Việt)에게 부친 편지 형식으로 이를 이미 주장한 적이 있었다. 당시 그의 의견은 "제국주의의 시종인 대규모 봉건 지주들"이 소수 있기는 하지만, 지주 계급은 그들의 나라를 사랑하는 애국적인 소규모 지주들로 주로 구성되어 있다는 것이었으며, 따라서 그들에게 가해진 조치를 완화시키고 신중히 처리할 것을 주장하는 것이었다(Trần Huy Liệu 1954: 16). 당연히 그의 이야기는 경청되지 않았다.

닌 전 사의 사람들에게도, 이 나라 어디에서나 마찬가지로 교정운동은 상황을 현격히 완화시키는 조치로 받아들여졌다. 1957년, 4월 타인 바 현의 간부단이 토지개혁위원회가 3년 전에 선언한 계급분류와 판결을 재심사하기 위해 사에 도착했다. 이 주제에 대해서 당연히 매우 조심스러웠던 사의 당 역사가 제공하는 정보들과 이 당시 면담 중에 수집된 정보들을 대조함으로써 우리는 일련의 수치평가를 진행할 수 있다. 다른 사에 살고 있는 이 사 출신 사람들 중 지주로 선언된 25명 중 적어도 15명이 중농(9명) 혹은 부농(6명)으로 재분류되면서 복권되었다.[67] 자신의 집과 논 1마우를 되찾을 수 있었던 동 사 촌의 꾸이 하우(Quý Hậu) 씨처럼 일부는 몰수된 그들 재산의 일부를 회복할 수 있었다. 그동안 이미 다른 사람에게 집이 팔려버린 다른 사람들의 경우에는 새로운 집이 할당되었는데, 만 촌의 노안(Noãn) 씨와 같은 경우였다. 하지만 대부분은 도덕적인 회복의 혜택만을 얻었을 뿐이어서, 그들은 어쩔 수 없이 "그들의 이름과 명예"만을 되찾았다. 저항전쟁에 물질

67 선 끄엉(Sơn Cương) 촌에서, 원래 "지주"계급으로 분류된 39명의 가장 중에 7명만이 교정 후에 그대로 남았다. 5명은 부농으로 14명은 중농으로 재분류되었다(Hy Van Luong 1992: 194-195). 다른 예로, 현재 탄 홍(Tân Hồng) 사를 구성하고 있는 4개의 촌은 당시 공식적으로 280가구가 등록되어 있었는데, 정확히 10%인 28명이 지주로 선언되었고 교정운동 이후 18명이 재분류되었다(Fiorucci 2006: 290).

적으로(당의 역사에 따르면, 황소 한 마리, 200킬로그램의 벼, 수백 동의 현금 헌납) 기여했으며, 1949년부터 인민군 한 분대를 숙박시켰던, 완(Oanh) 씨는 면담과정에서 세월이 흘렀음에도 강한 원한을 숨기지 않았다.

> 1946년과 1947년 사이에, 나는 응우옌 짜이[Nguyễn Trãi, 닌 전 사와 옌 노이(Yên Nội) 사가 일시적으로 통합됨] 사의 제1행정위원회 소속 경찰대 대장이었으며, 이 직위를 닌 전 사에서[두 사는 1948년에 분리되었다] 1951년까지 맡고 있었습니다. 나는 베트민에 참가했으며, 푸 토(Phú Thọ)에서 프랑스인들을 상대로 하는 작전 도중에 얻어맞기도 했습니다. 나는 1950년부터 당원이 되었습니다. … 그런데도 나는 토지개혁위원회에 의해 지주로 선고받고 당에서 축출되었습니다. 사람들은 내게서 모든 것을 빼앗았습니다. 차 농장 12마우, 논 1마우, 집, 내 제기들. 지금은 아무것도 내게 남아 있지 않습니다. … 나는 [센 촌] 촌민들에 폭력적이었고 고용인들을 때렸다고 고발되었습니다. 그것은 거짓말이었지만, 그들이 나를 좋아하지 않았기 때문이었습니다. … 한참 후, 사람들이 저를 복권시켜 주었지만, 내 명예만을 돌려주었을 뿐 논 몇 사오에 대한 권리를 제외하면 저는 그 나머지를 돌려받지 못했습니다.[68]

사의 다른 가족들에게 이미 재분배되고 그들에 의해 이용되고 있던 토지와 재산을 원래의 소유자에게 반환시킨다고 규정함으로써 생겨나는 구체적인, 그리고 자주 해결 불가능한, 문제들에 정치적 차원의 고려가 덧붙여졌다. 치(Chi) 씨가 나중에 한 분석을 보자.

> 우리 가족은 '부농'으로 선고되었지만, 아버님은 그 이전에 차 건조장을 가지고 있었고 상인이셨기 때문에, 땅은 별로 소유하지 않은 대신에 돈이

68 1997년 10월 15일 면담.

많았습니다. 사람들은 그분에게서 문서들만을 빼앗아가고, 우리는 우리 집에 머무를 수 있었습니다. 다른 경우에는, 정부가 부농의 집을 매입하고 살기에 충분한 정도의 논과 함께, 사람들이 거주할 수 있도록 다른 집 한 쪽을 할당해주었습니다. … 1957년에 교정정책이 추진될 때, 사람들이 아버님께 재산에 관련된 문서들을 돌려주었습니다. 이론적으로는, 다른 복권된 부농이나 지주들에게도 그들의 집과 논들을 돌려주어야 했습니다. 하지만 여기[헤이 촌]에서는, 거의 그렇게는 되지 않았는데, 정부가 이미 협동농장의 건설을 계획하고 있었고, 1958년에 그렇게 되었기 때문이었습니다.[69]

실제로 교정운동은 각 촌들에 뒤늦게 개입했고 농업을 점진적으로 집단화하겠다는 결정은 이미 내려진 상태였다. 이 농업정책은 1956년 이후 제도화된 협동집단의 창설을 권장하는 계획경제적 조치들에 의해 구체화되어 갔다. 이는 사회주의 농업합작사의 수립을 위한 사전단계였는데, 합작사는 토지개혁에 의해 생겨나게 되었지만, 중기적인 관점에서 그 대부분이 경제적으로 생존이 불가능했던, 230만 명의 소규모 경작자들의 생산수단을 호조조(互助組)로 편제하는 것이었다. 이런 의미에서 교정운동은 저질러진 실수와 입혀진 손해를 물질적으로 바로잡으려는 실질적인 의지라기보다는 토지개혁이라는 '대격변'에 의해 깊숙이 충격을 받아 분열된 농촌사회의 문제를 완화시키고 화해시키는 조치에 불과했다. 농업집단화와 나라의 재통일이라는 실현해야 할 양대 과업에 맞서, 당은 그에 대해 반신반의하면서 불신하는 농민들의 신뢰를 절대적으로 되찾아야만 했다.

69 1997년 5월 3일 면담.

토지개혁의 결산과 영향: 몇몇 준거점들

멀리서 혹은 가까이서, 토지개혁 문제에 관심을 가졌던 모든 저자들은 '그 전과 후'에 따라 변화되는 수치들을 내놓았다. 이 수치들을 비교해 보면 상당한 차이들이 나타나는데, 이는 어떤 사료를 이용하는가, 저자들이 어느 정도로 하노이 체제에 대해 공감하는가, 그리고 어떤 역사적 시점을 고려하는가에 따른 것이다. 1945년 혹은 1953년 중 어느 것을 출발점으로 하는가에 따라, 재분배된 토지의 비율은 거의 숫자의 자리수가 달라지며, 따라서 토지개혁의 필요성과 정당성을 입증하는 정도가 달라진다. 표 8.4는 세 가지 예를 보여준다.

1945년 이전 상황과 비교하면(Lê Thành Khôi의 수치), 농지소유구조의 급격한 변화가 진행된 것이다. 농업생산에 대한 영향은 즉각적이었다. 개혁은, 그 경제적 구성에서 말하자면 농민에 대한 대체로 평등한 생산요소의 재분배를 통해, 한동안 베트남민주공화국의 농업에 활력을 불어넣었으며, 인구당 곡물비율의 악화과정에 잠시 동안의 휴지기를 표시하게 했고, 인구의 가장 빈곤한 계층의 삶의 조건을 분명하게 개선

표 8.4 토지개혁 전후의 부양인구당 평균 토지분배

	샬리안드(Chaliand) 1968: 33*		보 난 찌(Vo Nhan Tri) 1960: 361		르 타이 코이(Lê Thành Khôi) 1978: 56, 68**	
	전(m²)	후(m²)	전(m²)	후(m²)	전(m²)	후(m²)
지주	6,779	825 (−88%)	6,499	1,010 (−84%)	10,093	738 (−92%)
부농	2,116	2,159 (−0%)	2,141	2,135 (−0%)	6,393	1,547 (−76%)
중농	999	1,565 (+57%)	1,151	1,665 (+45%)	1,372	1,610 (+17%)
빈농	343	1,372 (+400%)	455	1,431 (+314%)	431	1,437 (+333%)
고농		1,421	199	1,528 (+768%)	124	1,413 (+1,100%)

주: * 베트남민주공화국 토지개혁위원회 통계
** 전체 5,673개 사 중 3,653개 사의 1945년 상황(Kinh té Viet Nam 1945-1960: 49)

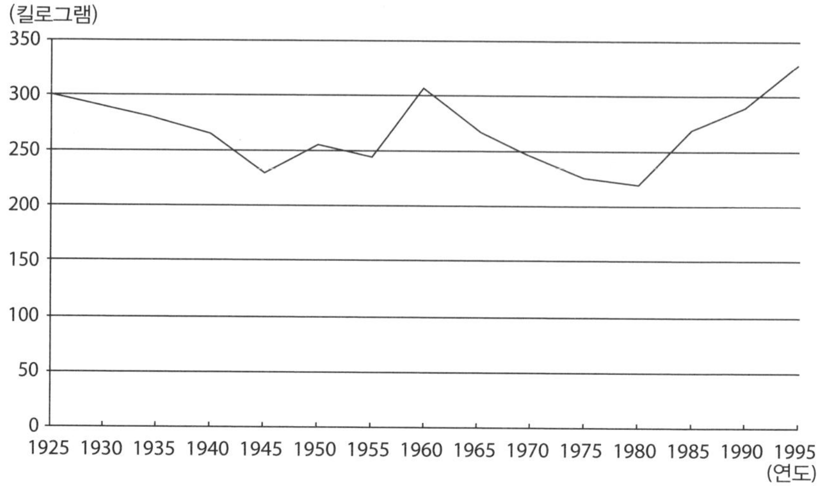

그림 8.2 20세기 베트남의 1인당 벼 생산량 추이

출전: Đào Thế Tuấn(1998: 14)

시켰다(Nguyễn Đức Truyên 1993: 22). 그림 8.2 그래프의 곡선이 이를 보여준다.

1955-1960년 기간 동안 벼 생산은 분명히 개선되었으며 생산증가는 인구증가를 뛰어 넘었다(Beresford 1988: 130). 이와 같은 일시적인 호전은, 경작 체계와 기술 체계가 변화하거나 주목할 만큼 개선되지 않았음에도 평균 수확량이 1954년 13.7퀸탈/헥타르에서 1959년 22.9퀸탈/헥타르로 지속적인 성장을 했다는 점에서 더욱 주목할 만하다(Barbier et al. 1997: 83). 혁명 이후 현대에 자주 반복되는 특성들 중 하나가 여기에서 보인다. 농업생산의 발달을 위한 농민층의 부정할 수 없는 의지, 특히 노동 강도의 강화와 경작방식의 최적화를 통한 영향이 그것이다. 집단화 시기는 이 증거를 반대로 제시할 것이다.

국가의 통계 서비스에서 제시하는 수치들은 조심스럽게 고려해야겠지만, 전국 벼 생산량은 공식적으로 1954년 255만 톤에서 1959년 519만 톤으로 늘어났다. 이 성장의 일부는 20% 가까운 경지면적의 증가가 효과를 발휘한 것이다. 경지면적은 1954년 189만 헥타르에서 1959년 227만 헥타르로 증가했다. 이 일시적 호전은 농업생산물 유통의 흐름이 역전된 것에서도 드러난다. 베트남민주공화국은 1955년 벼의 순수입국(20만 톤 정도)이었는데, 1957년부터 매년 평균 7만 톤의 벼를 수출했다. 이 경제적 재건은 논리적으로 국가 회계에 반영되었는데, 전체 농지세가 생산물의 10% 정도로 안정적인 상황에서 의무적인 현물징수를 통한 세수는 벼 68%의 성장을 보였다(Yvon-Trân). 따라서 토지개혁은 생산과 인민의 생활수준에 긍정적인 영향을 미쳤는데, 이는 제시되었던 목표들 중의 하나였다. 하지만 개혁은 베트민을 중심으로 공들여 결집시켰던 통일성을 몇 달 동안에 산산이 허공으로 날려버리게 했고, 닌 전 사에 생겨난 변화들처럼, 사의 사회적·정치적 풍경을 지속적으로 격변시켰다.

4. "대격변" 혹은 농촌사회의 재구성을 위한 의지

사 권력의 새로운 모습

토지개혁이 이데올로기적 함축을 가지고 있었음은 부정할 수 없을 정도이며, 이것이 바로 당이 토지개혁을 끝에까지 밀고나가기를 악착같이 바랐던 이유이기도 하지만, 이 정치적 중요성이 지역적인 차원에서 어떻게 표출되었는지를 살펴보아야 한다. 이를 위해 우리는 1945년 8월 혁명 직전부터 교정운동 이후에 이르기까지 닌 전 사에서 권력을 잡고 있었던 사 출신 사람들의 경력을 재구성했다. 그 결과물들은 연표의 형식으로 표현되었는데(사의 권력 구조에 대해서는 표 8.6 참고), 이는 다음과 같이 각기 다른 곳에서 뽑은 내용을 종합한 것이다. 사의 『관례』(*Hương Ước*, 사의 관례를 기록한 책의 1940년대 초 "개정판"), 사의 당의 역사, 그리고 1996년에서 1998년 사이에 진행된 일련의 면담내용이다. 각

열의 연대기적 구분은 지역권력의 주된 세 기구에서 차지하고 있던 직위가 이어진 것을 복원한 것으로 첫째, 임시혁명위원회는 1945년 말에 저항행정위원회로 개칭되었으며 평화가 회복된 이후 인민위원회로 되었고,[70] 둘째 당 세포(1948년 조직됨), 셋째 베트민 그리고 후에는 리엔비엣의 사 지부로 되었다.

첫 번째 열은 혁명 직전의 상황(1941-1942)을 보여주며, 이전에 "이장(lý trưởng)"과 "부이장(phó lý)"[71]의 직책을 맡았던 사람이 후일 새로운 체제의 지역간부를 맡았을 경우에는 알 수 있는 한 이를 기록했다. 마지막 세 열은 종합적인 요약이다. ① 토지개혁위원회에 의해 선고된 분류와 당으로부터 축출(1953-1954). ② 착오교정운동 때 행해진 재분류 여부. ③ 1957년 이후 지역 엘리트들의 상황변화(개혁이후). 면담을 통해 해결할 수 없었던 불확실하거나 빈 부분들이 여전히 일부 존재하지만, 이 종합은 의미심장한 경향을 드러낸다.

첫 번째 분석에서, 우리는 혁명 이전과 이후의 권력구조들 사이에 보이는 유동성에 놀라게 된다(1945-1953). 지역 엘리트들의 충원에 단절은 없었으며 이는 지속적이다. 이 상황은 무엇보다도 먼저, 베트민이 프랑스 식민주의와 항쟁을 벌이는 상황에서, 당시 당이 강조했던 민족연맹의 의지로 설명된다. 지역의 지도층 전체를 단숨에 새롭게 교체하는 것은 불가능했으며, 실제로 필요한 최소한의 교육을 받았던 빈농이나 고농은 매우 예외적이었다. 따라서 구체제와 타협해야 했는데, 이는 그 자체로 그렇게 관습에 어긋난 일은 아니었던 것이, 사람들이 이미 유지계급 전체를 식민권력에 복종하는 것으로 보는 극단적으로 이

70 이 지역행정 조직들이 관장했던 업무와 그들의 상대적인 자율성, 그리고 그 지도자들의 충원방식은 혁명정부와 식민권력 사이의 세력관계의 변화에 따라 변화되었다. 긴스버그(G. Ginsburgs)는 1962년에 이에 대한 자세한 분석을 제시했다.

71 레 왕조(1428-1788) 시기의 社는 응우옌 왕조(1802-1945) 시기에 里로 바뀌었으나 그 후 다시 社로 바뀌었다. 따라서 여기서의 이장, 부이장은 사장, 부사장에 해당한다(편자 주).

분법적인 관점을 버렸기 때문이었다. 따라서 사의 마지막 이장 투(Thư) 씨는 이전의 직위에서 상징적으로 해직된 지 며칠 후에 닌 전 사 임시혁명위원회 초대 위원장으로 지명되었다. 동 사 촌의 이전 부이장 촉(Cóc) 씨도 역시 이 놀라운 코스를 밟았는데, 그는 잠시 동 땀(Đồng Tâm) 사의 초대 주석(이전의 社長이 1945년 8월 베트남민주공화국 수립 이후 主席으로 바뀜 - 편자주)이 되었다가 닌 전 사 주석(1947-1949)이 되었다. 그리고 당이 비록 혁명 직후부터 "낡아 빠진 미신과 관습"을 철폐하자고 주장했지만, 이것이 만(Mánh) 촌 사당의 "주례자(chưởng bạ)"였으며 이전 이장이었던 하인(Hanh) 씨가 부주석이 되는 것을 막지는 않았다. 실용주의와 연속성이 존재했으며, 이는 지역의 정치적, 군사적 영역에서도 작동되었다. 1950년에서 1954년까지 당 세포의 비서였던, 맨 처음 당 세포가 된 세 사람 중 한 사람은 이전의 부이장이었고 1945년부터 1947년 사이에 저항행정위원회의 현금출납원이었다. 베트민 사 지부의 두 지도자 역시 이전의 이장들이었다.

토지개혁 간부들이 이 정치적 연속성에 결정적인 타격을 가했는데, 그들은 이를 봉건체제와의 반동적인 타협으로 간주했다.[72] 유일하게 프롤레타리아만이 인민을 사회주의로 이끌 수 있다는 것이었다. 안(An) 씨의 말에 따르면, 사의 토지개혁위원회는 각각 4개 촌을 맡았던 4개의 소조에게 이전의 이장들에게 관심을 기울일 것을 강조했는데, 이들은 '의심해야 할' 존재들이었다. 그리고 실제로 하이 촌에서 지주로 분류된 9명 중 4명은 과거에 이 직책을 수행했었다. 안 씨는 그 요점을 분명히 했다.

72 쩐 휘 리우(Trần Huy Liệu)가 면밀하게 묘사한(앞의 책), 단 추(Dân Chủ) 사의 인민법정 고발 집회 한 가운데서 "권세를 부린 지주"로 선고된, 응우옌 반 빈(Nguyễn Văn Bính)의 이력 또한 유사한 특성(토지개혁에 의해 갑작스럽게 중단된 권력행사의 지속성)을 보인다. "B는 이장이었고, 식민지 시기에 촌의 부촌장을 지냈다. 1945년 8월 혁명 직후에, 그는 사 그리고 뒤이어 현의 저항혁명위원회 주석으로 지명되었다. 그는 이곳에 창설된 첫 번째 당 세포 멤버이기도 했다."(2007: 23-24)

> 제 아버님이 이장이었던 만큼, 개혁위원회는 닌 전 사와 부 엔(Vũ Ển) [그는 닌 전 출신이었지만 부 엔에 농장을 가지고 있었다] 농민들에게 질문을 던졌습니다. 하지만 아버님이 좋은 사람이셨고 고용자들을 잘못 대하지 않으셨다고 농민들이 증언했기 때문에, 아버님은 여기[하이 촌]에 8마우의 차 밭과 1마우의 논을, 그리고 부 엔 사에 다른 논들을 소유했음에도 부농으로 선고되었습니다.[73]

이 점에서, 토지개혁 과정에서 해직된 닌 전 사 지역 엘리트들의 인생역정은 모 짝(Mộ Trạch) 촌의 사 행정을 담당했던 관리들의 그것과 매우 유사했다. 지주나 부농으로 분류된 촌민 76%가 1955년에도 여전히 그곳에서 사나 촌의 행정직을 맡고 있었다(Fiorucci 2006: 471).

하지만, 1953-1954년의 단절의 의미는 그 점에 있지 않았다. 가장 거대한 분절은 의심의 여지없이 사 당세포의 숙청이었다. 저항행정위원회에서 책임자로 있거나 있었던, 3명의 창건자들 모두 축출되었으며, 한 사람은 부패혐의로 고발되었고, 나머지 두 사람은 "착취자 계급과 관계를 가졌었다"고 의심받았다. 1953년 당 세포를 이루고 있었던 총 16명 중 10명이, 즉 2/3가 같은 운명을 겪어서 숙청당했다가, 다시 재가입하는 바람이 불었을 때 빈농이나 고농으로 분류된 7명이 재가하였다.[74]

---

73 1996년 10월 14일 면담.

74 전국석인 차원에서 1956년 11월에 제출된 정지국의 한 보고서는, 개혁의 4차 5차 투쟁 동안 당의 완전한 재조직이 이루어져서, 그 수가 2,876개에서 3,777개로 된 세포조직과 15만 명에서 17만 8,000명이 된 세포 구성원들의 85%에 영향을 미쳤다고 평가했다. 같은 시기에 8만 4,000명, 즉 전체의 47.1%가 축출되었다. 따라서 새로운 가입자들의 총수는 11만 2,000명으로 늘었으며, 63%의 쇄신 비율을 보인다. 결론적으로, 이 보고서는 이 새로운 조직이 당의 조직 붕괴, 당 내에서 그리고 행정부와의 응집력 상실, 그리고 인민들의 불신이라는, 원래 기대했던 것과는 반대되는 결과를 얻었다고 결론지었다(Đặng Phong 2005: 87). 정치국의 이 보고서는 "농민들의 소유의 정신에 근거하여 토지개혁을 이데올로기적으로 생각하는 일부 세력이 빈고농을 모든 것 위에 위치하게 이끌었고, 빈고농을 당 내에 심지어는 당 위에 자리 잡게 만들었다. … 당 세포 내에서 빈고농의 비율을 전체의 97%까지 끌어올린 것이 바로 이 이데올로기적 세력의 착오를 보여준다"고 비판했다(Đặng Phong 2005: 87). 참고로, 1953년에 22개 촌에서 실시된 조사는

그들의 계급 분류가 그들의 축출을 이끌어냈는지 혹은 그 반대인지 아직도 불분명한, 이전의 지도자들이나 지주들에게만 숙청이 영향을 미친 것은 아니었다. 이제 간신히 권력층에 다다라 신분상승 중이던 새로운 엘리트들 역시 내동댕이쳐졌다.[75] 응우옌 씨는 1954년 사 인민위원회 주석이자 동시에 당원으로 지명되었다가 같은 해 축출되었는데, "확인 끝에 사람들이 그를 반동으로 의심했기 때문이었다." 감(Gấm) 씨의 사례는 이 불안정한 시기의 전형적인 예이다. 1950년대 초 당에 가입했고 1952년 11월부터 사의 주석이었던 그는 상승하는 새로운 엘리트의 상징적인 인물이었다. 이전의 농업 노동자였고 봉건 질서를 뒤엎음으로써 권력을 잡았던 착취당하던 프롤레타리아 계급의 대표자 자격으로, 그는 토지개혁위원회 위원이 되었다. 하지만, 그는 '착취자들과의 식사 자리에 참석했기' 때문에 사 주석의 직위에서 해임되었으며 당에서 축출되었고, 나중에 그 역시 축출된 응우옌 씨에게 이 직위를 내주었다. 이 황급하고 꽤 혼란스러운 과정의 목적을 경험적으로 알아내기는 어렵다. 아직 초기형태의 세포에 새로운 구성원들을 받아들여 기존의 구성원들을 더 많이 축출시킴으로써, 토지개혁위원회가 '우경적인' 일탈에 타협하지 않으며 일관된 지도력을 보이고 있음을 당 고위층에 보이는 충성의 서약이었을까? 어찌 되었든, 착오교정운동은 "부당하게 당으로부터 축출된" 16명 거의 대부분을 재가입시키는 것으로 끝났고(단 한 경우만 미결로 남겨졌다), 이 재가입과 함께 4명의 지주가 복권되어 새롭게 분류되었다. 이 중 한 사람인 휘(Hỷ) 씨에게 이 복권은 그의 사후(死後) 칭호로서 부여되어야만 했다. 그가 사의 주석이었고 이후

촌의 당 세포에 빈농이 3.7%에 불과했음을 보여준다. 13.5%가 지주였고, 15%가 부농, 61.4%가 중농, 그리고 3.5%가 "소시민"이었다(Hartingh 2003: 32). 하지만 중앙정부의 이 신랄한 비판은 그들 스스로가 처음에 제시했던 정치노선이 적용되는 현장으로부터 그들을 다시 한번 더 멀어지게 만들었다.

75 선 끄엉(Sơn Cương) 사에서 42명, 즉 총세포 구성원들의 46%가 숙청되었는데 지주와 부농의 비율은 전체 인구의 13%에 그쳤다(Hy Van Luong 1992: 192-193).

1951년까지 베트민 사지부의 부지부장이었음에도 그는 '배신자 지주'로 분류되어 1955년 총살되었던 것이다.

그러나 뉘우치는 듯 한 어조와는 달리, 교정운동은 토지개혁 동안 형성된 지역 권력의 새로운 면모를 상당한 정도로 변형시키지는 않았다. 1953년에서 1954년 사이에, 전체 간부들이 불신되어 제거되었으며, 사 업무에 대한 지도권은 새로운 팀에게 맡겨졌는데, 이 팀은 중농과 "착취 받던" 대중 출신이었다.[76] 예를 들어 응안(Ngân) 씨는 농업노동자로 1953년에 당에 가입했으며 하이 촌의 토지개혁 소조의 책임자로 지정되었다. 다른 용어를 사용한다면, 당 내부에 이전의 간부들이 다시 통합되고 몇몇 지주들이 복권되었음에도, 이것이 새로운 상황을 근본적으로 변화시키지는 않았는데, 이 타협적인 움직임으로 복권된 사람들이 지역의 권력기구 속에 편입되지 못했기 때문이었다. 단절은 완성되었고 새로운 지도부는 앞으로 20여 년간 그 지위를 차지할 것이었다. 그럼에도 몇몇 예외적인 경우에 주목하자. 가장 돋보이는 사례는 지앙(Giảng) 씨의 경우로, 그는 하이 촌의 차 농장주로 만 란(Mạn Lạn) 사 출신이었다. 촌민들로부터 일치된 존경을 받는 인물이었던 그는 세 시기(식민시기, 혁명 이후, 토지개혁 이후)를 살아남은 유일한 간부였다. 몇 년 동안 배제되었다가, 1961년에서 1963년까지 사의 인민위원회 주석으로 지명되었고, 1964년에는 그 10년 전에 쫓겨났던 당 세포의 서기 직위를 되찾아서 1976년 은퇴할 때까지 이 직함을 지녔다. 또 1950-1952

---

76 오랫동안 공산주의 특권층에 가장 영향력이 있었던 조언자들 중 한 사람이었던 경제학자 보 난 찌(Vo Nhân Tri)는 1960년 빈농과 고농들이 지역 권력구조에 대한 영향력을 장악한 것은 집단화 국면을 급속하게 추진하려고 했던 당의 의지에 대응한 것이었다고 설명했다. 당 중앙위원회 구성원들은 과거에 착취당하던 사람들이 협동체계의 수립에 가장 의욕적일 것이라고 실제로 평가했었는데, 이들이 지주와 부농의 생산수단 독점으로 인해 가장 고통당하던 사람들이었기 때문이었다. 중농 계급에 대해서 그는 "이중적인 속성"을 강조했다: "그는[중농은] 노동자이면서(긍정적인 측면) 동시에 자본주의에 대한 본능적인 경향성을 가진 소생산자(부정적인 측면)이다."(Vo Nhân Tri 1960: 367) 따라서 이 분석은, 당 세포들이 이처럼 통제력을 장악한 것을 하부조직에서의 "좌경적인" 일탈로 치부했던, 앞에서 인용한 정치국의 보고서가 허위임을 지적하고 있다.

년의 이행기 동안 저항행정위원회 부주석이었고, 1964년부터 1967년까지, 그리고 1973년부터 1977년까지, 인민위원회 주석이었던 추(Cự) 씨의 사례도 마찬가지로 언급하자.

주거 공간의 재분배와 재구성

독립선언 직후, 신생 베트남민주공화국 지도자들은 베트민이 통제하는 해방지역에서, 지역의 지리적 단위들을 점진적으로 하지만 근본적으로 재규정하게 강제함으로써 '봉건적인' 구체제의 상징인 농촌 공간을 개편하려는 의지를 천명했고, 타인 바 현에서부터 적용하기 시작했다. 토지개혁 전야에 사의 거의 전부가 재편성되어서, 단순하게 이름이 바뀌는 것부터 시작해서 사의 단위가 더 큰 규모로 집중되고 통합되는 절차가 진행되었으며, 때로는 이전의 군의 크기로 합해지기도 했다. 이 영역의 재편작업은 홍강유역 전역에서 진행되었으며, 이에 따라 인류학자 응우옌 퉁(Nguyễn Tùng)은 "(혁명)이전의 사들"과 연속적인 개편의 결과물인 "새로운 사들"을 분명하게 구분하는 새로운 명칭체계를 제안하기도 했다(1999: 53). 이런 관점에서 고려해보면, 토지개혁은 이미 10년 전에 촌 내부의 문제에 관여하면서 시작된 변화작업을 완수한 것이었다. 이 역동적인 사 내부의 재구성을 살펴보기 위해서, 우리는 토지개혁 이전과 이후 헤이 촌의 거주 공간 조직을 비교해보았다. 토지개혁 당시의 계급구분에 따른 촌민들의 거주지 변화(새로운 집이나 집의 일부를 분배받았거나 몰수당함)는 시기별로 다른 두 장의 지도의 형태로 제시되었다(그림 8.4). 원칙적으로, "권세를 부린 악질지주"의 거주지만이 몰수되어 재분배되고, 보통 지주와 저항세력의 부동산은 양도되어서는 안 되었지만(토지개혁법 3조), 이 지도들을 비교해보면 실현된 격변이 얼마나 큰 것이었는지를 분명하게 알 수 있다. 일련의 요소들이 이 상황을 설명해준다.

첫 번째로, 몰수 조치들은 그들의 지위가 어떠했든 지주들에게 구분 없이 적용되었다. 엄밀한 의미에서의 헤이 촌에서[룽 부오이(xóm Lũng Bưởi) 총과 카우 산(xóm Cầu Sẳn) 총 지역을 제외한 지역], 이 조치들은 여러 채의 집을 소유하고 있던 지주 두 사람에게만 적용되었다. 두 사람 중 한 사람의 딸인 탕(Thang) 부인의 설명을 들어보자.

> 개혁 이전에 제 아버님은 6채의 집을 가지고 있었습니다. 지금은 응안(Ngân) 씨의 땅이 된 곳에 있었던 2채의 집에는 그가 2명의 부인과 살았고, 끄엉(Cương) 씨의 땅에 있는 집 한 채에는 내 동생 다트(Đạt)가, 쟈오(Giao) 씨의 땅에 있는 집 한 채에는 또 다른 동생 판(Phấn)이 살았고, 투이(Thuy) 씨의 땅과 지금 내가 살고 있는 땅에는 두 채의 대나무 집이 있었습니다. … 이 두 대나무 집들은 프랑스의 공격으로 차 제조장과 집 몇 채가 불탄 이후에 지어졌습니다. … 지금 내가 살고 있는 땅은 개혁 당시 빈농이었던 바 죽(Ba Dục) 씨와 후이(Huy) 씨에게 분배되었지요. 나와 군인이었던 남편에게는 지금은 하오(Hảo) 씨의 마당이 된 땅이 할당되었습니다. 2-3년 후에 우리는 바 죽 씨와 투이 씨로부터 제 아버님의 옛 땅을 다시 샀습니다.[77]

다른 지주 호에(Hoè) 씨는 촌의 중심부에 있는 집 두 채에서 두 부인과 살았고, 다른 집 두 채에는 그의 두 아들이 살았다. 당의 역사는 "[하이] 촌의 두 지주들은 만 촌에서 농민협회에 의해 쫓겨난 뒤 수감되었다"고 적고 있으며, 이를 보면 개혁의 촌 공간에 대한 영향은 미미한 것으로 생각할 수 있다. 당시 촌에 있었던 총 65채의 집들 중 실제로 10여 채의 집과 대지가 몰수되어 재분배되었다.

이제는 착취당했던 사람들과 공훈을 세운 애국자들에 대한 거주지의 분배라는 두 번째 요소를 생각해보자. 인근의 다른 사에서처럼, 하

---

77 1998년 1월 7일 면담.

표 8.5 하이 마을, 토지개혁 당시 거주지 변화

	노동자	빈농	부 엔(Vũ Ển)의 피난민	군인, 간부	계
집의 할당	12	2	1	2	17
대지의 할당	5	2	3	1	11
변화없음	2	7	1	1	11

이 촌에서 경작방식과 생산관계는 차 농사의 발전에 의해 결정되었는데, 특히 차 농장에는 노동력이 많이 필요해서, 재분배 조치로 인해 혜택을 입을 수 있는 촌민들의 비율이 높았다. 표 8.5는 개혁에 의해 유발된 대지와 주거지가 할당된 것을 종합한 것이다.

이 조치들의 주된 수혜자는 당연히 이전의 농업노동자들이었다. 토지개혁 이전에는 이 중 9명만이 촌에 집을 가지고 있었는데, 이 수는 재분배 이후 19명으로 늘었다. 이 수혜자들 중 7명은 일자리를 찾아 농장들을 떠돌아다녔던 일용 노동자들이었다. 이 숫자는 하지만 촌의 차 농장에서 일했던 노동력 전체를 반영하지는 않는데, 이들 중 많은 수가 1953년부터 자신들의 고향으로 돌아감으로써 계산에서 빠지게 되었기 때문이다. 이 할당비율은 "빈농"의 범주에 속한 경우에 반대가 되는데, 이들 대부분이 그들의 거주지를 지켰기 때문이다.

마지막으로 세 번째 요소는, 거주지의 재분배가 각 농민 가구에 개인적인 거주지를 체계적으로 할당해주지는 못했다는 점이다. 토지개혁 이후의 공간 지도는 두세 가구가 함께 거주하는 사례 일곱 가지를 보여준다. 이 공동거주는 바오(Bảo) 씨의 설명처럼 행정적으로 결정되었다.

이 집[그의 집]은 호에 씨의 집이었습니다. 이전에 이 집은 일곱 칸[78]이

78 기둥과 칸(travées)의 수에 따라 집의 크기를 세는 방법은 집의 크기를 묘사하고 평가하는 데 흔히 사용했던 방법이다. 칸은 기본단위로 두 기둥(집의 길이 방향으로)으로 제한된 격자 모양의 구획으로 그 중앙의 칸은 조상을 모시는 제단으로 이용되었다. 한 칸의 크기는 지역에 따

었습니다. 토지개혁 때, 세 칸은 하 타이(Hà Tây)의 노동자였던 쿠옹(Khương) 씨에게 분배되었고, 두 칸은 부 엔(Vũ Ẻn)의 피난민이었던 티 람(Thị Lâm) 부인의 아버지에게, 그리고 나머지 두 칸은 느억(Nức) 씨에게 분배되었습니다. … 느억 씨는 독신이었고, 삼촌인 히엔(Hiền) 씨의 집에서 남녀동생들 셋과 함께 살고 있었는데, 이 네 형제는 한 가구로 인정되었고, 그래서 그들에게 두 칸이 할당되었습니다. … 나는 1955년에 결혼했고 1957년에 제 아버님이 쿠옹 씨에게서 세 칸을, 그리고 티 람 부인의 아버지에게서 두 칸을 다시 사서 제게 주셨습니다. 나는 10년간을 느억 씨와 함께 살다가 1967년에 그에게서 두 칸을 다시 샀습니다. … 투(Thư) 씨 소유의 이 옆집도 같은 경우입니다. 원래 그 집은 응안(Ngân) 씨와 티 테(Thị Thể) 부인에게 분배되었습니다. 1968년에 티 테 부인은 자신 소유의 두 칸을 떼어내서 지금은 티 축(Thị Cúc) 부인이 살고 있는 대지에 옮겨 세웠습니다. … 테 부인이 떠나고 난 후 응안 씨는 다시 두 칸을 새로 지어 다섯 칸 집을 만들었습니다.[79]

재구성의 이와 같은 계획적인 형태는 우선 배정할 수 있는 거주지의 수와 잠재적으로 혜택을 입을 사람들 사이에 부정할 수 없는 불균형이 존재했기 때문이었다. 이 지역에서 이 제한적인 요소는 집을 지을 수 있는 땅이 얼마나 있는가가 아니라 이미 존재하는 주택이 얼마나 있는가의 문제였다. 집 지을 좋은 땅을 받는다고 해도, 거기에 허름하나마 집을 지을 수단이 없다면 무슨 소용이 있겠는가? 이것 때문에 거주지들을 두세 칸씩 "분리"시켜 각각 한 가구에 할당해야 할 필요가 강제되었다. 사람들은 이제 주택 일부분의 주인이 되었고, 나무로 칸칸

라서, 경우에 따라서는 촌에 따라서 달라졌다. 하이 촌의 경우에 한 칸의 크기는 집에 따라 2m 40cm에서 2m 70cm 정도였다.

79 1997년 9월 2일 면담.

이 지어 떼어낼 수 있었던 구조의 특성으로 인해, 이 일부분을 건물의 다른 부분으로부터 떼어내어 다른 곳에 다시 지을 수도 있었다. 하지만 이처럼 강제된 공동거주의 이유가 주택부족만은 아니었다. 이는 또한 이데올로기적 일관성의 필요에 의한 것이기도 했는데, 단 하나의 가족은, 비록 가장 빈곤하고 과거에 완전무결하게 혁명적이었다 하더라도, 그들만으로 이전 지주의 거주지를 점유할 수는 없었다. 토지개혁위원회는 이 일관된 논리를 끝까지 밀어붙여서, 같은 친족이나 같은 촌 출신의 가족들이 같은 집에 살지 않도록 노력을 기울였다. 혈족관계와 이웃관계는 봉건질서를 완전히 전복시키기 위해 금지해야 할 사회관계의 두 축이었기 때문이었다.

이처럼 만들어진 인위적인 상황은(사회적으로 공동거주는 친족 내부에서 특정한 경우에만 허용되었다), 때로는 지나칠 정도로 혼잡하게 모여 살게 되었기 때문에 긴장이 높아졌다. 따라서 바오 씨가 서술한 첫 번째 경우에, 3개의 구별된 가구에 속하는 적어도 8명의 어른과 4명의 아이들이 같은 지붕 아래에서 수년 동안 함께 살았다. 공동거주 공간의 분리나 매각을 통해서, 시간이 지나면서 이 긴장들은 약화되고 해소되었으며, 이로 인해 거주 공간의 전반적인 구조가 달라졌다. 1960년대 말에 이르면, 이 거주 공간의 집단화 시도의 구체적인 증거들은 거의 남지 않게 되었다.

토지개혁은, "지주들"과 사에 살고 있는 혈족 집단의 구성원을 뒤섞음으로써 혈족의 상위 단위(종계와 방계)[80]를 문제 삼으려 하지 않았는

80 베트남의 혈족 구조는 각 단위 구조의 증대를 통해 가장 작은 단위들이 더 상위의 단위로 통합되는 형태로 구성된다. 종족(중국식 베트남어로 dòng họ, họ, tộc)은 그 지파들(chi, phái, ngành)로 나눠지며, 이들은 다시 확장된 가족(대가정)으로, 그리고 그 밑으로 기본적인 가족구성 단위(가정)로 나눠지고, 상위 단위는 이들 하부 단위의 구조들을 통합한다. 이 정돈방식의 원칙은 조상에 대한 숭배(직계 부모와 그 위에 창시자에 까지 이어지는 선조들과 더 먼 조상들)에 근거하고 있는데, "넓은 의미의 가족"(종족)이 공동의 시조를 가진 같은 조상의 후계자들을 지칭하기 때문이다. 이 부계 혈족 구조에서, 일정 정도의 혼합이 허용되기는 하지만, 기본적인 가족구성 단위(가정)가 주거의 단위로 규정될 수 있다. 그 속에서 대부분의 생산과 소비 행

데, 이 점에서 종가나 방계가문의 가장을 치욕스러운 착취자의 지위에 섞어 넣음으로써 혈족의 이 단위를 공개적으로 겨냥했던 중국의 토지개혁(1950-1952)과 달랐다(특히 Thireau and Kong Mak 1992 참고). 하지만 이런 고려에도 불구하고 직계혈족 집단에는 상당한 제한이 가해질 수밖에 없었다. 투 씨의 세 아들과 호에 씨의 두 아들은 지주계급으로 분류되었고, 이 자격으로 상(Sang) 씨가 회상하듯 "촌에서 쫓겨났다."

> 지주들 모두와 그의 가족들은 이웃 사인 만 촌의 현재 병원이 있는 곳 옆에 함께 배치되었습니다. 적어도 20명의 지주들이 같은 곳에 머물렀습니다. … 당국은 그들을 더 잘 관리하고 더 쉽게 감시하기 위해서 이들을 모여 살게 했습니다.[81]

참으로 가구 구성원들 전체에 영향을 미치는 사 사람들로부터의 배제과정이었다. 이를 두고, 지위의 "상속"이라고 이야기하는 것은 빈말이 아니어서, 투 씨의 아들 닷(Đạt) 씨는 수십 년이 흘렀음에도 씁쓸하게 회상한다.

> 사로 되돌아갈 수 있게 된 것은 1959년에 이르러서였습니다. … 아버님은 호에 씨처럼 만 촌에서 돌아가셨습니다. ["은퇴하셨을 때인가요?"라는 질문에] 어떻게 제가 은퇴를 하겠어요? 간부로도 노동자로도 고용되지 못했던 걸요. 저는 지주의 아들이었으니까요. 토지개혁 이후 저는 제로 상태에서 다시 시작해야만 했었습니다. 하지만 지금은 하노이의 뿌르꾸와(Pourquoi) 국립 라디오에서 일하는 아들처럼 제 아이들은 이 상황을 잘 벗어났지요. … 제 형님 판(Phan)이 지금 이곳에 살고 있는 가문의 가장인데, 사

위가 이루어지기 때문이다.

81 1997년 9월 2일 면담.

쾅 납(xã Quảng Nạp) [닌 전 사의 옆 사]에 살고 있습니다. 저처럼 이곳에 돌아올 수도 있었는데, 워낙 안 좋은 기억이 많아서 싫어하셨습니다.[82]

교정운동에도 지주의 가족들은 이처럼 긴 시간 동안 그들 지위의 정치적, 사회적 부담을 감당해야만 했었고, 동 사 촌에서 '지주'로 선고된 독(Đốc) 씨의 아들 바트(Bát) 씨처럼 복권되기 전에 관행적인 차별[83]을 받았다.

토지개혁 때, [토지개혁] 위원회는 이론적으로 모든 이들에게 부양인구 한 사람 당 3사오라는 동일한 면적의 토지를 분배해야만 했습니다. 하지만 지주와 그 후손들에게 사람들은 물이 머무르게 할 수 없는 높은 지역이나 혹은 여름철에 계속 홍수가 나는 논과 같이, 토질이 가장 나쁘거나 촌에서 가장 멀리 떨어진 토지를 주었지요. … 사람들이 제 아버님의 집을 징발했을 때, 간부들은 정부가 이를 사는 것이라고 이야기했지만, 그들은 문서든 돈이든 아무것도 주지 않았습니다. 그렇다고 불평을 늘어놓을 수도 없었습니다. … 협동농장의 창설[1959]까지는 우리들에게 참 힘든 시기였습니다. 계속해서 [촌의] 다른 사람들과 다툼이 있었고, 우리는 모두로부터 떨어져 지내야만 했습니다. 그 후로 일은 차츰 정리되어서 지금은 겉으로는 더 이상 문제는 없습니다. 하지만 나무가 칼질을 한번 당한 다음에, 비록 껍질은 다시 덮이겠지만 속으로 상처는 계속 남지요.[84]

그리고 이것은 개혁이 시작한 지역의 사회적 공간 재구성 과정의

82 1997년 10월 3일 면담.

83 혈통에 근거한 이 차별은 토지개혁 이후 정부의 정책에서 분리할 수 없는 한 요소이기도 했다. 협동농장의 창설 과정에 대해서, 경제학자인 보 난 찌는 1960년 다음과 같이 설명했다. "부모와 함께 살고 있는 '아직 착취에 참가하지 않은 지주와 부농의 아이들'은 정치적으로 부모와 동일시되지 않지만 그러나 협동농장에 들어갈 수 없다."(Vo Nhân Tri 1960: 367)

84 1996년 7월 28일 면담.

여러 측면 중 하나에 지나지 않았다. 하이 촌에서 친족집단의 상위단위를 직접적으로 공격하지 않은 대신, 토지개혁위원회는 촌 내부의 조직을 변경하여 역사적인 의미를 가지고 있었던 '안골(giữa làng)'[촌의 중심]과 '바깥 골(ngoài làng)'[촌의 주변부]의 대립을 없애려 노력했다. 사실 이 대립은 맨 처음 촌에 자리 잡았던 세 가문(Trịnh, Trần 그리고 Lương)과 20세기 초부터 후에 이주해온 더 많은 수의 이주민들의 구분을 반영하는 것이었다. 이곳에서 중심부에 자리 잡고 있다는 사실은 무엇보다도 촌 창건자들의 후손들에게 그들의 토착적인 지위의 우월성을 주장하게 하는 근거였다(Tessier 2003 참고). 이 세 창건자 가문들 중 두 가문과 연관된 '지주' 가족들의 동산과 부동산을 몰수하여 중심부의 두 지역에서, '착취 받던 계급'에 속한 사람들과 간부 및 군인들에게 배타적으로 재분배함으로써, '창건자들과 외래자들' 사이의 관계는 역전되어 변질되었으며, "촌 중심부와 외부"의 대립이 생겨나서 사회적 구분의 중요한 기준이 되었다. 이와 같은 역사사회학적 축이 역전됨으로써 촌 중심부에서 창건자들의 후손들의 영향력은 약화되었다. 구체적으로, 토지개혁 이전에 촌 중심부에 자리 잡고 있었던 20가구 중에 창건자 후손들이 13가구였던 반면, 개혁 이후에는 22가구 중 7가구에 불과했고, 이주민들이(이전의 노동자들 7가구, 빈농 5가구, 간부 및 군인 3가구) 새롭게 주도적인 세력이 되었다. 이와 같이 원주민에 근거한 "이전의 생활" 속에 형성된 사회적 위계를 폐기하려는 정치적 의지가 촌의 공간에 새겨졌다. 폴-레비(F. Paul-Lévy)와 시고(M. Sigaud)는 이를 "공간을 의식적으로 내부에서 재구성한 것은 대개는 국가의 목표들과 연관되어 있었다"고 규정했다. "공간을 변화시키는 것은 새로운 권력 탄생의 전조를 남길 수 있는 새로운 질서의 등장을 구체적으로 형상화한 것이다."(1883: 248) 물리적으로 "착취자들"의 지위와 자리에 "착취당하던 사람들"을 세우는 것보다, 낡은 사회체제의 공간적 배치가 역전된 것을 더 상징적으로 보여주는 것은 없다.

민속 신앙과 종교 공동체 길들이기

낡은 사회질서의 타파는 토지대장을 전복시키는 것만으로는 만족시킬 수 없었다. 종교와 민속 신앙이라는 뒤흔들어야 할 마지막 보루가 남아 있었다. 혁명 직후 "새로운 삶을 건설하자(Xây dựng đời sống mới)"는 운동이 추진되었고, 그 반향이 사의 당사(黨史)에 의기양양한 어조로 기록되어 있다.

> 이 운동은 미신, 낡아빠진 관습에 강력히 반대하고 위생을 개선하기 위해 개시되었다. … 당시에 문화예술 활동이 확산되었고 수많은 공연이 헤이 촌의 사당(祠堂, dinh)에서 조직되었다. 1949년부터 "새로운 삶을 건설하자"는 운동이 일반화되었고, 사회적 악습은 줄었다. 당 세포는 인민들 사이에서 "신앙의 자유"와 "미신 철폐"를 위한 선전활동을 조직했다. 이로 인해서 점차 사당(dinh), 탑(chua) 그리고 전각(den)에서의 숭배가 사라졌다(Ninh Dân 1996: 17).

이 짧은 회상을 통해서, 우리는 "새로운 인간"의 출현에 필요한 급격한 변화를 추진하고 실행하는 존재로서, 당이 민중문화의 모든 영역에 관여하고 강제하려는 의지를 분명히 이해할 수 있다. 따라서 종교의 영역에 집착하는 것이 당연했는데, 사당·탑·전각에서의 숭배는 무지몽매하고 퇴행적인 "미신"으로 간주되었으며, 이들을 철폐시키는 것이 정당한 것이 되었다. 그래서 사의 3개 촌에서 매년 음력 11월 12일과 15일에 사당에서 공동으로 치렀던 기도와 숭배를 드리는 예식이 1946년부터 폐지되었으며, 인민연극이 이를 대신했다. 이 대치작업은 지역적 숭배를 통제하는 첫 번째 구체적인 조치였는데, 촌 집단 정체성의 가장 상징적인 기구인 사당에 대한 진정한 타격이었다.

당의 교조적인 개입은 1956년과 1959년 사이에 절정에 달해서, 논란이 되고 문젯거리가 된 사의 모든 숭배체계가 파괴되었다. "과거를 완전히 백지상태로 만들려" 했던 이 의지의 극단적인 실현은 오늘날 현재에도 사람들을 매우 불편하게 만들고 있으며, 이 상황을 함께 겪은 사람들에게 각인된 집단적인 기억상실의 형태로 표현된다. 어쩌다가 이전 촌민들이 빗대서 이야기하는 것에 따르면, 이 과정은 급작스러운 파괴라기보다는 숭배체계가 점진적으로 퇴락하는 과정이었다. 세월이 흐른 뒤 되새겨보면, 그와 같은 행위는 생각할 수도 없을 만큼 심각한 것이었다. 끄엉(Cương) 씨의 설명을 들어보자.

> 새로운 체제가 들어선 초기에, 사람들은 신앙, 미신 그리고 종교를 혼동했습니다. 혁명의 원칙들을 존중하기 위해서, 사당에서의 숭배, 순례 그리고 축제는 포기되었습니다. … 아무도 촌의 사당을 관리하지 않았고, 사당은 점차 악천후 때문에 퇴락해갔습니다. … 주민들이 차츰 벽을 막은 널빤지나 나무로 된 기둥들을 책상과 의자를 만들기 위해 가져갔고, 사당의 지붕을 덮었던 종려나무 잎사귀들을 자기 집으로 가져갔으며, 내부와 외부의 포석들로 자기 집의 마당을 덮었습니다. 그리고는 제단과 제기들이 불태워졌습니다. 만(Mánh)과 센(Sen) 촌의 사당들 역시 이런 식으로 사라졌습니다. 다행스럽게도, 만의 신전(mieu)은, [마지막 주례자(chủ tế)] 푸옹(Phương) 씨의 아버지가 "응억 파(ngoc pha)"[건립에 관한 이야기]와 "삭 풍(sắc phong)"[왕의 명령]을 나무 상자에 넣어 자기 집에 숨겼고, 이것들이 없었더라면 사람들이 신전을 다시 세울 수 없었을 것입니다. … 얼마 후에 사람들은 미신과 종교를 혼동하지 말아야 한다는 것을 깨달았고 숭배를 되살려냈습니다. 하지만 어디에서나 사람들이 다 파괴해버렸던 것은 아니었습니다. 여기 푸 토(Phú Thọ) 성이 특별하게 심했던 것입니다.[85]

85 1997년 12월 1일 면담.

당시에 청소년이었던 히우(Hiếu) 씨도 유사한 과정을 설명한다.

사당은 지금은 킴(Kim) 씨의 집이 있는 곳에 있었습니다. 그래서 이 가족이 그처럼 많은 어려움과 불행을 당했습니다. … 그 입구에는 커다란 "카이 시(cây si)"[벤자민 무화과나무] 한 그루와 백년이 훨씬 넘는 멋있는 "카이 다(cây đa)"[바니아 무화과나무] 한 그루가 있었습니다. 그리고는, "미신타파운동" 시기에는, 아무도 사당에 관심을 기울이지 않았습니다. 각자가 널빤지 한 장, 기둥 하나 등 자신들이 바라는 것들을 와서 가져갔고 그렇게 사당은 불쏘시개로 천천히 사라져 갔습니다. … 그리고는 사람들이 두 그루의 큰 나무를 잘라냈습니다. 이때부터 촌의 상황이 나빠지기 시작했습니다.[86] 혁명 전에는 아주 번성한 촌이었는데…[87]

사당이 사라지는 과정은 이처럼 점진적이고 거의 우연적인 과정으로 묘사된다. 세월이 지나면서 마모되고 모두가 뜯어갔기 때문에, (이름을 들어 지칭할) 진정한 책임자도 없었으며, 촌민들은 아무도 "잘못을 저지르지" 않았고, 결국에는 당시의 정치적 노선에 의해 비난받은 장소와 관행에 대한 무관심의 산물로 묘사된다. 자기책임 면하기의 당연한 과정인데, 하지만 몇몇 경우에 난폭한 파괴임이 밝혀지고 그 책임자를 알아낼 수 있게 되는 경우도 있다. 이웃 사인 만 란(Mạn Lạn)에 대한 하이(Hải) 씨의 이야기를 들어보자.

이전에 만 란에는 커다란 공동가옥 한 채와 탑 하나, 그리고 전각이 둘 있었습니다. 매년 음력 11월 14일에는 순례가 행해졌었습니다. … 토지개혁

86 바니안 무화과나무는 매우 상징성이 강한 나무로, 베트남의 모든 촌에, 일반적으로 숭배 장소 근처에 존재한다.

87 1996년 12월 3일 면담.

이후, 순례는 더 이상 조직되지 않았습니다. 두 전각, 공동가옥과 탑은 사의 당 세포와 인민위원회의 지도하에 파괴되었습니다. 문화국의 책임자와 사의 사회활동을 책임졌던 일단의 사람들이 파괴를 실행했습니다. 그러기 전에 그들은 "우리는 이러고 싶지 않은데, 위에서 우리에게 이렇게 하라고 명령했습니다"라고 이야기하면서 절을 올렸지요. 전각, 사당, 탑은 그렇게 사라졌습니다. "족보들(gia phả)"이 불태워지고, 제기들이 붉게 타오르는 불 속에 던져졌으며, 나무 기둥들은 잘려서 새로운 "의석(tru sa)"[지역 권력자들의 의자]로 만들어졌습니다. … 하지만 그러고 나서는, 이 파괴에 책임 있는 사람들은 모두 파멸되거나 일찍 죽었습니다.[88]

숭배의 제단을 허물고 난 후에 수거한 물건들이 새로운 지역 권력자들의 의석을 만드는 데 사용된 것은 전적으로 신성을 무시하는 행위였다. 이를 통해 당이 조상이라는 수호성인의 권력을 대신하게 된 것이다. 하지만 이는 위험이 큰 행위였는데, 비록 ("진정한 책임자들"은 다른 곳에 있다는) 그들의 속죄기도에도 불구하고, 신성을 모독한 사람들이 손상당한 신들의 분노로 벌을 받았기 때문이다. 이런 사고방식은 결국에는 앞에서 하이 촌의 경우에 언급한 자기책임 면하기 과정과 비교해볼 만하다. 비록 죄진 사람들이 분명해지고, 한 촌민 집단이 수동적으로 따르거나, 혹은 더 나아가 공모했다는 책임을 지게 되었지만, 그 책임을 면하는 과정에서 잘못은 개인들이 아니라 권력 구조에 전가되었다.

끄엉 씨가 푸 토 성에서 특히 심했다고 이야기한 숭배의 건물들을 제거하는 이 운동의 실제적인 규모는 어느 정도였을까? 우리는 타인바 현 단위에서 이를 평가해보려고 시도했었지만, 이 조사 시도는 지역 당국자들의 심한 압력에 의해 조기에 중단되고 말았다. 그럼에도 부분

---

88 1996년 9월 18일 면담.

적인 결산은 가능하다. (타인 바 현을 구성했던 26개의 새로운 사들 중) 우리가 방문했던 18개 사[89]에서, 혁명 이전시기에 건립되었던 건물들 중 단 하나의 건물만이 여전히 남아있었다. 치 티엔(Chí Tiên) 사[이전에는 찌추 사(xã Trí Chủ)였다]에 있는 전각이었는데, 주민들에 따르면, 쭝(Trung) 가문의 두 자매가 일으킨 봉기 때 용맹을 떨침으로써 유명해진 여장군 응우옌 티 하인(Nguyễn Thị Hạnh)을 기리는 전각이었다. 이 사에 있었던 4개의 사당과 탑 하나는, 인도차이나전쟁과 베트남전쟁 동안 여러 차례에 걸쳐 손상되었고 폭격에 의해 파괴되었다. 전각은 촌민들의 기증을 받아 1990년대 초에 복원되었고 역사유물로 지정되었다. 어디에서나 같은 증언을 들을 수 있었다. 사당, 전각, 탑들의 파괴는 대부분 전쟁 탓으로 돌려졌고, 어쩌다가 가끔 "미신타파" 운동 때의 일로 알려졌다. 부 라오(Vũ Lao) 사의 유일한 사당은 1952년 프랑스의 공격이 있었을 때 불탔을 것이며, 도 산(Đồ Sơn) 사의 5개의 사당과 탑은 토지개혁 이후에 사라졌을 것이었다.

실제로 숭배 건물들 중 일부는 현대의 두 전쟁 중에 파괴된 것이 사실일 것 같지만, 반대로 이것이 유일한 혹은 주된 이유라는 설명은 매우 개연성이 낮다. 당시에 이 현에 존재했던 건물들의 수를 고려해보면 더욱 그런데, 모든 사가 자기 영역 내에 여러 채의 사당과 하나 혹은 몇몇 개의 전각이나 신전, 그리고 탑을 가지고 있었기 때문이다. 혁명 이전의 숭배 건물들이 거의 존재하지 않는 것은 무엇보다도 반동적인 것으로 판단된 민속신앙들을 제거하려는 정치적 의지의 결과물이었다. 따라서 "지역적인 미신을 제거"하려는 정치적 목표와 진행된 파괴의 특성 사이에는 근본적인 모순이 존재하게 되었는데, 푸 토 성에 있었던

89 다음의 사들이다. Thanh Vân, Hanh Cù, Yên Khê, Thanh Xá, Chí Tiên, Sơn Cương, Mạn Lạn, Phương Lĩnh, Vũ Ển, Ninh Dân, Quảng Nạp, Thái Ninh, Yên Nội, Thanh Hà, Đông Thành, Vũ Lao, Đại An, Khải Xuân.

대부분의 숭배지가 나라의 통일성을 형성하고 지켜낸 신격화된 국가적 영웅들에게 바쳐졌기 때문이었다. 베트남 최초의 국가인 홍 방(Hồng Bàng) 왕조[반 랑(Văn Lang) 왕국]의 전설적인 20명의 제왕들[킨 드엉 브엉(Kinh Dương Vương), 락 롱 뀐(Lạc Long Quân)과 그 이후 계승된 홍 브엉(Hùng Vương)의 18명의 왕],[90] 침략자들에 맞서 싸운 투쟁에서 영웅적인 행동을 했던 그들의 부인들과 장군들. 달리 표현하면 이는 지역적인 특성을 극복하면서 윤리적 가치로 세우려 했던 것들을, 특히 조국의 건국을 위한 사심 없는 최대의 희생을, 땅바닥에 내동댕이친 것이었고, 교정운동과 함께 전혀 사라지지 않았던, 당시의 맹목적인 이데올로기의 상징적인 모순이었던 것이다.[91]

---

90 공식적인 역사서술은 비에트 문명의 요람으로 중부지역을 지정한다. "남서(Nam Sử)에 따르면, 현재 푸 토 성에 속해 있는 이 지역은 이전에 홍 방 가문[họ Hồng Bàng]의 땅이었으며, 이 가문의 20세대로 이어지는 왕들이 기원전 2879년부터 기원전 258년까지 다스렸다."(Phạm Xuân Độ 1939: 9) 저자들은 그 증거로 다양한 유물과 유적지들을 거론하는데, 이들은 이 왕가의 왕국들과 대부분 관련되어 있으며, 푸 토 성의 유적지들이 가장 대규모로 집중되어 있다. 응우옌 으억 쯔엉(Nguyễn Ngọc Chương)은 푸 토 성의 8개 현(huyện)에서 적어도 홍(Hùng) 왕들 중 한 사람에게 바쳐진 40개의 숭배지, 그들의 부인들 중 한 사람에게 바쳐진 77개의 숭배지, 차오 손(Cao Sơn) 탄 비엔(Tản Viên) 등과 같은 유명한 장군을 떠받드는 228개의 숭배지, 그리고 이 왕가의 역사와 직접적으로 연결된 88개의 다른 숭배지의 조사목록을 만들었다(Nguyễn Ngọc Chương 1973: 72). 넌 전 사 역시 이 왕국의 지배에서 벗어나지 못했는데, 꽝 찌 대왕(Quang Trĩ Đại Vương)에 바쳐진 전각에 덧붙여, 1950년까지 이 사가 갖고 있던 3개의 사당(촌마다 하나씩)이, 이 주에서 가장 흔한 숭배대상인, 차오 손이라는 동일한 수호신에게 바쳐졌기 때문이다. 홍 부옹 왕가의 서사시는 진지한 의심을 불러일으키기도 하는데, 사건사적인 맥락에서 고려될 때 그러하다. 드루스탈(Deloustal)은 다음과 같이 상식을 강조한다. "사실 홍 방 가문은, 연대기에 따르면 20명의 군주를 내었는데 그들이 2 622년을 다스렸다면 군주당 평균 131년을 통치해야 하며, 이는 오래된 ㅗ 시대를 고려해보더라도 좀 과장되어 있다."(Deloustal 1915: 5)

91 이런 정도로 행해진 파괴에 직면해서, 우리는 처음 주도권이 행사될 때 정치권력이 어ㄴ 정도로 이 일에 개입했는가를 묻지 않을 수 없다. 중앙 차원에서 문화부는 "국가의 건전한 문화적 생활을 지도하고", "선하고 아름다운 품성"을 보호하며, "제국주의와 봉건주의가 남겨놓은 퇴폐적인 문화를 박멸하고 교정"하기 위해 노력해야만 했다(Hartingh 2003: 274). 독보리로부터 좋은 밀알을 골라내는, 이 문화적 자아성찰의 실행은 그러나 현장에서 수행하기는 매우 까다로운 것이었지만, 중앙의 당국자들은 "오랜 영웅적인 역사, 유서 깊고 풍부한 문화, 그리고 매우 아름다운 나라"를 보호하기 위한 결심을 분명히 내걸었으며[1957년 1월 18일 의원 응우옌 딘 티(Nguyễn Đình Thi)의 국회에서의 연설, Hartingh 2003: 274에서 재인용], 이를 위해 특별히 역사유적지 연구위원회(조사와 복원 임무)라는 조직을 만들었다. 이 맥락에서, 우리는 성과, 혹은 현 단위의 당국자가 정부의 정책노선을 과도하게 해석하거나 잘못 해석함으로써 체계적인 파괴의 주도권을 장악했다고 추론해야 할 것인가? 이 문제는 분명한 결론을 내릴 수 없지만, 새로운 문제가 이로부터 제기되는데, 중앙이 지방의 대표자들을 얼마나 제어하고 통제했는가의 문제

신앙의 자유라는 관점에서 보면, 불교는 단호히 미신적인 관행으로 치부되었고, 이로 인해 탑과 승려들은 사당과 전각이 겪어야 했던 것과 같은 대접을 받았다. 반대로 가톨릭에 대해서 닌 전 사 당국자들이 취한 태도는 더 불분명했다. 숭배지에 대한 파괴는 없었으며,[92] 그 대신 가톨릭 선교회를 중심으로 강하게 형성되어 촌민의 절반 이상을 차지했던 공동체를 순종시켜 회유하려 했다. 권력이 직접 교회의 활동에 개입하여 그 위계를 대신했던 회유논리의 한 예가 당의 역사에 언급되어 있다. "1949년 5월 19일, 당 세포는 동 사(Đồng Xa) 촌의 가톨릭 신자들을 위해 순례를 조직했는데, 500명이 여기에 참가했다."(Ninh Dân 1996: 30) 신자들을 관리하려는 이 논리에 종교적 관행들을 제한하는 조치들이 덧붙여졌는데, 동 사 촌의 가톨릭 지도자들 중 한 사람이었던 "X" 씨는 다음과 같이 설명했다.

> 베트남의 역사를 잘 아시죠. 프랑스인들은 혁명에 반대하게 하기 위해 가톨릭을 이용했습니다. 마찬가지로 남부에서는 미국사람들이 가톨릭과 카오타이 신자들을 이용했습니다. 당 간부들은 가톨릭 신자들이 반혁명적이라는 편견을 늘 머릿속에 지니고 있었지요. … 디엔 비엔 푸 전투 이후, 동 사의 많은 가톨릭 신자들이 남부로 떠났는데, 그 손짓이 사람들을 불러 모으는 듯한 마리아 동상의 "부름"을 따른 것이었습니다.[93] 교회의 활동은 프랑스인들을 상대로 한 전쟁 도중 몇 년 동안만 금지되었습니다. 이후에 활동은 이론적으로는 재개되었지만, 더 이상 사제가 임명되지 않아서 미사를 볼 수 없었습니다! 그럼에도 사람들은 교회에서 매주 한 번씩 성서

이며, 따라서 베트남민주공화국의 민주집중제가 얼마나 효율적이었는가의 문제이기도 하다.

92 이 증언은 그러나 일반화될 수 없다. 지역 민병대의 우선적인 목표들 중 하나가, 1947년 프랑스의 존재와 식민체제에 의해 수입된 정신적 가치의 상징이었던 푸 토 교회의 파괴였었다(Ninh Dân 1996: 20).

93 1954년에 가톨릭 공동체는 베트남민주공화국 인구의 10%를 차지하고 있었는데, 이 비율은 1956년에 6.5%에 불과했고, 이 신앙 소수파의 40%는 남부로 이주하는 것을 택했다.

를 읽었습니다. … 이 현의 일곱 교회를 위해, 선 끄엉(Sơn Cương)에 사제가 딱 1명 있었습니다. 그래서 종교 활동은 느슨해졌는데, 그 이후에도 개선되지 않았습니다. 토지개혁 이후에 하 짝(Ha Trach)[푸 토 성의 도시]에 있던 신학교가 폐교되었기 때문이었습니다. 다시 닌 전에서 사제가 미사를 드리기 시작한 것은 겨우 3년 전에 불과합니다.[94]

종교 활동에 대한 이와 같은 통제와 제한은, 닌 전의 가톨릭 선교회가 보유하고 있던 물적·인적 자원이 급격하게 감소하는 것과 함께 했다. 이 문제를 묻자, 사의 사제는 우리에게 자신의 사제직에 대한 다른 측면은 물론 이 문제도 거론하기를 거부한다는 뜻을 분명히 했다. 이 문제에 대해 주민들 모두 말하기를 꺼렸다. 다만 지금 교회의 토지를 경작하는 차오(Cao) 씨만이, 촌의 관개(灌漑) 망에 대한 대화를 하는 도중에, 다음과 같이 짧게 암시할 뿐이었다.

1992년에 사제에게 할당된 논 7사오는 물을 끌어들일 수 없는 높은 지대의 땅입니다. … 토지개혁 이전에 선교회는 [논을] 30마오 이상 가지고 있었는데 몰수당했습니다.[95] 우리는 그저 교회만 지킬 수 있었을 뿐 선교회의 다른 건물들은 재분배되었습니다. 지금 [7사오의] 이 면적으로는 닌 전 사에 사제 한 분을 모실 수도 없습니다.[96]

집단적인 예배의 실행이라는 종교 활동에 근본적인 한 요소를 박탈함으로써 가톨릭 공동체를 해체시키려 했던 이 시도에, 베트남민주

94 1996년 8월 16일 면담.

95 토지개혁법 규정은 "교회의 토지점유 체계는 봉건주의의 점유체계에 속해" 있기 때문에 종교 공동체가 소유했던 토지는 몰수되었지만, 이것이 신앙의 자유나 가톨릭 농민에게 논을 할당하는 것을 반대한다는 뜻은 아니었다.

96 1996년 10월 29일 면담.

공화국 다른 지역 어디에서처럼 토지개혁 시기의 차별정책이 결부되었다. 그 신앙만으로도 가톨릭 신자들은 의심을 받았고, 이 사에서 당 세포가 늦게 창설된 것도 그들 탓으로 돌려졌다. "타인 바 현의 다른 사들에 비해 이처럼 뒤늦은 창설은, 이 사에 가톨릭 신자들이 많았고 따라서 [당 세포를 구성할] 간부들이 부족했기 때문이었다."(Ninh Dân 1996: 23) 하오(Hảo) 씨는 새로운 예를 든다.

> 제 아버님은 사의 청년연맹 서기였고 현 단위에서 부서기였습니다. 개혁 시기에 토지개혁위원회는 가톨릭이면서 동시에 당원일 수는 없다고 선포했습니다. 종교를 부정하려 하지 않았던 아버님은 당에서 축출되었습니다. … 가톨릭 신자인 점이 실제로 우리 가족에게 큰 영향을 미치지는 않았습니다. 혹시 영향이 있었다면, 형제들이 공부를 굉장히 잘 했음에도 외국으로 유학을 떠나지는 못한 것 정도겠지요.[97]

동 사 촌에서, 가톨릭 공동체를 순종시킨 것은 촌의 공간을 통해 드러난다. 원래 동 사 촌에 살다가, 찌에우 엉(Chiểu Ứng) 사로 옮겨와 정착한 최초의 가톨릭 여섯 가족의 후손들인 농민 20여 가구가, 1950년대 말에 원래의 집에서 쫓겨나서 벌판 변두리에 새로운 거처를 잡게 되었다. 그들의 집이 있던 곳 그 자리에는, 사의 당세포 인민위원회와 학교, 그리고 후일 협동농장 건물들과 저장 창고들이 설치되었다. 하이 촌에서처럼 이 공간의 내재적이고 주의주의적인 재구성이 새로운 권력의 등장을 표현했다.

97 1996년 2월 8일 면담.

5. 결어

토지개혁은 그 경제적 요소로서, 즉 약간의 토지를 가장 가난한 농민들에게 줌으로써 잠시 동안 베트남 북부의 농업을 다시 활성화시키고 인구당 곡물 비율의 질적 하락과정을 잠시 멈추게 했다. 이 사실은 부정할 수 없지만, 이와 함께 그 이름으로 행해진 자주 폭력적이었던 이데올로기적 일탈과 과도한 지나침 역시 부정할 수 없다. 정권에 의해 "착오"라고 완곡하게 정의된 이 잘못들을 넘어서, 닌 전 사와 하이 촌에서 진행된 연구는 베트남민주공화국 지도자들의 구상이, "봉건적이고 제국주의적인" 체제의 폐허에서 새로운 사회를 건설하기 위하여 생산관계뿐만 아니라 사회 그 전체 역시 전복시키려 했음을 보여준다. 이런 점에서, 토지개혁은 중국에서 그랬었던 것처럼 사상의 개혁이어야 했었다.

이 전체적인 정치적 계획의 틀 안에서, 당시 모든 공산당들에게 공통적으로 전통적인 촌의 제도들은 무너뜨려야 할 정치적·문화적 장벽이었다. 이 제도들을 완벽히 제거하려는 의지의 상징적인 세 가지 차원이 사와 촌의 단위에서 묘사되고 분석되었다. 먼저, 지역 조직의 재구성과 당 세포들의 엄격한 숙청은, 지역 엘리트들의 충원에서 연속성을 견지하는 실용적인 논리에 근거했던, 혁명 이후 이루어진 암묵적인 타협에 급작스럽게 종지부를 찍었다. 다시 말해서, 1945년에서 1953년까지 지역 권력기구들은 진정으로 완전히 개편되었지만 권력을 쥐고 있던 사람들은 변화되지 않았었다. 두 번째로, 토지개혁은 토지 없는 농민들과 농업 노동자들을 위한 거주 공간의 재분배를 유발시켰는데, 이 재분배는 일정 집단의 혈족들의 배제와 연관되었고, 이로 인해서 같은 지역에 살고 있던 거주민들 사이에 혈연적으로, 그리고 이웃 사이에 동일한 기원을 가지고 있었던 것에 근거했던 지리적 구조의 원칙이 약화되는 현상을 초래했다. 낡은 사회질서가 지리적으로 각인된 것들을 명시적으로 전복시키려 했던, 촌 공간의 이 권위적인 재구성은 독립 이후 베트남 역사에서 변하지 않는 하나의 요소가 되었다.[98] 마지막으로, 민속신앙을 비신성화하고 순응시키려는 전략의 극적 표현인, 숭배 장소의 파괴는, "새로운 인간"을 출현시키기 위해, 봉건적이고 낡아빠진 것으로 간주된 농민 공동체를 해체시키고 재구성시키는 작업을 완성했다.

하지만 현상들 그 자체보다도 토지개혁의 본질적인 특성들 중 하나는 이 개혁이 미끼에 불과해서, 나라를 "대규모 사회주의 농업"의 길로 이끌어가는 "미래를 향한 거대한 도약" 이전의 계산된 숨고르기였다는 점이다. 그들은 나눠준 것들을 곧바로 다시 취할 것이었다. 그래서 이 사업은 무의미한 일이 되었고, 감내해야 했던 고통과 상황에 따른 타협은 쓸모없는 일이 되어 버렸다. 이 고통이 오늘날에도 여전히 토지개혁에 대한 뿌리 깊은 반감의 기원이 되고 지역에서 이를 실행한 사람들을 상대로 한 원한이 살아남아 있음에도 말이다. 마찬가지로 착오교정운동 역시 반성하는 듯한 그 태도에도 불구하고 연출에 불과했다. 교정운동은, 그 원칙이 독립 직후에 이미 결정되어 있었던 농업 집단화 과정의 진전에 대해서(Nguyễn Đức Truyên 1993: 23), 아무런 실제적인 결과를 남기지 않았던 완화의 몸짓일 뿐이었다. 사실 농업 집단화의 추진 이전에 이미 이 체제는 제도화되고 표준화된 상부상조에 대한 의존을 강제했었는데, 이는 처음에는 '노동교환 집단(tổ đổi công)', 뒤이어 '정기적인 노동교환 집단(tổ đổi công thường xuyên)', 그리고 마침내 '노동

98 베트남 공산당 서기 레 주언(Lê Duẩn)은 1976년에 다음과 같이 선언했다. 사회주의 협동조합은, 비록 뛰어나게 조직되었다 하더라도, 사의 단위에서는 "여전히 너무 제한적인 단계이며 잘못될 여지가 많다. 각 조합들은 거의 독립적인 조직이어서 다른 조합들이나 국가경제와 별로 연결되어 있지 않다(Nguyễn Đức Nhuận 1992: 346에서 재인용). 또 각 협동조합을 하나의 거대한 농업 매뉴팩처로 만들기 위해서는 협동조합을, 그 속에서 농민들이 가계(họ hang)의 가족적 굴레에 묶여 있는, 촌(làng)이라는 틀로부터 떼어내야만 했다(Nguyễn Đức Nhuận 1992: 347).

점수에 근거한 영구적인 노동교환 집단(tổ đổi công bình công chấm điểm)' 을 통해 이루어졌다. 맨 마지막 조직은 1960년에 완성될 농업생산 합작사에 농민 가구들을 강제로 통합시키기 직전의 단계였다(Kerkvliet 1998: 440).[99]

그리고 또 다시 동일한 혼란들과 눈속임 체계 속에서 자료의 수치를 조작하는 동일한 관행들이 되풀이되었고, 이를 통해 중앙의 당국자들은 노동력의 "자발적인" 상부상조라는 이 중간단계의 성공을 신속하게 알릴 수 있었다. 공식적으로 1957년 중반에 58.7%의 가구들이 이처럼 자발적으로 협동조직에 가입했다고 발표되었다. 하지만 또 다른 공식자료에 따르면, 이 비율은 1957년 말에 21.9%에 불과했었다. 이를 설명하기 위해 당이 제시한 설명에 따르면, 이 급격한 감소는 "토지개혁 동안 저질러진 실수들이 발견되었기" 때문이었는데(Vo Nhân Tri 1960: 364), 마치 이 사실이 드러나서 정치국이 그들의 상태를 인식하고 자아비판할 때까지 토지개혁의 희생자들이 기다렸어야 했던 것처럼 보인다. 이보다는 진부했지만, 전통적인 노동과정에서의 협동 형태를 주재했던 것들과는 완전히 정반대인 작용원칙들에 근거해서 새롭게 제도화된 상호협동 형태에 대한 농민들의 불신과 망설임은(Tessier 1999), 농민들이 이런 형태의 상호협동을 무시해버렸음을 입증한다. 그들의 존재는 실제적인 것이라기보다는 가상적인 것이었다(Vickerman

---

99 1959년 12월 18일 대통령 호치민이 제출한 헌법개정안에 대한 보고서의 일부이다. "우리나라에서의 농업협동은 협동 집단들과 농업생산 협동조합 단계를 거쳐서 이루어져야 함을 우리는 경험을 통해 알았다. 바로 그것이 필요한 것이다. 한 걸음 한 걸음 굳건하게 진전되는 협동 집단들 그리고 협동조합들의 발전은 분명히 농업협동을 성공으로 이끌 것이다."(1993: 224) 이 정당화 시도가 베트남 농촌사회의 특수성을 언급하고 있지만("우리나라에서의 … 우리는 경험을 통해 알았다"), 중국모델에 대한 충성은 전혀 변화가 없었다. 1953년 2월, 농민들은 노동교환 집단(互助組)으로 자신을 조직할 것을 권유받았고, 같은 해에 중국공산당 중앙위원회는 농업생산 협동조합의 발전을 일반화시킬 것을 결정했다(Troillet 1962: 232). 몇 년의 차이를 두고, 베트남민주공화국은 북부의 강력한 이웃의 보조에 맞춰 행진했다: "중화인민공화국에서처럼 여기에서도, 농업협동운동은 점진적으로 발전했으며, 협동집단(호조조), 준사회주의적인 형태의 협동조합(초급합작사), 그리고 완전히 사회주의적인 협동조합(고급합작사)이라는 3단계를 거쳤다."(Vo Nhân Tri 1960: 363)

1986: 128). 하지만 무엇이 중요하랴! 당의 원칙적인 노선은 근본적으로 적절했으며, 문제는 다시 한번 더 충분히 교육받지 못한 간부들이 이 노선을 현장에서 미숙하게 적용시킨 것에서 유래한 것이었다. 그 증거는, 당 중앙위원회가(1957. 5, 1958. 7) '협동집단 강화와 발전을' 위한 계획을 수립하여 간부들에 대한 강좌를 통해서, 각성과 현 그리고 사에 이를 전파시킨 것이었고, 이로 인해 운동은 기적적으로 새로운 활력을 찾았다. "1958년에 전체 농민가정의 41%가, 그리고 1959년에는 70%가 협동집단에 가입했다."[100]

이처럼 역사는 되풀이되어야 할 것 같았다. 〔번역: 김정인〕

100 『북부 베트남에서의 농업협동』, 1959년 5월 20일 국회 10차 회기 때 쯔엉 찐이 한 연설. 폴(B. Fall)이 제시한 수치는 약간 다른데, 이 수치들이 당시의 언론들, 특히 당의 공식 기관지(Nhân Dân, "인민")로부터 수집된 정보에서 얻어졌기 때문이다. 하지만 폴의 수치들 역시 유사한 경향성을 보여 준다. 1956년 12월에 가족들의 60%가 호조조에 통합되었으며, 이 비율은 1957년 11월에 29%로 떨어졌다가, 몇 달 동안에 극적으로 다시 증가하여 1958년 7월에 31.6%에, 그리고 1958년 10월 51.5%에 달했고, 같은 해 12월에는 65%에 이르렀다(1960: 286).

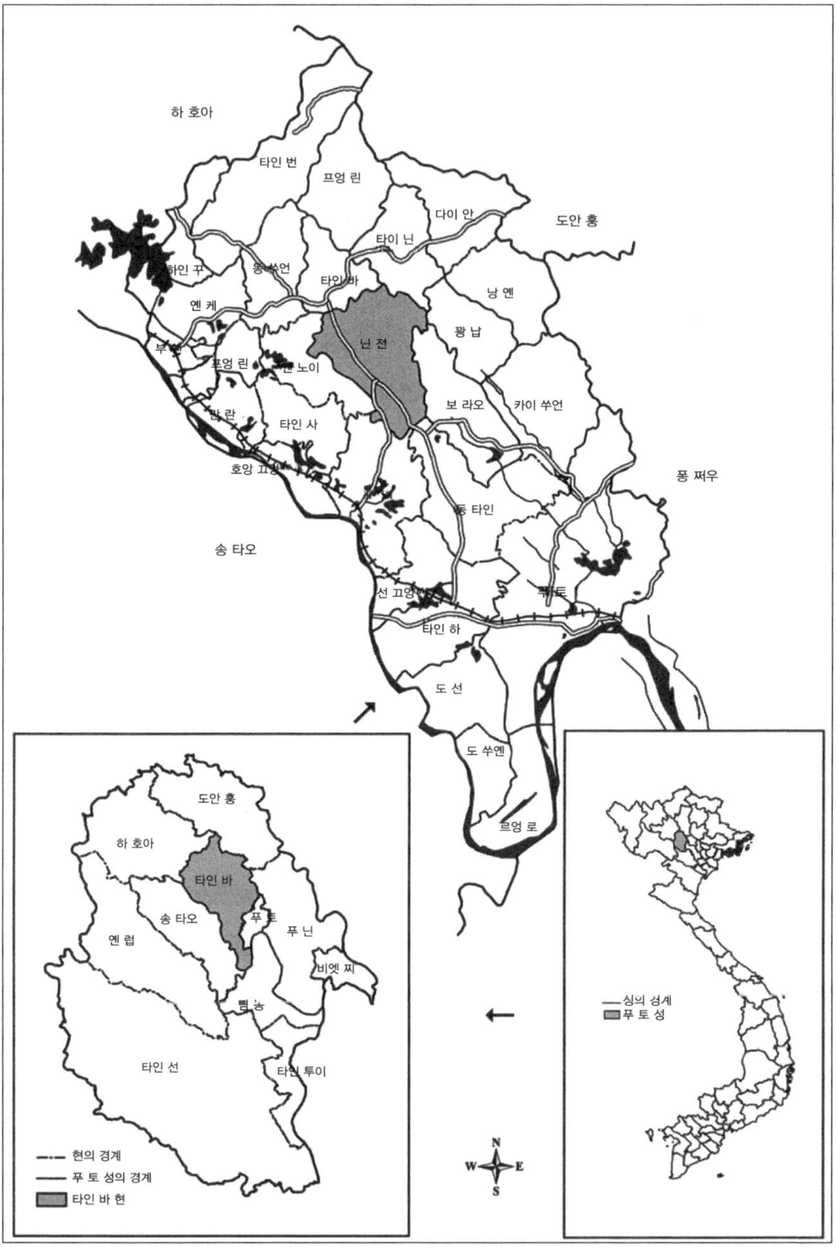

그림 8.3 주변지역과 함께 보는 닌 전 사

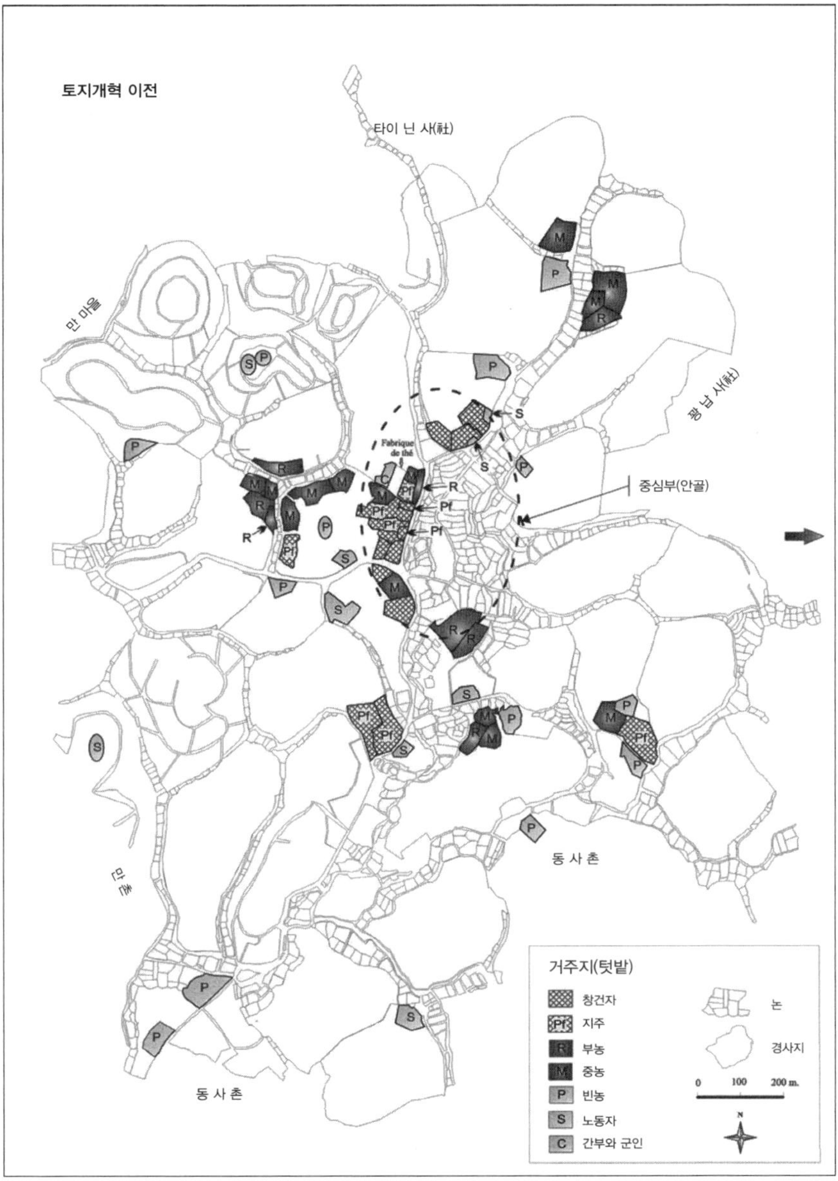

그림 8.4 하이 촌의 거주 공간: 계급 분류에 따른 주민분포

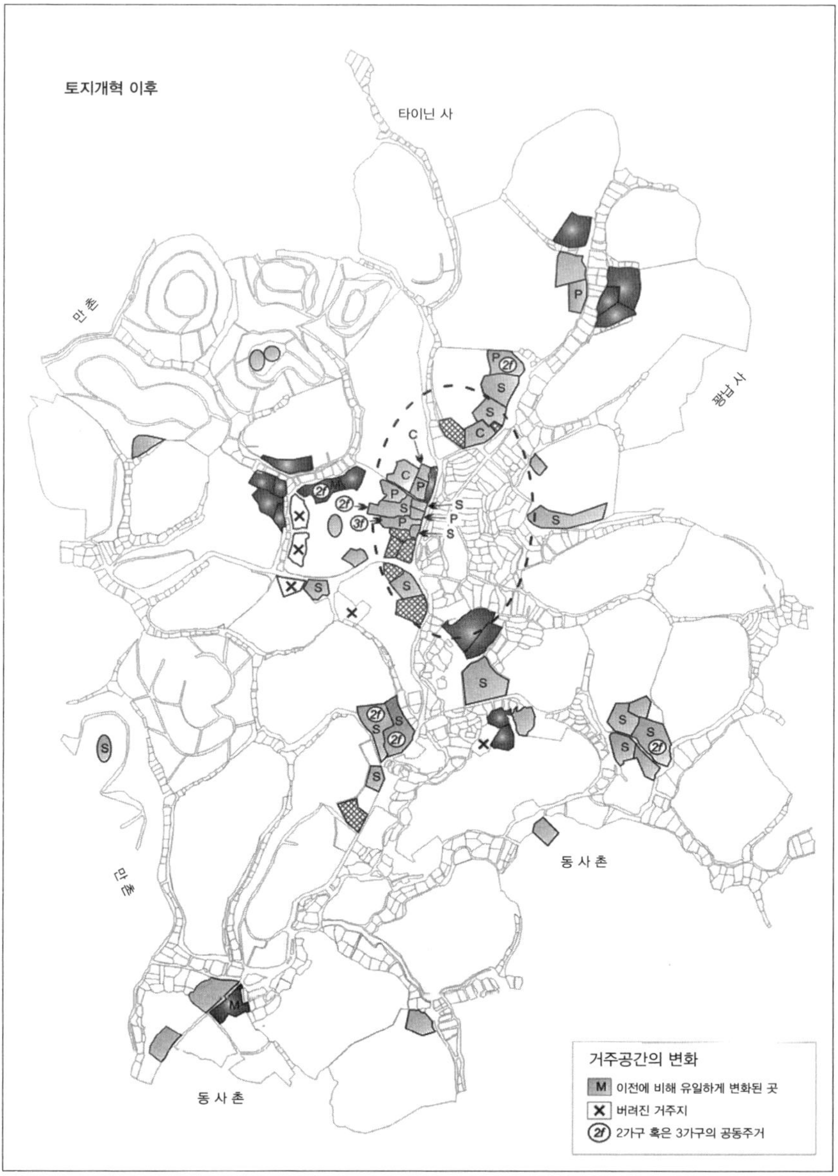

그림 8.4 하이 촌의 거주 공간: 계급 분류에 따른 주민분포(계속)

표 8.6. 1945년 혁명에서부터 토지개혁까지 지역 권력의 변화

	1940년	1945년* 닌 전	1945년 말 닌 전	1946년 닌 전	1946–1947년** 은귀엔 트라이
호에 씨	회계				
투 씨	이장	주석	주석		
하오 씨	부이장				
난 씨	이전 부이장	부주석	부주석	부주석	
딘 씨		서기	서기		
지앙 씨	이전 부이장	회계	회계	회계	회계
도안 씨		부주석(DT)			
콕 씨	부이장 (동 사)	주석(DT)			
하이 씨		서기(DT)	서기	주석	
란 씨	이전 이장 추앙바		부주석		
트룽 씨			토지대장 부서장		
히엔 씨			베트민 부주석	베트민 부주석	베트민 주석
뒥 씨	이전 이장		베트민 주석	베트민 주석	베트민 부주석
상 씨				서기	
쿠 씨				회계	
치 씨					회계
오안 씨					경찰서장
라 씨					군인
쿠 씨					
감 씨					
탄 씨					
핫 씨					
은귀엔 씨					
디엔 씨					
노 부인					
팜 씨					

주: * 1945년 닌 전 사는 6개월 동안 닌 전 사(하이·만·센 촌)와 동 땀 사(DT, 동 사 촌)로 구분되어 있었다.
** 1946년 11월과 1947년 12월 사이에 닌 전 사와 엔 노이 사는 은귀엔 트라이라는 하나의 사로 통합되었다. 주석과 부주석은 둘 모두 엔 노이 사 출신이었다.

- ■ 임시혁명위원회, 이후 저항행정위원회, 그리고 인민위원회
- ■ 사의 당 세포
- ■ 베트민 사 지부
- ■ 리엔 비엣 사 지부

표 8.6. 1945년 혁명에서부터 토지개혁까지 지역 권력의 변화(계속)

1947–1949년 닌 전	1950–1952년 닌 전	1953–1954년 닌 전	농지개혁	교정 1957년	개혁 이후
			지주	확인	
			지주	확인	
			부농		
			?		
당 세포 창건자, 서기	주석		? 출당	논란있는 복당	
당 세포 창건자	서기	서기	부농, 출당	복당	주석 (1961–1963) 서기(1964–76)
			지주	복권	
주석			지주, 출당	복권, 복당	
베트민 부주석	베트민 부주석 – 1951		배신자, 지주	1955년 총살됨, 복권	
베트민 주석	베트민 주석 – 1951		지주	논란있는 확인	
당 세포 창건자			? 출당	복당	
			부농		
리엔 비엣 부주석	리엔 비엣 부주석		?		
			중농		
	경찰서장		?		
서기 경찰서장 군인			중농		
			지주, 출당	복권, 복당	
			부농		
	부주석		부농, 출당	복당	주석 (1964–1967) 주석 (1973–1977)
		주석 1953	농민 프롤레타리아, 출당	복당	
		부주석	빈농		
		경찰서장	농민 프롤레타리아		
		주석 1954	? 출당	복당	주석 (1958–60)
		부주석	중농		
		부주석	지주	복당	
		서기	농민 프롤레타리아		

참고문헌

책머리에

신병식, 1988, 「한국과 대만의 토지개혁 비교연구」, 『한국과 국제정치』 4권 2호, 경남대학교 극동문제연구소, 29-97쪽.

大和田啓氣 편, 1962-1963, 『アジアの土地改革』 I·II, 東京: アジア經濟硏究所.

Moise, Edwin E., 1983, *Land Reform in China and North Vietnam: Consolidating the Revolution at the Village Level*, Chapel Hill: The University of North Carolina Press.

서장

자료

박용곤, 1996, 『배오개에서 세계로: 두산100년 이야기』, 두산그룹.

자유당정부통령선거동복면대책위원회, 1956, 『단기4289년 자유당정부통령선거대책서류』 (등사본).

______, 1988, 『실록 김종희』, 서문당.

전범성, 1993, 『선경40년사』, 선경그룹.

朝鮮殖産銀行鑑定部, 1946, 『西曆1946年末현재38以南대지주及篤農家調書』, 조선식산은행.

한국은행, 1955, 1957, 『경제연감』, 한국은행.

연구논저

권병탁, 1984, 「농지개혁의 과정과 경제적 기여」, 『농업정책연구』 11-1, 한국농업정책학회, 191-207쪽.

김병하, 1991, 『재벌의 형성과 기업가활동』, 한국능률협회.

김성보, 2000, 『남북한 경제구조의 기원과 전개: 북한 농업체제의 형성을 중심으로』, 역사비평사.

______, 2001, 「입법과 실행과정을 통해 본 남한 농지개혁의 성격」, 홍성찬 편, 『농지개혁연구』, 연세대학교출판부, 131-164쪽.

______, 2005, 「1900-50년대 진천군 이월면의 토지소유와 사회변화」, 『한국사연구』 130, 한국사연구회, 255-288쪽.

김성찬, 1950, 『농지개혁과 나의 할 일』, 혜성사출판부.

김성호 외, 1989, 『농지개혁사연구』, 한국농촌경제연구원.

김영모, 1982, 『한국지배층연구』, 일조각.

김용섭, 2000, 『증보판 한국근현대농업사연구』, 지식산업사.
김태우, 2005, 「한국전쟁기 북한의 남한 점령지역 토지개혁」, 『역사비평』 70, 역사비평사, 243-273쪽.
박명호, 2013, 「한국 농지개혁과 농업생산」, 『비교경제연구』 20-1, 한국비교경제학회, 83-115쪽.
박석두, 1987, 「농지개혁과 식민지 지주제의 해체」, 『경제사학』 11, 경제사학회, 187-281쪽.
방기중, 2010, 『분단 한국의 사상사론』, 연세대학교출판부.
수당김연수선생전기편찬위원회 편, 1996, 『한국 근대기업의 선구자: 수당 김연수 선생 일대기』, 삼양사.
신기욱, 2001, 「농지개혁의 역사사회학적 고찰」, 홍성찬 편, 『농지개혁 연구』, 연세대학교 출판부, 1-48쪽.
우대형, 2001, 『한국근대농업사의 구조』, 한국연구원.
이지수, 1994, 「해방후 농지개혁과 지주층의 자본전환문제」, 연세대학교 석사학위논문.
장상환, 1984, 「농지개혁 과정에 관한 실증적 연구(상)」, 『경제사학』 8, 경제사학회, 195-272쪽.
______, 1985, 「농지개혁 과정에 관한 실증적 연구(하)」, 『경제사학』 9, 경제사학회, 13-90쪽.
장시원, 1989, 「일제하 대지주의 존재형태에 관한 연구」, 서울대학교 박사학위논문.
정병준, 2003, 「한국 농지개혁 재검토: 완료시점·추진동력·성격」, 『역사비평』 65, 역사비평사, 117-157쪽.
정상욱·김석준, 2009, 「토지대장을 중심으로 살펴본 장유면 농지개혁의 실태」, 『한국민족문화』 33, 부산대학교 한국민족문화연구소, 369-418쪽.
정승진·松本武祝, 2006, 「토지대장에 나타난 농지개혁의 실상(1945-1970): 전북 '익산군 춘포면토지대장'의 분석」, 『한국경제연구』 17, 한국경제연구학회, 41-77쪽.
정영일, 1967, 「戰後 농지개혁에 관한 일고찰」, 『경제논집』 6-2, 서울대학교 경제연구소, 77-112쪽.
조석곤, 2005, 「'토지대장'으로 살펴본 토지소유구조의 변화: 김제시 죽산면의 사례를 중심으로」, 『동향과 전망』 65, 한국사회과학연구소, 293-322쪽.
______, 2009, 「농지개혁 당시 수분배농가의 토지소유구조 변화에 관한 연구: 원주시 호저면의 사례」, 『경제사학』 46, 경제사학회, 127-161쪽.
최봉대, 1998, 「1950년대 지방자치제와 농촌지역사회의 정치적 지배집단 형성」, 『사회와 역사』 54, 사회사학회, 165-203쪽.
최원규, 1990, 「해방후 농촌사회의 정치적 변동과 지주제」, 이재룡박사환력기념한국사학논총간행위원회, 『이재룡박사환력기념한국사학논총』, 한울, 854-921쪽.
하유식, 2010, 「울산군 상북면의 농지개혁 연구」, 부산대학교 박사학위논문.
홍성찬, 1989, 「일제하 기업가적 농장형 지주제의 역사적 성격」, 『동방학지』 63, 연세대학교 국학연구원, 67-110쪽.

______, 1990, 「일제하 금융자본의 농기업 지배: 조선식산은행의 성업사 설립과 운영」, 『동방학지』 68, 연세대학교 국학연구원, 123-212쪽.
______, 1991, 「해방직후의 農場自主管理運動과 그 귀결」, 『동방학지』 70, 연세대학교 국학연구원, 141-183쪽.
______, 1992, 『한국근대 농촌사회의 변동과 지주층』, 지식산업사.
______, 1997, 「일제하 지주층의 존재형태」, 김용섭교수정년기념한국사학논총간행위원회 편, 『한국근현대의 민족문제와 신국가건설』, 지식산업사, 339-363쪽.
______, 2001, 「농지개혁 전후의 대지주 동향」, 홍성찬 편, 『농지개혁 연구』, 연세대학교출판부, 165-224쪽.
홍성찬 편, 2001, 『농지개혁 연구』, 연세대학교출판부.
황한식, 1982, 「한국농지개혁사연구(1)」, 『부산상대 논집』 44, 부산대학교 상과대학, 71-89쪽.

劉進慶, 1974, 『戰後台灣經濟分析』, 東京: 東京大學出版會.
Cheng, Chen, 1961, *Land Reform in Taiwan*, Taiwan, China Publishing Company.
Cho Seok Gon and Park Tae Gyun, 2013, "Suggestions for New Perspectives on the Land Reform in South Korea," *Seoul Journal of Korean Studies*, 26(1)(June), pp. 1-21.
Hong, Sung-Chan, 2013, "Land Reform and Large Landlords in South Korea's Modernization Project," *Seoul Journal of Korean Studies*, 26(1)(June), pp. 23-45.
Jeon, Yoong-Deok and Kim Young-Yong, 2000, "Land Reform, Income Redistribution, and Agricultural Production in Korea," *Economic Development and Cultural Change*, 48(2)(January), pp. 253-268.
Kang, Kenneth and Vijaya Ramachandran, 1999, "Economic Transformation in Korea: Rapid Growth without an Agricultural Revolution?," *Economic Development and Cultural Change*, 47(4)(July), pp. 783-801.
Rudolf, Robert, 2012, "Rural Reforms, Agricultural Productivity, and the Biological Standard of Living in South Korea, 1941-1974," Poverty, Equity and Growth in Developing and Transition Countries: Statistical Methods and Empirical Analysis Discussion Papers No. 106, Courant Research Centre, Georg-August- Universität Göttingen, January.
Wu Yongping, 2005, *A Political Explanation of Economic Growth: State Survival, Bureaucratic Politics, and Private Enterprises in the Making of Taiwan's Economy, 1950-1985*, Cambridge and London: Harvard University Asia Center.

1장

자료

남종면, 『분배농지부』, 『토지대장』, 『토지조사부』.

남종면 농지개혁관련서류: 『관내상황』, 『농지개혁관계통계에관한서류』, 『경작자별농지일람표』, 『지주별농지확인일람표』, 『상환대장』, 『상환대장부본』, 『상환기간신장관계서류』, 『보상관계서류』, 『분배농지등기관계서류』, 『등기완료분』.

한국농촌경제연구원, 『농지개혁사관계자료집』 제3집(통계편).

연구논저

김성호 외, 1989, 『농지개혁사연구』, 한국농촌경제연구원.

김일영, 2000, 「농지개혁을 둘러싼 신화의 해체」, 『한국정치외교사논총』 22(1), 175-216쪽.

류기천, 1990, 「농지개혁과 토지소유관계의 변화에 관한 연구: 충남 연기군 남면의 사례를 중심으로」, 『경제사학』 14, 경제사학회, 147-198쪽.

박희진, 1988, 「농지개혁을 통한 50년대 한국자본축적: 농가수지를 중심으로 경북 월성군 서면 사라리의 연구」, 영남대학교 석사학위논문.

이종범, 2002, 「20세기 중반 농지개혁과 농촌사회변동: 전라남도 구례군 사례」, 『역사학연구』 19, 419-442쪽.

장상환, 1984, 「농지개혁 과정에 관한 실증적 연구(상)」, 『경제사학』 8, 경제사학회, 195-272쪽.

______, 1985, 「농지개혁 과정에 관한 실증적 연구(하)」, 『경제사학』 9, 경제사학회, 13-90쪽.

______, 2000, 「농지개혁과 한국자본주의 발전」, 『경제발전연구』 6(1), 한국경제발전학회, 141-176쪽.

정군오·변병훈·황진영, 2005, 「초기의 불평등, 관세설정 및 경제성장에 대한 국가간 실증분석」, 『재정논집』 19-2, 한국재정학회, 99-120쪽.

정상욱·김석준, 2009, 「토지대장을 중심으로 살펴본 장유면 농지개혁의 실태」, 『한국민족문화』 33, 부산대학교 한국민족문화연구소, 369-418쪽

조석곤, 2001a, 「20세기 한국토지제도의 변화와 경자유전 이데올로기」, 안병직 편, 『한국경제성장사』, 서울대학교출판부, 329-364쪽.

______, 2001b. 「토지대장에 나타난 토지소유구조의 변화」, 『맛질의 농민들』, 일조각, 390-427쪽.

______, 2004, 「농업구조조정의 좌절과 소득정책으로의 전환: 1960년대 후반 농지법 제정 논의를 중심으로」, 『동향과전망』 61, 한국사회과학연구소, 229-277쪽.

______, 2005a. 「토지대장으로 살펴본 토지소유구조의 변화: 원주시 호저면의 사례」, 『농촌경제』 28(2), 한국농촌경제연구원, 1-23쪽.

______, 2005b. 「'토지대장'으로 살펴본 토지소유구조의 변화: 김제시 죽산면의 사례를 중

심으로」, 『동향과전망』 65, 293-322쪽.
______, 2006, 「식민지 근대화론 연구 성과의 비판적 수용을 위한 제언」, 『역사비평』 75, 역사비평사, 57-75쪽.
______, 2009, 「농지개혁당시 수분배농가의 토지소유구조 변화에 관한 연구: 원주시 호저면의 사례」, 『경제사학』 46, 경제사학회, 127-161쪽.
______, 2011, 「농지개혁 진행과정과 정부·지주·농민의 입장: 광주군 남종면 사례를 중심으로」, 『대동문화연구』 75, 성균관대학교 대동문화연구원, 343-411쪽.
하유식, 2010, 「농지개혁 후 울산군 상북면의 정치지배층과 토지소유구조의 변화」, 『지역과 역사』 27, 부경역사연구소, 325-366쪽.
홍성찬 편, 2001, 『농지개혁 연구』, 연세대학교출판부.

Cho, Seok Gon, 2013, "A Study on Change in the *Subae nongga* at the Time of the South Korean Land Reform: The Case of Namjong-myeon, Gwangju City," *Seoul Journal of Korean Studies*, 26(1).
Deinginger, Klaus and Lyn Squire, 1998, "New ways of looking at old issues: inequality and growth," *Journal of Development Economics*, 57, pp. 259-287.
Galor, Oded & Joseph Zeira, 1993, "Income Distribution and Macroeconomics," *The Review of Economic Studies*, 60(1), pp. 35-52.
Kay, Cristobal, 2002, "Why East Asia Overtook Latin America: Agrarian Reform, Industrialization and Development," *Third World Quarterly*, 23(6), pp. 1073-1102.
Thorbecke, Eric and Chutatong Charumilind, 2002, "Economic Inequality and Its Socioeconomic Impact," *World Development*, 30(9), pp. 1477-1495.
You, Jong-Il, 1998, "Income Distribution and Growth in East Asia," *Journal of development studies*, 34(6), pp. 37-65.

2장

자료

『南面面案』(1942, 전남 장흥군 용산면 面約).
『南面面案』(1972, 전남 장흥군 용산면 面約).
『門契案』(1958-현재, 전남 장흥군 용산면 하금 마을 영광김씨 문중).
『駕峴門案 續修』(1970, 전남 장흥군 용산면 상금 마을 수원백씨 문중).
『洞契名案』(1972, 전남 장흥군 용산면 하금 마을).
『洞禊案』(1850-현재, 전남 강진군 성전면 수암 마을).
『洞契案』(1918-현재, 전남 강진군 성전면 동령 마을).

『大同契案』(1919-현재, 전남 강진군 성전면 신기 마을).
강진군, 1990, 『강진군 마을사: 성전면 편』.
강진문화원, 1991, 『강진의 지지류 모음』.
장흥군, 1986, 『마을유래지』.
장흥문화원, 1995, 『용산면지』.
전라남도 강진군 성전면, 1915-1976, 『토지대장』.
______, 1951, 『분배농지 상환대장』.
______, 1962, 『분배농지부』.
전라남도 장흥군 용산면, 1915-1975, 『토지대장』.
______, 1950, 『분배농지대가 상환대장』.
______, 1951, 『위토대장』.
______, 1951, 『지주별농지확인일람표』.
______, 1962, 『분배농지부』.
전라남도 장흥군, 1963, 『장흥군 통계연보』.
朝鮮總督府, 1935, 『朝鮮の聚落』 後篇.
한국농촌경제연구원, 1984, 『농지개혁사관계자료집』 3.

연구논저

강인철, 1999, 「한국전쟁과 사회의식 및 문화의 변화」, 한국정신문화연구원 편, 『한국전쟁과 사회구조의 변화』, 백산서당, 197-308쪽.
김성보, 2007, 「1900-50년대 진천군 이월면의 토지소유와 사회 변화」, 신영우 편, 『광무양안과 진천의 사회경제 변동』, 혜안, 157-190쪽.
김성호 외, 1989, 『농지개혁사연구』, 한국농촌경제연구원.
김일영, 2000, 「1960년대 한국 발전국가의 형성과정」, 『한국정치학회보』 33-4, 한국정치학회, 121-143쪽.
______, 2006, 「농지개혁을 둘러싼 신화의 해체」, 박지향 외, 『해방 전후사의 재인식』 2, 책세상, 295-344쪽.
류기천, 1990, 「농지개혁과 토지소유관계의 변화에 관한 연구: 충남 연기군 남면의 사례를 중심으로」, 『경제사학』 14, 경제사학회, 147-198쪽.
박석두, 1987, 「농지개혁과 식민지 지주제의 해체: 경주 이씨가의 토지경영 사례를 중심으로」, 『경제사학』 11, 경제사학회, 187-281쪽.
______, 1993, 「대한민국의 수립과 농지개혁」, 『쟁점 한국근현대사』 3, 한국현대사연구회, 56-79쪽.
박성진·고경민, 2005, 「한국 발전국가의 기원: 1950년대의 한계와 가능성을 중심으로」, 『사회과학연구』 13-1, 서강대학교 사회과학연구소, 96-127쪽.
우대형, 2001, 「농지개혁의 생산성 증대효과 분석」, 홍성찬 편, 『농지개혁 연구』, 연세대학교출판부, 225-246쪽.

이용기, 2006, 「전통과 근대가 어우러진 전남 長興郡 蓉山面 面約 및 마을 자료」, 국사편찬위원회 편, 『수집사료해제집』 1, 565-625쪽.

______, 2009a, 「일제시기 지역사회에서 전통적 권위질서의 지속과 변용: 전남 장흥군 향교 교임 분석을 중심으로」, 『역사문제연구』 21, 역사문제연구소, 251-293쪽.

______, 2009b, 「일제시기 면 단위 유력자의 구성과 지역정치: 전남 장흥군 용산면 사례를 중심으로」, 『대동문화연구』 67, 성균관대학교 대동문화연구원, 37-85쪽.

______, 2010, 「일제시기 모범부락의 내면과 그 기억: 전남 강진군 성전면 수양리 사례를 중심으로」, 『한국사학보』 38, 고려사학회, 325-366쪽.

______, 2013, 「해방 후 토지소유구조의 변동을 통해 본 농지개혁의 가능성과 한계: 전남 강진군의 동성촌락 수양리 사례를 중심으로」, 『청람사학』 22, 청람사학회, 201-228쪽.

장상환, 1984, 「농지개혁과정에 관한 실증적 연구(상): 충남 서산군 근흥면의 실태조사를 중심으로」, 『경제사학』 8, 경제사학회, 195-272쪽.

______, 1993, 「농지개혁을 둘러싼 쟁점은 무엇인가」, 『쟁점 한국근현대사』 3, 한국근대사연구소, 8-23쪽.

장시원, 2006, 「농지개혁-지주제 해체와 자작농체제의 성립」, 박지향 외, 『해방 전후사의 재인식』 2, 책세상, 345-389쪽.

정진상, 1994, 「한국전쟁과 계급구조의 변동」, 한국산업사회연구회 편, 『계급과 한국사회』, 한울, 83-127쪽.

조석곤, 2009a, 「농지개혁 당시 수분배농가의 토지소유구조 변화에 관한 연구: 원주시 호저면의 사례」, 『경제사학』 46, 경제사학회, 127-161쪽.

______, 2009b, 「1960년대 농업구조 개혁논의와 그 함의」, 『역사비평』 88, 역사문제연구소, 324-357쪽.

최순권 외, 2011, 『칠리안속 상금마을』, 전라남도 · 국립민속박물관.

하유식, 2010, 「울산군 상북면 농지개혁 연구」, 부산대학교 박사학위논문.

홍성찬, 1992, 『한국근대 농촌사회의 변동과 지주층』, 지식산업사.

Lee, Yong-ki, 2013, "Taking another Look at Land Reform in South Korea: A Focus on Kinship Networks," *Seoul Journal of Korean Studies*, 26(1), Kyujanggak Institute for Korean Studies.

3장

자료

『경향신문』.
『동아일보』.
『민주신보』.
『서울신문』.
『자유민보』.
『조선일보』.
강진국, 1949, 「남한 농지개혁의 전망」, 『협동』 21호.
______, 1952, 「농촌수감(農村隨感): 농업협동조합문제를 중심으로」, 『협동』 33호.
김성찬, 1950, 『농지개혁과 나의 할 일(농지개혁지침)』, 혜성사출판부.
농림부 농지관리국, 1950, 『농지개혁관계법규집』, 농림부.
농림부, 1958, 『농림행정개관』, 1958, 농림부.
대한금융조합연합회조사부, 1955, 『한국농업년감』, 대한금융조합연합회조사부.
농림부, 1956-1961, 『농림통계년보』(1955-1960년도판), 농림부.
한국농촌경제연구원, 1986, 『농지개혁사관계자료집』 4, 한국농촌경제연구원.

연구논저

강인철, 1999, 「한국전쟁과 사회의식 및 문화의 변화」, 한국정신문화연구원 편, 『한국전쟁과 사회구조의 변화』, 백산서당, 197-308쪽.
김성보, 2000a, 『남북한 경제구조의 기원과 전개: 북한 농업체제의 형성을 중심으로』, 역사비평사.
______, 2000b, 「이승만정권기(1948. 8-1960. 4) 양곡유통정책의 추이와 농가경제 변화」, 『한국사연구』 108호, 한국사연구회, 141-175쪽.
______, 2001, 「입법과 실행과정을 통해 본 남한 농지개혁의 성격」, 홍성찬 편, 『농지개혁 연구』, 연세대학교출판부, 131-164쪽.
______, 2003, 「1945-50년대 농촌사회의 권력 변화: 충청북도의 면장 · 면의원 분석을 중심으로」, 『호서사학』 35호, 호서사학회, 65-94쪽.
김성호 외, 1989, 『농지개혁사연구』, 한국농촌경제연구원.
김소남, 2002, 「1950년대 임시토지수득세법의 시행과정 연구」, 『역사와 현실』 43호, 한국역사연구회, 279-311쪽.
김일영, 1993, 「부산정치파동의 정치사적 의미」, 『한국과 국제정치』 9집 1호, 경남대학교 극동문제연구소, 33-66쪽.
______, 2004, 『건국과 부국: 현대한국정치사 강의』, 생각의나무.
농지개혁사편찬위원회 편, 1970, 『농지개혁사 상권』, 농지개혁사편찬위원회.

데루오카 슈조 엮음, 전운성 옮김, 2004, 『일본농업 150년사』, 한울아카데미.
박명림, 1998, 「1950년대 한국의 민주주의와 권위주의」, 역사문제연구소 편, 『1950년대 남북한의 선택과 굴절』, 역사비평사, 72-127쪽.
박태균, 1995, 『조봉암 연구』, 창작과비평사.
______, 2007, 『원형과 변용: 한국 경제개발계획의 기원』, 서울대학교출판부.
방기중, 2001, 「농지개혁의 사상 전통과 농정이념」, 홍성찬 편, 『농지개혁 연구』, 연세대학교출판부, 191-130쪽.
신기욱, 2001, 「농지개혁의 역사사회학적 고찰」, 홍성찬 편, 『농지개혁 연구』, 연세대학교출판부, 1-48쪽.
신병식, 1988, 「한국과 대만의 토지개혁 비교연구」, 『한국과 국제정치』 4집 1호, 경남대학교 극동문제연구소, 29-97쪽.
______, 1992, 「한국의 토지개혁에 관한 정치경제적 연구」, 서울대학교 박사학위논문.
신용옥, 2009, 「제헌헌법의 사회 · 경제질서 구성 이념」, 『한국사연구』 144호, 한국사연구회, 1-40쪽.
오세익, 1983, 「농지개량조합의 조합원 참여제도와 활성화 방안」, 『농촌경제』 6집 1호, 한국농촌경제연구원, 51-60쪽.
이대근, 1987, 『한국전쟁과 1950년대의 자본축적』, 까치.
이명숙, 2000, 「한국 농지개혁시 농지위원회에 관한 연구: 경기도 양주군 와부면을 중심으로」, 경희대학교 석사학위논문.
이임하, 1998, 「이승만정권의 농촌단체 재편성」, 『역사연구』 6호, 역사학연구소, 213-245쪽.
장상환, 1994, 「농지개혁」, 강만길 외 편, 『한국사 18: 분단구조의 정착2』, 한길사, 89-124쪽.
______, 2000, 「농지개혁과 한국 자본주의 발전」, 『경제발전연구』 6집 1호, 산업경제발전연구원, 141-176쪽.
______, 2010, 「해방과 전쟁, 그리고 전쟁 이후의 농민운동」, 『농촌사회』 20집 1호, 한국농촌사회학회, 7-46쪽.
정근식·권형택 편, 2010, 『지역에서의 4월혁명』, 선인.
정상욱·김석준, 2009, 「토지대장을 중심으로 살펴본 장유면 농지개혁의 실태」, 『한국민족문화』 33호, 부산대학교 한국민족문화연구소, 369-418쪽.
정진상, 2000, 「해방직후 사회신분제 유제의 해체: 경남 진양군 두 마을 사례연구」, 지승종 외 『근대사회변동과 양반』, 아세아문화사, 183-212쪽.
최봉대, 1998, 「농지개혁 이후 농촌사회의 정치적 지배집단의 형성」, 역사문제연구소 편, 『1950년대 남북한의 선택과 굴절』, 역사비평사, 228-267쪽.
최장집, 1994, 「국민국가 형성과 근대화의 문제」, 강만길 외 편, 『한국사 17: 분단구조의 정착1』, 한길사, 61-130쪽.
하유식, 2008, 「농지개혁기 울주군 상북면 농지위원회의 구성과 활동」, 『역사와 세계』 33호, 효원사학회, 81-122쪽.

홍성찬, 1992, 『한국근대농촌사회의 변동과 지주층』, 지식산업사.

庄司俊作, 1999, 『日本農地改革史研究』, 東京: 御茶の水書房.
皆村武一, 1995, 『戰後日本の形成と發展』, 東京: 日本經濟評論社.
Conlon Associates Ltd., 1959, *United States Foreign Policy: Asia*, *Prepared at the request of the Committee on Foreign Relations*, Washington, D.C.: U.S. Government Printing Office.
Dore, Ronald P., 1959, *Land Reform in Japan*, London: Oxford University Press.
Kim, Seong Bo, 2013, "South Korea's Land Reform and Democracy," *Seoul Journal of Korean Studies*, 26(1).
Ladejinsky, W. I., 1977, *Agrarian Reform as Unfinished Business*, New York, Oxford, London, Glasgow: Oxford University Press.
Lee, Man-Gap, 1982, *Sociology and Social Change in Korea*, Seoul: Seoul National University Press.
Montgomery, John D. ed., 1984, *International Dimensions of Land Reform*, Epping: Bowker Publishing Company.
Pak, Ki-Hyuk and Sidney D. Gamble, 1975, *The Changing Korean Village*, Seoul: Shin-Hung Press.
Powelson, J. P. and R. Stock, 1990, *The Peasant Betrayed: agriculture and land reform in the Third World*, Washington, D.C.: Cato Institute.
Tai, Hung-Chao, 1974, *Land Reform and Politics: A Comparative Analysis*, Berkeley: University of California Press.

4장

新潟縣農地部農地開拓課編, 1956-1957, 『新潟縣農地改革史』, 新潟縣農地改革史刊行會.
農地改革資料集編纂委員會編, 1974, 『農地改革資料集成』, 農政調査會.
大內力, 1952, 『日本資本主義の農業問題』, 東京: 東京大學出版會.
大和田啓気, 1981, 『秘史日本の農地改革』, 東京: 日本経済新聞社.
栗原百壽, 1951, 『現代日本農業論』, 東京: 中央公論社.
梶井功, 1994, 『日本農業のゆくえ』, 東京: 岩波書店.
斎藤仁, 1989, 『農業問題の展開と自治村落』, 東京: 日本経済評論社.
庄司俊作, 1991, 『近代日本農村社会の展開』, 東京: ミネルヴァ書房.
______, 1999, 『日本農地改革史研究』, 東京: 御茶の水書房.
______, 2003, 『近現代日本の農村』, 東京: 吉川弘文館.
田中恭子, 1996, 『土地と権力』, 名古屋: 名古屋大学出版会.
暉峻衆三, 1984, 『日本農業問題の展開』 下, 東京: 東京大学出版会.

暉峻衆三編, 1985,『農地改革論』Ⅰ·Ⅱ, 東京: 東京大學出版會.
______, 2003,『日本農業の150年』, 東京: 有斐閣.
東畑四郎, 1980,『昭和農政談』(聞き手·松浦龍雄), 東京: 家の光協会.
ド—ア´ R·P, 1965,『日本の農地改革』(並木正吉他 訳), 東京: 岩波書店.
豊下楢彦, 1992,『日本占領管理体制の成立』, 東京: 岩波書店.
中江淳一, 1994,「『農地管理』制度の形成とその歴史的経過」,『平成5年度農用地有効利用方策等に関する調査研究事業報告書ー農地管理に関する研究論文編』, 東京: 農政調査会.
山田盛太郎, 1984,「農地改革の歴史的意義」,『山田盛太郎著作集』第4巻, 東京: 岩波書店
ラデジンスキ—´ウォルフ, 1984,『農業改革ー貧困への挑戦』(ワリンスキ—編´斎藤仁他監訳), 東京: 日本経済評論社.
我妻栄·加藤一郎, 1947,『農地法の解説』, 東京: 日本評論社.
渡邊洋三, 1974,「戰後改革と日本現代法」, 東京大學社會科學研究所編,『戰後改革 1: 課題と視角』, 東京: 東京大學出版會.
綿谷赳夫, 1979,「農地改革後の自作農の性格」,『綿谷赳夫著作集』1巻, 東京: 農地鈴統計協會(원문은 1952年刊).

5장

자료

內政部, 연대미상,『臺灣省三七伍減租考查報告』.
臺灣省政府, 연대미상,『臺灣省扶植自耕農實施方案』.
______, 연대미상,『放領公地扶植自耕農手册』.
______, 연대미상,『臺灣省地政法令輯要 上册』.
______, 1950,『三七伍減租文告暨法令輯要』.
臺灣省政府民政廳地政局, 1948,『臺灣省公地放領手册』.
______, 1949,『公地放租』.
臺灣省政府民政廳地政局編印, 연대미상,『臺灣省四十年度三七伍減租工作概況』.
______, 연대미상,『臺灣省推行三七伍地租手册』.
臺灣省參議會秘書處編印, 1947. 6,『臺灣省參議會第一屆第一次大會特輯』.
______, 1947. 12,『臺灣省參議會第一屆第二次大會特輯』.
______, 1948. 6,『臺灣省參議會第一屆第三次大會特輯』.
______, 1948. 12,『臺灣省參議會第一屆第四次大會特輯』.

연구논저

鄧文儀, 1955,『臺灣實施耕者有其田紀實』, 台北: 中央文物供應社.

李筱峰, 1993,『臺灣戰後初期的民意代表』, 臺北: 自立.
李承嘉, 1998,『臺灣戰後(1949-1997)土地政策分析: 「平均地權」下的土地改革與土地稅制變遷』, 臺北: 中國地政研究所.
馬壽華, 1964,『臺灣完成耕者有其田法治實錄』, 臺北: 思上書屋.
徐世榮·蕭新煌, 2001,「臺灣土地改革再審視一個「內因說」的嘗試」,『臺灣史研究』8(1).
______, 2003,「戰後初期臺灣業佃關係之探討兼論耕者有其田政策」,『臺灣史研究』10(2).
王益滔, 1966,「光復前臺灣之土地制度與土地政策」, 收於「臺灣銀行經濟研究室」編,『臺灣經濟史十集』, 臺北: 臺灣銀行.
______, 1991,『王益滔教授論文集, 第一冊(全三冊)』, 臺北: 國立臺灣大學農業經濟學系.
王長璽·張維光, 1955,『臺灣土地改革』, 臺北: 中國地政研究所.
殷章甫, 1984,『中國之土地改革』, 臺北: 中央文物供應社.
張勤可·張維一等, 1999,「臺灣實施土地改革伍十週年口述歷史座談會紀錄」,『近代中國』131.
鄭梓, 1985,『臺灣省參議會史研究 - 變遷時代裏的一個過渡型代議機構(1946-1951)』, 臺北: 華世出版社.
陳淑銖, 1996,『浙江省土地問題與二伍減租』, 臺北: 國史館.
沈時可, 2000a,「臺灣光復後推行土地改革之經過」, 沈時可等著, 張力耕編校, 內政部編,『臺灣土地改革文集』, 臺北: 內政部.
______, 2000b,「土地改革工作紀實」,『臺灣土地改革文集』, 臺北: 內政部.
湯惠蓀, 1954,『臺灣之土地改革』, 中國農村復興聯合委員會特刊第九號, 台北: 中國農村復興聯合委員會.
行政院農村復興委員會, 1999,『浙江省農村調查(民國二十二年)』, 近代中國史料叢刊三編第八十八輯, 據民國22年版影印, 台北縣永和市: 文海出版社.
黃舒衛, 2000,『臺灣土地釋出之政治經濟分析』, 臺北: 國立政治大學地政研究所碩士論文.
黃朝琴, 1965,「黃朝琴談往事·永難忘三十八年」,『陳誠先生傳』台北: 反共.
黃俊傑, 1995,『戰後臺灣的轉型及其展望』, 台北: 正中書局.
侯坤宏編, 1988,『土地改革史料』, 臺北: 國史館.

Amsden, Alice H., 1985, "The State and Taiwan's Economic Development," Peter B. Evans, Dietrich Rueschemeyer and Theda Skocpol eds., *Bringing the State Back In*, New York: Cambridge University Press.
Gold, Thomas B., 1986, *State and Society in the Taiwan Miracle*, New York: M. E. Sharpe, Inc.
Skocpol, Theda, 1985, "*Bringing the State Back In: Strategies of Analysis in Current Research*," Peter B. Evans, Dietrich Rueschemeyer and Theda Skocpol eds., *Strategies of Analysis in Current Research*, Cambridge: Cambridge University Press.

6장

자료

러시아국방성중앙문서보관소 소장 문서.

러시아국립문서보관소 소장 문서.

러시아국립사회정치사문서보관소 소장 문서.

러시아연방대외정책문서보관소 소장 문서.

『北朝鮮農民新聞』.

『옳다』.

『正路』.

『解放日報』.

國史編纂委員會, 1987a, 『北韓關係史料集』 I, 國史編纂委員會.

國史編纂委員會, 1987b, 『北韓關係史料集』 V, 國史編纂委員會.

김일성, 1948, 「목전조선정치형세와 북조선임시인민위원회의 조직문제에 관한 보고」, 『조국의 통일 독립과 민주화를 위하여』, 평양: 국립인민출판사.

민주주의민족전선, 1988, 『해방조선』, 과학과사상.

조선민주주의인민공화국 국가계획위원회 중앙통계국, 1958, 『1946-1957 조선민주주의인민공화국 인민경제 및 문화발전 통계집』, 평양: 국립출판사.

______, 1961, 『1946-1960 조선민주주의 인민공화국 인민경제발전 통계집』, 평양: 국립출판사.

朝鮮産業勞動調査所編, 1945, 『옳은 路線을 爲하야』, 우리文化社.

한림대학교아시아문화연구소, 1993, 『朝鮮共産黨文件資料集』, 춘천: 한림대학교출판사.

연구논저

김성보, 2000, 『남북한 경제구조의 기원과 전개』, 역사비평사.

김승준, 1988, 『우리 나라 농촌문제해결의 력사적 경험』, 평양: 사회과학출판사.

김한주, 1954, 『토지개혁 후 조선농촌의 토지소유관계』, 평양: 조선로동당출판사.

朴文奎, 1946, 『朝鮮土地問題論考』, 新韓印刷公司.

손전후, 1983, 『우리나라 토지개혁사』, 평양: 과학백과사전출판사.

이주철, 1989, 「1946년 북한의 토지개혁에 관한 연구」, 고려대학교 석사학위논문.

장상환, 1987, 「토지개혁과 농업협동화 과정의 특질」, 『북한사회의 구조와 변화』, 경남대학교출판부.

전현수, 1993, 「해방 직후 북한사 연구의 몇 가지 문제에 대하여」, 『역사와 현실』 10호, 한국사연구회, 295-320쪽.

______, 1997, 「蘇聯의 美蘇共委 대책과 韓國臨時政府 수립 구상」, 『韓國 近現代의 民族問題와 新國家建設』, 지식산업사, 559-592쪽.

______, 2001, 「해방 직후 북한자료 해제 2: 러시아 생산 자료」, 『북한현대사 문헌연구』, 백산서당, 157-198쪽.
______, 2002, 「해방 직후 북한의 농업 생산과 분배(1945-1948)」, 『한국민족운동사연구』 31호, 한국민족운동사학회, 195-226쪽.
森田芳夫, 1979, 『朝鮮終戰記錄』, 東京: 巖南堂書店.

7장

자료

共產國際, 1922, 「關于東方問題的總提綱」, 中共中央黨史研究室第一研究部編, 1997, 際, 聯共(布)與中國革命文獻資料選集』 2, 北京: 北京圖書館出版社.
共產國際執行委員會, 1923. 5, 「給中國共產黨第三次代表大會的指示」, 『共產國際, 聯共(布)與中國革命文獻資料選集』 2, 北京: 北京圖書館出版社.
觀察記者, 1948. 4, 「土地改革·地道戰」, 『觀察』 4卷 6期.
歐陽惠林, 1946. 6, 「從東屏鄉八村的調查談到調查」, 江蘇省檔案館(外)編, 1987, 『華中解放區財政經濟史料選編』 1卷, 南京: 南京大學出版社.
國民參政會, 1946. 4, 「第四屆第二次大會對于政府施政報告之決議案」, 國民參政會史料編纂委員會編, 1962, 『國民參政會史料』, 臺北: 國民參政會在臺歷屆參政員聯誼會.
魯笳, 1947. 8, 「對過去土改運動的檢討」, 中共河南省委黨史工作委員會編, 1991, 『河南解放區的土地改革』, 鄭州: 河南人民出版社.
馬明方, 1951. 9, 「關中地區土地改革的總結和土地改革後的農村工作任務」, 中國社會科學院(外)編, 1992, 『中華人民共和國經濟檔案資料選編: 農村經濟卷』, 北京: 社會科學文獻出版社.
劉曉, 1947. 4, 「關于浙東工作情況的報告」, 中共湖南省黨委黨史研究室(外)編, 2003, 『解放戰爭時期第二條戰線』 農民運動與武裝鬪爭卷 上册, 北京: 中共黨史出版社.
毛澤東, 1939. 12, 「中國革命與共產黨」, 毛澤東文獻資料研究會編, 1983, 『毛澤東集』 7卷, 東京: 蒼蒼社.
______, 1940. 1, 「新民主主義論」, 1983, 『毛澤東集』 7卷, 東京: 蒼蒼社.
______, 1944. 7, 「同英國記者斯坦因的談話」, 中共中央文献研究室編, 1996, 『毛澤東文集』 3卷, 北京: 人民出版社.
______, 1945. 4, 「論聯合政府」, 毛澤東文獻資料研究會編, 1983, 『毛澤東集』 9卷.
______, 1951. 12, 「關于試辦集體農莊等問題給王震的電報」, 中央文獻出版社編, 1989, 『建國以來毛澤東文稿』 3册, 北京: 中央文獻出版社.
______, 1950. 3, 「徵詢對待富農策略問題的意見」, 中國社會科學院(外)編, 1992, 『中華人民共和國經濟檔案資料選編: 農村經濟卷』.

福建省人民政府土地改革委員會, 1953. 4,「福建省土地改革中沒收徵收的土地財產統計表」,『中華人民共和國經濟檔案資料選編: 農村經濟卷』.
溥一波, 1947. 6,「關于執行中央伍四指示的基本總結及今後任務」, 中共河南省委黨史工作委員會編, 1991,『河南解放區的土地改革』.
謝覺哉, 1984,『謝覺哉日記』下, 北京: 人民出版社.
新華社中南總分社, 1951. 1,「湘贛土改運動中"大轟大嗡"的現象正在發展」, 中國社會科學院(外)編, 1992,『中華人民共和國經濟檔案資料選編: 農村經濟卷』.
新華日報社論, 1951. 8. 8,「必須防止"和平土改"的偏向」,『新華日報』.
劉少奇, 1947. 9,「在全國土地會議上的結論」, 中共中央文獻編輯委員會編, 1981,『劉少奇選集』上, 北京: 人民出版社.
______, 1950. 6,「關于土地改革問題的報告」,『劉少奇選集』下.
沈志遠, 1950,『新民主主義經濟論』, 北京: 三聯書店(최종학 옮김,『신민주주의경제론』, 참나무, 1991).
人民日報社論, 1950. 7. 22,「認眞準備與建立人民法庭」(社論),『人民日報』.
長江日報社論, 1952. 12. 9,「全面結束土地改革的工作旣須做完又須做好」, 中國社會科學院(外)編, 1992,『中華人民共和國經濟檔案資料選編: 農村經濟卷』.
政治協商會議, 1946. 2,「政治協商會議協議事項」, 秦孝儀 主編, 1981,『中華民國重要史料初編』對日抗戰時期 7編 戰後中國(2), 臺北: 中國國民黨中央黨史委員會編印.
中共'八七'會議, 1927. 8,「告全黨黨員書」, 中國社會科學院經濟研究所中國現代經濟史組編, 1981,『第一二次國內革命戰爭時期土地鬪爭史料選編』, 北京: 人民出版社.
中共桐柏區黨委, 1948. 3,「在縣書記聯席會議上的總結」, 中共河南省委黨史工作委員會編, 1991,『河南解放區的土地改革』.
中共山西省委, 1951. 4,「把老區的互助組組織提高一步」, 中共中央文獻研究室編, 1993,『劉少奇論新中國經濟建設』, 北京: 中央文獻出版社.
中共豫陝鄂前委, 1947. 9,「關于貫徹全國土地會議精神的指示」, 中共河南省委黨史工作委員會編, 1991,『河南解放區的土地改革』.
中共豫皖蘇區黨委, 1947. 6,「豫皖蘇土地改革經驗」,『河南解放區的土地改革』.
中共中央, 1942,「關于抗日根據地土地政策的決定」,『中共中央文件選集』13冊.
______, 1946. 2,「關于土地改革中各社會階級的劃分及其待遇的規定(草案)」, 中央檔案館編, 1981,『解放戰爭時期土地改革文件選編』, 北京: 中共中央黨校出版社.
______, 1946. 5,「關于淸算減租及土地問題的指示」, 江蘇省檔案館(外)編, 1987,『華中解放區財政經濟史料選編』1卷.
______, 1946. 7a,「關于向民盟人士說明我黨土地政策給周恩來,董必武的指示」, 中央檔案館編, 1981,『解放戰爭時期土地改革文件選編』.
______, 1946. 7b,「爲實現耕者有其田向各解放區政府的提議」,『解放戰爭時期土地改革文件選編』.

______, 1946. 7c,「中共中央關于硏究答復制定土地政策中的幾個重要問題指示」,『江蘇省檔案館(外)編, 1987,『華中解放區財政經濟史料選編』2卷.
______, 1947. 2,「關于陝甘寧邊區若干地方試辦土地公債經驗的通報」, 中央檔案館編, 1992,『中共中央文件選集』16冊, 北京: 中共中央黨校出版社.
______, 1947. 9,「中國土地法大綱」,『中共中央文件選集』.
______, 1948. 2,「關于土地改革中各社會階級的劃分及其待遇的規定(草案)」, 中央檔案館編, 1981,『解放戰爭時期土地改革文件選編』, 北京: 中共中央黨校出版社.
中共中央文獻硏究室編, 1996,『劉少奇年譜』下, 北京: 中央文獻出版社.
中共中央委員會, 1946. 5,「關于淸算減租及土地問題的指示」, 江蘇省檔案館(外)編, 1987,『華中解放區財政經濟史料選編』1卷.
中共中南局, 1950. 12,「關于放手發動群衆徹底完成土改計劃的指示」, 中國社會科學院(外)編, 1992,『中華人民共和國經濟檔案資料選編: 農村經濟卷』.
中共太行區黨委, 1947. 4,「新老區四年來土地改革初步硏究」, 中共河南省委黨史工作委員會編, 1991,『中華人民共和國經濟檔案資料選編: 農村經濟卷』.
______, 1947. 6,「關于太行土地改革報告」,『中華人民共和國經濟檔案資料選編: 農村經濟卷』.
中共華中局, 1946. 5,「關于貫徹黨中央伍四關于土地政策新決定的指示」, 江蘇省檔案館(外)編, 1987,『華中解放區財政經濟史料選編』1卷.
中共華東局, 1946. 9,「關于徹底實行土地改革的指示」, 中央檔案館編, 1981,『解放戰爭時期土地改革文件選編』.
中共華中分局, 1946. 5,「關于貫徹黨中央伍四關于土地政策新決定的指示」, 江蘇省檔案館(外)編, 1987,『華中解放區財政經濟史料選編』1卷.
______, 1946. 6,「關于在減租減息淸算中解決土地問題辦法的指示」,『華中解放區財政經濟史料選編』.
______, 1946. 9,「關于團結中農的指示」, 江蘇省檔案館(外)編, 1987,『華中解放區財政經濟史料選編』2卷.
中國國民黨第四屆中執委, 1932. 12,「關于整理本黨實施方案」, 榮孟源 主編, 1985,『中國國民黨歷次大會及中央全會資料』下冊, 北京: 光明日步社.
中國民主同盟, 1945. 10,「中國民主同盟綱領」, 1946,『民主同盟文獻』, 出版地 不明: 中國民主同盟總部編印.
中國土地改革協會, 1948. 2,「土地改革方案」, 彭明主編, 1989,『中國現代史資料選集』6冊, 北京: 中國人民大學出版社.
中國紅軍第七政治-部, 1929. 12,「土地革命」, 中國社會科學院經濟硏究所中國現代經濟史組編, 1981,『第一二次國內革命戰爭時期土地鬪爭史料選編』, 北京: 人民出版社.
中央人民政府政務院, 1950. 6,「中華人民共和國土地改革法」, 中共中央文獻硏究室編, 1992,『建國以來重要文獻彙編』1冊, 北京: 中央文獻出版社.
______, 1950. 8,「關于劃分農村階級成分的決定」, 中國社會科學院(外)編, 1992,『中華人民共和國經濟檔案資料選編: 農村經濟卷』.
中華民國國民政府, 1930. 6, 「土地法」, 彭明主編, 1988, 『中國現代史資料選集』 3冊, 北京: 人民大學出版社.
中華人民共和國, 1950. 6, 「土地改革法」, 中共中央文獻硏究室編, 1992, 『建國以來重要文獻彙編』 1冊, 北京: 中央文獻出版社.
陳丕顯, 1948. 4, 「在華中土地會議上的總結」, 江蘇省檔案館(外)編, 1987, 『華中解放區財政經濟史料選編』 4卷.
何幹之, 1946. 4, 「土地改革與中國資本主義的發展」, 『北方文化』 1卷 4號, 何幹之, 1993, 『何幹之文集』 2卷, 北京: 北京出版社.
許滌新, 1947, 「實現耕者有其田是實行中山先生的主要遺敎」, 『群衆』 40期.
_____, 1948, 「請看反動派的所謂'土地改革'」, 『群衆』 2卷 13期.
華東軍政委員會土地改革委員會, 1952, 『江蘇省農村調查』, 上海: 內部資料.

연구논저

김용섭, 2000, 『한국근현대 농업사연구』, 지식산업사.
김윤상, 2009, 『지공주의: 새로운 토지 패러다임』, 대구: 경북대학교출판부.
김진경, 2003, 「建國 初期 中共의 토지개혁, 1950-52」, 『中國史硏究』 25집, 중국중세사연구회, 171-204쪽.
박상수, 2005, 「1920년대 말-30년대 전반 중국 소비에트 경제론 분석: 토지·농업정책을 겸론하여」, 『史叢』 60집, 고려대학교 역사연구소, 195-234쪽.
방기중, 2001, 「농지개혁의 사상전통과 농정이념」, 홍성찬 편, 『농지개혁 연구』, 연세대학교출판부, 191-225쪽.
신기욱, 2001, 「농지개혁의 역사사회학적 고찰」, 홍성찬 편, 『농지개혁 연구』, 연세대학교출판부, 1-48쪽.
염인호, 2006, 「中國 延邊의 反奸淸算鬪爭과 토지개혁: 朝中 民族關係를 중심으로」, 『歷史敎育』 99집, 역사교육연구회, 203-249쪽.
유용태, 2004, 『지식청년과 농민사회의 혁명: 1920년대 중남부 3성의 비교연구』, 문학과지성사.
_____, 2006, 「20세기 중국혁명의 이해: 신민주주의론을 재음미하며」, 『환호 속의 경종』, 휴머니스트.
_____, 2011, 『직업대표제, 근대중국의 민주유산』, 서울대학교출판문화원.
_____, 2012, 「중국의 토지혁명과 신민주주의 경제, 1945-1953」, 『中國近現代史硏究』 55집, 중국근현대사학회, 163-191쪽.
친후이·쑤원, 유용태 옮김, 2000, 『전원시와 광시곡』, 이산.
顧龍生, 1999, 『中國共産黨經濟思想史』, 太原: 山西經題出版社.
郭德宏, 1993, 『中國近現代農民土地問題硏究』, 靑島: 靑島出版社.

陶大鏞, 1950,「土地改革和新民主主義革命」,『土地改革和新民主主義革命』, 上海: 展望週刊社.
董志凱, 1987,『解放戰爭時期的土地改革』, 北京: 北京大學出版社.
羅平漢, 2005,『土地改革運動史』, 福州: 福建人民出版社.
莫宏偉, 2010,『新中國成立初期的廣東土地改革研究』, 北京: 中國社會科學出版社.
武力, 2006,「試論1950年代大陸土地改革中的政府作用」, 朱蔭貴(外)編,『近代中國: 經濟與社會研究』, 上海: 復旦大學出版社.
潘光旦·全慰天, 1952,『蘇南土地改革訪問記』, 北京: 三聯書店.
徐佛觀, 1948,『論中共現階段之'土地改革'運動』, 出版地 不明: 建國出版社.
蘇迅, 1948,「土地改革和土地革命」,『禮拜六』122期.
蕭錚, 1980,『土地改革伍十年: 蕭錚回憶錄』, 臺北: 中國地政硏究所.
宋新中, 1997,『當代中國財政史』, 北京: 中國財政經濟出版社.
楊奎松, 2008,「新中國土改背景下的地主富農問題」,『學林』6號.
王先明, 2009,『變動時代的鄕紳: 鄕紳與鄕村社會結構變遷』, 北京: 人民出版社.
王友明, 2006,『解放區土地改革硏究, 1941-1948; 以山東營南縣爲個案』, 上海: 上海社會科學院出版社.
于建嶸, 2004,『岳村政治: 轉型期中國鄕村政治結構的變遷』, 北京: 商務印書館.
張小軍, 2003,「陽村土改中的階級劃分與象徵資本」,『中國鄕村硏究』2輯.
張小曼 外 主編, 2001,『中國民主同盟』, 石家庄: 河北人民出版社.
張佩國, 2002,「'革命'的實踐構造與農民日常生活的邏輯: 山東'老區'土地改革的歷史人類學硏究」,『中國近現代史硏究』15輯.
趙效民 主編, 1990,『中國土地改革史, 1921-1949』, 北京: 人民出版社.
陳永發, 1996,「內戰, 毛澤東和土地革命: 錯誤判斷還是政治謀略」(中),『大陸雜誌』92卷 2期.
陳益元, 2006,『建國初期農村基層政權建設硏究, 1949-1957』, 上海: 上海社會科學院出版社.
蔡樂蘇·曾靜, 2002,「彈性的符號: 抗戰時期中共言論的孫中山與三民主義」,『淸華大學學報』(哲社版) 1期.
馮天瑜, 2006,『"封建"考論』, 武昌: 武漢大學出版社.
黃宗智, 2003,「中國革命中的農村階級鬪爭: 從土改到文革時期的表達性現實與客觀性現實」,『中國鄕村硏究』2輯.
安井三吉, 1992,「毛澤東の孫文·三民主義觀」, 藤井昇三(外)編,『孫文と毛澤東の遺産』, 東京: 硏文出版.
田中恭子, 1996,『土地と權力: 中國の農村革命』, 名古屋: 名古屋大學出版會.
天野元之助, 1978,『中國農業經濟論』1卷, 東京: 龍溪書社.
川井伸一, 1987,「土地改革における農村の血緣關係」, 小林弘二編,『中國農村變革再考: 傳統中國と變革』, 東京: アジア經濟硏究所.

Bramall, Chris, 2000, "Inequality, Land Reform and Agricultural Growth in China, 1952-

1955: A Preliminary Treatment," *The Journal of Peasant Studies*, Vol. 27 No. 3.

Fitzgerald, John, 1996, *Awakening China: Politics, Culture, and Class in the Nationalist Revolution*, Palo Alto: Stanford University Press.

Friedman, Edward, Paul G. Pickowicz, and Mark Selden, 1991, *Chinese Village, Socialist State*, New Haven: Yale University Press.

Harding, Harry, 1981, *Organizing China: The Problem of Bureaucracy, 1949-1976*, Palo Alto: Stanford University Press.

Moise, Edwin E., 1983, *Land Reform in China and Vietnam: Consolidating the Revolution at the Village Level*, Chapel Hill: The University of North California Press.

Pepper, Suzanne, 1978, *Civil War in China: The Political Struggle, 1945-1949*, Berkeley: University of California Press.

Shue, Vivienne, 1980, *Peasant China in Transition: The Dynamics of Development Toward Socialism, 1949-1956*, Berkely: University of California Press.

Wong, John, 1973, *Land Reform in the People's Republic of China: Institutional Transformation in Agriculture*, New York: Praeger Pub.

Yang, C. K., 1959, *A Chinese Village in Early Communist Transition*, The Technology Press, Massachusettes Institute of Technology.

8장

자료

Hồ Chí Minh, 1994, *Écrits (1920-1969)*, Hà Nội, nhà xuất bản Thế Giới.

Ninh *Đân, 1996, Lịch Sử Đảng Bộ xã Ninh Dân* [Histoire de la cellule du Parti communiste de la commune de Ninh Dân], manuscrit non publié.

Trường Chinh, 1956, "Sửa sai và tiến lên" [Réparer et aller de l'avant], Học Tập: Tạp chí lý luận và chính trị của Đảng Lao động Việt Nam 11 (nov.-déc. 1956), pp. 9-23.

_______, 1994, *Écrits (1946-1975)*, Hà Nội, nhà xuất bản Thế Giới.

Võ Nguyên Giáp, 2005, *Điện Biên Phủ, Rendez-vous avec l'histoire*, Hà Nội, nhà xuất bản Thế Giới.

연구논저

Barbier, Jean-Marc, Tung Hung Bach, Le Quéré, Éric and Ngoc Han Tran, 1997, "La riziculture irriguée du delta du Fleuve Rouge (Viêt-nam): analyse des transformations de quelques pratiques culturales", dans Spécial Vietnam, Montpellier, numéro commun *Cahiers Agricultures 6/Agriculture et développement* 15, pp. 81-91.

Beresford, Melanie, 1988, *Vietnam: Politics, Economics and Society*, London, Pinter.

Boudarel, Georges, 1983, "L'idéocratie importée au Viêt-nam avec le maoïsme", dans Georges BOUDAREL (éd.), *La Bureaucratie au Vietnam*, Paris, L'Harmattan (Vietnam- Asie-Débat 1), pp. 31-106.

_______, 1991, *Cent Fleurs écloses dans la nuit du Viêt Nam: communisme et dissidence, 1954-1956*, Paris, Jacques Bertoin.

Brénier, Henri, 1951, "La réforme agraire en Chine", *Politique étrangère* 16/2, pp. 167-175.

_______, 1954, "La prolétarisation du paysannat chinois et ses conséquences", *Politique étrangère* 19/2, pp. 195-210.

Brocheux, Pierre, 1981, "Communistes et paysans au Vietnam", dans Pierre BROCHEUX (éd.), *Histoire de l'Asie du Sud-Est. Révoltes, Réformes*, Révolutions, Lille, Presses universitaires de Lille, pp. 247-275.

_______, 2000, *Ho Chi Minh*, Paris, Presses de Sciences Po.

Brocheux, Pierre and Daniel HÉMERY, 1995, *La colonisation ambiguë 1858-1954*, Paris, La Découverte.

Bùi Tín, 1999, **1945-1999** *Vietnam, la face cachée du régime*, Paris, Kergour.

Chaliand, Gérard, 1968, *Les paysans du Nord Viêt-nam et la guerre*, Paris, Maspero (Cahiers libres 130-131).

Chen Chi-Yi, 1962, "La révolution agraire chinoise et les pays sous-développés", *Revue Tiers Monde* 3/9, pp. 217-227.

Đặng Phong (éd.), 2005, *Lịch sử kinh tế Việt Nam 1945-2000, tập II: 1955-1975* [Histoire de l'économie du Việt Nam, 1945-2000, tome II: 1955-1975], Hà Nội, nhà xuất bản Khoa Học Xã Hội.

Đặng Thai Mai, 2007, "Thư gửi đồng chí Trường Chinh", [Lettre au camarade Trờng Chinh], *Tạp chí Xưa & Nay: Hơn Nửa Thế Kỷ 《 Dân cày có ruộng 》* [Après plus d'un demi-siècle que 《 les paysans ont des rizières 》], No. 297, pp. 27-28.

Đào Thế Tuấn, 1998, "La transition agraire au Vietnam comme changement d'institutions", *Développement et changement vers l'économie de marché*, Actualité scientifique, universités francophones, Montréal, AUPELF-UREF, pp. 457-471.

Deloustal, Raymond, 1915, *Calendrier annamite-français de 1802 à 1922 avec une liste chronologique des rois d'Annam*, Hanoi/Haiphong, IDEO

Dumont, René, 1995(1935), *La culture du riz dans le delta du Tonkin*, Patani, Grand Sud, Prince of Songkia University & CNRS.

Dường Trung Quốc, 2007, "Hơn Nửa Thế Kỷ Dân cày có ruộng"[Après plus d'un demi-siècle que les paysans ont des rizières], *Tạp chí Xưa & Nay: Hơn Nửa Thế Kỷ 《 Dân cày có ruộng 》* [Après plus d'un demi-siècle que 《 les paysans ont des rizières 》], No. 297, pp. 4-9.

Faber, Fran, 1955, *Rot Leuchtet des Song Cai*, Berlin, Kongress-Verlag Berlin.

Fall, Bernard, 1960, *Le Viet Minh. La République démocratique du Viet-Nam*, 1945-1960, Paris, Armand Colin.

Fiorucci, Alain, 2006, "Parenté, propriété agricole et autorité locale: forme et relations de pouvoir dans un village littéraire du delta du Nord Vietnam làng tiến sí Mộ Trạch", thèse de doctorat, Académie d'Aix-Marseille, université de Provence (Aix-Marseille I), département de sociologie, secteur Lettres & sciences humaines.

Ginsburgs, George, 1962, "Local Government and Administration in North Vietnam, 1945-1954", *The China Quarterly* 10 (avril-juin 1962), pp. 174-204.

Goscha, Christopher E. and Benoît de TRÉGLODÉ (éd.), 2004, *Naissance d'un État-Parti: le Viêt Nam depuis 1945 / The Birth of a Party- State: Vietnam since 1945*, Paris, Les Indes savantes.

Gourou, Pierre, 1940, *L'utilisation du sol en Indochine française*, Paris, Centre d'étude de politique étrangère, publication No. 16, P. Hartmann.

Grosbois, Charles, 1952, "La Chine en nouvelle démocratie", *Politique étrangère* 17/2, pp. 29-48.

Guillemot, François, 2004, "Au cœur de la fracture vietnamienne: l'élimination de l'opposition nationaliste et anticolonialiste dans le Nord du Viêt Nam (1945-1946)", dans GOSCHA & de TRÉGLODÉ (éd.) 2004, pp. 175-216.

Hải Khách, 1957, "Xét lại "hồ sơ" của giai cấp phong kiến địa chủ" [Réexaminer 《 le dossier 》 de la classe des propriétaires féodaux], *Tập san Nghiên Cứu Văn Sử Địa 25* (février 1957), pp. 16-21.

Hartingh, Bertrand (de), 2003, *Entre le peuple et la nation. La République démocratique du Việt Nam de 1953 à 1957*, Paris, EFEO (Monographies No. 189).

Henri, Yves, 1932, *Économie agricole de l'Indochine*, publié à l'occasion de l'Exposition coloniale internationale de Paris de 1931, Hà Nội/Hải Phòng, Imprimerie d'Extrême-Orient.

Hoàng Ước, 1968, *Cách mạng ruộng đất ở Việt Nam* [La révolution agraire au Việt Nam], HàNội, nhà xuất bản Khoa Học Xã Hội.

Houtart, François and Geneviève LEMERCINIER, 1984, *Hai Van, Life in a Vietnamese commune*, London, Zed Book Ltd.

Hữu Ngọc (éd.), 1997, *Dictionnaire de la culture traditionnelle du Vietnam*, Hà Nội, nhà xuất bản Thế Giới.

Hy Van Luong, 1992, *Revolution in the Village*, Honolulu, University of Hawaii Press.

Kerkvliet, Benedict J. Tria, 1998, "Xây dựng các hợp tác xã ở Việt Nam, giai đoạn 1955-1961: tại sao nông dân lại lien kết với nhau?" [Building co-operatives in rural Vietnam, 1955-1961: why did peasants join?], dans *Việt Nam Học kỷ yếu hội thảo quốc tế* [International

Conference on Vietnamese Studies], Hà Nội, 15-17 tháng 7, nhà xuất bản Thế Giới, tập III, pp. 440-449.

Kleinen, John, 1999, *Facing the future, reviving the past. A study of social change in a Northern Vietnamese village*, Singapore, Institute of Southeast Asian Studies.

Lê Thành Khôi (éd.), 1978, *Socialisme et développement au Viêt-nam*, Paris, PUF.

Lewin, Moshé, 1982, "Aux prises avec le stalinisme. Quelques réflexions historiques", *Actes de la recherche en sciences sociales* 43/1, pp. 71-82.

Mchale, Shawn, 2004, "Freedom, Violence, and the Struggle Over the Public Arena in the Democratic Republic of Vietnam, 1945-1958", dans GOSCHA & de TRÉGLODÉ (éd.) 2004, pp. 81-99.

Ngô Văn, 1995, *Viêt-nam, 1920-1945, révolution et contre-révolution sous la domination coloniale*, Paris, L'Insomniaque.

Nguyễn Đức Nhuận, 1992, "Le district rural vietnamien ou l'État en campagne", dans Jacqueline MATRAS-GUIN & Christian TAILLARD (éd.), *Habitations et habitat d'Asie du Sud-Est continentale: pratique et représentation de l'espace*, Paris, L'Harmattan, pp. 345-376.

Nguyễn Đức Truyên, 1993, "Les effets de la politique économique vietnamienne sur les modes de vie paysans dans la région du delta du fleuve Rouge", mémoire de DEA, Paris, EHESS.

Nguyễn Khắc Viện, 1974, "Le développement agricole en République démocratique du Vietnam", *Études rurales* 53-56 (janv.-déc. 1974), pp. 505-512.

Nguyễn Minh Cần, 2002, "Xin đừng quên! Nửa thế kỷ trước: Vấy Máu Cải Cách Ruộng Đất" [N'oublions pas! Un demi-siècle plus tôt: la réforme agraire entachée de sang], lien internet: http://giaithcongsan.wordpress.com (consulté le 7 déc. 2010).

Nguyễn Ngọc Chương, 1973, "Về tình hình phân bố các di tích lích sử thuộc thời các vua Hùng" [Au sujet de la répartition des vestiges historiques appartenant à la période des rois Hùng], dans *Lê Văn Hảo, Hùng Vương dựng nước* [Les rois Hùng construisent le pays], tome III, Hà Nội, nhà xuất bản Khoa Học Xã Hội, pp. 72-89.

Nguyên Quang Duy, 2007, "Vai trò của Hồ Chí Minh trong Cải cách ruộng đất" [La position de Hồ Chí Minh vis-à-vis de la Réforme agraire] lien internet: http://www.talawas.org/talaDB/ (consulté le 7 déc. 2010).

Nguyễn Thế Anh, 1985, "La famine de 1945 au Nord Viêt-nam", *Approche Asie* 8, pp. 103-116.

Nguyễn Tùng, 1999, "Du canton à la commune: territoire et identité", dans NGUYỄN Tùng (éd.), *Mông Phụ, un village du delta du fleuve Rouge* (*Viêt-nam*), Paris, L'Harmattan, pp. 21-59.

Nguyễn Văn Ký, 1997, "Aujourd'hui, le temps du renouveau", dans Georges BOUDAREL & NGUYỄN Văn Ký (éd.), *Hanoi 1936-1996, du drapeau rouge au billet vert, Paris, Autrement (Mémoires)*, pp. 170-186.

_______, 2004, "Contestataires et contestation au Vietnam: à la recherche d'un mode d'expression", dans GOSCHA & de TRÉGLODÉ (éd.) 2004, pp. 217-251.

Ninh Dân, 1996, *Lịch Sử Đảng Bộ xã Ninh Dân* [Histoire de la cellule du Parti communiste de la commune de Ninh Dân], manuscrit non publié.

Pagniez, Yves, 1955, *Le Viet Minh et la guerre psychologique*, Paris, éditions du Vieux Colombier.

Paul-Lévy, Françoise and Marion SIGAUD, 1983, *Anthropologie de l'espace*, Paris, éd. du Centre Georges Pompidou, Centre de création industrielle.

Phạm Xuân Độ, 1939, *Phú Thọ tỉnh địa chí* [Géographie de la province de Phú Thọ], Hà Nội, nhà xuất bản Tổng Phát Hành.

Stowe, Judy, 2004, "Money and Mobilisation: The Difficulties of Building an Economy in Time of War", dans GOSCHA & de TRÉGLODÉ (éd.) 2004, pp. 61-70.

Tessier, Olivier, 1999, "Aide et entraide agricole dans un village du Nord Vietnam: modalités pratiques et motivations", *Aséanie* 4, pp. 125-159.

_______, 2002, "Fondateurs, ancêtres et migrants: mobilité et reformulation des espace d'appartenance dans un village du Nord du Việt Nam", *Moussons* 6, pp. 99-132.

Tessier, Olivier and Jean-Philippe FONTENELLE, 2000, "Pression démographique et contraintes politiques: la paysannerie nord vietnamienne dans la tourmente du XXe siècle", dans P. GUBRY (éd.), *Population et développement au Việt Nam*, Paris, Karthala-CEPED, pp. 495-527.

Tessier, Olivier and Philippe Papin, 2002, "Le village en questions" [Làng ở vùng châu thổ sông Hồng: vấn đề còn bỏ ngỏ], dans Philippe Papin & Olivier Tessier (éd.), *Le village en questions* [Làng ở vùng châu thổ sông Hồng: vấn đề còn bỏ ngỏ], Hà Nội, nhà xuất bản Lao Động Xã Hội (Bibliothèque vietnamienne EFEO), pp. 41-57.

Thireau, Isabelle and Kong MAK, 1992, "Parenté et territorialité dans les villages du Sud de la Chine: 1911-1990", dans *De village en village. Espace communautaire et développement*, Paris, Presses universitaires de France, Cahiers de l'Institut universitaire d'études du développement, Genève, pp. 47-73.

Trần Thị Liên, 2004, "Les catholiques et la République démocratique du Việt Nam (1945-1954): une approche biographique", dans GOSCHA & de TRÉGLODÉ (éd.) 2004, pp. 253-276.

Trần Huy Liệu, 1954, "Vấn đề ruộng đất trong Cách Mạng Việt Nam"[La question de la terre dans la révolution vietnamienne], *Tập san Nghiên Cứu Văn Sử Địa*, No. 2, pp. 9-31.

_______, 2007, "Ghi chép trong Cải cách ruộng đất" [Notes prises pendant la Réforme agraire], *Tạp chí Xưa & Nay: Hơn Nửa Thế Kỷ 《 Dân cày có ruộng 》* [Après plus d'un demi-siècle que 《 les paysans ont des rizières 》], No. 297, décembre 2007, pp. 22-27.

Tréglodé, Benoît (de), 2001, *Héros et Révolution au Viêt Nam*, Paris, L'Harmattan.

Trịnh Văn Thảo, 1987, "Vie théorique, l'Homme nouveau introuvable", dans NGUYỄN, Đúc Nhuán, *Le Viêt-nam post-révolutionnaire: population, économie, société 1975-1985*, Paris, L'Harmattan (Asie-Débat 4), pp. 173-184.

Trolliet, Pierre, 1962, "Les communes populaires rurales chinoises", *Revue Tiers Monde* 3/9, pp. 229-269.

Trường Chinh and Võ Nguyên Giáp, 1937, *Vấn Đề Dân Cày* [La Question paysanne], Hà Nội (rééd. 1959), traduit en anglais par Christine Pelzer White, *The Peasant Question (1937-1938)*, New York, Cornell University Press, 1974.

Văn Tạo and Furuta Moto, 1995, *Nạn đói năm 1945 ở Việt Nam* [La famine de 1945 au Việt Nam], Hà Nội, nhà xuất bản Viện Sử học Việt Nam.

Vesin, Dominique, 1992, "Histoire du fl euve Rouge. Gestion et aménagement d'un système hydraulique au Tonkin des années 1890 jusqu'à la Seconde Guerre mondiale", mémoire de maîtrise, Paris, université de Paris VII, UER de Géographie, histoire, sciences de la société.

Vickerman, Andrew, 1986, *The fate of the peasantry*, New Haven & London, Yale University Press.

Vo Nhân Tri, 1960, "La politique agraire au Nord Việt Nam", *Revue Tiers Monde* 1/3, pp. 353-372.

Woodside, Alexander B., 1970, "Decolonization and Agricultural Reform in North Vietnam", *Asian Survey* 10/3, pp. 705-723.

Yvon-Trân, Florence, 1994, "Une résistible collectivisation 1959-1988", thèse de doctorat, Paris, université de Paris VII, UFR Géographie, histoire, science de la société.

찾아보기

ㄷ

ㄹ

ㅁ

ㅇ

ㅈ

ㅊ

ㅋ

ㅌ

Abstract

Land Reform and Land Revolution in East Asia

Edited by Yu Yongtae

The composition of this book is based on the international academic conference "Land Reform as a Modernization Project in East Asia" hosted by Kyujanggak Institute for Korean Studies at Seoul National University in August, 2011. Adding the papers on North Korea and Vietnam that were not presented there and, this book entitled *Land Reform and Land Revolution in East Asia* is published.

Each country in East Asia abolished landlord system directly after the Second World War and executed Land-to-the-Tillers to promote industrialization. The executing method to practice it is divided by two types: a purchase and a confiscation of landlords' land.

Land-to-the-Tillers through a purchase of landlords' land was proceeded in the order of Japan, South Korea, and Taiwan under the U.S. anticommunist policy. Land to the-Tillers through confiscation was proceeded in the order of North Korea, China, and North Vietnam. These countries shared the aspect of adopting land reform/revolution as a way of regime competition. These all happened in the years between 1946 and 1956.

The then authorities and even present researchers, however, ignored the different ways between the purchase and the confiscation of landlords' land have called them both 'land reform.' However, the confiscation cut off the material base of the ruling class, thus belonging to 'land revolution.' The difference between these two was clearly recognized before the Second World War, but they have been vaguely mixed afterward.

Accordingly, the present book has two parts – Part One: Land reform Part Two: Land revolution – to compare these two types of Land-to-the-Tillers. Such research that connected and compared the cases of the two types of Land-to-the-Tillers and their significance is hardly found. Therefore, this book can have academic significance that brings a step to make progress in this field of research by presenting the cases of the two types to understand and compare them in a mutual relation.

The beginning chapter written by Professor Hong, Seong Chan reviewed the generality which land reform by a purchase land promotes industrialization through converting land capital to industrial capital, and applied it to the farmland reform of South Korea.

In *Part One*, the main contents and characteristics of Land-to-the-Tillers in Korea, Japan, and Taiwan were reviewed. Through case analyses, Professor Cho, Seok Gon and Professor Lee, Yong-ki emphasized that land reform settled down an agricultural structure that are mainly based on small-landholding independent peasants, and this caused agricultural instability. Professor Kim, Seong Bo explored the possibility that South Korean farmland reform provided the basis of political democratization in the long term.

Professor Shoji Shunnsaku emphasized the discretionary power of the farmland committee formed by each regional unit as a success factor for practicing the reform when Farmland Reform Act of Japan. Professor Hsu Shi Jung and Professor Liao Li Min emphasized that a lot of landowners' rights and interests were encroached because the range of a landlord was determined by the unilateral definition of the Nationalist Party that was the occupation authority in the process of farmland reform in Taiwan.

In *Part Two*, the main contents and characteristics of Land-to-the-Tillers in North Korea, the Chinese continent, and North Vietnam were reviewed. Professor Jeon, Hyun Soo paid attention on that North Korea's policy on the purchase of land was changed to the confiscation, so the prospects for establishment of an united nation based on the joint between the left and the right were dim.

Professor Yu, Yongtae traced why CCP still called Land-to-the-Tillers as land reform in spite of the change from the purchase to confiscation of land, and emphasized the land revolution opened up possibilities of peasants' political participation. Professor Olivier Tessier revealed the 'great transformation' which even includes the aspect of cultural psychological recollection after Land-to-the-Tillers in North Vietnam from the perspective of historical anthropology.

Looking back at the economic effect of the above two types of Land-to-the-Tillers from a changed condition after forty years, it was eventually the process of capital accumulation for industrialization of an underdeveloped country, although the case of Japan is somewhat different. The difference is whether the capital is national or private. They are not different in terms of that both are the process of capital accumulation which enforced peasants' sacrifice.

For that reason, the theory of New Democracy which pursued the mixed economy receives much attention. This could be a wise choice of a modernization project which makes a peasant society that experienced colonial rule move forward to an industrial society and minimizes harmful consequences.

편자

유용태(柳鏞泰)

서울대학교 역사교육과 교수. 중국현대사 전공으로 연세대학교에서 박사학위 취득. 한국중국근현대사학회 회장 역임. 주요 저서로 『직업대표제, 근대 중국의 민주 유산』(2011), 『환호 속의 경종: 동아시아 역사인식과 역사교육의 성찰』(2006), 『지식청년과 농민사회의 혁명: 1920년대 중국 중남부 3성의 비교연구』(2004), 『전원시와 광시곡: 중국 농민사회와 농민문화의 연구』(2000, 역서) 등이 있다.

저자(게재순)

홍성찬(洪性讚)

연세대학교 경제학부 교수. 경제사 전공으로 연세대학교에서 박사학위 취득. 주요 저서로 『한국근대농촌사회의 변동과 지주층: 20세기 전반기 전남 화순군 동복면 일대의 사례』(1992), 『농지개혁 연구』(2001, 편저), 『한국근대 금융사연구』(1996, 공저), 『일제하 만경강 유역의 사회사』(2006, 공저) 등이 있다.

조석곤(趙錫坤)

상지대학교 경제학과 교수. 경제학 전공으로 서울대학교에서 박사학위 취득. 주요 저서로 『한국경제성장사』(2001, 공저), 『한국 근대 토지제도의 형성』(2003), 『식민지 유산, 국가 형성, 한국 민주주의』(2012, 공저) 등이 있다.

이용기(李庸起)

한국교원대학교 역사교육과 조교수. 한국현대사 전공으로 서울대학교에서 박사학위 취득. 주요 논저로 『민중사를 다시 말한다』(2013, 공저), 「역사학, 구술사를 만나다」(2009), 「일제시기 모범부락의 내면과 그 기억」(2010) 등이 있다.

김성보(金聖甫)

연세대학교 사학과 교수, 한국현대사 전공으로 연세대학교에서 박사학위 취득. 국학연구원 부원장. 주요 저서로 『남북한 경제구조의 기원과 전개: 북한 농업체제의 형성을 중심으로』(2000), 『북한의 역사 1』(2011) 등이 있다.

쇼지 슌사쿠(庄司俊作)

일본 도지샤대학(同志社大學) 인문과학연구소 교수. 일본현대사 전공으로 히토쯔바시대학 경제학연구과 박사. 주요 저서로 『近代日本農村社会の展開』(1991), 『日本農地改革史研究』(1999), 『近現代日本の農村』(2003), 『日本の村落と主體形成』(2012) 등이 있다.

쉬 스룽(徐世榮)

대만 國立政治大學 地政學系 교수. 토지문제를 중심으로 한 공공정책 전공으로 미국 델라웨어대학 정치학 박사. 주요 논저로 『土地與政治』(2013, 공편), 『土地政策之政治經濟分析: 地政學術之補充論述』(2001), 「被操弄的農戶「分類」: 以臺灣土地改革為例」(2008) 등이 있다.

랴오 리민(廖麗敏)

대만 中國科技大學 會計學系 조교수. 회계와 토지이용 및 환경평가 전공으로 國立臺北大學 회계학 박사. 주요 논저로 『臺灣的社會學想像: 臺灣環境研究』(2010, 공저), 「建構民主人權的土地政策」(2011), 「鄉村士紳化: 以宜蘭縣三星鄉三個村為例」(2010) 등이 있다.

전현수(田鉉秀)

경북대학교 사학과 교수. 한국현대사 전공으로 모스크바 국립대학 역사학 박사. 주요 저서로 『소련군정 시기 북한의 사회경제개혁』(모스크바, 1997), 『북한현대사』(2004, 공저), 『쉬띄꼬프 일기』(2004), 『한국전쟁, 문서와 자료, 1950-1953』(2006) 등이 있다.

유용태(柳鏞泰)

서울대학교 역사교육과 교수

올리비에 떼시에(Olivier Tessier)

프랑스국립극동연구원 전임강사. 프랑스 엑스 마르세유대학 인류학 박사. 주요 논저로 *Commuting from the Village to the City: Analyzing the Patterns of Migration of the People of the Northern Village of Hay to Hanoi*(2002) 등이 있다.